陆游（宋朝诗人）

The Food of Sichuan

Fuchsia Dunlop

[英] 扶霞·邓洛普——著

何雨珈——译

兰桂均——审订

中信出版集团 | 北京

目录

FOREWORD

推荐序

“师傅，这是啥子海椒？有莫得勒个二荆条？”

在纪录片《风味人间》里，金发碧眼的扶霞，操着一口纯正四川话，自由穿梭在成都菜场的各个摊位间——犹如她无数次在伦敦和北京之间的往返。扶霞·邓洛普，地道英国人。1994年，从剑桥大学毕业后，来到中国留学，在四川大学主修少数民族史的同时，沉醉在川菜的麻辣鲜香里，成为“成都蓝翔”——四川烹饪高等专科学校毕业的第一个外国学生。

此后，扶霞跑遍了四川的许多地方，钻进了很多大小餐厅的厨房，睁着一双好奇的眼睛，探问老师傅们的绝活，记录传统川菜的味道。回到英国之后，扶霞把自己在中国的经历，以及对川菜的理解，用文字不断发表在媒体上，获得了强烈的反响，她也被誉为“最懂中餐的西方人”。一个英国人，不远万里来到中国，把中国人民的吃饭事业当成自己的事业，其中的动力来自哪里？我的答案是，川菜。

扶霞曾经真切地被川菜的魅力所吸引，甚至为此放弃了自己“体面”的文化研究工作，从此转而学厨。直到最近，疫情期间大家都在家里做困兽斗的时候，还经常能看到扶霞的微信朋友圈，布满了她在英国厨房里做出的地道川菜。

《川菜》是扶霞第一本专业中餐菜谱，这本书最早于2001年在英国出版。当时，大部分西方人还不太清楚，中国并不只有一种味道。因为幅员辽阔，它内部的风味差异巨大。用扶霞自己的话说，写作这本书的初衷，是“为了开拓西方读者的眼界”。扶霞在自己伦敦的厨房里，小心翼翼地复刻在成都记下的菜谱，用西方读者熟悉的计量方式，整理每一道菜的制作方法，把每一个四川人洒脱的“少许”和“适量”，变成英国人精确的几匙或几克，细致拆解川菜中的每一个元素，精细到笊篱和竹刷、码味和码芡。

大部分时候，扶霞对川菜都带着激赏，比如写到炒鸡杂：“川菜厨师朋友们看见我把这个菜谱也收进本书，也许会很惊讶。这不是什么精致的菜，餐馆的菜单上也很少见。然而，炒鸡杂真的非常好吃，也能充分体现川菜烹饪中‘不拘一格用食材’的特点。”正是看似毫无章法的选择标准，让鸡豆花、香酥全鸭等复杂的宴席菜，与炒鸡杂、炬炬菜这样的家常乃至乡村风味，一同出现在这本书里。事实上，书中不仅有四川菜，也包括重庆江湖菜，乃至作者在探寻的旅途中遇到的其他菜肴，比如京酱肉丝。

作为曾在专业烹饪学校学厨的英国人，扶霞也会在书中提及一些大部分菜谱中不常见的内容。比如，自己怎样用感恩节富余的火鸡做川味凉拌鸡，以及对希望挑战刀工的烹饪者，该如何把腰花切出眉毛形和凤尾状。

何雨珈是我的朋友，与她相识，是因为扶霞的另一本著作《鱼翅与花椒》——雨珈是这本书的译者，她鲜活生动又不失严谨的语言，为这本书增色不少。不过，当我得知雨珈开始着手翻译《川菜》中文版时，我还是有些担心。

在我看来，这本书的对象原本应该是西方人。中国的读者，会不会有兴趣捧读一本英国人写就的川菜菜谱？书中事无巨细记录的炒红油的方法、切鸡丝的刀工，甚至中国人对吃醋与爱情的联想，是大部分国内读者已经熟知的内容。

当然，雨珈的详细解答让我释然，相信大家可以从这本书的译后记中读到，我在这里不再赘述。只补充分享两点自己的看法，供参考。

中国美食不是孤岛，在全球化成为现实的今天，无论是探究中国美食传统的本质，还是预见中餐发展的朝向，都需要用更立体的角度、更多样的体系和更广泛的观点，来进行多维度观照。一味从自己出发，一厢情愿地“走出去”，往往适得其反。扶霞的研究，恰好给我们提供了这样的参照系。

食物是我们认知世界的通道。在食物里找到共同的认知，是人与人、族群与族群之间增强交流、消弭误解最便捷的方式。这些年来，越来越多的外国人开始认识中餐。我们需要扶霞这样的中餐使者，游走在东西方文化之间，让世界更了解中国，也让中国人站在世界的坐标里认识自己的文化，以及自己的一日三餐。

扶霞向东，川菜向西。

陈晓卿

2020 年 6 月

PREFACE

自序

首先，我要说句“不好意思”。我既不是四川人，也不是专业厨师，只是一名普通的英国女性。我在1994年拿了奖学金后到成都上学，就此爱上川菜。在四川大学学习一年后，我花了3个月的时间，在四川烹饪高等专科学校学习川菜烹饪技术。从那以后，我就一直在学习和研究川菜，也一直在我英国的家中做川菜招待亲朋好友。当然，我只是个业余爱好者，更是外邦人士，绝不能自欺欺人地说这本书里的菜谱是最好的或者最正宗的。不过，我可以保证的是，所有的菜谱我都在自己家里试验过，称量和记录每一种配料，每一克每一勺都力求精准，并且尽己所能进行了优化。我希望你能按照我的菜谱做出同样的成品。图片里所有的菜肴和小吃都是我亲手做的（唯一的例外是包子，那是我的大厨朋友魏桂荣包的，因为过了这么多年，我还是包不出漂亮到可以出镜的包子）。本书第一版于2001年在英国出版，美国版两年后问世。当时，很多西方人已经听说过川菜了，但大部分对其知之甚少。就连在伦敦，都没有真正的川菜馆，而且大厨和餐饮专家大多从未尝过花椒的味道。我写作本书的初衷，是为了开拓西方读者的眼界，让他们见识一下这惊人的饮食传统：我从未想过这本书有一天会来到中国读者手中。那之后，我又出版了四本书：一本湘菜菜谱，一本家常菜菜谱，一本江南菜菜谱，以及我的饮食探索回忆录——《鱼翅与花椒》。

我人生中最大的惊喜之一，就是发现很多身在西方的中国人都在参考我的菜谱。2016年，我到美国去为《鱼米之乡》做巡回签售，没想到在活动现场看到了很多中国面孔。有些是ABC（在美国出生的华人），有些是土生土长的中国人。很多人告诉我，他们很喜欢我写的书和菜谱。最近我才知道，我有一个香港朋友，人在伦敦，会参考我的菜谱做菜。我问她，作为中国人，到底为什么要用一个英国人写的中餐菜谱。她回答说，虽然她知道这些菜肴应该是什么味道，但她从小就没有学过做菜，而现在，每当她给人在香港的妈妈打电话要菜谱时，妈妈总会说“加少许这个，加少许那个”，说得太模糊了，没有参考价值。

我写这本书时，没想过它会在中国出版。但在中文版《鱼翅与花椒》（译者也是才华横溢的川妹子何雨珈）大获成功后，几家中国的出版机构向我抛出了橄榄枝。因此，带着一点害羞和窘迫，我决定冒个险，将这本书献给中国读者。我希望自己为烹饪川菜做出的努力能让你们愉悦，也请你们原谅我的错误和疏忽。

一如既往，我必须要明确指出，我有多么感激中国的良师益友们。多年来，他们一直对我的工作提供着莫大的支持与鼓励，没有他们的热心与慷慨，我什么都干不成。不过，此书中出现的任何疏漏，全是我一个人的责任。

A NOTE ON THE RECIPES

菜谱说明

写这本书的初衷是为西方读者提供中餐菜谱，对菜谱的选择也深受这个因素的影响，所以我没有选择那些出了中国很难找到的食材，比如折耳根、莴笋、鳝鱼、苦笋、儿菜、鹅肠等。另外，因为菜谱的实际操作和试验是在我伦敦的家中进行的，所以进行了一些调整和修改，运用了在西方国家能找到的食材（二荆条尤其难找）。如果你能找到新鲜又正宗的当地食材，请自由发挥吧。

我做菜的时候从来不用味精或鸡精。我个人并不介意这样的调料，但很多西方人不太喜欢。由于我写书的主要目的是让西方人更欣赏和喜爱中餐，如果用了这些调料，可能会适得其反，所以，在我任何公开发表的菜谱中，你是找不到味精或鸡精的。

我个人呢，比较倾向于使用好食材来自己熬高汤，为我的菜肴提鲜味；同时也更喜欢没有味精刺激，味道更为平和的菜肴风味。而且，我觉得川菜的味道已经那么丰富了，有豆瓣酱、豆豉、花椒和辣椒等，本来就叫人兴奋不已，其实根本没必要加鸡精和味精。（我以前会开玩笑说，麻婆豆腐已经那么好吃了，再加味精的话，就像把伟哥给了风流才子卡萨诺瓦，或者《金瓶梅》里的西门庆！）但是，如果你想加味精和鸡精，就按个人喜好酌情添加吧！

计量单位说明

1 小匙 =5 毫升　1 大匙 =15 毫升

徽雨轩客栈

INTRODUCTION

引言

2001年本书第一版付梓时，川菜享誉全中国，但国外的人却对其知之甚少。当时英国没有地道的川菜馆，更不可能找到正宗的调料。就算是主厨和餐饮专家的圈子里，也很少有中国以外的人体验过真正的四川花椒那种让双唇酥麻的刺痛感。两本具有开拓意义的菜谱把川菜的各种风味介绍给了美国读者，分别是罗伯特·德尔福斯的《四川好菜》（*The Good Food of Szechwan*）和艾伦·施雷克的《张太太的川菜谱》（*Mrs Chiang's Szechwan Cookbook*）。但西方世界眼中的"中国菜"，依然还是粤菜占主导地位的。

匆匆数年，沧海桑田。20世纪90年代末，对川菜的狂热开始席卷全中国，也从此蔓延到国境之外。川菜馆开始林立于西方城市，麻婆豆腐现在已经成为国际食客们的必点菜式之一；花椒也飞出国门，麻遍全世界。川菜食材和调料越来越常见，四川地区本身也成为很多人蜂拥而至的美食目的地。2010年，联合国教科文组织授予四川省省会成都亚洲第一个"美食之都"的称号，川菜终于开始得到全球注目，而它实至名归。我有幸生活在20世纪90年代的四川，当时正值社会剧变，外国人刚刚能去实地进行美食考察。1994年，学习中文两年后，我拿了英国文化委员会的奖学金，到四川大学学习。不得不承认，我对大学的选择颇受当地菜系名气的影响：之前我去过那里两次，当地菜肴中丰富的味道和温暖的颜色，都让我无比惊喜，我很想进一步探索发现。

初到成都的两三个月，我一直在"抽样"品尝街头小吃和当地佳肴，游荡在热闹熙攘的市场里。之后，我和德国朋友福尔克尔决定去问问有没有烹饪课可以上。

一个阳光灿烂的下午，我们骑车穿城，去寻找那所著名的省级烹饪学校。在街边听到一些声音，我们就晓得到地方了。迅速有节奏的切菜声，来自菜刀和木墩子的碰撞。楼上一个四面白墙的房间里，几十个学徒厨师穿着一身白，全神贯注地学着酱汁的艺术。树干做的菜板上正翻飞着一双菜刀，剁着辣椒和姜末；花椒被磨成棕色粉末；学生们忙忙碌碌地走来走去，调和着各种油和香料，让锅里那浓郁的深色液体风味更为美好。空气中流动着韵律轻柔的击捣声，还有瓷勺碰撞瓷碗的脆响。并排的长桌上摆着一碗碗酱油和油，还有一堆堆的糖与盐。写满潦草汉字的笔记本摊开着，周围是血红的辣椒和散落的花椒。我们立刻说定，就要在这里学。

接下来的两个月，福尔克尔和我在"烹专"上了私教课。我们的老师是厨艺大师甘国建，学校的英语老师冯全新也全程在场，帮我们"破译"老师的四川话，解释我们不熟悉的烹饪术语。有了这个基础，再加上中文越来越流利，还学到了几道经典川菜，我就能和主厨与餐馆老板展开对话，并到当地几家餐馆展开多日的学习研究。数月之后，我在川大的课程结束了，正考虑回到英国去，期间我又去了趟“烹专”，结果受到了校长的邀请，说我可以注册专业培训班，做个正规生：这可是特别优待，因为还没有外国人开过先例。我立刻抓住这个机会，迅速入学，交了一笔很便宜的学费，得到了白色厨师服和一把菜刀。

接下来的 3 个月，我每天都和 45 个四川小伙子及两个年轻姑娘一起学习烹饪。上午，大家都在教室里学习烹饪理论，比如原材料的挑选、调味、火候以及各种不同的烹饪技法。接着我们就一起来到操作示范间，看着老师龙青蓉和吕懋国做家常菜和能端上宴席的珍馐佳肴，过程轻松自在，充满艺术家的优雅。下午，就该我们露一手了。我们 10 人一组，首先是备菜，鱼先杀后洗，菜先洗后切，从附近的储藏室选择各种干料和泡椒。接着我们每个人轮流操作炒锅，同学们围成一圈，取笑一番，评头论足。做好的菜都端到老师面前，由他们来评价色香味和口感。放假的日子我会骑车在成都四处游荡，了解各种街头食物，搜寻不同的食材。幸运如我，还得以进入这座城市某些餐厅的后厨，包括专门经营传统小吃的龙抄手和川菜传奇蜀风园。

从那段美味启蒙开始，我一直深入探索四川省的偏僻之地，研究地方菜和独特的烹饪传统。本书第一版出版将近 20 年后，我觉得应该进行一些修改，用我自己已经有所扩展的相关知识，满足英语世界对川菜越来越浓厚的兴趣，同时也反映这段岁月中川菜自身的发展演变。

写一本企图概括某个地方菜系与饮食的食谱，就像在流沙上搭帐篷。任何现存的饮食文化都像不断移动的枪靶，一刻不停地演进，受到新的影响，产生新的碰撞。20 世纪 90 年代中期我在成都吃过和喜爱的某些菜肴，到今天几乎已经消失，而新的食材与烹饪方法在当地餐馆的菜单上占据了一席之地。成都这座城市经常会被全新的饮食风潮席卷。就连四川省本身也和我初来旅居时完全不同，天翻地覆了。比如，1997 年，一向和成都不相上下的大都市重庆成为独立的直辖市，让四川人口减少了大约 3000 万（不过，从饮食的角度说，重庆仍然可被视作“大四川”的一部分）。

如今，社会变化的脚步快得令人眩晕，很多老师傅都在哀叹年轻人疏于厨艺，并对大油大辣、狂放味精、只求一时轰动的菜肴怨声载道，说这些菜在蚕食传统四川烹饪的微妙与精细。然而，近几年来，我也在当地遇到很多食界英雄，拼尽全力为子孙们宣传和保护他们的烹饪美食遗产。在我为英语世界读者记录下有关川菜与饮食文化的种种时，他们给了我莫大的启发与鼓舞。

这一版增加了很多新的食谱与信息，还有一些图片，希望能够启发读者“洗手作羹汤，背包在路上”。所有之前的菜谱也根据当地厨师和我对四川烹饪更深入的体验进行了再次试验、修改和细化。第一版中某些菜谱里写到的老成都日常生活，现在几乎消失殆尽。出于对旧日时光的怀恋与热爱，我保留了大部分的内容，但希望正告读者，我描写的很多地方和风俗已经不存在了。川菜如此博大精深，浩瀚无垠，拥有丰富的地域多样性，不可能在一本书中写尽。但我希望这本书能够为英语世界的读者领路，走得略远一些。

THE STORY OF SICHUANESE CUISINE

川菜的故事

川菜的烹调之道，足以使其跻身世界最伟大菜系之列。在西方世界的认知里，川菜主要是麻辣；然而在中国，川菜是个传奇，源远流长，多样性令人咋舌：当地美食家宣称，广大的川菜地区约有5000种菜肴。

一千多年来，中国的诗人都在歌颂川菜；而即使是在民以食为天的中国，四川本地人也算是非常讲究饮食的。本来有些粗鲁无礼的出租车司机，讲起他们最喜欢的抄手水饺，竟像在朗诵抒情诗；要出川去的旅人一想到吃不到正宗的四川泡菜，就会忽闪着一双真诚的眼睛长吁短叹；午饭时间，上班族们一边吸溜吸溜地迅速解决一碗面条，一边回忆起20世纪30年代那些顶级大厨们的传奇。

中餐通常被视为融合的一体，其中的地域多样性鲜少突出。从外国人士的角度看，也许是因为他们想起中餐时，脑中总是首先浮现出一些共同的主题：用筷子；吃米饭、面条、馒头，多人共享肉菜与素菜；烹饪技法就是深锅翻炒，调味就是加酱油。然而在本国人看来，似乎还是地域差异更重要些。从南边鲜明清新的调味，到东部沿海精妙的应季烹饪，再到西部诸省好辣重味的饮食，还有从北到南对面食和大米的偏好。

我们很容易忘记，中国更像是一片大陆，而非一个国家：幅员辽阔的领土上有沙漠，也有雨林；有绵延的高山，也有肥沃的平原；有浩渺的盐湖，也有起伏的草场。四川（算上重庆）的面积几乎是意大利的两倍，人口也几乎是全英国人口乘以二。四川有自己的方言，专属的戏曲风格，独特的茶馆文化，当然，也有非常丰富的饮食传统。

和邻居湖南省与贵州省一样，川菜最著名的个性，就是热烈奔放，大量使用辣椒调味。不过，川菜的火爆性格，还源于一味独特的调料，就是让你唇齿酥麻的花椒。在四川的乡村，一家家木梁农舍的屋檐下，全都垂挂着大串大串的辣椒，就像中国人过春节时要挂的红鞭炮。辣椒在阳光下晒干，呈现血红的颜色与光泽；或者用盐和酒浸泡，变成鲜红色，真正是“川菜之心”。

四川人嗜辣如命，无论是早中晚餐，总有至少一道菜要见点儿辣椒。也因为如此，四川人的性子是出了名的火爆，四川姑娘被称为“辣妹子”。川菜的辣全国驰名，有异邦人在去四川的路上，总免不了被中国人问一句：“你怕不怕辣？”

很多当地菜都会用到辣椒，但总是创意无限，所以从不乏味。干海椒[1]过油炸得焦香，提炼出煳辣味，成为著名的宫保鸡丁与无数炒菜的底味；而在味道特别热烈的麻辣菜中，辣椒与花椒成为“调味双雄”。海椒面和红油则用在五花八门的凉菜

中，最著名的是怪味，综合了咸、甜、麻、辣、酸和果仁味儿；而豆瓣酱则是家常菜中当之无愧的霸主。辣椒的火爆从不为盖住其他食材的风味，而是想要唤醒感官，打开味蕾，让人感受更为丰富的滋味。四川豆瓣酱是成都郫都区（旧称郫县）的著名特产。用料在中国来说很特别，不是黄豆，而是胡豆。胡豆与小麦粉混合，自然长出霉菌，放在盐水中发酵，然后和盐水泡椒混合搅匀。传统的做法中，酱料应该放在不密封的陶罐中慢慢熟成：阳光灿烂的白天，接受太阳的烘烤；晴朗清新的晚上，让露水来滋润；只有在下雨的时候，才把罐子盖上。据说，通过这种特殊的过程，酱料会吸收天地精华，将土地的灵气吐纳自如。

虽然重辣，这里的食物却绝不止于辣。其实，川菜最显著的特点，就是在一道菜肴中大胆融合很多不同的风味，一顿饭中能尝到千奇百怪的丰富滋味。这些复合味中，有的属于辛辣，也有很多不然，比如酸甜的荔枝味、柔和精妙的糟香味，以及清新恬淡的姜汁味等。所以，如果你怕辣，仍然能在本书中找到很多值得一试的菜肴。

和川菜密不可分的香料，除了辣椒，还有花椒，它在英文里名字很多，比如 Sichuan pepper，flower pepper，brown peppercorns，prickly ash，还有错误的 fagara。这是最古老的中国原产香料之一，香味浓郁又上头，有丝丝缕缕的木香与柑橘皮香，像懒洋洋的夏天，会让唇舌神奇地略略失去知觉。（中国人谓之“麻”，这个字也用在“麻醉”与“手脚发麻”等词语中。）也许一开始你会觉得怪异，后面却会认为这种滋味与芬芳无与伦比，很多人似乎都迅速臣服于这种芳香四溢的魅力之下。有趣的是，当地有种解释说，川菜里面之所以广泛运用花椒，是因为你把嘴巴吃麻了，就能再多吃点辣，不然仅凭人的血肉之躯，可受不了那么多辣！中国最好的花椒产自汉源县，位于四川西部山区。当地人说，汉源花椒香味重，拿一颗鲜花椒在手心搓一搓，味道能穿透皮肤和骨头，传到手背上。汉源花椒在成为烹饪香料之前，曾是一味熏香，价格昂贵，是献给中国历代皇帝的贡品。汉朝时，这种香料被混入皇家后妃们寝宫的泥墙，称之为“椒房”。这种行为并未持续太久，但“椒房”这个词却一直沿用到封建王朝末期。四川当地学者认为，之所以兴起这个风俗，不仅是因为花椒香气袭人，还因为植物本身结籽众多，是“多子”的传统象征。直到今天，某些农村地区的婚礼上，亲朋宾客们还要朝新郎新娘抛撒花椒和花生，表达祝福。

通常的说法是，川菜之所以辣，是因为气候潮湿。传统中医认为，湿气对身体健康有大害，会破坏体内阳气，让人虚弱迟缓。保持均衡健康的上上之策，就是吃祛湿气、驱寒凉的食物，于是辣椒、姜和花椒这些热性食材，就成了四川饮食的重要组成部分。当地人觉得，他们不仅应该在冬季吃大量的辣椒来战胜那如影随形、穿透每一层衣物的湿冷；也应该在仲夏时节多吃辣椒，帮助流汗，排出湿气。（对了，我有好几个四川朋友，因为听说伦敦总是下雨，总是雾蒙蒙的，就说川菜很适合英国的天气！）

四川的多雾天气也很出名，一年有大部分时间，那灰蒙蒙的湿气都缠绕在树林与江湖之中，把阳光吸个干干净净。晴朗高远的天空特别少见，所以有“蜀犬吠日”（太阳一出来，四川的狗就兴奋大叫）的说法。而典型的川菜却颜色鲜亮丰富，仿佛是为了与这阴沉的天气对抗：一碗新鲜的胡豆上洒了红油，干烧鱼上有华丽鲜红的泡椒，冷盘卤肉泛着淡淡的粉色，还有暗红色的花椒。这样的食物不仅能修复和平衡身体，那温暖又丰富如秋季的颜色更能抚慰心灵，恰到好处地照亮常年灰暗的天空。

历史

长久以来，四川地区以丰富多样、美味可口的食物驰名天下。成都周边出土的有两千多年历史的汉代画像砖上，就有狩猎、烹饪和豪宴的场景。同一时代的文学家扬雄就在一篇文赋中描述了厨师们"调夫五味，甘甜之和，芍药之羹"（融合五味，创造和谐的甘甜，用芍药做滋补的汤羹）[2]。

早在公元 4 世纪，就四川人对鲜明风味与香辣的偏好，历史学家常璩做出了著名的总结——尚滋味，好辛香。到了 12 世纪的宋朝，北方都城汴梁（今开封）已经有了川菜馆，说明巴蜀地区的饮食已经形成独特的风格，并且驰名省外。不过，在遥远的古代，当地烹饪中的任何辣味，都并非来自辣椒，而是用当地的辛辣食材进行"调味三重唱"：生姜、花椒和一种"近亲植物"食茱萸（后来完全被辣椒取代）。四川地区产的生姜一直被奉为佳品，在中国最早的美食专著《吕氏春秋·本味篇》中便有提及。一直到 16 世纪晚期的明朝末年，辣椒才姗姗入华。最早的相关文字记载出现在浙江和江苏这两个沿海省份的植物考上。携辣椒来华的，也许是葡萄牙贸易商（不过有些人认为它们是从印度经由陆路来到中国的）。一开始，它们被称为"番椒"（海外蛮夷之椒），因为有着洁白可爱的小花和鲜红漂亮的果实，被视为观赏植物。一直要等到至少一个世纪之后，才出现关于辣椒入菜的记载。17 世纪，辣椒深入江西和湖南这两个内陆省份，1684 年最先出现在有关湖南的记载中。大部分资料中都说，辣椒就是从这里慢慢地进入四川的。根据四川大学江玉祥教授详尽的研究，尽管有一份资料中模糊提到了 18 世纪中期四川有辣椒种植的历史，但要一直等到嘉庆年间（1796—1820 年），这种植物才成为当地的常见作物。

19 世纪初，江西学者章穆记载了"近几十年"民众对辣椒的喜好，"味辛，辣如火，食之令人唇舌作肿，而嗜者众"[3]。不难想象，早已习惯用重味来调和恶劣气候的川人，一定与辣椒一见如故。清朝末年，辣椒在蜀地得到广泛应用，川菜以其重味和对麻辣香料作用的发挥，更是声名远播。今天说起四川，就缺不了辣椒。但在四川方言中，辣椒还一直叫作"海椒"，可见其海外根基。奇怪的是，首先与辣椒相遇的沿海地区，菜肴中却完全不见辣椒的踪影。

有时候，人们会把四川文化的特殊性归因于地理因素。看看中国的地形图，你也能琢磨出点门道：葱茏肥沃的四川盆地周围环绕着险峻的大山，西边则耸立着广阔的青藏高原；唯一的出路就是长江，它在蜿蜒险恶的峡湾中一路蛇行至华中，最后往东归海。在铁路和现代交通出现之前，前往四川就是一项非常严酷的考验，诗人李白感叹"蜀道难，难于上青天"，可不是没有根据的。不过，四川实际上根本没有与世隔绝的历史。两千多年前，一统中华的伟大帝王秦始皇（用兵马俑陪葬的那位）打败了西部王国巴和蜀，将四川盆地置于中央集权的统治下。他的子民们从华中平原迁居到这片区域，据说也带来了自己的饮食风俗，开启了四川与中国其他区域长期的文化交流融合。

和平时期，四川总是相对封闭，自给自足，退居到天然的地理屏障之内，人口流动缓慢稀少。然而，每每遇到战争时期或朝代更迭动荡，便有大波人潮涌入该地，结果当代成都大部分人口都被认为是外来移民的后代。最汹涌的一波人潮来自清朝早期，从 17 世纪末开始。前明气数殆尽时，中华大地到处都是争端与混乱；战争、瘟疫和天灾让四川人口大幅下降，大量宝贵的农耕地被弃置成为荒野。清朝统治者努力恢复了食品生产，带来了稳定的局面，他们鼓励系统性大规模地往这个肥沃的盆地迁移，于是人们从十几个省份纷纷前往，史称“湖广填四川”。政府官员和富商们迁往四川时，往往带着自家用惯了的厨师；每一波移民都会带来新的口味与烹饪技法。等到 19 世纪末 20 世纪初有西方传教士旅居成都时，那里已经成为一个不折不扣的大都市，且饮食烹饪行业正在蓬勃发展。成都有的餐馆专做别地菜系，比如长江下游江南地区的精细菜肴。1909 年，傅崇矩的《成都通览》出版，其中列出了一些餐厅，能承办海参全席或燕菜全席等大宴；还有能做黄油肉排、牛奶布丁和咖喱野鸡等西餐的地方。傅崇矩列出的数百种本地菜肴和小吃中，有好多今天的人们还在吃，比如辣子鸡丁、椒麻鸡和麻婆豆腐。

今天我们认知中的川菜，其实是在 19 世纪末到 20 世纪初形成的。日本侵略中国期间，北方和北部沿海地区数百万流离失所的人们到内陆地区寻求避难，重庆成为国民党政府战时的陪都。来自全国各地的官员都在这里有居所，美国军人也来此支持作战。很快，照顾到各种不同口味的新餐厅竞相林立：到 1943 年，重庆城内有 250 多家餐馆，其中包括 30 家西餐馆和咖啡厅。

川菜独特的个性便脱胎于移民与文化融合的悠久历史。今天所谓的“传统”烹饪技能就综合了很多外来影响：最突出的是来自南美的辣椒，但也有源自北京御膳房的烤制和烟熏技法；很多菜惯用油炸，据说是在 20 世纪 30 年代由美国传到重庆的。就连四川那些最著名的美食创举也不例外，“宫保鸡丁”这个名字来源于一个出生在贵州的官员；第一个酿造保宁醋的，是来自北方省份山西（有着悠久酿醋渊源的省份）的移民；豆瓣酱的发明者则是17 世纪末在成都郫都区（旧称郫县）定居的福建人。如今，改变的步伐不可避免地比以前更快，本地厨师们也开始尝试牛排、秋葵和三文鱼等食材。这种外来影响的狂轰滥炸，很可能被视作对地方身份认同的威胁，但我们也应该牢记，四川在悠久的历史中，大部分时候都是一个文化与饮食的大熔炉。当地人总是很骄傲地证实，这片土地非常包容：开放灵活、适应性强、海纳百川。

天府之国

长久以来，农产富庶的四川就有“天府之国”的美誉。四川盆地肥沃的土壤、温暖的气候、丰富的降雨量与江河湖海的充足供水，为农业提供了非常理想的条件，大约 2300 年前，官员李冰在成都附近治理和疏导河流，督办了都江堰水利工程。这是工程学上的杰作，结束了该地区泛滥的洪水，开辟了能够稳定农耕、出产丰富的大片土地，确保这里的人们总能吃得饱吃得好。

四川土壤丰饶，出产的不止有大量水稻，还有各种各样的水果和蔬菜，全年滔滔不竭。四川的特产有蜜橘、柚子、荔枝、桂圆、桃子、枇杷、韭菜、竹笋、芹菜、茄子、莲藕、空心菜以及各种形状与大小的瓜类。山区会种植上好的茶叶，蕨菜、椿芽等野菜也是人们喜闻乐见的盘中餐。四川江河交错，流域众多，曾经是众多鱼类的栖息地，包括岩原鲤、雅鱼和江团。围绕着盆地的群山、森林和草场也曾经满地奔跑着野生动物，生长着神奇的生物：菌类、野蛙和各种各样可入药的植物根茎与草药。长久以来，文人们总是热情歌颂着四川高质量的丰饶物产，其中最著名的要数唐朝诗人杜甫和宋朝诗人陆游。在中国美食家眼中，整个四川就像个食物储藏室，里面的每一种食物都代表了美食之梦。

说到辣椒，四川人传统上有几个特别偏爱的种类。最特别的就是二荆条，瘦长、皮薄、微辣，尾部弯曲，风味诱人，通常做泡椒或者干海椒。20世纪90年代，这种辣椒的主要产区是牧马山，就在成都郊外。好些年前，一个二荆条丰收的季节，我去了那里，市场上全是散发着鲜红光泽的辣椒，仿佛点燃的红灯笼，照亮了阴惨惨的天空。令人悲叹的是，那之后，牧马山的辣椒田就被铲平铺好，另作他用，二荆条减产，迁移到更偏僻的地方种植。其他当地的辣椒品种，还包括更小更饱满的朝天椒、浑圆尖头的“子弹头”、圆滚滚的灯笼椒（通常都做成泡椒）。近年来，本地厨师越来越多地用一种又小又尖的干海椒——小米辣，这种辣椒基本上都是在别的地区种植，比如云南。

从古时候起，四川就是花椒产区。花椒树长着尖刺，结着凹凸不平的青色果实，在夏末的阳光下呈玫瑰色。这种植物比较适宜阳光灿烂、冬季寒冷的山区。和酿酒的葡萄一样，花椒也能很好地代表其生长的风土，所以，真正的花椒迷不仅要找四川西部汉源县出产的花椒，而且还必须是产自牛市坡的花椒——那只不过是汉源县中小小的一块地界。应季采摘的牛市坡花椒，香味真是让人难以置信，让人想起金橘，高亢、鲜明又纯粹。农村地区的人们一直在使用野生青花椒做菜，但在20世纪90年代末，有一种青花椒成为农作物，被批准销售，并得名“九叶青”。从1998年开始，这种通常被称为“藤椒”的青花椒越来越受川菜厨师的欢迎：那种芬芳令人目眩神迷，仿佛青柠皮一样新鲜而有冲劲，和鳝鱼、牛蛙、各种鱼类乃天作之合。

腌制的蔬菜也在川菜中占有一席之地。很多人到现在还会自己做快手的“洗澡泡菜”供日常吃食；别的腌制蔬菜需要更为复杂的加工，因此通常是买现成的。其中最著名的是榨菜，是用香料和盐调和腌制的深黄色块茎，产地是重庆的涪陵。不过这只是四川“四大腌菜”之一，另外三个是：大头菜，即盐腌某种芜菁；南充冬菜，以多叶芥菜为原料；宜宾芽菜，深色、甜口、五香，用另一种芥菜的嫩茎制成。四川另一种著名的特产是井盐，是地底深处盐矿中的盐卤，经过加热精炼而成，因为味道纯正而被奉为上品。公元前3世纪，由灌溉工程专家李冰督办的盐矿是全世界最早的盐矿之一。到唐朝，四川境内已经有将近500座盐矿，而产盐中心就是今天的自贡，享有“盐都”的美誉。

当然，川菜的丰富多样不仅要归功于这些原材料。

四川西部汉源县种植的花椒。图片中的花椒是“贡椒”，被认为是中国最好的花椒，曾经是奉送到宫廷的贡品。

当地人在漫长岁月中建立了非常成熟和完整的烹饪传统，也有多样、扎实的技能做基础。川菜厨师们的刀工和对火候的精妙掌握是闻名遐迩的，当然最出名的还是他们无比卓越的调味技术，这恐怕在中国传统饮食文化乃至全球烹饪界都无人能出其右。综合这些技艺，即便是很有限的食材也能变成一桌美味宴席。而过去深宅大院里的官家厨师和今天的高端大厨们有着丰富的资源，所以他们能创造的可能性无穷无尽。川菜厨师有一套非常复杂的烹饪词汇系统，有很多几乎不可能翻译成英文。各种菜谱中记载了 56 种独立的烹饪手法，而且详尽地分析了其中的不同（见第 469 页）；无论切片、切丝、切丁，根据厚薄、大小不同，全都有不同的名称（见第 34 页）；每一种复合味也有自己独一无二的标签（见第 465 页）；口感上微妙的层次也会加以区分。专业的烹饪手册会在每个菜谱之前“划重点”，讲一讲这道菜的味型、烹饪手法和特点。特点的描述会包括色香味与口感，通常会用朗朗上口的四字词语加以概括。

多样的烹饪风格

成都曾是古蜀国的首都，从烹饪的角度来讲，至今也仍然算得上“川菜之都”。两千多年来，这里一直是政治中心和丝绸、织锦生产中心；成都的富商与官员很久以前就十分擅长享受奢华精致的生活。当地气候宜人，物产丰富，生活比中国很多地方都要舒适。全国人民都知道，成都人闲适懒散，最开心的就是坐在茶馆里打牌打麻将，或者面对当地美味佳肴大快朵颐。

重庆在成都的东边，曾是四川第二大城市，现在则成了直辖市。重庆紧靠着长江陡峭的江岸，是一座山城。通铁路之前，这条大江就是这个地区通向中国其他地方最重要的交通路线，重庆至今也是重要的河港，无数船只从这里起航，往下游经过三峡，到上海，行大洋。

重庆的气候比成都还要潮湿，而且夏天的湿热令人难以承受，是中国的“火炉”之一。你大概也能预见到，当地人对这种湿热的应对办法，就是比成都的邻居们吃更多的辣椒和花椒。所以，重庆的家常菜很多都麻辣到可怕。

近几年，重庆的“江湖菜”出了名，这种菜风格粗犷、豪迈、爽辣，做工的人们好在河边吃上一顿。如果你在重庆的某家餐馆，发现自己要从一大堆辣椒中扒拉小块的鸡肉或鳝鱼，而且周围坐的都是大闹大笑、脸红脖子粗的人们，那你就是在吃“江湖菜”了！

陡峭的群山，忙碌的河港，让重庆的气氛比成都更直来直去，这种耿直果断也反映在当地的烹饪文化中，成为新的美食潮流与不断创新的丰富来源。有很多出名的美食都是在这里最有用武之地，比如火锅、辣子鸡、酸菜鱼。某些重庆人一直看不起成都人，觉得他们很懒，吃的东西也很过时。而成都人则会习惯性地反驳说，重庆人也许很擅长发明好菜，但他们吃得太粗，不精细，重庆菜需要成都厨师画龙点睛，才能真正成为伟大的佳肴。

除了“源远流长”的成渝之争，整个大四川还有无数不同的烹饪与美食传统。川南的人们偏爱简单的快手小炒，很多菜都要配辣酱和蘸水。他们特别喜欢用泡椒配泡姜（也许，从这个习惯里能一窥鱼香味的由来)；也偏爱用新鲜的香料，比如留兰香和藿香。四川东南部的人们有时候会往蘸料里加些木姜子油，里面有强烈的香茅草味，在邻近贵州省的烹饪中比较常见。在成都往西的山区中，汉族人的烹饪习俗与藏族、羌族、彝族等几个重要少数民族的习俗融汇在一起。(在这本书里你能找到几道四川的回族菜，但其他少数民族的菜系不在本书研究范围之内。)

近几年，人们重燃对传统饮食文化的兴趣，于是很多小一些的地方也热情宣传自己的烹饪风格。有些自称长江沿线的"大河帮"，比如泸州、宜宾、乐山；有的是嘉陵江边的"小河帮"，包括南充和广元；还有自贡和内江组成的"自内帮"，也就是这两个地方的菜肴与小吃。在"盐业之都"自贡，当地人热爱独属于他们的盐帮菜。其实，整个四川就是一幅由丰富多样的美味特色菜组成的拼贴画。有些特色菜固守着自己的一方土地；有些则跨越县市之界，走向全川。

除了丰富多样的地域差异，川菜还有很多程度与风格上的不同。四川最出名的就是风味绝佳的平民菜系，其中很多菜肴，会让四川人离家在外时魂牵梦绕，无比怀念：经典的回锅肉、麻婆豆腐和宫保鸡丁；家常泡菜加一点红油；还有四川乡下传统的宴席菜肴，比如咸烧白等。20年前，大部分四川人都在家里做这些菜，家家户户都有"独门"泡菜和冬天做的腊肉酱肉。上了年纪的长辈，很多(其中包括很多男人，真是让人震惊)到现在还能炮制出一盘美味的麻婆豆腐或干煸四季豆；但年轻人就让人观之悲叹了，他们似乎断了做菜的"根"。在成都，亲切而美味的传统烹饪仍然有迹可循，特别是那些价格低廉又处于偏街小巷的小饭馆，成都人所谓"苍蝇馆子"——这是开玩笑的说法，因为这些餐馆一般卫生都不太达标(很像英语里说一些餐馆"勺子很油")。

四川小吃名扬天下(成都小吃是其中的一枝花)：水饺、抄手、面条和其他种种，鲜香美味，不一而足。不管哪个小市小县小镇，都有自己的特色小吃：也许是用叶子包着的叶儿粑，也许是卤菜，或者某种形式的面条。这些小吃一开始都是小贩挑着货担走街串巷地卖，他们一般专精于一种小吃。虽然现在大家一般都去面馆或者专做小吃的餐厅，但在城市里的寺庙与公园周边，或者小城镇的街巷中，仍然可以找到以货郎挑担的方式传播的美味(对于四川小吃传统的详细描述，见第366～367页)。

人们通常觉得，川菜就是便宜、家常，然而，川菜中那些处在社会标准最顶端的雅致珍馐也让人惊艳不已。看看高端大宴的菜单，就知道这些菜需要大师出手施展绝学，食材也集合了很多山珍海味。比如，有道经典的宴席菜叫作"虫草鸭"，一只整鸭，身上戳孔插上来自藏区的冬虫夏草(菌类的孢子被幼虫食用后在它们体内生长，吸收养分，直到幼虫只剩下一具空壳，被孢子的菌丝完全占据)，这种菌类是传统的补品，在四川已经有300年左右的入菜入药历史。擅做宴席的川菜厨师也会用当地独特的烹饪手法来处理一些中餐食材，创造出家常海参和干烧鱼翅等菜品。宴席菜通常能展示厨师的伟大智慧和精妙手法，能吃得食客满座皆惊，如痴如醉。所以，如果你是座上客，可能会吃到鸡豆花，看上去就像川东常吃的廉价豆腐，但其实是鸡胸肉细细地斩过再做成豆腐的模样(见第199页)；或者"开水白菜"，

福宝古镇，位于四川东南部的泸州市合江县。

就是清汤里飘着一颗小小的白菜，那汤清澈澄明，风味十足，是用鸡肉、鸭肉、火腿和猪骨熬炖而成，非常奢侈，不起眼的白菜泡在这样的汤里，正是妙处所在。近些年，成都大厨喻波创造的“毛笔酥”声名鹊起，这道菜看上去就像一根根毛笔配上一盘朱墨，但其实是将又薄又脆的酥皮塞进竹管里，蘸的是番茄酱。

历史上的中式宴席，总会用大浅盘端上蔬菜瓜果做成的繁复精美的雕塑，或者将五彩缤纷的食材切片切丝，精心地拼贴出造型，比如“孔雀开屏”或“熊猫战竹”。法国人有糖塑，中国人就有如此刀工，但这也是一门正在消逝的艺术。而川菜宴席每每为了更加精致，会让专业厨师对广受欢迎的经典菜与小吃进行创新改良，比如烧白和担担面。不过，你参加的宴席越高级，菜品的风味就越可能趋于清淡和雅致。

过去，高官富商们通常都在自己家里聘请专职的厨师，这种传统催生了一些中餐里最美味的菜肴。19世纪末20世纪初，成都的高端餐厅开始追求重现私厨中那种雅致与亲切的氛围。傅崇矩的《成都通览》中特地提到了“正兴园”，老板是位满族厨师，之前在一位朝廷官员家中做菜，是（要吃上整整三天的）满汉全席大师。1910年正兴园歇业后，老板手下的两位厨师又合伙开了另一家餐馆“荣乐园”，逐渐成为精品川菜的代表。如今，这些高规格的宴席包宴可谓凤毛麟角。在成都，真正继承和发扬这项传统的两位优秀厨师，都在经营私房菜：兰桂均和他的“玉芝兰”，喻波和他的“喻家厨房”。除此之外，还有川菜馆松云泽的大厨王开发和张元富，他们都算是正兴园的“嫡传弟子”。

川菜还有个令人着迷的分支，就是佛家素食。中国的佛教寺庙有着源远流长的素斋传统。当然大多数的和尚、尼姑自己吃的是非常简单清淡的饮食，但比较大的寺庙通常会有专门的餐馆，做比较丰盛的素餐。这是寺庙餐食的“升级加强版”，最让人感兴趣的也许是很多菜都采取了巧妙的手法去模仿肉食、禽蛋与鱼的外表、味道和口感。整个中国的素食餐厅都在进行这种艺术性的模仿，但四川的佛寺有自己的地方特色，会做素回锅肉、素干煸鳝鱼和素甜烧白等菜品。（菜单上是不会出现“素”这个字的。）

值得一提的是，中餐中几乎不会用乳制品，所以中国的素食可以说是纯素。

好几个世纪以来，已有大量穆斯林生活在四川，其中绝大部分是回族人，祖先是贸易商，从中国西北部经丝绸之路跋涉远行；还有一些是维吾尔族人。清朝的“填四川”热潮之后，回族穆斯林在成都的城市中心形成了一个社区，修建了一座清真寺，开了一些面馆、餐厅，也做做别的生意。原来的那座清真寺已经拆除，之后又新建了一座，周围也有几家清真餐馆。四川的清真餐馆里通常会有羊羔肉、山羊肉和牛肉做的菜，但也会把本地一些经典菜肴做成“清真版”，也十分美味。比如“回锅牛肉”和“锅巴鸡片”。

调味的艺术

食在中国，味在四川。

只要在蜀地吃过川菜，就知道这句俗话毫不夸张。四川人是出了名地会调和各种不同的味道，形成精妙的复合味。川菜厨师们都自负于能熟练把握不少于二十三种的复合味。这些味道作用于丰富多样的食材，口味的多样性可谓无边无际。因此，关于川菜，还有句恰到好处的俗话——“一菜一格，百菜百味”。一顿川菜宴席，也许是一次引人入胜的美食之旅，各种鲜明的风味轮番登场，挑逗你的味蕾：重口味的香辣菜，浓郁丰富的酸甜酱，散发着淡淡香气的肉菜冷盘，精细微妙的汤品……

传统西方观点认为，基础味一共四种：咸、甜、酸、苦。然而，中国人的认知中，基础味是五味，暗合了五行（金、木、水、火、土）和五个方位（东、西、南、北、中）的理论，当然也突出了他们传统上对“五”这个数字的偏爱。从孔子时代就认定的中国五味，分别是：咸（四川话发音“han”）、甜（或称“甘”）、酸、辣（也称为“辛”）和苦。在各方面都喜欢走出地方特色的四川人，有属于自己版本的五味，他们通常用“麻”（即花椒那独特超凡的味道）代替“苦”，有时还要加上“鲜”和“香”。

“鲜”（英语国家的读者可能更熟悉日本的说法：umami），实在是中餐语汇中最美的字眼之一。这个字代表了新鲜肉类、禽类与海鲜的美味可口，也可以形容鸡高汤的绝妙味道，或者新鲜提炼出的猪油那种微妙与神奇。“鲜”描述的是自然中那些最最令人激动的味道；也给中餐大厨们源源不断的灵感。“鲜”，就是调味的精髓。大部分的中国美食都致力于从上好的食材中提炼出鲜味，用鸡油或香菇之类去烘托强调这种鲜味；加少量的盐或糖去“勾引”出这种鲜味；用酒、姜和葱去除血腥与生腥味。在烹饪艺术高耸的巅峰之上，中国大厨会赋予那些口感无与伦比，但本身淡而无味的食材以鲜味。比如鱼翅，就放进猪肉、鸭肉或鸡肉熬的鲜浓汤中慢慢地“吊”。在更为家常市井的厨房中，人们会用猪油或鸡油来炒素菜，即使不用真正的肉类，菜中也能有奢侈的鲜味。

当然，西方世界现在也越来越强烈地意识到这种“第五味”。那些天然富含谷氨酸和其他自然增味剂的食物中都有这种味道，比如某些菌菇和海鲜。1909年，谷氨酸首次投入商业生产，被制造成味精，又过了一段时间，中国厨师便开始用这种调味料来为菜肴提鲜。如果加得恰到好处，味精能够为一道菜起到画龙点睛的作用，但很多厨师使用味精或衍生的鸡精都太过量，掩盖了食材的本味，而且（在我看来）引起了味觉的“骚乱”，感觉不到其他更为微妙的味道。这真是个苦涩的讽刺，中国是全世界的风味之国，成百上千年来，大厨们殚精竭虑，发展出最成熟、细致的烹饪技艺，然而，拥有“味道精华”这种称号的，却是这种大批量生产的白色粉末。

“香”这个字，比英文直译的“fragrant”内涵要丰富和深刻得多。在庙宇宗祠中要给神灵与祖先上“香”。用于上贡的祭品肉要烤得焦香，丝丝缕缕的烟雾和香气，被看作和灵魂世界沟通的途径。我不是说大厨与食客们每当闻到烤猪肉之类的味道，就会经历一次灵魂上的感动与洗礼（说不定也会），但“香”这个字在中文中，真能表达一种由衷的赞叹与喜爱。酒水、香料、花朵、烤过的坚果、柑橘的外皮，芬芳诱人，全都是“香”。煎炒烤制之后产生的那种令人愉悦的气味与风味（也就是科学家所说的“美拉德反应”或“焦糖化”），也经常用“香”来形容。比如，烤鸭那令人垂涎的油晃晃的鸭皮；或者姜葱过油炒，在锅

午餐肉
部分合作伙伴
联系人：郑承达
电话：13959720007
菜籽油
净含量5升X4
HONG WAN JIA
辣椒面
传统工艺
La Jiao Mian
YIFA STAINLESS STEEL
多用桶
电话
22946

里“嘶嘶”时飘散出的那种销魂之气。

要理解中餐烹饪，还要弄清一个至关重要的概念，就是除臭去腥：去除令人不快的味道，也就是“异味”，更具体地，分为腥味、骚味和膻味。中国人认为，生肉或生鱼的气味令人倒胃口，必须通过各种各样的方法去压制或根除。烹制之前，生肉通常要焯水，好去掉其中的血水和杂质。

人们经常用盐、料酒、花椒、姜和葱来腌制食材，特别是鱼或者牛羊肉这些本身味道比较强烈的肉类。在肉类或禽类做的炖锅或高汤中，总会拍几块姜或蒜扔进去。（欧洲厨师们可能觉得难以理解，但这样的小动作真的能提升风味，不信你在猪骨高汤中加点葱姜，再和没有加的对比一下，高下立判。）这种不喜肉类生腥味而要加以压制的传统古已有之，甚至在战国时期的《吕氏春秋》中已有记载。有些蔬菜也有必须要去除的异味，比如让人的舌头望而生畏的涩味，菠菜和某些竹笋都有；又或者白萝卜的那种辣味。

大家都知道，粤菜厨师执着保留和提炼新鲜食材的自然本味。他们的调味料都加得很淡，比较精妙，只为了烘托而不可掩盖原材料的味道。川菜厨师则与之形成对比，他们用以傍身的技艺是大胆融合基础味，创造浓郁强烈又复杂的味道。不过，大量使用辣椒、花椒、大蒜、生姜和葱，并不是要抹杀食材的自然本味，所谓“辣中有鲜”。

川菜厨师通常将咸味作为基础，再在这不可或缺的背景之上挥洒各种纷繁的味道。咸味能唤醒原材料的各种自然品质，甚至四川还有句老话说“无 han（咸）不成菜”。最重要的咸味调料就是四川的井盐，而酱油、豆豉和豆瓣酱也是很有特色的咸味调料。用白糖、红糖、冰糖、饴糖（有时候也用蜂蜜）调成的甜味，是某些复合味中至关重要的元素，但也可以只加少量，与咸味相辅相成，起到“和味”的作用。酸味来自醋或酸菜，历史上也有用盐腌青梅调制酸味的做法。苦味也会在川菜中偶尔出现——用陈皮或苦瓜、苦笋等苦味蔬菜的时候。川菜的辣，就是来源于各种各样著名的辣椒，但本地厨师也会放白胡椒面、姜、蒜、葱和芥末来调辣味，大家都是“辣味家族”。当然，令人唇舌酥软的麻味，主要的来源就是花椒。

这些基础的味道进行各种排列组合，形成千变万化复杂多样的味道，川菜厨师和美食家系统地列出了至少 23 种。每种都有自己的独特之处，酸甜的平衡、辣的程度、对舌头和味蕾的作用效果都各有千秋。这种在风味理论上的高度系统化并没有导致任何的刻板僵化，相反，川菜厨师的创造能力堪称惊人，我认识的每一位厨师都强调，烹饪一定要懂变通，要灵活。官方认定的味型只是个模板，要在此基础上玩出自己的风格，进行扩张和改进。美食作家也总是倡导扩大标准味型的范围，收入一些广受大众欢迎的新味道，比如果汁味和茄汁味。

其中的一些味型属于四川独有，值得在这里专门一提。最让人痴迷的是鱼香味，由泡椒末、生姜、大蒜、葱、糖和醋调制而成的惊艳味型，热菜和凉菜都能用。调味的食材里面没有鱼，真正的鱼料理也很少用到“鱼香”这样的形容。大部分本地川菜专家都坚称，之所以叫这个名字，是因为这种味型会用在本地的烹鱼手法中（的确如此，特别是在川南），所以鱼香调料会让每个人想起吃鱼时尝到的味道。还有个比较有争议的解释，就是在泡椒时会塞几条整的生鲫鱼放进坛子或罐子里，来增强其风味，故而得名。比较老的食谱中确实介绍过按照这种方法做成的“泡鱼辣椒”，但现在已经很少见了。

不管鱼香味真正的来源在何处，也不管它在民间烹饪中扎根有多深，反正如果以“经典”川菜烹饪的角度来衡量，这种味型的历史好像并没有那么长。傅崇矩在他1909年出版的《成都通览》中并没有提到这种味型，但在《中国名菜谱·四川风味》（这本菜谱最早出版于1960年）里有解释说，这些菜用到的调料也通常用在鱼料理中。

还有个重要的川菜味型叫“家常味”，非常美味，吃得人暖心暖胃，融合了豆瓣酱、甜面酱、豆豉和其他一些类似的调料，它们都有浓重的酱香味。最常见的家常烹饪手法是先烧油，炒香豆瓣酱和姜、蒜，可能再加点肉末，加很多蔬菜进去，再加点高汤或水，盖住锅盖，慢慢地去烘那些食材，直到慢慢入味：这似乎就是家常菜的根。

还需一提的是最著名也最刺激的味道，由辣椒和花椒组成的麻辣味，这是川菜的精髓，也是其在全国乃至全世界最显著的特色。（所有的“官方”味型，见第465～468页。）

川菜在外界眼中都是炽烈如火，所以有必要强调一下，清淡低调的口味在川菜当中的重要性，绝不亚于火热辣椒与酥麻花椒对感官带来的喧嚣狂野的刺激。像重庆歌乐山辣子鸡那种一堆辣椒中藏着鸡块的夸张菜肴，必须要用白米饭或温和清爽的汤来中和；浓郁香辣的炖牛肉，要配一盘简单的清炒时蔬。川菜演奏出的高音是比别的菜系更惊人些，但四川和中国其他地方一样，好的饮食追求的是平衡：追求爽辣奔放，也追求清淡平实。这便是食物带来的慰藉和美好，即使在四川，它也不仅仅是为了全面刺激和震惊你的感官，它同样能恢复和维持身心的平稳镇定。

口感

有个元素在中餐里无处不在，而川菜尤甚，那就是口感。这是任何菜肴不可或缺的要素之一。而西方饮食中对口感的把握和追求十分有限，这也许是西方人欣赏中餐的最大障碍。对中国人的味蕾来说，一道菜的口感和其色、香、味同样重要。看这个专门的名词就知道——口感，就是某种事物在口中引起的感觉。“口感”这个概念，不仅包括了英语中所形容的酥脆（crispness）、柔软（softness）、有嚼劲（chewiness）等，还有一种特别让人愉悦的感觉，就是吃到一道好的炒菜，所有的食材都被切成非常和谐均匀的细丝；或者吃肉丸子时，感受到每一丝有纤维感的筋膜都已被细细挑去的那种心满意足。

四川人特别偏爱某些口感：毛肚等内脏的脆韧可口；海蜇和耳丝咬上去嘎吱作响的滑溜；鱼脸里面那块肉如丝绸般的柔软顺滑。很多欧洲人看来怪异甚至令人疑惑的食物，中国人却吃得其乐无穷，口感正是原因之一。我的中国朋友们特别喜欢吃鸡爪和鸡翅，特别享受那种用唇齿撕开骨和肉的感觉；也很懂得欣赏凉粉那种滑溜与紧绷并存的微妙平衡。中国的珍馐佳肴，例如鱼翅、海参等，它们的吸引力之一就来自口感；而中国厨师愿意花上几个小时甚至几天去把这些罕见的软骨食材做成餐桌美味，它们的独特口感也是一部分原因。

中文中有些用来形容口感的词根本无法翻译，因为它们所描述的概念基本是被西方饮食界所忽略的。“脆”就是其中最鲜明的一种。用英语来说，“crispness”算是勉强沾得上边吧。脆的东西，能对牙齿产生一种阻力，但最终会比较干脆地“屈服”，让人有种愉悦爽快的感觉。这种口感可以在很多食材上找到，比如：腰子（肾），入菜时要细细切过，开大火迅速爆炒；还有鹅肠，在四川火锅里快速地涮一下；以及鸡软骨、新鲜芹菜和生的嫩荷兰豆。四川人特别喜欢这种口感，比如有道菜就叫“泡椒三脆”（爆炒鹅肠、鸭胗和木耳）。“酥”是另一种“crispness”：波丝油糕炸过之后，或者酥皮烤过之后那种干干的、易碎的感觉。“嫩”，就是鲜嫩的菜叶和肉那种精细的柔软，通常用来形容水分充足的肉食，比如炒炖的嫩肉和鲜鱼。“老”与“嫩”相对：肉过熟、菜叶纤维过多，或者本来很嫩的食物煮过了变干。“耙”（pa，音“趴”）是四川方言，指的是食物经过长时间的炖煮，变得骨肉分离或根菜软烂如泥。“糯”，就是糯米那种黏黏的感觉，又软又有弹性。

作为西方人，如果要像中国人一样欣赏和享受口感，需要一定的时间与投入，但最终会为你的饮食愉悦增添新的维度。如果你是刚刚入门的新人，最好先别碰那种根本看不出是什么的内脏，或者最昂贵的山珍海味。大部分中餐厅都有的凉拌海蜇是很好的开始：滑溜又脆嫩，大多数西方人都觉得还挺好吃的。很多炒菜中都会用到的木耳也一样，口感有趣，也不令人反感。吃这些东西的时候，请你努力去感受，允许自己的舌头、牙齿与嘴共享其中的愉悦，把口感当作一种纯粹的享受。慢慢地，你会发现一扇大门应声而开，让你能更深入地去享受中餐的乐趣。

饮品

四川著名的不止川菜，还有上好的酒和茶。四川的白酒都很烈，像伏特加，用各种各样的谷物酿成，倒进小小的中式酒杯中啜饮。我最初住在四川时，很少有女人碰白酒的，所以，要是有女人任性地喝了白酒，就会出现一种要出丑与危险的气氛。男人嘛就一杯接一杯地痛饮，挺有仪式感的，不管是正式的酒宴，还是休闲酒戏。

四川最著名的白酒是五粮液，酒香浓郁，酒液清亮，用高粱、大米、糯米、小麦和玉米制成，传统上酿酒用的水取自岷江。五粮液的产地是川南的宜宾，度数最高可达60度（不过出口的五粮液显然度数要低很多）。据说宜宾很多酒窖都有500年上下的历史，可以追溯到明朝。历史较短的四川名酒还有“全兴大曲”，度数很高的高粱酒，产地成都，从19世纪初开始生产。

现在，葡萄酒，特别是干红，越来越成为正式宴饮的时尚。如果你想用葡萄酒配川菜，最好不要选橡木风味的白葡萄酒和单宁比较重的红葡萄酒。比较经典的选择有花果香味的白葡萄酒，比如雷司令或琼瑶浆，有时候还泛着一丝甜味。威士忌配川菜，会产生令人惊喜的效果。

休闲餐饮时，四川人通常喝啤酒或软饮。按照更传统的做法，简单的一顿饭可能都不喝饮料，因为最后会上一道清淡的汤菜，和饮料功能一样，都能解渴清口。

在四川，人们吃饭或解渴也靠米汤，很好喝，也很有营养。茶通常是饭前饭后喝，吃饭时一般不会喝茶。也有例外，就是俗称“红白茶”或“老鹰茶”的花草茶，道教名山青城山的特产。这种茶有消暑解腻的功能，暑热天气时特别受欢迎。近年来，类似于茶的热苦荞茶也逐渐成为特别流行的随餐饮品。

茶馆早已经渗入四川生活的纹理。乡村与老城区的茶馆是非常亲切舒适的地方，有的在树木葱茏的院子里，有的在木屋的底层，一把把竹椅子凌乱地放着，上了年纪的人们聚在一起聊聊家长里短，或者奏唱传统川剧。位于佛教和道教寺庙空地上的茶馆总是坐满了游客和信徒，聊着闲天儿，享受这被庭院和庙宇隔绝于街市喧嚣之外的感觉。城市公园里的茶馆总是占着巨大一片地界，中间还有宝塔、竹林，能欣赏湖边的水景。

从清朝末年到20世纪40年代，茶馆是社交生活的中心。四川秘密组织“袍哥”的成员经常去某些茶馆，把茶杯摆成不同的形状，作为详细周密的暗号。茶馆里通常有种要论政篡权的氛围，那个时期的很多茶馆都会挂出标牌，请茶客们“莫谈国事”。有的茶馆招牌是川剧表演或评书，有的则适合下象棋或围棋。有的茶馆名声在外却不甚光彩，是妓女和嫖客约会媾和的场所。现代化的过程中，很多茶馆都消失了，但走在路上仍有可能偶遇那种老派茶馆，按摩与掏耳朵的师傅四处游荡着招揽生意，运气特别好的话，还能欣赏到某个川剧团的表演。

在中国的神话传说中，大约5000年前，神农在野外烧水，茶叶飘进滚水中，他就此发现茶可以喝。据说神农很喜欢这种饮品的芳香，也发现其具有医药价值。饮茶传统的真正历史起源已经不可考，不过很多学者认为，原本野生的茶树是在今天的四川地界首次被家庭种植。公元4世纪常璩的《华阳国志》中就提到，茶叶被该地区的诸侯作为贡品献给武王，即公元前11世纪周朝的建立者。这本书中还提到当地的好些地区都会种茶。

如今，四川已经是中国的核心产茶地之一。当地最著名的茶叶都是绿茶，包括雅安的毛峰茶和名山蒙顶甘露、峨眉山的竹叶青、青城山的青城雪芽。四川本地人好喝一口茉莉花茶，觉得这种茶最清爽，也最适合当地潮湿闷热的气候。茉莉花茶的做法，就是将绿茶和来自四川东部山区的茉莉花一同加热，直到茉莉花香与茶叶融合。四川的茉莉花茶（在当地通常简称为“花茶”）比在中国之外常见的那种要美多了。揭开茶碗，香气扑鼻，绿色的茶叶在水中舒展，水面上还漂着温柔的小白花。

四川茶馆上茶的方式也极具地方特色。四川人很少用茶壶，而是喜欢把茶叶散放进有盖子和杯托的瓷制茶碗中冲泡（称为“盖碗茶”）。杯托能接住溅出来的水，喝茶的人也不会烫手。在盖碗里泡茶叶，也从盖碗里喝茶。盖上盖子，能为茶保温；揭开杯盖轻轻一扫，让茶水荡漾开，也能让茶叶更好地舒展。四川的饮茶人也会用盖子做茶滤，碗举到嘴边，盖子一荡，就把漂浮的茶叶荡开了。在传统老茶馆里，添水的是茶倌，他们提着铜壶（有的是著名的长嘴铜壶），添水时会炫个技，动作敏捷流畅，一气呵成。一杯茶，你想喝多久就喝多久，不过每添一次水，茶叶的味道就淡上一分。

中国的绿茶芬芳浓郁，香气怡人且十分清爽。据说绿茶还能帮助你凝神专注，数百年来，中国的僧侣一直在喝绿茶帮助自己参禅打坐。喝茶的方式多种多样，比如泡上一杯带上火车或公交，慢慢泡着慢慢喝；再比如中国东部的工夫茶，讲究专用的茶具和舒缓抚慰的仪式。

不过，在我看来，在闹中取静的四川茶馆，坐在竹椅上，呼吸吐纳着茶叶与茉莉花的清香，凝视着一汪碧水中的绰绰树影，才堪称人生一大赏心乐事呢。

---

1 “海椒”是四川方言中对“辣椒”的称呼。本书英文原文中将“Chilli”（辣椒）的拼音写为“Hai Jiao”；因此中文版遇到具有四川特色的海椒面和干海椒等，均遵照作者原意将“辣椒”译为“海椒”，保持地方特色。——译者注（此书注释若无特殊说明，均为译者注。）

2 此句出自扬雄的《蜀都赋》。括号里的说明根据英文原文翻译。此书中遇到的类似情况均这样处理，可提供对比。

3 此句出自章穆的《调疾饮食辩·辣枚子》。

五年陈酿

绍丰和豆瓣酱厂的传统生产方法。这个厂经营者的祖先就是豆瓣酱的发明人——福建移民陈逸仙。

四川人的厨房

传统川菜厨房中使用的设备简单到令人震惊。一把菜刀，一块木菜墩，几个装食材的盘子和碗，备菜就只需要这些而已。大部分的烹饪用一口炒锅、一个蒸笼、一个电饭煲或煮饭锅、一双筷子和一把瓢子就能搞定。还有其他几种比较称手的工具：长柄锅铲、漏勺、一两根擀面杖。但和欧洲厨房比起来，全套装备真是简洁多了。有的菜谱写明还需要用普通的平底深锅、煎锅和厨具，有的里面提到不那么常见的工具，比如挂肉用的钩子（如菜谱中有涉及，会进行介绍）。总体上来说，你是可以用欧洲的厨具做川菜的，但中国传统的工具，比如炒锅和菜刀，用起来实在太方便了。

实操做菜时，用燃气灶比较理想，因为明火条件下你可以很直观地控制火候温度，而且火苗能够非常均衡完美地“舔舐”那种传统的圆底炒锅；如果你是用电磁炉，那就需要用平底炒锅。也可以用那种感应的电磁炉，最好是他们说的有个凹面“锅窝”的那种，表面上有凹陷，可以把炒锅放进去。在中国，你可以买到那种适用于传统炒锅的电磁炉，但这种东西在外国却难找。电磁炉对传热和极高的温度都可以进行超凡的控制，但在烹饪技法上需要有所调整：只有锅底和炉面接触时才会进行加热，所以想要掂锅就不太现实了；如果是带“锅窝”凹面的电磁炉，你就得考虑到整个锅身都会受热，而不是像燃气灶那样，热气只集中在锅底。不管你用什么炉灶，一定要有个抽油烟机，把煎炒烹炸时那股强烈的味道与油烟抽走，这是至关重要的。

必备工具

我认为下列厨具是做川菜时必不可少的。大型的中国超市[1]和厨具商店都能找到，也能在网上购买。

菜刀 Cleaver

中式厨房中，如果只需要一把不可或缺的刀，那就是菜刀。没有什么刀能比得上这把刀的功能多样齐全，一旦用惯了，你就根本不想用别的刀了。这刀可以用来切丝、剁肉、剁馅、削皮、拍碎、捣泥、剖鱼、给禽类去骨，甚至可作为容器搬运食材。中式厨房就是能用这么一把刀身很薄很轻便的简单菜刀，完成上述几乎所有工作。不过，如果有把更有分量的砍刀或斩刀，在处理禽类或肉类骨头时也是很有用的。

菜刀有碳钢材质和不锈钢材质两种，前者必须定期上油，防止生锈，但磨刀时比较容易变得锋利。

你可以在中国超市买到菜刀，现在越来越多的百货商店和厨具店也有菜刀卖了：选一把你觉得大小和重量最合适的，如果是日常用来切菜，一定不要选那种比较重的斩骨刀。最好的菜刀出产自大足，那里的佛教石刻古迹也非常出名。

菜刀保养

保持刀刃锋利是非常重要的。最好的保养方法，就是定期用磨刀石来打磨。通常，买菜刀时就能顺便买磨刀石。磨刀的时候，先用水把石头打湿，然后把比较粗糙的那一面朝上，固定在某个工作台面上（我通常会把磨刀石放在一块打湿的茶巾上，就不会动来动去的了）。惯常使力的那只手握住刀柄，另一只手抓住刀背，刀刃朝外，放在磨刀石上，形成微微的角度，然后来回打磨。刀刃的每一处都要均匀地打磨到。菜刀翻个面，从石头上平平地磨过去，刮掉过程中产生的碎屑。感觉刀刃变得锋利之后，你就可以把磨刀石翻转过来，用比较细的那一面再进行更精细的打磨。一边磨一边要保持磨刀石的湿度，有必要的话滴一滴洗洁精防油。

如果你是定期磨刀，那每次花不了多少时间。如果你不确定是否磨得足够锋利，轻轻将刀刃推进番茄当中：如果刀刃是锋利的，就能很容易地穿透番茄的皮。

菜刀要谨慎放置，不要放在可能受到强烈冲击或者会引起事故的地方。四川人比较喜欢在厨房的墙上挂一个木头刀架，菜刀就插在里面，我也一样。如果你用的是碳钢菜刀，用完之后要立刻清洗擦干，拿一点食用油来涂抹刀刃，防止生锈。

菜墩 Chopping board

传统的川菜菜墩就是一截厚实的圆形树干，加盐和食用油来养护，可以一直用很多年。餐厅后厨里的菜墩子会很大，但家庭厨房中直径约 30 厘米、高约 10 厘米的菜墩子就够了。一顿切切切之后，厨师会用菜刀把菜墩表面的东西都铲干净，之后再用水洗，擦干。墩子的表面会慢慢受到侵蚀作用的影响，因此，墩子要不时地转着用，保持表面平整。最好的墩子要用纹理细腻的木头来制作，比如皂角树、银杏树或橄榄树，但也用桦树、柳树等其他一些木材。当然，也可以用那种普通方形的菜板。

碗盘 Bowls and dishes

能有一套小碗、盘子和蘸碟随时取用当然很好，可以用来混合酱料，腌肉，装切好的葱姜蒜等调味料。

炒锅 Wok

传统的炒锅非常适合炒菜，因为底部是弧形，可以均匀受热，食物也能在加热后的金属表面自由移动。炒锅也可以用来做炸物，烧开水，做蒸菜，干烧干烤等。大部分中式炒锅的材质都是碳钢、生铁或铸铁，每种都是上好的炒锅材料，但必须好好开锅好好养锅才能避免生锈。

炒锅的大小尺寸不一，多功能家用炒锅直径在 30 厘米上下，而商用厨房中的炒锅直径能有 1 米多。有些锅有一个长长的锅柄，方便掂锅，但四川最常见的还是小小的金属双耳柄。虽然拿“耳朵”的时候必须戴手套或包一块布，但会比较稳，煮汤或炸东西时比较保险。

你也可以买平底炒锅，方便在电磁炉上使用，但用途不及传统的那种多；也可以买不粘锅，比较

1. 漏瓢
2. 笊篱（也称“蜘蛛网”）
3. 中式烹饪瓢子
4. 炒菜用长筷
5. 锅架
6. 长柄碳钢炒锅
7. 竹刷
8. 锅盖
9. 蒸架
10. 锅铲
11. 竹蒸笼
12. 双耳碳钢炒锅

5
6
7
8
9
10
11
12

方便，但没有老铁锅那种动人的铜绿光泽。现在，很多厨具商店都能买到铁锅了，但中国超市里卖的那些通常都要便宜很多（品质也是一样的好）。

开新锅

碳钢锅或铁锅在使用前一定要开锅。开新锅时，先用钢丝球从里到外彻底擦一遍，去除一切锈迹或表面杂质，冲水好好刷一遍，擦干，放在大火上烧。等锅身烧得非常热了，仔细地用浸过食用油的厨房用纸抹遍锅内。等锅冷却之后，再进行彻底的擦拭或清洗，然后彻底擦干。

定期养锅

这是非常简单的过程，但也是用经典中式炒锅做炒菜的关键步骤，因为这样炒锅才能不粘，确保食物可以被轻松铲起并移动。如果你发现食材（特别是肉、禽和鱼）粘连在炒锅上，那很可能是因为养锅养得不好。

养锅时，大火空烧，直到锅身非常热。加几大勺食用油，轻轻地旋转，浸润锅内每个会与食物接触的部分。油热起来，锅边开始冒烟时，把油倒入耐热容器。然后可以倒一些新油，加热到合适的温度进行烹饪。如果你是要做一系列的菜，每道菜做完之后用竹锅刷迅速清洗刷锅，然后在开始做下一道菜之前再用油养一次锅。

同样的养锅油可以多次反复使用，所以如果你和我一样经常做中餐，就用耐热隔热的容器把油装好，放在炉灶边，随时取用就好。

洗锅

做完菜之后，通常用水迅速地洗一洗，用锅刷轻轻刷一刷就够了。有必要的话，你要使劲地刷锅，重新露出金属的表面；如果它生锈了，你就得像开新锅那样再来一次（见左），才能把锅放回原处。如果你用这口锅煮汤烧水或蒸菜，还是需要重新养锅来修复锅面的。炒锅的外部底端通常不需要清洗。

锅盖 Wok lid

锅盖通常是和锅分开售卖的。煎炒油炸时不需要锅盖，但是蒸菜和慢炖时需要。

锅架 Wok stand

如今很多炉灶都有预先安好的固定锅架，如果没有，那么你的圆底炒锅是需要一个锅架的，特别是蒸菜、煮汤、烧水和油炸时。如果你想要在料理台面上放稳一个装满油或水的圆底炒锅，锅架也是很有用的工具。

竹刷 Wok brush

竹制锅刷，把细竹板捆起来制成，是在炒菜间隙做清洁炒锅之用。做完一道菜后，在要做另一道之前，先用冷水冲洗炒锅，然后用锅刷把残留的食物刷掉。竹刷比之于塑料刷的好处是可以在锅还很热的时候就工作。

锅铲或瓢子 Wok scoop or ladle

大部分的川菜厨师都用瓢子，因为用处很多，特别实用。可以搅动食物在锅中旋转受热，把高汤舀起来调酱，把做好的食物装盘，还可以对食材进行称量，并且用来混合最后起锅时要加的调料。家常厨房则通常用锅铲，因为翻炒食材和刮锅底会方便一些。

漏勺或漏瓢 Perforated ladle

漏勺和漏瓢可以把煮好的饺子或面条从水里捞出来，也可以把油炸食物从热油中捞出来。很多川菜厨师都用很大的浅漏勺（直径 20 ～ 30 厘米），把手比较短，开的漏孔很大。

笊篱 Fine-mesh strainer with bamboo handle

这种漏勺也被人们称为“蜘蛛网”，是用来捞油炸食物的。

筷子 Cooking chopsticks

长筷子可以用于在锅里翻动食物，也可以在油炸时将食物夹出来。可以用长柄夹代替。普通的筷子是用来品尝和混合调料的。

蒸笼和蒸架 Steamer and trivet

自古以来，蒸制就是中餐中重要的烹饪方法之一。川菜中常有蒸菜，特别是农家菜，还有蒸饺、小吃什么的。要把东西蒸得最好吃，就要用那种传统的带盖竹蒸笼：选择一个能放进锅里的，周围要留下一点空间。

你可以用金属蒸笼，但盖子上可能会凝结小水珠，掉在食物上。你也可以不用蒸笼，直接在锅里蒸东西：食物放在盘子里，盘子放在蒸架上；蒸架也可以用倒扣的碗来代替，甚至还可以拿个空的金枪鱼罐头，两边的盖子都去掉就好。放好之后，盖上锅盖。

电饭煲 Rice cooker

这种机器特别棒，不仅每次都能蒸出完美的米饭，还能一直保温，直到你想吃的时候。有些型号的功能比较齐全，可以做不同种类的米饭和粥。自动电饭煲最大的好处，就是能让你集中精神去做别的菜肴，不用担心米饭会太干，或者粘在锅底。你可以在做饭之前就早早地称量好米和水，想要机器开始蒸时，按个键就好了。

高压锅 Pressure cooker

很多中国厨师都会用高压锅做炖菜和蒸菜。我刚开始使用不久，但已经深深爱上了这种工具。我有一个 6 升装的瑞士力康高压锅（很结实、简单、安全又美观的装备），可以只用半个多小时，就做出一锅漂亮的高汤；也可以用差不多的时间，把难炖的肉块做成美味的炖菜。从川菜的角度来看，高压锅最让人兴奋的地方，是很适合做蒸菜，比如甜烧白，因为你不用总是守在锅边免得水烧干了。如果一开始你觉得有点害怕用这个锅（和我一样），那我推荐你看看凯瑟琳·菲普斯的《高压锅食谱》。

擀面杖 Rolling pins

做一些面食的时候，就需要用到擀面杖。四川人用的擀面杖比较细，而且是从中间到两头逐渐变细。不同的擀面杖粗细也不同：最细的那种用来擀饺子皮，中等的擀饼，粗一些的擀面皮。可以用木棍代替，西餐常用的擀面杖也可以。

筲箕 Bamboo baskets

大部分的四川厨房中都有一系列浅浅的筲箕，有圆形和马蹄形两种。这是非常棒的工具，有很多功能：可以用作滤器，可以盛装蔬菜；也可以作为托盘，把少量的香草香料放在阳光下晒干。不用的时候，就堆叠存放，或者挂在墙上。

这些筲箕是由专门的匠人小批量编织的，然后拿去市场上卖，通常是被吊在自行车后面的木架子上。有些上面还编织了非常美丽的图案。金属或塑料的滤器，加上普通的托盘，也能代替筲箕的作用。

刀工

从古至今，刀工都是中餐烹饪的基本功之一。烹饪有个古老说法，叫作“割烹”。现如今你要做川菜厨师，刀工依然是最关键的起点。我去“烹专”接受培训的第一天，和其他学生一样，在拿到白色厨师服的同时，也拿到一把菜刀。这把菜刀就是我的了，每天都要带着它一起去上课，要慢慢和它熟悉起来，要经常在院子里那块巨大的磨刀石上磨一磨，要保持它的清洁，不要让它受潮生锈。每堂课都会讲解如何对食材进行砍斩、切片、切丝等。这可不是什么可选择的附加技能，而是每盘菜最基础的部分。

只要你愿意寻找和发现，切菜的过程是很美的。刀工好的人用起刀来就像在搞艺术，挥舞菜刀时那精细专注的样子，仿佛手上拿的是手术刀；欣赏这幅情景真是一种享受。虽然有的刀工技巧用擦丝器或食品加工器也能完成，但一切都用手工亲力亲为，能让人感觉到一种特殊的韵律节奏，如同冥想和修行，特别能抚慰我心。我在“烹专”的第一位老师甘国建，经常会在我俯身于墩子上切姜丝时，纠正我的动作。“站抻展（站直），”他会说，“肩膀放松，切菜的时候要把整个手臂都调动起来，不要只用手腕和手指。”在中餐烹饪中，切菜不仅仅是实现目的的手段，更是无穷乐趣之一。

有些肉禽类菜品（以蒸菜或炖菜为主）的主要食材是一整个，不需要进行切割；但大部分的菜品，食材都要经过预先处理，切成小片、小块或细丝。部分原因是，很多菜都需要大火快熟，所以食物要切得细致规整，让热量均匀地渗透。比如，要是炒鸡块的时候你切得不规整，等大块鸡肉炒熟了，小块的就会变得又老又柴。另外，切得比较细的食材，表面积相对较大，能够比大块的食材更充分地吸收酱料与腌料的风味。这种情况下，速度仍然是非常重要的：大部分川菜厨师会在快要做菜前才对肉进行腌制；在装盘之前，还会不时地加一些调料到锅里。

用筷子吃饭也是其中一个原因：中餐桌上是绝对看不到餐刀的，因此所有的切割必须提前在厨房里进行。食物端上桌时，要么已经切成了方便入口的形状，要么就是已经炖得十分软烂的整鸡、整鸭或蒸肉，拿筷子一夹就散了。按照中餐桌上的礼仪，你是可以用筷子夹一大块肉，咬一口，再放回自己饭碗里的，不过很多食物上桌时，也基本上是能一口吃掉的大小。

然而，中餐的刀工艺术最有趣的部分是其中的美学。中国厨师说起一道菜到底好不好，标准通常都是“色香味形”。一道好菜，首先要卖相好，吸引眼球；其次气味香，俘虏鼻子；然后要味道好，拿下舌头，入口鲜美。而对口感的意识，也增进了川菜烹饪的多样性，因为打开了新的大门，让排列组合的方式更多了。

技艺高超的厨师可以把最普通的猪肉做成无数不同的菜品，不仅在调味和烹饪手法上各有千秋，肉的形式也是千变万化。肉可以处理成肉片、肉丝、肉末，切成大块或小块。肉片的每一种厚度，肉丝的每一种粗细，肉块的每一种形态，都能引发不同的口感，创造出不同样式的菜品，这样一来，一顿饭可以出现好几道猪肉做的菜，而不显得单调乏味。

一道菜采取什么样的刀工，要依据食材和烹饪方法而定：萝卜和苤蓝这些很脆的蔬菜可以迅速干脆地切片或切丝；腱子肉、馒头这些东西，就需要你温柔一点，像锯木头一样割开；带骨禽肉可以砍成小块；鸡胸肉可以切成丁或者鸡丝；牛肉和羊肉通常都是按照纹理横切，切断肉中的纤维；嫩鸡是顺着竖切，这样才不至于在锅中解体。无论方法如何都有两条至关重要的规则：一是切得越规整越好，确保受热均匀，卖相好，口感好；二是一道菜中不同食材的切法应该尽量相互和谐，这也是出于美学的考量。比如，宫保鸡丁里鸡肉切丁，葱也是切小丁，两者相得益彰；鱼香肉丝中，冬笋（或莴笋）和木耳也都被切成细条来配肉丝。本地厨师如是说：“丁配丁，丝配丝。”这种美学理念深得我心，甚至渗透到我的很多非中餐烹饪中，影响到我做沙拉或欧式炖菜的方式。

川菜厨师们讲起刀工艺术时，有一套完善到惊人的词汇。运用菜刀就至少有 3 种基本方法：竖着“切”，横着“片”，使劲“斩”或“砍”。如果再算上切割的方向和刀的角度，这 3 种方法又能分出 15 个小类，每种都有不同的名号。还有十几种其他的用刀技巧，比如捶、刮、剜等。最新的“川菜烹饪大全”中列出了 33 个不同术语，就这还没有算上瓜雕、菜雕这种专业级烹饪艺术需要用到的技巧。

说起食材被切割的形状，也同样有多种说法，有些还很有诗意。上述的烹饪大全中列出了不下 63 种形状。有些是专门针对特殊食材的，比如泡椒或葱；有的则是所有食材通用的。“片”这样的基础形状下面还有至少 10 个分支，比如骨牌片、指甲片、斧棱片、牛舌片。“条”有筷子条、象牙条或凤尾条，要看具体形状。切葱也按长度分葱花或鱼眼葱，还有一种斜切葱被称为“马耳朵”：你切几根就知道为什么叫这个名字了。光是切葱就有 9 种不同的刀工分类。当然，家常做饭倒不需要知道得这么细，但任何人明白了其中的基本原则，厨艺都能有所提高。

接下来要介绍的就是中餐的基础刀工，本书中大部分的菜谱都要用到。我自己是狂热的菜刀爱好者，在厨房里很少用别的刀具，当然，你可以用欧式厨刀代替。

使用中式菜刀

西方人通常把那种典型的中式厨刀视作笨重又暴力的工具，只适合屠宰。其实，中餐常用的菜刀是所有刀具里用途最广泛，也最灵敏的。刀刃可以用来切砍各种各样的肉和菜，可以削姜皮，甚至可以给鸭子去骨；刀背的角也很锋利，可以用来开鱼头，释放其风味；刀面可以把葱姜蒜压碎。反着用刀，比较钝的刀背可以用来把肉或鱼剁成馅儿；平平地拿着刀，还可以把切好的菜铲起来放进锅里。如果是需要更用力地砍或斩，最好用专门的砍刀。要安全有效地使用菜刀，3 条基本原则要记牢：

1. 保持菜刀锋利（见第 24 ～ 25 页）。钝的菜刀用起来很不灵便，下刀不准确，不顺手，让人心情

1. 中式菜刀
2. 葱花
3. 粒
4. 颗
5. 丝
6. 指甲片
7. 丁
8. 葱丁（鱼眼葱）
9. 条
10. 马耳朵
11. 蒜瓣、姜丝
12. 滚刀块

2
3
4
5
6
7
8
9
10
11
12

不好。

2. 拿刀姿势要正确，才能不切到手（见下）。

3. 集中精神。

切 Basic cutting

这是最基本也是最简单的刀工技巧，在川菜厨房中用得最多。用你惯常使力的那只手握住刀把，食指伸出与刀刃平行。另一只手把食物固定在墩子上：弯曲手指，这样中指中间的关节就顶着刀面，指尖则离刀刃有一段安全距离。你的大拇指一定一定要随时放在弯曲的手指后面。之后，可以把刀上下切，或者拉锯切，或者轻轻地推到食物中去，但必须一直用中指中间的关节顶着。一边切，一边把固定食物的那只手往后退，让刀刃慢慢地切完所有食物。刀刃一定不要举到比关节更高的地方。

片 Horizontal cutting

这个技巧更难掌握一些，但在切那种无骨的肉片、鱼片和禽类肉片时十分有用。片肉的刀要非常锋利。把食物平放在墩子上，菜刀横着拿，与墩子平行。轻轻地把刀刃推进食物的侧面，用另一只手的中指和食指来指引刀刃前进的方向。一开始要慢慢来，从顶上开始片，要片得平整规则。（你也可以从底部开始片，刀和墩子表面离得很近，空的那只手要把食物压实，但这样更难切出厚度一致的平片。）

斩或砍 Chopping

砍带骨的肉、鱼或禽类时，不拿刀的那只手要使劲固定住食物，和切是一样的。但为了安全，稍微离你要砍的地方远一点。举起菜刀，用力竖直地砍下去。如果你对自己砍的准确度不太有信心，最好是用叉子之类的器具来固定食物，不要用手。这样可能不太专业，但要安全很多。进行这种作业时，一定要用比较重的砍刀，更省力的做法是，买肉时直接请卖家处理好。

剁 Fine-chopping

将大蒜、香菜等食材剁成末时，先把它们切成比较小的片或丝，然后就一遍遍地把菜刀对准它们切下去，手腕和胳膊要自然用力，放松。这时候你不需要用另一只手固定住食物。

有些厨师会用两把菜刀来完成这项工作，一手一把，相互之间距离大概1厘米，一上一下左右开弓。你也可以像用半月刀那样，让菜刀上下来回地动，也能完成剁的工作。

捶 Pummelling

关于使用菜刀背将肉打成泥的说明，见清汤鸡圆的菜谱（第314页）。

刀工形状说明

下面列出了一些食材下锅前被切成的形状，都是比较常见的。关于如何将食材切成更复杂的形状，则在相应的菜谱中按需要讲解。

片 Slices

最基本的形状，也是切条、丝和丁等其他形状的第一步。片可以横切，也可以竖切，而且在尺寸上差异很大，本书菜谱中提到不同的片，会在相应的位置进行介绍。

丝 Slivers

中国人把切得很细的食物称之为"丝"，丝绸的丝，丝线的丝。只有萝卜或土豆等脆硬的蔬菜才能切出那种最细的丝，称之为"银针丝"。

要把食物切丝，首先要切片，片的厚度要和最后想要的丝厚度一致；接着把片堆叠在墩子上，像一串阶梯（或者用中餐的说法，如同"一本书"），然后再切成丝。

条 Strips

最基本的条切法和丝一样，但条比较短，也比较粗（通常是 5 ～ 6 厘米长，大约 1 厘米厚）。

块 Chunks

这个形状可以用来形容所有的块状蔬菜、肉和禽肉，带骨和不带骨的都算，方形、菱形或滚刀块均可（见右）。

丁 Cubes

首先把食物切片，然后切条，最后切成 1 ～ 1.5 厘米见方的丁。

颗 Tiny cubes

和丁切法一样，但是小于 1 厘米见方。

粒 Grains

剁出来的不规整形状，和米粒、绿豆或黄豆差不多大，根据菜谱要求调整大小。

末 Fine choppings

和粒类似，但剁得更细。

滚刀块或梳子背 Roll-cut chunks or slices

这种技巧用于切割细长的根菜，比如白萝卜、红萝卜，以及小土豆和芋头之类的。切成滚刀的块或片表面积最大，能更加充分地吸收调料的风味。先把蔬菜洗净削皮，固定在墩子上，刀竖着拿，但要有一定的角度。先从蔬菜一端斜切一刀，然后朝你的方向滚动 90 度，再切一块或一片，就像在削铅笔一样。重复这个过程，直到切完。

马耳朵 Horse ears

用来切细长的蔬菜，比如葱、京葱、泡椒等。把蔬菜洗净处理好，然后把刀几乎是贴在蔬菜上，成一个很小的锐角切下去，这样每一片切出来都会很像马耳朵。

烹饪准备工作

在你开始做一道菜之前，很多食材都需要预先处理。下面介绍一些比较常用的备菜方法。

泡发 Soaking

干货在用之前必须进行泡发，如果有沙的话还需要进行仔细清洗。为了迅速泡发，大部分干货都可以用热水，不过，如果用热水，泡发之后就要立刻使用，存不住。如果你想放个一两天，那就用冷水泡上几个小时，然后放在冰箱里，需要时取用。

码味 Marinating

生鱼、生肉或生禽通常都要进行腌制码味，驱散生味和腥味，也给食物奠定基础味。盐、料酒、姜、葱和花椒特别能够驱散生腥味。有时候也加酱油，用来上色提味。大部分炒菜（食材已经细细切过）都是在炒前再进行食材的码味。还有一个类似的方法，就是码盐，把脆脆的蔬菜用少量盐腌制一下，吸出多余的水分，使之变软。

码芡 Coating in starch or batter

芡粉加水或鸡蛋，形成稀面糊，裹在食材上，可以保持食材的软嫩，也可以封存其中的汁水和风味。油炸前可以给食物裹上厚一点的芡粉糊（这个叫作“穿衣”或“穿面衣”）。

无论稀面糊还是厚面糊，都可以用土豆芡粉、豌豆芡粉、玉米芡粉或小麦面粉来做，加水、蛋清或全蛋液都行。

过油 Passing through the oil

这是在烹饪时进行的初步油炸。有时候会把小块或小片的肉、鱼和禽类裹在蛋清面糊中进行低温油炸，好在后面的烹饪过程中保持食材个个分明且柔软嫩滑。烧得很热的油可以固定食材的形状，也让它们外焦里嫩。

焯水 Blanching

肉类和禽类在正式烹饪前通常需要焯水，去除血水，让最后的成品更洁净。有些蔬菜也可以先进行焯水来断生，再放进热锅中炒。

烹饪方法

西方人想起中国烹饪，首先想到的通常是在油烟升腾的锅中大火爆炒。炒和其他用炒锅做菜的方法自然是中餐的核心，但远非博大精深的中餐烹饪全貌。川菜厨师称他们会运用 56 种烹饪手法。有些是对炒、烧、炸和蒸这些基本功的发挥，互相之间因为火候、温度或液体量的微妙变化而不同。其他的，比如“泡”和“烤箱烤”，一看就有更明显的区别。在老派的乡宴中，蒸是最为重要的方法。

所有这些烹饪方法的背后，就是中餐的关键所在，即“火候”。功夫到家的厨师会发展出对火候的第六感，知道食材到什么程度会达到满意的口感和卖相。数千年前，厨界传奇祖师爷伊尹就说过：“五味三材，九沸九变，火为之纪，时疾时徐。灭腥去臊除膻，必以其胜，无失其理。”也就是说，一切的食材，要发挥其内在的品质，火候是关键。18 世纪末的美食家和学者袁枚也写过，只要厨师能掌握火候，就多多少少算是掌握了烹饪艺术了。（“司厨者能知火候而谨伺之，则几于道矣。”）

把各种各样的烹饪方法细分，就能生动展现川菜那令人着迷的博大精深。不过幸运的是，要做美味的家常菜，你当然是不用样样知晓的。作为参考，你可以看看本书第 469 ～ 472 页对 56 种“官方”烹饪方法进行的描述。但如果你想立刻进厨房开工，可以先看看下面对川菜烹饪技法的简要介绍，还有几种比较独特的四川地区烹饪技法。

炒香 Frying-fragrant

这是川菜和中餐中的关键技法。香料（特别是豆瓣酱、干海椒、泡椒、花椒、蒜和姜）在锅中炒，直到食用油吸收了香料的风味，如果是炒香豆瓣酱和泡椒，油还会变成和它们一样浓郁的鲜红色。接着再把其他食材加入炒香的油中。不要把调料烧煳了，这很重要，所以最安全的做法是在油烧得冒烟之前就下锅（干海椒和花椒可以在炒香前稍微醮点水避免炒煳）。如果油看上去烧得过热，将锅端起来离火几秒钟，不停搅拌，稍稍降低油温。如果调料真的烧煳了，最好是用新的油和调料重新开始。

有的香料进行耐心慢炒效果最好，比如豆瓣酱；而蒜瓣、蒜粒之类的则只需在油锅中滚上几秒钟就好。干海椒和花椒通常都是一起炒香的：要炒出更好的效果，最好在加入花椒之前，先稍微炒一下干海椒。要相信你自己的鼻子，鼻子闻着好，调料就炒香了：一定是非常美妙的气味。

炒 Stir-frying

炒的第一步，通常都是把一些香料在锅里炒香（见上）。其他的食材都是根据需要的烹饪时间分步放入。烹饪过程中会不断加入酱料和调料。炒菜的时候，加热要快，受热要均匀，你需要不断地翻动食物。可以用锅铲把食物从锅底铲起，不断翻炒。川菜厨师比较喜欢用瓢子把食物翻来覆去地炒，有时候也会掂锅，颇为壮观。

勾芡 Thickening sauces

中餐厨师会运用各种各样的粉浆来让酱汁浓稠。粉浆加热后会变得透明有光泽。很多中国菜那种颇具特色的光亮就是这么来的。芡粉浆是在烹饪尾声加入，短短几秒就能让酱汁浓稠。川菜餐馆后厨的炉灶旁，总有一碗已经调好的水芡粉（更专业的叫法是“水豆粉”），需要时随时取用。

我建议，加这种粉浆时再小心也不为过：需要的话多加一点也是可以的，但不能太过分了。最能毁掉一盘中国菜的，就是粉浆过多，酱汁都变成胶了。通常来说，比起家常做饭，餐馆更常用勾芡这一招。

小炒 Small stir-frying

这是一种在川南最受欢迎的烹饪方法。要把肉码味之后，挂上水芡粉，在热油中炒到片片分明，再加入配菜，然后加点调料，翻炒个一两下就装盘上桌。分不出什么一二三步：一切都很迅速，只用一口锅，大火快炒。宫保鸡丁（见第 178 页）也许是最著名的小炒菜。

干煸 Dry-frying

切成丝或者条的食材在锅中不断翻炒，通常只用很少的一点油，开中火，直到食材有一点变干，散发出扑鼻香味。快炒完时再加调料，通常还要再加点油。不事先码味，也不挂粉浆或加调料，是种很轻松的做法。一些餐馆厨师总是把主要食材油炸来冒充干煸，因为油炸还要快些。著名的干煸菜有干煸四季豆（见第 270 页）。

干烧 Dry-braising

这种方法主要用于鱼类和海鲜。把主要食材加上调味料用中火慢炖，直到液体被完全吸收，变成浓汁。完全不用加粉浆来收汁。这种办法的典型例子是干烧鲜鱼（见第 222 页）。

家常烧 Home-style braising

用这种方法做菜，首先把豆瓣酱在食用油中炒到香气扑鼻，油色红亮，然后再加入高汤和其他食材。所有的食材都要小火慢炖，直到食材吸收了浓郁的“家常”风味。装盘前可以勾芡收汁，比如豆瓣鲜鱼（见第 214 页）。

㸆或熸 'du' cooking

这是传统的川菜烹饪技法，主要用于鱼肉和豆腐。这是纯粹的方言，描述的是某种炖烧方法：食物在酱汁中慢慢炖煮，直到吸收酱汁风味。据说这是拟声词，就是酱汁冒泡时那种“咕嘟咕嘟”的声音。麻婆豆腐（见第 241 页）就是用这种方法做的。

炝 Frying with spices

这是炒的一种。先放一点点油，再把干海椒和花椒放进油中炒香炒辣，再加入其他食材（通常都是爽脆多汁的蔬菜）。可以炝黄瓜、炝藕片，还可以炝各种绿叶菜。

炸 Deep-frying

很多川菜菜谱都要用到“炸”这种方法，要么是提前备菜，要么是主要的处理手段。专门的油炸深锅、平底锅或中式炒锅都可以用来油炸。用圆底炒锅的好处是，你不需要放那么多油。不过，用圆底炒锅进行油炸时，一定要确保锅的稳定（用锅架就可以）。

不同的菜谱中指定的油温也不同。按照通常的规矩，用油炸预先处理食材时，油温不用太高，做出来的口感比较嫩滑；如果要追求脆的口感，油温则需要高一些。

如果有专用温度计来测量油温，那是最轻松的了。如果没有，请参看下面的估温小指南（基于大厨兰桂均的建议）。很简单，就是在油里放一截 6 厘米长的葱白，同时加热。油温上升到 100℃时，越来越大的泡泡会出现在葱白的两端，因为里面的水分在蒸发，会发出“噼里啪啦”的声音。

180 ～ 185℃：油温到达这个程度时，葱白两端会变得金黄，甚至有点焦。但中段通常不会变色，你会开始闻到葱香味。

190℃：到这个温度时，整段葱都会变成金色，并且有点起皱，两端呈深棕色，甚至变棕黑，葱香浓郁。

200℃：整段葱白都会变成深黑色，并且起皱，两端完全变黑。

油淋 Oil-sizzling

很多川菜菜谱的最后一步都是把烧热的油淋在香料上，释放它们的风味。淋油一定要烧得够热，淋上去的反应要很夸张。估温的简便方法是把一些零碎的葱放进碗里，然后舀一点点油淋上去，看是猛烈地“嘶嘶”，还是轻轻地一“嘶”，或者一点声音也没有。如果能猛烈地“嘶嘶”，就可以把油淋在香料上了。

---

1 本书中多次提到的中国超市、中国商店等，均指西方国家售卖中国特产的超市和商店。

四川人的橱柜

这个部分会介绍本书菜谱中需要的几乎所有的特殊配料（还有些更为特殊的配料，将在具体菜谱的介绍部分细说）。本章内容有点多，但不要怕，因为只要准备好了下列东西，大部分菜你都能做了：

· 酱油（生抽和老抽）· 四川豆瓣酱

· 干海椒 · 花椒

· 豆豉

· 镇江香醋（川菜常用保宁醋）

· 料酒 · 香油

· 一些香料（入门阶段桂皮和八角就够了）

· 土豆芡粉

· 新鲜生姜、大蒜和葱

·（白）胡椒面

储存须知

如果你希望这些配料能完全保持干燥爽脆（比如油炸或烤制的坚果），则需要用密封罐储存，里面还可以加上一袋日本或东亚包装食物中常见的干燥剂（我有个果酱罐是专门放这种干燥剂的，随用随取）。

基础配料

川盐 Salt

四川美食家很注重菜肴中本土井盐的运用。从汉代开始，四川自贡地区就开始开采井盐。这种盐味道浓郁纯粹，饱受赞誉，也被当作一种关键配料，特别是做泡菜的时候。川盐和优质的岩盐、海盐之间的区别其实很微妙，所以找不到正宗的川盐也不用担心。

如果你想要自己的菜中融入川魂，用富含矿物质的岩盐或海盐代替精制食盐即可。我做中餐时通常都会用细磨盐，因为会比较快地融化到酱汁或调料中。

糖 Sugar

糖能给菜肴增加甜味，加得再少一些，可以起到“和味”（调和味道）的作用。最常用的糖就是细砂糖，能很快融化：如无特殊说明，这本书里的菜谱用的就是这种细砂糖。如今，有些厨师会用细砂糖做成浓稠的糖浆，加到凉菜中，这样糖加进去时就是融化的。红糖味道更浓郁丰富些，有点焦糖的感觉，也会用在一些甜口的菜肴中。

冰糖 Rock sugar

这是一种大块透明的浅黄色糖，有让人很舒服的甜味，用在甜汤羹、点心馅儿和一些肉菜中，也会加入药膳中。东亚食品店里能买到。很多这种店铺现在都卖那种大概花生大小的冰糖，比较好处理；如果你只能找到比较大块的冰糖，用之前必须要掰碎。

酱油 Soy sauce

中国人发酵豆子的历史已经两千多年了，但液体酱油还是（相对）较近的发明：最初相关的文字记载是13世纪。不过，从18世纪末开始，酱油就成为中餐厨房中的主要调料之一。20世纪90年代，大部分川菜厨师用的都是一种酱油，又有咸味，颜色又深。后来，他们接受了广东地区的生抽和老抽。这些酱油是西方最容易买到的酱油，所以我在试验菜谱时也用的这两种。请务必注意两者的不同用途：生抽是主要的调料，咸鲜味，颜色相对较浅；老抽是那种糖浆一样的深色，在中餐中的主要用途是上色，赋予菜肴一种浓郁幽深之"红"。一定要买那种自然发酵而非化学发酵的酱油。

醋 Vinegar

这是川菜非常核心的调料。四川本地最好的醋叫"保宁醋"，阆中北部出产，用麦麸、大米和其他几种谷物酿制而成，还加了草药混合物做成曲子。这种醋有种深沉的红棕色，香味深远浓醇，淡淡回甜。出了中国就很难找到保宁醋了，但（江苏省的）镇江醋到处都是，作为替代品也很完美。你也可以使用其他深色的中国醋。用糯米做的透明米醋可以用在需要颜色淡的凉菜中。因为我怕大部分的读者找不到保宁醋，所以菜谱都推荐用镇江醋。

料酒 Chinese cooking wine

这是一种温和的琥珀色烹饪用酒，故称"料（理）酒"，用于驱散鱼腥味，并调和肉、禽和鱼的味道。浙江东部产的料酒，酒精度14.5°，以糯米酿制，是最上乘的料酒，不过川菜厨师通常都用本地产的料酒。

料酒很容易在中国超市找到，我试验本书菜谱时就用的这种酒。（有些美食作家推荐用半干雪莉酒作为替代。）曲酒、白酒等伏特加一样的酒用多种谷物酿成，度数在50°以上，偶尔也用于烹饪中。家常泡菜中总免不了加一点点高度酒。

胡椒面 Ground white pepper

白胡椒面专用于"白味"菜肴，这些菜颜色浅淡，通常都只用盐和胡椒简单调味。某些酸辣味的汤也会加胡椒面提辣味。

传统的川菜烹饪很少用到黑胡椒，几乎不用。川菜厨师认为黑色的胡椒粒不好看。

芡粉 Potato starch

这种无味的白色粉末是川菜烹饪中的关键配料。肉、禽、鱼下锅前经常会裹一层水芡粉；水芡粉还经常用来收锅，让汤汁浓稠；食物油炸之前可以裹一层干芡粉。川菜厨师喜欢用豌豆芡粉，但用土豆芡粉或玉米芡粉也完全没问题。我用的就是土豆芡粉，大部分中国商店都有卖，而且别的生粉也可以。

不同的芡粉勾芡浓稠程度也有轻微不同。如果你用的是玉米芡粉，用量要在我的基础上再加一半。

香油 Sesame oil

香油是用炒熟的芝麻炼的油，带着坚果味的悠远芬芳，深受大家喜爱。香油可用于凉菜调味，也可以为热菜提香。因为香油的气味浓郁又活泼，给热菜提香通常就是在做菜尾声，离火盛盘时加一点。

中国商店和大超市里很容易就能找到香油。一定要选那种纯芝麻油，不要那种和其他淡味油调和的。香油每次用量很少，所以小小一瓶就能用很长时间。

芝麻酱 Sesame paste

川菜冷盘中用的芝麻酱有种很棒的坚果味。如果条件允许，要选那种深棕色而非浅棕色的中式芝麻酱，别错买成中东白芝麻酱了，两者味道差得远。芝麻酱放久了，会在罐子里分层，一层厚厚的酱，一层浅浅的油。用之前，你要进行充分搅拌混合，然后加一些菜油或水，直到顺滑调和。当然，你还可以自制芝麻酱（见第 451 页）。

芝麻 Sesame seeds

四川人黑芝麻、白芝麻都会用。炒熟的白芝麻通常用作装饰配菜，而炒熟的黑芝麻基本用在甜口菜肴中。要把生的芝麻炒熟，需要取一口干燥的炒锅，开最小火，炒上几分钟，直到芝麻散发出香味，变脆，有点微微的金黄色（如果炒的是白芝麻）。本书中如无特殊说明，“芝麻”指的就是白芝麻。

豆豉 Fermented black beans

豆豉用豆子发酵而成，有很浓的咸味。做法是将黄豆浸泡后进行蒸煮，自然发酵霉变，之后与盐、酒和香料混合，慢慢熟成发酵几个月。这种做法可以追溯到将近 2500 年前的孔子时代。成品豆豉的风味很像那种上好的酱油，可以无限期保存。（湖南省博物馆有一些从贵族墓穴中出土的有两千多年历史的豆豉，看着和我厨房里的很像！）四川最好的豆豉之一来自三台县（旧称潼川），颗粒饱满，有光泽，香味浓郁。

大部分中国超市卖的都是粤式豆豉，颗粒比较小，也比较干，但也可以替代。要想成品效果好，最好在使用之前把粤式豆豉过一过凉水。

甜面酱 Sweet flour sauce

这种深色的酱非常浓稠，很有光泽，是用小麦面团发酵而成的。曾经，中国人用一种浓稠的发酵酱汁做主要的咸味调料，直到液体酱油的出现。而甜面酱就是从前那种咸味调料的“后代”，通常用于炒菜和冬季腌制肉食当中，也可以作为香酥鸭等菜的蘸料。甜面酱和黄豆酱比较像，都能在中国商店里买到。对这些酱的英文翻译没有统一，所以在寻找甜面酱时，最好手机里能有一张带汉字包装的图片进行对照。

烹调油 Cooking oils and fats

菜籽油的原料是炒熟的黄色油菜籽，有着深浓的琥珀色，是传统的四川菜油。菜籽油很香，让人觉得温暖舒适，能够为红油和各种各样的菜肴增添新的层次与风味。不过，近几十年来，手工菜籽油的市场逐渐被精炼菜籽油、大豆油、葵花籽油和花生油侵占，后面这些油通常更便宜也更清淡些，但特色没那么鲜明。

猪油有种十分放纵自由的香味，常用于炒菜和很

1. 蒜苗
2. 葱
3. 大蒜
4. 姜
5. 天津冬菜
6. 香油
7. 米醋
8. 高度白酒
9. 料酒
10. 镇江香醋
11. 豆豉（右上粤式，下面川式）
12. 酱油（老抽和生抽）
13. 芝麻酱
14. 四川榨菜
15. 醪糟
16. 辣味豆腐乳
17. 宜宾碎米芽菜
18. 甜面酱
19. 袋装甜面酱
20. 袋装酸菜
21. 香料：草果和砂姜（装在小盘中的）、八角、茴香籽、甘草根片、桂皮

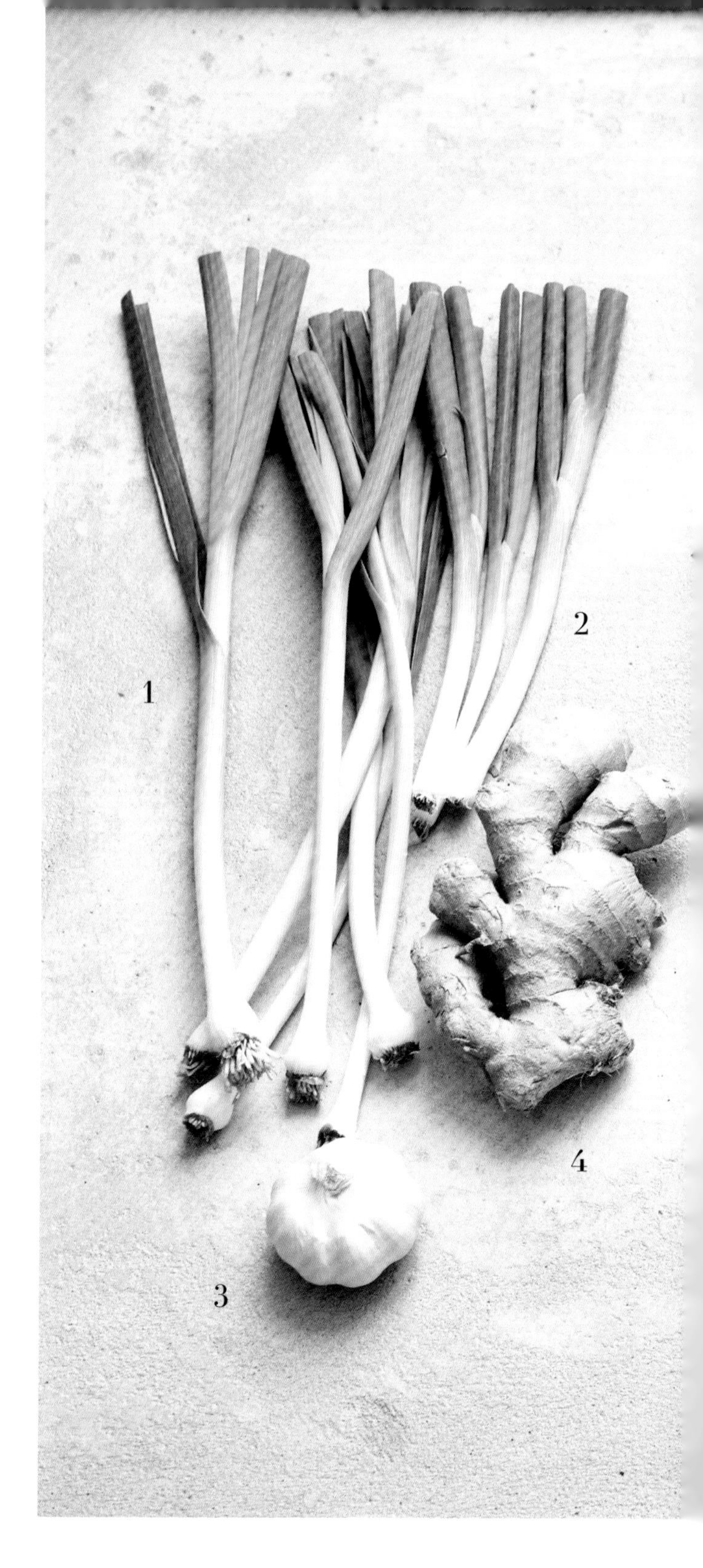

5
6
7
8
9
10
11
12
13
14
15
16
17
18
19
20
21
汕頭米醋
天津冬菜
北京
珠江橋牌
PEARL RIVER BRIDGE
陽江薑豉
YANG JIANG PRESERVED BEANS WITH GINGER
YANG JIANG HARICOTS NOIRS AVEC GINGEMBRE
SHAOHSING
SZECHUEN
Preserved Vegetable
PRODUCT OF CHINA
300ml
SOUR MUSTARD
EINGELEGTER RUTEN-KOHL MIT SÜBUNGSMITTELN
CẢI CHUA
NETTO VIKT : 10.5 oz / 300 g
宜宾
碎米芽菜
SUIMIYACAI
甜面

多果脯中。牛油则是四川火锅中非常关键的配料。鸡油美味又奢侈，偶尔也会用，特别是在宴席菜的烹制中。很多厨师都会用菜籽油与猪油的“混合油”来做菜。

炒菜的时候，你需要在高温下也比较稳定的油：我推荐菜籽油、花生油、葵花籽油或猪油。如果是素食的话，椰子油可以很好地代替猪油，特别是甜口菜肴。不过四川倒不怎么用椰子油。

辣椒和花椒

干海椒 Dried chillies

干海椒是川菜烹饪中不可或缺的配料。四川的超市中可以找到各式各样的干海椒。当地最经典的品种是又长又宽的二荆条，辣度温和，风味十足，但因为当地土地流失，越来越难找到了。按照传统做法，大家经常用二荆条来做泡椒和红油。更常见的干海椒比较短小，要么是胖嘟嘟的朝天椒，辣度适中，很香，因为果实朝上长而得名；要么是比朝天椒更小的小米辣，瘦瘦小小，椒头尖尖，通常在云南、贵州和河南种植。短小尖头的辣椒被称为“子弹头”，而更圆更胖的辣椒就叫“灯笼椒”。四川当地的辣椒还有七星椒，因为总是大约七个一簇结果而得名。

总体上来说，不管四川还是川外，对辣椒品种的界定都有一定程度的模糊和混乱。你需要的辣椒是红色有光泽的，要香味浓郁，但不会辣得太过分（如果在川菜中使用很辣的印度或泰国辣椒，应该比较难吃）。随着川菜在国际上的逐渐走红，很多中国超市都有适合做川菜的袋装辣椒：大部分都是短小的尖椒，但也有饱满的朝天椒或子弹头。这些任选一样，都可以用于本书中的菜谱。四川南部有两种处理辣椒的有趣做法，被当地人民广泛使用。一是“糍粑”辣椒，干海椒泡水后捣成酱，再和其他调料混合（见第 462 页）；还有一种是“手搓”辣椒，利用炉子的火星把干海椒微烤，把炉灰清理干净，搓成粗粒，用作调料。

海椒面 Ground chillies

这是一种较粗的粉末，干海椒带籽炒制，然后舂碎。四川的海椒面通常都是用温和芳香的二荆条或小米辣制成。海椒面既可用于烹饪调味，也可做肉禽成品的蘸料；同时也是红油的主要配料，而红油是很多四川凉菜的灵魂。自己磨海椒面是很容易的事（见第 448 页），但如果你想省时间，也可以选择韩式辣椒面。虽然没有四川海椒面那么辣或者香，在东亚超市却很好找，也能给红油增添漂亮的红宝石色。

红油 Chilli oil

红油就是海椒油，通常用于凉菜或蘸料中，但也可以加入热菜中，让菜肴色泽更美。中国超市里的粤式红油通常都有干虾和其他配料，而且很可能特别辣；如果用这种现成的红油，用量要在菜谱的基础上酌情减少。自制红油就要好多了（见第 449 页），很快，也简单，可以保存很久很久。有些川菜厨师喜欢在红油里再加好些香料，但“纯油派”坚持认为，红油里只能有海椒面、一点芝麻和油。

郫县豆瓣或豆瓣酱 Sichuan chilli bean paste

这是一种非常浓稠的酱料，用发酵胡豆与二荆条混合制成，是川菜烹饪的必备之物，很多经典的川菜中都会用到豆瓣酱，利用它的咸味、淡辣味，还有漂亮的深红色。郫具豆瓣产在成都的郫都区（旧称郫县），有各种熟度：最新鲜的酱刚发酵一年，是鲜红色的；熟成时间最久的呈深紫色；但最常用的是熟成2～3年的那种，呈深红棕色（见第425～426页）。

出了中国，最常见的豆瓣酱品牌是"李锦记"。他们家的豆瓣酱非常顺滑，呈现深橘色，但里面有非传统的配料，比如黄豆和大蒜。要做出更正宗的川味，就要去找真正的郫县豆瓣，颜色应该是红棕色，里面只有辣椒、胡豆、盐和小麦粉。很多中餐厨师现在都用一种现代版豆瓣酱——红油豆瓣，油亮亮的，能赋予菜肴特别漂亮的红色，但会让人觉得没那么正宗。这种红油豆瓣在越来越多的中国超市有售。

各品牌豆瓣酱的咸度和辣度不同，你可以根据具体情况调整盐量。正宗郫县豆瓣里通常都有一块块的胡豆和辣椒，所以在用之前最好再细细剁一下：你可以直接放在墩子上用刀来剁；如果想方便一点，在料理机里直接打一整袋，按需取用。我推荐大家按照四川惯常的做法，用年份比较短的豆瓣酱（或者红油豆瓣）做炒菜和蘸料，而用深色的老豆瓣酱做麻婆豆腐和红烧菜。

泡椒 Pickled chillies

泡椒就是把红辣椒泡在盐卤中，加一点酒和一些香料。很多川菜中都会用到这种泡椒。最重要的泡椒种类就是如长角一样、辣味温和的二荆条，颜色鲜红耀眼，吃起来有种果味，当然少不了那挑逗唇舌的微辣。泡椒可以切成块，用来给菜肴增色，或者细细剁了，做成泡椒末。如果你能买到泡二荆条，那么在正式切之前，先把辣椒头切了扔掉，放在墩子上，用刀背轻轻地把辣椒籽尽量都挤出来，然后再切。

遗憾的是，出了四川，几乎就很难找到四川泡椒了。我推荐用长长的红辣椒替代，至少鲜红的颜色做装饰还是可以的；而泡椒末呢，可以用印尼的三巴酱（sambal oelek，很多东亚食品店都有售卖）代替，辣度和泡椒末差不多，也能让菜肴有种漂亮的红色，虽然没有四川辣椒的那种果味。湖南的剁辣椒（见下）也可以用。如果你找得到，那就还有其他选择，就是李锦记的辣豆瓣酱或红油豆瓣，两者颜色比较鲜亮，也有很好的泡椒味，都能让食用油飘散出辣香味，焕发出红宝石的色泽，很像四川泡椒末。

除了二荆条，淡绿色的小泡椒——野山椒在四川也很受欢迎，特别广泛地运用在鱼料理中。这是一种非常辣的泡椒。中国超市里有泡在盐卤里的罐装野山椒售卖。

剁辣椒 Chopped salted chillies

这种酱有着非常漂亮的鲜红色，就是把泡椒（和辣椒籽）剁碎，与盐混合。剁辣椒其实是湖南特产，但近些年在四川也流行起来，甚至在国外的中国超市里也随处可见。剁辣椒有着鲜艳的颜色和又咸又酸又辣的味道，因此在某些菜中能很好地替代四川泡椒。用之前一定要先尝一尝，因为辣度不一样，要在菜谱用量的基础上酌情调整。

花椒 Sichuan pepper

时至今日，这种古老的香料依然是四川地区最独特的调味品（见第8页）。花椒树（*Zanthoxylum*

simulans）是一种木本植物，长在山区，结出的果实就是花椒，其实是柑橘家族的一员，和我们通常所知的胡椒没关系。花椒果实干了之后，呈现粉粉的颜色，表面凹凸不平，内里是淡淡的白色。有时候也会看到黑亮的花椒籽，但没有味道，会被丢弃。

花椒通常会和干海椒一起过油，为炒菜提香；还可以炒熟之后磨粉，用作蘸料或撒在成菜上，凉菜、热菜皆宜。花椒也会用在混合香料中，或放入高汤和腌料中，给肉、禽、鱼等去腥。

好的花椒应该有强烈且诱人的芳香，放一颗到嘴里嚼一嚼，几秒钟后，你的唇齿应该会开始酥麻，然后逐渐感到某种愉悦的刺痛，持续好几分钟。如果是质量不好的花椒，吃了什么感觉也没有！过去，在海外售卖的花椒通常质量堪忧，但川菜越来越受欢迎之后，在中国商店里也逐渐能找到一些上等品了。如果不是好的花椒，就不应该用在川菜中。

嗜吃川菜的美食家对各种花椒的不同原产地和种类越来越感兴趣，因为这种香料的风味很受这两个因素的影响，就像法国葡萄酒所谓的“风土”一样重要：现在有些公司卖的花椒，都会专门贴上标签，详细标明产地。

青花椒或藤椒 Green Sichuan pepper

青花椒，又称藤椒，在四川烹饪界算是相对新鲜的血液：之前一直是野生的，到1998年才拿到售卖与消费的许可。干藤椒绿绿的，闻之让人精神一振，有种青柠皮的清爽味道。和红花椒一样，好的藤椒会让人嘴麻。

藤椒搭配河鱼、鳝鱼和兔子肉，风味极佳。通常都是菜快起锅了再放。比如，可以先把藤椒过油烧热，然后整个淋在菜上；也可以和辣椒搭配做炒菜，就像常用的红花椒。很少有人会炒熟藤椒来磨粉。西方有些中国商店现在也卖真空包装的一枝枝的新鲜藤椒。在热油中迅速过油后，藤椒能够为酸菜鱼这样的菜品在起锅时画龙点睛（见第217页）。我最初在成都接受川菜烹饪培训时，市场上还没有藤椒的身影，而我到现在做大多数的菜还是偏向用红花椒。如果特别推荐用藤椒，我会在菜谱中专门说明。但如果你愿意，尽管用藤椒代替红花椒，做做试验挺好的。

花椒面 Ground roasted Sichuan pepper

这种常用调料的做法，是把普通的红花椒轻轻炒制之后磨成粉（见第450页）。你也可以买现成的花椒面，但我不推荐，因为磨成粉之后香味很快就没那么浓郁了，最好是在家中按需要少量地做。

花椒油和藤椒油 Sichuan pepper oil

花椒油和藤椒油是将温热的油和花椒混合后制成的。现在这两种油都能买到。藤椒油的香味比较清爽，有果味。川菜厨师在给凉菜调味时，通常喜欢用花椒油而不是撒花椒面，因为口感和卖相都会比较好。如果要在热菜中用花椒油或藤椒油，通常都是最后起锅时再加。

新鲜香料与香草

大蒜 Garlic

大蒜是川菜烹饪中无处不在的调料，某些种类的大蒜和大蒜的某些部位也可以当蔬菜吃。欧洲人比较熟悉的大蒜也是在四川最常用的。传说汉朝一位官员去中亚出差，把大蒜带了回来，因为这种东西个头比本土野生的蒜要大很多，所以得到了“大蒜”这个中文名。四川地区出产的独头蒜很有名：一颗颗饱满的种球，皮泛着紫色，没有分成蒜瓣。蒜可以整颗入菜，也可以切成蒜片、蒜粒，在餐馆里经常会被碾成蒜泥，加点盐、食用油和水（如果你要在家做蒜泥而且是立即使用，那么后面三种配料都不用加）。

蒜苗或青蒜 Green garlic

四川人也经常用蒜苗入菜，英语里面叫作“scallions”或“Chinese leeks”。但这是一种配菜，而非调味料。初看上去，一把把蒜苗就像一把把大葱，但叶子更宽更平，不是管状的。

直到现在也很难在国外找到蒜苗，所以要是在中国超市偶遇，就多买点吧。传统的回锅肉和麻婆豆腐中一定要用蒜苗。你还可以自己种蒜苗，就是让蒜瓣自由发芽生长。

蒜薹 Garlic shoots or scapes

蒜薹有着长长的绿色圆柱形茎秆，每根上面都有个小小的球，是非常美味的蔬菜，和腊肉、酱肉搭配起来真是风味绝佳。比较好的中国超市里都有售卖（通常都是把头掐掉的）。

生姜 Ginger

新鲜的生姜是非常重要的调味料，也经常用于肉、禽和鱼类的码味。据说生姜起源于东南亚，但中国自古就有种植（四川就有）。

姜成熟后的根茎是最常用也是最不可或缺的调料，而细嫩的淡色茎秆可以入菜，做炒菜或泡姜都行。

大部分情况下都可以用西方很常见的那种生姜。整块的生姜拍碎入菜时，姜皮不用削，充分保留原来的滋味与香气（生姜是不吃的，所以粗糙的皮留着也无所谓）。有的菜里面，姜要切片、切丝或者剁碎，这些是要入口的，那就应该削皮。最简单也是最不浪费的削皮办法，就是拿一把茶勺把皮刮掉——很惊人吧？但真的好用！

泡姜（在某些东亚超市有售）通常会和泡椒搭配，一起做香料，川南的特色菜中常见这种做法。

葱 Spring onions or Chinese green onions

中国的葱和欧洲的葱很像，但叶子要长很多，没有鼓鼓的球茎。大部分的中文资料都说葱原产于西伯利亚，但在中国已经有三千多年的栽培史。中国有细小的绿色小葱和较粗壮的白色大葱之分，前者生切用作佐料和装饰，后者通常用来码味和加热烹饪。本书中给出的葱的用量，是按照普通的欧洲葱来定的，不要下面的球茎。

如果你要在凉菜中加生葱白，最好先尝一尝，要是有很冲的葱味，最好先蒸一下或微波打个几秒钟，或者在冷盐水中浸一浸。

在川南地区，人们经常还会用一种叫作“苦藠”（*Allium Chinese*）的植物替代葱。这也是一种中国的葱属植物，小小的，白白的，和葱头差不多大，外皮薄如纸。生苦藠有种强烈的苦洋葱味。

京葱 White Beijing leek

京葱比普通的葱更大，不过绿叶少，味道要温和一些。找不到的话，为热菜最后调味时，可用嫩

1. 红油豆瓣
2. 郫县豆瓣
3. 李锦记辣豆瓣酱
4. 鹃城牌郫县豆瓣
5. 自制红油
6. 韩式辣椒面
7. 红花椒
8. 青花椒或藤椒
9.（红）花椒面
10.（红）花椒油
11. 剁辣椒
12. 三巴辣椒酱
13. 四川二荆条泡椒
14. 四川二荆条干海椒
15. 干海椒（小米辣）
16. 干海椒（灯笼椒）

5
6
7
8
9
10
11
12
13
14
15
16
漢源牛市坡
紅花椒油
花椒达人 蔡名雄 产地精选
Sambal Oelek

蒜苗或葱白代替。生拌凉菜时，最好用葱白代替，但要确保味道不那么冲。

韭菜 Chinese chives

韭菜的叶子扁平修长，比欧洲常见的那种要大很多。这是土生土长的中国菜，据说已经有三千年左右的栽培史。韭菜分好几种，有普通韭菜，还有顶着小花蕾的韭菜花，以及韭黄。

香菜 Coriander leaves

这是川菜烹饪中常用的新鲜香草。香菜味道浓烈，入口清新，专门用于调和牛羊肉等味道比较重的食材，让它们的味道更为细腻。这种香草也可以用于增色装饰，柔软的茎叶可以做成炒菜，还可以做成沙拉。香菜原产于地中海沿岸，但早在汉朝就传入了中国。香菜又名“芫荽”。

藿香 Korean mint

川南地区经常使用藿香（*Agastache rugosa*），主要跟鱼和鳝鱼搭配，去除鱼腥味，调和各种味道。藿香又名“山茴香”。

鱼香或留兰香 Spearmint

川南常用的另一种香草叫“鱼香”或“留兰香”（*Mentha spicata*），会加入蘸料中，或者跟鱼和鳝鱼搭配，也是为了去除鱼腥味，调和各种味道。

折耳根或则耳根或鱼腥草 Fish mint or heartleaf

折耳根（*Houttuynia cordata*）是很少见的香料，味道很奇特，有点酸涩，就连在四川也是毁誉参半。川菜中会用到长了叶子的茎秆和白色的根。在有些越南商店中能找到这种调料。

干香料

炖煮肉类、做四川火锅和其他菜肴时会用到一系列的调味料，通常统称为“香料”。下面我列出一些最常用、最基础的。有些香料没那么常用，比如丁香、高良姜、肉豆蔻、除草果之外的豆蔻属香料、月桂叶和好些更少见的香料。

桂皮 Cassia bark

从肉桂树上剥下树皮，晾干，即成桂皮（*Cinnamomum cassia*）。桂皮有种肉桂的味道，但品质上比不上真正的肉桂。桂皮都是长长厚厚的一条，深棕色的外皮，包裹着焦糖色的木头。桂皮只能少量使用，多了菜肴会变苦，也可以用肉桂代替桂皮。

八角或大茴香 Star anise

一种常青树的果实晒干后，就成了八角。八角成熟时会张开，变成漂亮的“八角星”。这些“小星星”呈红棕色，有很深幽的茴香味。放的时候要小心点，太多的话就完全盖住菜肴别的味道了。

草果 Chinese black cardamom

草果（*Amomum tsaoko*）表面有一条条山脊般的纹路，形状像橄榄，是某种“假豆蔻”的果实晒干而成的。这种香料风味清凉，和豆蔻很像；颜色是深棕色，大小和肉豆蔻差不多。中国超市里卖的草果被称为“tsao kuo”，主要用在炖菜中增香。用之前要用菜刀或擀面杖轻轻砸开。

砂姜或山柰或三柰 Sand ginger

姜科植物山柰的根茎晒干切片以后，即成砂姜

（*Kaempferia galanga*）。看上去像晒干的生姜，有种胡椒味。这种香料常用在炖菜中增香，源于印度，但中国南方也有种植。

小茴香 Fennel seeds

淡绿色的茴香籽有八角的风味，尽管不是原产于中国，但在中国北方的好些地方都有种植。小茴香用在炖菜中增香，也是五香粉的其中一“香”。

甘草 Liquorice root

甘草就是甘草根斜切成长片后晒干，通常用在混合香料中。

五香粉 Five-spice powder

各种香料磨粉，混在一起，就成了五香粉。倒不一定是五种香料。通常，五香粉中的“香”会有八角、桂皮、花椒和小茴香，有时候也会加砂姜、丁香和甘草。

很多中国人在做菜时也会加更为丰富的香料，比如“十三香”“十八香”等。

陈皮 Tangerine peel

四川烹饪中偶尔会用到陈皮。你可以自制陈皮，就是把橘子的皮剥下来蒸熟，放在通风的地方风干即可。彻底风干之后，把它们放进密封罐，保存三年后食用，而且越是熟成，风味越佳。

泡菜和腌制品

四川有做泡菜和腌菜的传统，原本是要处理过量的收成，现在已经成为很独特的地方风味。用盐卤、白酒、糖和各种香料做成的脆生生的泡菜，很多饭桌上总是摆着小小一碟，爽口清口；某些菜中要加入腌制蔬菜，作为风味佐料；泡椒（见第 45 页）在烹饪中的用途更是多种多样。下列腌制食品在一些川菜中是很重要的配料。如果你想自制四川泡菜和腌菜，请参见“泡菜与腌制品”那一章（见第 416 ～ 424 页），里面提供了一些比较简化的步骤。

榨菜 Preserved mustard tuber

这是一种很饱满的腌菜，通常是按罐售卖的，罐身上写着“四川榨菜”。榨菜口感脆脆的，味道又咸又酸又辣。打开后应该放进冰箱里储存，能储存很久。榨菜和猪肉一起炒会特别好吃。入菜之前要好好清洗。“大头菜”是用某种芜菁制成的，也是著名的四川榨菜，用途类似，但在中国之外很难找到它（关于这些榨菜的更多信息，见第 413 页）。

宜宾芽菜 Yibin yacai

宜宾芽菜色深，气味香浓，味道咸甜。原料是一种芥菜（二平桩）柔嫩的茎秆。茎秆先晒干，盐腌发酵几个月，然后与香料和漏水糖（一种提炼蔗糖）混合装罐，进行第二轮更长时间的发酵（见第 413 页）。芽菜是宜宾的特产，在英国可以在网上订购，一些中国商店里也有卖。（如果你找不到，陶罐装的那种天津冬菜也是很好的替代，口感和味道与芽菜稍微有一点类似，而且更容易买到。）芽菜非常咸，用之前最好用水冲一冲；通常在入菜之前，都要用少量油炒一炒。请注意，对川外中国人来说，“芽菜”指的是绿豆芽，买的时候注意不要混淆了！

酸菜 Pickled mustard greens

酸菜的原料是某种芥菜的叶子，在盐卤中泡制，形成酸酸咸咸的味道。酸菜常用于汤菜中，和鱼肉很搭。大部分的中国商店都能买到中国酸菜和泰国酸菜，都是装在塑料袋里，泡在盐卤中。

皮蛋 Preserved duck eggs

把生鸭蛋（有时候是鹌鹑蛋或鸡蛋）放进碱性混合物中进行化学“慢煮”，让蛋的样子慢慢改变，释放出美妙的鲜味。西方人称之为“世纪老蛋”或“千年老蛋”，而它的中文名就是简简单单的“皮蛋”。大部分中国超市都有卖。

使用皮蛋时，把蛋壳敲碎剥掉就好，然后冲洗一下沥干水。你可能会看到蛋的表皮下有很漂亮的图案，就像蕨类植物：这些是在化学反应的过程中产生的，说明蛋的品质很高，风味很浓郁。皮蛋可以直接吃，也可以入菜。在中国买的皮蛋很多都还裹着一层厚厚的外衣，混合了泥土、烟灰（或石灰）、盐和米糠：加米糠是为了避免料太黏。这层外衣也要剥去并清洗干净，然后再敲碎蛋壳。

干菇

木耳 Dried wood ear mushrooms

木耳长在阴凉地的湿木上，有着令人愉悦的口感，又滑溜又脆嫩，不过没什么味道。木耳要尽量买比较轻薄的（有时候称为“云耳”），不要那种厚的、粗糙的。这种菌类都是小小褶褶的一片，要在热水中浸泡 15 ～ 20 分钟（冷水浸泡需要几个小时）方能使用。在阴凉干燥的地方可以永久保存。菜谱中很难给出干木耳的准确用量，因为它们几乎没什么重量，浸泡之后又会膨胀得很大，所以我的用量都是估计的。

香菇 Dried shiitake mushrooms

香菇还有个不太常见的别名——冬菇，在中国已经有一千多年的种植历史。香菇有种浓烈美妙的鲜味，种类很多，大小各异：最好的那种在棕色伞帽上有淡淡的十字裂纹（被称为“花菇”）。使用香菇之前，必须将其在热水中浸泡 30 分钟左右，冷水浸泡则需要几个小时。泡过香菇的水吸收了味道，可以加在汤汁和酱料中。在阴凉干燥的地方可以永久保存。

竹荪 Bamboo pith fungus

这是一种不太常见的菌类，也是四川特产。样子很漂亮，像蕾丝花边。竹荪可以用来炒，但最常见的还是加入浓鸡汤。一些中国超市里能买到竹荪，通常名叫“竹菌”。使用之前，要把竹荪在热水或冷水中短暂浸泡。竹荪听起来很像“竹笋”，可能会混淆。

银耳 Silver ear fungus

银耳也称“白木耳”或“白耳子”，是非常漂亮精巧的菌类。市面上卖的通常都是干银耳，一朵一朵的，呈淡黄色，像薄如纸的花边云，还有点像一朵朵的菊花。浸泡之后，银耳就像一股股透明的波浪，口感既脆嫩又像凝胶般软糯爽滑。一直以来，野生银耳都被奉为山珍，因为口感有趣、富含营养（据说银耳功效很多，特别润肺）而备受推崇。川菜烹饪中，银耳通常都被用来做甜羹。

其他配料

豆腐乳 Fermented tofu

有人认为，豆腐之于中国，就像奶酪之于西方。如果这种说法是对的，那么豆腐乳这种味道浓烈且香味上头的东西，就可以被比作熟成蓝奶酪了。豆腐乳主要分为两类——红腐乳（外面裹着红曲米）和白腐乳，不过还有无数细分。你应该料想得到，四川人喜爱的是辣腐乳。当地有种好吃得不得了的腐乳，一块块装在罐子里，泡着红油和香料。海外的中国商店里也能买到类似的产品。豆腐乳可以加入腌料中码味，也可以作为佐料（可以用一两块来下饭，但要记住，豆腐乳非常咸）。

醪糟 Fermented glutinous rice wine

醪糟常常是中国人在家自制的（见第 454 页），或是在农贸市场上买的。这是一种温和的酒味发酵佐料，汁色清亮，里面有糊状的糯米；风味浓郁、甘甜、醇厚。醪糟主要用于给肉类和禽类码味，同时也是糟醉菜与香糟味菜品的主要调料。请注意，醪糟在中国的其他地区还有别的名字：江南地区称之为“酒酿”，湖南称之为“甜酒”。在有些菜品中，醪糟用作码味，而非很重要的调味料，我遇到这种情况都建议用料酒代替，主要是方便。

豆沙或洗沙 Red bean paste

豆沙是各种中式与川式糕点的经典馅料。可以投入很大的体力来自制，但也能在中国超市里轻易买到，有的是罐装，有的是需要冷藏。买来的豆沙通常只有小红豆和糖两种配料。四川人通常会用猪油炒一炒，让豆沙的味道更为浓郁，但你也可以开袋即用。

木姜子油 Litsea oil

这种风味浓郁的油闻起来很像香茅，在贵州很常用。不过川南的人也喜欢往某些蘸水或凉菜中加上几滴。

糯米 Glutinous rice

在四川人的认知中，糯米不是一种主食，但经常把它用在小吃、甜食和馅料中。短小的粳糯米（也叫“圆糯米”“圆江米”，西方市面上的通常都称为日式“甜米”）用在甜食中比较好，而做咸味料理时则倾向于选择细长的籼糯米（也叫“江米”）。江米可以和酒曲一起腌制，做成醪糟。糯米也可以磨成糯米粉，和成柔软湿润的面团，做各种各样的团子。川南地区将糯米称为“酒米”。

粉丝 Bean-thread noodles

粉丝就像细长而透明的面条，用绿豆芡粉制成。市售的通常都是 100 克左右一把的干粉丝。使用之前，先用温水浸泡 30 秒，或用冷水浸泡几个小时，把粉丝泡软，然后可以直接放进锅中。如果想把粉丝用在凉菜中，就在泡好之后加入烧开的水，焯烫 30 秒左右，然后用凉水冲洗，再沥干水。

粉丝很长很滑，出于方便，浸泡之后最好分成几段。一把干粉丝是很难分开的，所以通常都必须一次用一整把。如果剩下了一些，可以加入凉菜（见第 88 页）或汤里（见第 316 页）。

粉条 Sweet potato noodles

粉条以红薯为原料，通常是圆柱形的，和意面一样粗细，淡褐色，半透明。市售的粉条一般都是干的，长长的一束；或一圈圈的，分成单份。使用之前必须浸泡：热水中几分钟，或冷水中几个小时。

花生米 Peanuts

花生米这种小零食在四川很受欢迎，也会用在很多炒菜中（最著名的就是宫保鸡丁），或者为凉菜、小吃等做配料，增添脆脆的口感。健康食品店和中国超市都能买到红皮生花生：比较小的花生通常比较好吃。花生可以油炸，作为零食或配料（见第 452 页），也可以炒制之后剥掉皮（见第 119 页）。花生要放在密封罐里保存，最好也放一袋那种东亚零食包装中的干燥剂。

兵豆花生香味什锦 Bombay mix

本书是川菜菜谱，出现这个东西显得好像不速之客，也的确是个不速之客。但放在豆花或豆腐丝这些小吃上，脆脆的，特别妙。川菜厨师习惯用一把把馓子（油炸面条）和油炸脆黄豆，但我在西方根本找不到这些东西，在家里小批量地做又好像太麻烦了，所以我才推荐兵豆花生香味什锦作为替代。（如果你想要坚持传统，那就用大量的水将黄豆浸泡过夜，然后油炸，直到炸脆。至于馓子，先用普通面粉、冷水、一点点盐和泡打粉和成面团，醒面 20 分钟，然后擀成面片，切成细条，油炸到金黄酥脆。）

味精须知

20 世纪初期，日本科学家池田菊苗博士在实验室里发现了分离谷氨酸的方法，提取出味精，中餐厨师一直用这种细细的白色粉末为他们的菜肴增添鲜味。适量添加的话，都没什么问题，但很有可能会把味精作为捷径，代替老老实实熬的高汤或那些上好的配料，破坏比较微妙的风味。

西方世界对味精的偏见也许没有什么事实依据，因为没有科学证据证明味精对身体有害——但传统中餐也不加这味配料，而且应该是从 20 世纪 60 年代开始才广泛传播的。大体上来说，要是你用上好的配料和传统的技法，味精是完全没必要放的，特别是本来味道就已经很浓重的川菜。我个人是不介意吃味精的，但自己做菜的时候不怎么加。

任何一家东亚超市里都可以买到味精。如果你想用味精加强咸鲜味，要注意以下几点：

· 只用在咸味菜中，甜口菜一定不要加。

· 凉菜中稍微加一点点味精非常棒，特别是那种味道比较清淡可口的。按照口味添加就好，本书中的相关菜谱里，加上 ¼ ～ ½ 小匙就不错。

· 我觉得那种油乎乎的菜加点味精后，会显得不那么油，所以我调火锅蘸水的时候总会加一点点进去（见第 407 页）：相信我，真的很好吃！

· 热菜快起锅装盘时加点味精。和之前一样，一锅菜加个 ¼ ～ ½ 小匙就好。

THE SICHUANESE TABLE

四川人的餐桌

攒一桌搭配得当的川菜，没有什么必须遵守、牢不可破的规矩。最重要的就是颜色、味道和口感要丰富多样；而且厨师最后的收尾工作一定要尽量轻松，不费吹灰之力。尽量用几种不同的烹饪方法，比如有慢炖慢烧的菜，有需要码味和调料且用炒锅做的菜，然后再来个简单的炒青菜。如果你要做麻婆豆腐这种很有味道的菜，一定要配上口味清淡的绿叶菜。如果某道菜是干香的类型，比如干煸鸡，就用汤汁丰富的菜来互补。

想节省时间的话，你可以从中餐馆买已经做好的肉菜，作为家常菜的补充。如果你想做真正的地道中国味，一顿饭的尾声，要端上一份简单的汤。

至于量多量少，关键是米饭要管够，而下饭的菜上几道，就比较灵活了。按规矩，我通常是按照人头，一人一道菜，有时间的话再多做一两道。凉菜和慢煮菜量增大一点不是什么难事，也可以提前准备，等到最后要做的时候就容易多了。不过，炒菜配料的量不要加倍，因为家用炉灶和炒锅的火不够大，一次处理不好那么多食物。

川式饺子或面可以作为小吃，也能在非正式午餐上作为菜上桌。如果你是做饺子，饺子皮和新鲜的馅料一定要备足：剩下的食材可以冻起来，下次再用(没下锅的饺子也可以冻起来，等客人来了再下锅煮好调味)。饺子或面条配上四川的凉菜再清爽不过了。四川火锅也是大家聚会的最爱，可以随时做出调整，看大家的口味和预算。你只需要在餐桌上摆上一个锅，让所有客人都夹得到。我为朋友做中餐的时候，很少能有精力再做什么餐后甜品（客人们也通常酒足饭饱，吃不下去别的了）。不过，饭后我会端上一些上好的中国茶、新鲜水果和巧克力、酥糖之类的甜味小零食。

关于咸度和油度

在中国，好菜通常要能“下饭”，就是配着淡味的白米饭能吃得香。所以，有些菜单独吃，或者只就一点点饭吃，可能会感觉过咸了。在试验本书中的菜谱时，我是按照中国传统调味的：如果你想不配饭直接吃，可能需要酌情减少咸味调料的配比。

西方人通常觉得中餐“很油”。但如果了解了中国人如何吃菜，就不会这么认为了。中餐烹饪中，油是火候与香味的核心，但一道菜中并非所有的油都是要你吃下去的。比如，如果你要按照中国的礼仪用筷子夹炒菜，那么大部分的油都被留在菜盘里了；如果你用勺子，那么可能会舀比较多的油到米饭上。同样，那种油多到夸张的毛血旺(见第166页)，取菜要用筷子或漏勺，而里面的油是组成风味的元素，大部分都是不吃的。还有一点值得一提，这些特别油的菜通常只在餐馆才能见到，一般中国人在家做菜时用的油要少很多。

川菜宴席通常以一桌诱人的凉菜开始，调动感官，为接下来的这顿饭奠定基调。

Cold Dishes

COLD DISHES

川菜宴席通常以一桌诱人的凉菜开始，调动感官，为接下来的这顿饭奠定基调。凉菜中通常会有很多勾得人食指大动的珍馐佳肴，也很讲究色、味和口感，比如红油鸡丝、麻辣牛肉干和丰富多彩的素菜冷盘。

按照习俗，在传统宴席上会最先上一个雕龙画凤（或其他传统图案）的圆形漆器攒盒，里面装着一系列的开胃凉菜。攒盒是整个端上来的，漂亮的盖子也盖在上面，装在里面的小碟子随后会被一个个拿出来，在桌上摆好。

最简单的攒盒由四个小盘围着中间一个大圆盘，叫作“五色攒盒”，还有比较大的“七色攒盒”和“九色攒盒”，盘子就比较多了。最好的“九色攒盒”菜品种类丰富多样，美味无比，出乎意料，让人惊喜。端上攒盒，就象征着开席。待客人们纷纷拿起筷子夹凉菜时，厨房里就开始传热菜了，缓而不乱。

菜品的选择和搭配要看厨师如何考虑，也要根据当地的食材和季节不同而变化。我带家人在成都著名的蜀风园吃过一顿饭，席上端来一个“七色攒盒”，里面有花椒兔丁、泡椒鸡胗、红油兔腰、芥末牛杂（配莴笋和胡萝卜）、蒜汁芹菜腐皮、香油苦瓜和糖醋甜椒。在四川，这种用分开的小盒子上菜的习俗已经有至少1700年的历史。西晋文学家左思的《蜀都赋》中就提到过。

家常做菜也常做凉菜，上菜的形式就没这么奢华了。一盘煮熟的肉做成的凉菜，或者加了调料的素菜冷盘，不仅能和炒菜、烧菜或汤菜等热菜形成令人愉悦的互补，还能极大地方便厨师，因为可以提前准备。很多四川人在家请客，也会从专做凉菜的店买些凉菜，比如樟茶鸭、卤肉或者小菜，和在家里做的菜一起上桌。家宴时，凉菜是一上桌就摆好的，热菜再一道道从厨房里端出来。

现代人也流行在餐馆点凉菜配饮料，休闲地当小吃来吃。这是四川版的西班牙小吃“塔帕斯”，被称为“冷淡杯”，不太好翻译成英文，可以解释为“几盘凉菜和一杯啤酒”。餐厅街面上的大门敞开，大浅盘上展示着菜品，点了以后用小圆盘端上桌。喝着啤酒，吃着凉菜，摆摆龙门阵，一晚上不知不觉就过去了。菜简单亲切又美味：卤肉，辣味的下水和炒菜，咸蛋，油酥花生。有时候，骑着车在热闹熙攘的成都小街小巷中穿梭，是很难集中精力看路的，因为你经常会经过某个木房子的屋檐下，看到那里摆着这么丰盛的一桌菜。

有一大类独特的四川小吃和开胃菜，是用“炸收”这种方法做成的。做出来的肉和鱼有嚼劲，有光泽，散发着油和香料的香气。“炸收”顾名思义就是“油炸和吸收”，把肉或鱼码味之后，油炸到金黄酥脆，然后在加了调料的汤中慢炖。汤里的水逐渐蒸发，肉吸收了其中的风味。这样的佳肴收尾时通常会加上一点辣油，撒点香料粉或芝麻。

传统的街市上有专门卖炸收菜肴的小摊。有一次，我去成都郫都区（旧称郫县）寻找著名的郫县豆瓣时，就被这样一个小摊分了心，多花了一个小时左右的时间。当时摊位上堆着十几个大盘子，全是让人垂涎欲滴的小吃：甜味浓烈的龙须牛肉丝，撒了芝麻的猪肉丝，半透明的灯影牛肉，还有糖醋排骨。我细细地吃着，贪婪地闻着，把菜品互相比较品鉴，还一边和摊主聊着天，感觉豆瓣酱厂比这无趣多了。（我最后还是到了目的地。）

要做炸收菜肴得分好几步，所以很少有人在家做。大家都是在市场上买，或者去餐馆吃。不过，基本方法是不难的，美味的成品也值得下那么大功夫，特别适合准备较大的量供应朋友聚会。本章的炸收菜肴有冷吃兔和麻辣牛肉干。

有一道炸收菜，也是四川著名的传统小吃，叫“灯影牛肉”：轻薄如纸的牛肉，加上红油和麻辣调料。根据当地的传说，灯影牛肉是唐朝著名诗人元稹发现的。他当时在今天的达州（旧称达县）做官。任职期间，当地遭遇大旱，引起饥荒，元稹关心民间疾苦，微服出巡，和村里与集市上的百姓们聊天谈笑。

一天晚上，又饿又累的他误打误撞地进了一家酒馆，好心的店主端来酒和牛肉片给他吃。牛肉片切得很薄很薄，非常美味，把元稹香得一时词穷。那天晚上，他把这种灯影牛肉的做法记下，带回去给官宅里的厨师，有朋友来就做给他们吃。渐渐地，灯影牛肉声名远播，名扬全川。

有种特别有趣的季节性开胃菜叫“冲菜”，早春时节用开花芥菜的嫩芽做成。嫩芽先进行短暂晾晒，晒蔫，然后切碎，在烧热的锅中干炒，炒干水分，之后密闭在罐中过夜，封存开花芥菜特有的风味，最后进行调味，像吃沙拉一样吃。这种菜很香，能一下子冲到你的鼻子，引起一种令人愉悦的刺痛感，清爽、活泼又让人振奋。冲菜通常都是在春节前后吃，旁边可能还会摆上一盘自制香肠和腊肉。

下面这章的菜谱几乎都是四川人最喜闻乐见的凉菜，当然也有些比较少见的地方特产。我反复尝试过这些菜谱，原因之一就是它们能够和其他形式的菜很好地融合。一盘四川凉拌鸡无论在什么样的午餐桌上都是亮点；麻辣牛肉干和凉凉的开胃酒是绝配；很多菜作为欧式餐桌上的开胃菜也很不错。有些菜我没有选进本书，因为用了一些不太常用的内脏，或者泥鳅、鲫鱼等当地才有的水生动物，或者春笋等必须趁新鲜吃的四川特产食材（罐装笋风味差得多，通常不值得费心烹饪）。不过别的很多菜都可以用在西方超市里很容易买到的食材来做。你还应该明白，本章介绍的很多四川风味和烹饪方法，也可以用来做你手上可能有的其他食材。

中间：怪味鸡丝。从左下开始顺时针：姜汁豇豆、蒜泥白肉卷、酸辣木耳、花仁拌兔丁、樟茶鸭、炝黄瓜、珊瑚雪莲、麻辣牛肉干。

Poached Chicken for Cold Dishes

用于凉拌的水煮鸡

四川人特别擅长给凉拌鸡调味，能把十几种基本配料调出变幻无穷的风味。这样的菜做起来很容易，也很方便做较大的量供聚会用，如果你能提前把鸡煮好、晾凉并切好，最后做起来是非常快的。软嫩的鸡肉可以用无数美味无比的酱料来搭配，也可以加在吃剩的烤鸡上（火鸡当然也可以。圣诞节之后的节礼日，我的午餐桌上总会出现川味凉拌火鸡）。接下来的数页会介绍调料的做法，而本页讲的是如何做水煮鸡。

关键就是鸡要文火慢炖，水面只是微微地冒泡。如果太过沸腾，鸡肉会很柴。粤菜厨师会准备一定量的汤煮开，把鸡放进去，待汤重新煮开后关火，把锅紧紧盖住，让鸡在逐渐冷却的汤中慢慢煮熟。等到汤的温度下降到室温，肉就煮到刚刚好，但还是很紧实、多汁，有了一点微妙的风味；骨头还有点生，呈淡粉色。这样煮鸡肉的时候，你必须要小心，确保鸡肉已经煮到了公认的水准。最好用探针式温度计测量一下肉最中心的温度，至少要达到74℃。

我在家水煮鸡肉时，常用下面这种较容易也较"傻瓜"的办法。我的大部分四川朋友，无论是专业厨师还是业余在家做饭的人，几乎也都用这种办法。但如果你想用浸泡的办法，可以参考主菜谱下面的信息。

鸡（1.6～1.8公斤，去除骨头大概有800克的肉） 1只
姜（带皮） 20克
葱（只要葱白） 2根

首先把鸡恢复至室温。用刀面或擀面杖轻轻拍松姜和葱白。

在完全能装下鸡的锅里倒入足够的水（能没过这只鸡），大火烧开。把鸡放入水中，大火再烧开，然后撇去浮沫。加入姜和葱白，锅盖虚掩，把火关小，保持液体微沸，根据鸡的大小煮30分钟左右。如果水不能没过鸡，中间要翻转一下。

用叉子深深插入鸡大腿的关节处，看是否煮熟：流出来的汁水应该是清亮的，不是粉红的血水（你会发现这样做了之后，才能很轻易地把鸡从锅里捞出）。鸡肉煮到刚刚好，从锅中捞出，放在一边晾凉，再进行冷藏，之后使用（要尽快冷却，让鸡皮紧实，可以立刻把鸡浸入一大锅或一大盆冰水中）。鸡肉应该湿润柔滑。

浸泡法

1.8公斤左右的鸡，需要在大汤锅里烧开4.5升水，加入拍松的姜和葱白。轻轻地把鸡放入水中，鸡胸朝下，然后再提起来，把鸡体内的水都沥出来（这样能保持鸡内部和外部的温度平衡，有些菜谱推荐多重复几次这一步）。把鸡放回水中，然后将水再次烧开，立刻关小火，以非常轻柔的微沸状态煮8分钟。关火，盖上密闭的盖子，静置20分钟。

再次开大火，直到水到达将沸腾的临界状态。离火，再次盖上锅盖，静置浸泡15分钟。在大锅或大盆中装满冰水。鸡泡好之后，轻轻从锅中取出，把体内的水都沥出来。把鸡浸入冰水中，泡15分钟。把鸡从冰水中取出，沥水，再用厨房纸巾把水分轻轻吸干。冷藏备用。

Cold-dressed Chicken

凉拌鸡

凉拌鸡没有特定的标准菜谱：一千个厨师就有一千盘凉拌鸡。但万变不离其宗，这个“宗”就是来自酱油或特调鸡高汤的咸鲜味、一丝淡淡的甜味和一点味道幽深令人满足的红油。通常还会来点醋，放点花椒，再用芝麻香油收个尾。也可以加芝麻酱增香（有时候我也会用非常顺滑的花生酱，虽然四川人不加这个）。有些厨师喜欢剁点生蒜或泡椒放进去，还有的会把葱花或香芹剁碎和鸡肉一起拌。你应该也看出来了，做这个菜不必太拘泥什么规矩，所以下列做法只是个大致方向，你可以随意发挥。

在四川，平价餐厅就是把整鸡斩块，带骨凉拌上桌；而比较好的餐厅会把鸡肉去骨，弄成鸡片、鸡条或鸡丝。我建议过大家用无骨鸡肉，但如果你想用锋利的砍刀和整鸡搏斗一番也请随意。要不要鸡皮完全由你决定。中国人很喜欢这种滑溜清爽又紧实的感觉，而且鸡皮让整道菜吃起来肥美多汁。而西方人通常不太喜欢。如果你是用吃剩的烤鸡做这道菜，可能需要在酱料里多加一些高汤，因为肉会比较干。

煮熟放凉的鸡肉（见第 62 页，去骨） 400 克（大概半只鸡）

小葱 4 根

芝麻 1 小匙

烤花生或油酥花生（见第 452 页） 50 克

凉拌汁

盐 ½ 小匙

细砂糖 2 小匙

镇江醋 2 小匙

生抽 2 大匙

放凉的鸡高汤 3 大匙

花椒面 ¼ ～ ½ 小匙（或 1 ～ 2 小匙花椒油）

红油 3 ～ 4 大匙（加不加下面的辣椒均可，根据口味增减）

香油 1 小匙（根据口味增减）

把鸡肉改刀成可以入口的大小。小葱切成 1 ～ 2 厘米的葱段（如果葱的味道很冲，可以稍微蒸一下或放进微波炉打一打，让味道温和一些）。在炒锅或煎锅中用极小的火干炒芝麻，直到芝麻散发出香味，颜色金黄。

调凉拌汁时，把盐、糖、醋、生抽和鸡高汤混合在小碗中，搅拌至盐和糖融化，再继续把其他配料放进来搅拌。

鸡和小葱、花生以及凉拌汁一起放进碗中，像沙拉一样调匀，然后装进菜盘中。上桌之前撒芝麻装饰。

‘Strange Flavour’ Bang Bang Chicken

怪味棒棒鸡

西方国家无数中国餐馆的菜单上都有这么一道棒棒鸡，但通常都是对正宗棒棒鸡的粗浅模仿。在这道菜的发源地川南地区，基础调味是芝麻酱和糖、醋、酱油、辣椒、香油和花椒融合，活力十足，让人唇齿酥麻。据说这道菜诞生于汉阳坝，是乐山附近的小镇，那里的鸡曾经很出名。散养的走地鸡，食物是小虫子、杂粮和当地花生处理后剩下的东西。20 世纪初期，汉阳的街头小贩会叫卖一种小吃，辣酱淋在一块块煮熟的鸡肉上。这种小吃后来就被称为“棒棒鸡”，因为他们举着木棒敲在刀背上助力切穿鸡肉时，会发出“梆”的声音。这道菜大约在 20 世纪 20 年代出现在成都的菜单上，不过在成都，大家是直接把大棒敲在鸡肉上，把肉敲松，用手就可以撕成条。

这种鸡的酱汁味型名字很有趣——怪味，各种味道非同一般地组合到一起，却能吃得人心满意足：咸、甜、酸、香、辣和麻。我发现这个菜谱是最难用文字描述的，因为我吃过好多不同版本，都很喜欢。你可以根据自己的喜好，在鸡肉下面垫一层莴笋丝或黄瓜片。

煮熟放凉的鸡肉（见第 62 页，去骨） 400 克（大概半只鸡）

葱（只要葱白，可切成细丝） 4 根

烤花生或油酥花生（见第 452 页） 30 克

芝麻 2 小匙

凉拌汁

芝麻酱 2 小匙

盐 ½ 小匙

细砂糖 2 大匙

生抽 1½ 小匙

镇江醋 ¼～½ 小匙

花椒面 ¼～½ 小匙（或 1～2 小匙花椒油）

红油 4 大匙（再舀 1～2 小匙下面的辣椒）

香油 2 小匙

想要遵循传统的话，可以用擀面杖把鸡肉拍松，然后撕成适合入口的鸡丝；也可以直接把鸡肉切或撕成适合入口的鸡丝或鸡条。加入葱丝（如果要用的话），抓拌均匀。花生粗粗地剁一剁：最简便的做法是堆在墩子上，把刀面平平地放在上面，使劲一压，稍微压碎，然后再剁成更小的颗粒。在炒锅或煎锅中用极小的火干炒芝麻，直到芝麻散发出香味，颜色金黄。

接下来调凉拌汁。用勺子将芝麻酱和匀后，加大约 2 大匙凉水稀释，调出来的酱汁浓稠度应该和液体淡奶油差不多，要具有一定的流动性，能包裹住鸡肉。盐、糖、生抽和醋都放在一个小碗里，搅拌到盐和糖融化，再继续把其他配料放进来充分搅拌。

上桌前，把鸡肉堆在盘中，把凉拌汁淋上去。用花生和炒熟的芝麻装饰。

Chicken in Sichuan Pepper and Spring Onion Sauce

椒麻鸡片

椒麻汁是正宗川菜中没那么著名的酱汁，它不燥不辣，清爽鲜绿，有一点隐隐的花椒果味。在这道菜里的“椒”没有和它通常的“共犯”辣椒一起出现，而是体现在葱的辛辣与香油的芝麻味的和谐共处上。这是一种非常美妙的川味，也让很多以为川味就是麻辣的人始料未及。

很多菜谱里都要用到酱油，但你可以不加，让其中的绿色更为鲜艳明快。不过，这里面的小葱一定要用刀或半月刀（如果使用食物加工机，做不出传统的口感和卖相）切成非常非常细的颗粒。这道菜的小葱，要选新鲜柔软的葱花。传统做法中，小葱是直接用生的，但现在的厨师比较倾向于稍微去除一下葱的生味。要么是在切之前稍微蒸一下，要么是把它们和辣椒一起切切，然后把油烧热淋上去（如果用后面这种方法，可能需要倒掉多余的油，凉拌汁里不能太多油）。这种酱汁通常用于凉拌鸡、猪下水、新鲜核桃或牛百叶，但搭配温热的小土豆也很美味。

煮熟放凉的鸡肉（见第 62 页，去骨） 400 克（大概半只鸡）

凉拌汁

花椒 ½ 小匙

葱花 50 克（大概一把）

生抽 1 大匙（可不加）

芝麻油 2 小匙

放凉的鸡高汤 7 ~ 8 大匙

盐

鸡肉切成适合入口的鸡片，放在盘子里。

做酱汁时，先倒一点温水没过花椒，浸泡大概 20 分钟。

洗净葱绿，沥干，切葱花。把葱花和沥干水的花椒一起放在墩子上，加一小撮盐，然后用锋利的刀或半月刀全部剁碎，要剁得很细很细。

剁碎后把混合物放进小碗中，然后加入生抽，再额外加一大匙高汤，按照口味加盐。

把凉拌汁淋在鸡肉上。吃之前充分拌匀。

Fish-fragrant Cold Chicken

鱼香鸡丝

所谓的“鱼香”酱料（见第18页）多用于热菜中，但像本菜谱中这样用鱼香味来做凉拌菜也很棒，美味得不得了，浓稠的酱汁中有新鲜的姜、蒜、葱和泡椒。泡椒微辣，不会掩盖隐隐的酸甜荔枝味。红绿淡黄相间的色彩组合也很漂亮。这种酱汁通常用来给鸡肉、兔肉、猪肚和脆炸圆豌豆调味，但作为炸虾和其他小吃的蘸水，也是深受喜爱。四川酱料蘸水中的辣椒来自生泡椒和红油，但在国外根本不可能找到四川泡椒，所以我的版本是把三巴酱微微过一过油，成品也非常好吃。

煮熟放凉的鸡肉（见第62页，去骨）　400克（大概半只鸡）

凉拌汁

细砂糖　2小匙　　镇江醋　2小匙

生抽　1大匙　　高汤或清水　2大匙

三巴酱　4大匙　　食用油　4大匙

（三巴酱加食用油的组合可以变成：4大匙去籽之后细细切碎的四川泡椒加3～4大匙红油）

切得很细的姜末　1大匙

切得很细的蒜末　1½大匙

葱花　3大匙

香油　1小匙

把鸡肉切成适宜入口的鸡丝，堆在盘子里。

做凉拌汁，先把糖、醋、生抽和高汤（或清水）放在一个碗里，搅拌到糖融化。

在事先养过的锅里小火加热食用油，加入三巴酱，轻轻翻炒，直到油色红亮，散发香味。把混合物倒入装有调料的碗里搅拌，然后把其他配料一起放入碗中混合，淋在鸡肉上（如果你是用泡椒和红油，就可以省略在锅中加热这一步）。

美味变奏

下列调味料均适用于400克煮熟放凉的鸡肉。

红油味

四川人把海椒油称为“红油”，而这个红油味酱料是经典味型之一，把辣椒的辣和生抽的咸，还有细砂糖隐隐的甜融合在一起，通常用于鸡肉和兔肉凉菜中，还有各种各样的下水。把4小匙细砂糖、3大匙生抽和4大匙鸡高汤放进一个碗里，搅拌到糖融化后加入1小匙香油和4大匙红油，沉积在红油下面的辣椒可要可不要。

麻辣味

这也是属于经典味型的酱料，融合了让你唇齿酥麻的花椒味。把 3 大匙生抽、1 大匙细砂糖和 4 大匙放凉的鸡高汤放进一个碗中，搅拌到糖融化后加入 1 小匙香油、¼ ～ ½ 小匙花椒面（或 1 ～ 1½ 小匙花椒油），还有 3 大匙红油，沉积在红油下面的辣椒可要可不要。

藤椒鸡

我第一次吃到加了这个酱料的藤椒鸡，是在重庆一个热闹熙攘的餐馆里。这道菜的酱料非常符合当前的流行趋势，会用颜色鲜艳、味道火辣的新鲜红椒和青椒，再加藤椒油点睛。把 100 毫升鸡高汤（冷热均可）、2 大匙生抽、½ 小匙盐、2 ～ 4 个切成薄片的小米辣（青椒、红椒都要，根据口味增减）、1 ～ 1½ 小匙藤椒油、1½ 大匙生菜籽油和 1 小匙香油放进一个碗中搅拌就行。

川南蘸水

川南人民特别喜欢调辣辣的蘸水来配饭或配菜，蘸水里飘着让人眼花缭乱的新鲜辣椒，还有让你双唇想要歌唱的花椒。下面这两种蘸水是要致敬自贡一家特别受欢迎的小馆子——坤记蘸水菜。店主站在店门口一张小桌子后面，从玻璃橱柜里取出一块块瘦牛肉、一块块兔肉和鸭下水，还有猪舌头、兔肚之类的，在木墩子上切好。他老婆像旋风一般忙碌着，把生抽、花椒、生姜、大蒜和量多得吓人的辣椒搅拌均匀，有鲜椒，也有油辣子。他们的儿子在后院厨房里掌勺掌锅，儿媳妇则在店里穿梭来去，招呼客人。下列两种蘸水可用于兔肉、下水或鸡肉做的凉菜。

鲜椒蘸水，混合 1 ～ 2 大匙切成薄片的新鲜红小米辣、3 大匙生抽、½ 小匙姜末、1 大匙蒜末、⅛ ～ ¼ 小匙花椒面和 2 大匙生菜籽油即可。

红油蘸水，混合 1 大匙红油、2 大匙红油下面的辣椒、3 大匙生抽、½ 小匙姜末、1 大匙蒜末、⅛ ～ ¼ 小匙花椒面和 1 大匙葱花（只要葱绿）即可。

Cold Chicken with Fragrant Rice Wine

香糟鸡条

这道菜并不常见，但可以提醒我们，川菜不仅仅有刺激的辣味和各种重口味。这道菜用到了蒸的手法，让事先煮过的鸡和醪糟那香甜醇厚的香味融合在一起，创造出香糟味——23种川菜官方调味中的一种。蒸好了可以直接吃热的，但通常都是作为凉菜上桌。

也可以用同样的方法做香糟鸭和香糟鱼。川菜大厨喻波还做了个素食版的——香糟白果。

煮熟放凉的鸡肉（见第62页，去骨） 400克（大概半只鸡）

醪糟（糯米和酒要一起用，见第454页） 160毫升

白胡椒面 1大撮

盐 约½小匙（根据口味增减）

把鸡切成1～2厘米宽，6厘米长的鸡条，拿一个能放进蒸笼或蒸锅的碗，把鸡条整齐地码放在碗里。把醪糟、白胡椒面和盐混合在一起，倒在鸡肉上。

把碗放进蒸笼或蒸锅，大火蒸10分钟。上桌前把鸡放凉。愿意的话，可以把碗倒扣在一个盘子上，鸡肉就会形成一个漂亮的圆顶，卖相比较好。

Broccoli with Sesame Oil

香油西蓝花

这道简单的菜再次说明了一个道理，任何全面、完整、成熟的川菜菜单，都应该有清淡低调的风味，来中和油与香料引起的麻辣与兴奋。这样的风味，可以是简单的炒菜，只加一点盐调味，或者再来点蒜泥，加点清淡的高汤；也可以是这样一道清爽开胃的凉菜。做这道菜的基本方法也可以用于凉拌苦瓜（切片）、青豌豆、红椒或花菜。（香油与很多蔬菜都是绝配，有时候我在家犯懒，通常就把紫球花椰菜稍微煮一煮，也不管冷的热的，画龙点睛地加点香油和生抽就上桌了。）鸡高汤能增加一点浓郁的鲜味。现在，很多厨师图省事，加几撮味精或鸡精了事。如果你只用西蓝花的话，卖相是最好的（茎秆我通常都是削了皮之后切片，用来煮汤或者炒菜）。

西蓝花花球掰成小块　250 克（带茎秆重约 325 克）

香油　1～2 大匙

放凉的鸡高汤　5 大匙

盐

烧一锅开水。加入西蓝花略焯水断生。不要焯过了，不然西蓝花就会解体；茎秆应该还有点脆脆的。用漏勺舀出，立刻冲冷水，然后晃动沥干。

西蓝花放在一个碗里，根据口味加大约 ¼ 小匙的盐，充分拌匀；再加 1 大匙的香油，同样充分拌匀。

快要上桌前，加入鸡高汤，根据口味可以再加一点盐和香油。

Green Soy Beans in a Simple Stock Sauce

盐水青豆

这道菜颜色鲜艳，正是清淡低调咸鲜味（四川话发音“含宣味”）的典型例子，可以中和调味比较大胆重口的菜肴，起到让人愉悦的清口作用。同样的调味方法还可以用于豌豆、胡豆和其他很多蔬菜。

剥壳青豆　300克

香油　2小匙

泡椒　3个（或¼个红椒）

放凉的鸡高汤　4½大匙

盐

水烧开，青豆焯水1～2分钟，煮到刚刚熟的程度。用漏勺捞出，冲凉水。晃动沥干后放入一个碗里，加½小匙香油和½小匙的盐，充分拌匀。

用泡椒的话，切去尾部，尽量把籽都挤出来扔掉，然后切成小小的菱形。如果用红椒，在开水中稍微焯一下，过凉水，沥干水，切成小方块或菱形块。

在小碗中混合高汤和剩下的香油，根据自己的口味加盐。

拌匀所有食材配料，上桌。

Spinach in Sour-and-hot Dressing

酸辣菠菜

普遍认为，菠菜是在唐朝时从中亚传入中国的。菠菜中的“菠”指的就是“波斯”，说明了其来自异域。中国人会用菠菜做炒菜或者汤，但用在这样的凉菜中也是深受喜爱。

菠菜　600克（约1把）
生抽　4小匙
镇江醋　2大匙
细砂糖　½小匙
放凉的鸡高汤或清水　2大匙
红油　3～4大匙（加不加下面的辣椒均可，根据口味增减）

烧开一大锅水。

烧水时洗净菠菜，择好。等水烧开，加入菠菜，微微焯水，菠菜叶断生即可。用漏勺捞出，冲凉水。轻轻挤捏，尽量挤干水分。

把菠菜放在墩子上，切成适宜筷子夹取的长度。切好的菠菜整齐地摆放在盘中。

把其他调料放入一个小碗中，充分拌匀。把酱汁倒在菠菜上，上桌。

美味变奏

同样的调味方法可以用在其他蔬菜上，包括苤蓝（切丝之后用盐腌制，把多余的水沥干，再进行调味）以及更具有异域风情的枸杞嫩芽。

Preserved Eggs with Green Peppers

青椒皮蛋

西方人将这种食材称之为“千年老蛋”，初次和其相遇可能会让人很不适。我必须承认，自己第一次在香港遇到它们时，那灰黑灰黑的颜色，也叫我打心眼儿里反感。但现在我很爱吃皮蛋，大部分真正品尝过的人也觉得很美味：感觉就像夸张版的蛋，蛋黄味道浓郁，口感丝滑如乳脂。我发现秘诀就在于，第一口咬下去的时候，要闭上眼睛，你才能不带偏见地进行品尝。不过，四川的皮蛋比香港那种灰不溜秋的卖相要好些，蛋白是透明的，泛着淡淡的琥珀色，蛋黄周围有一圈圈不同色调的灰色与绿色。

做皮蛋，要将盐、泥巴和烟灰或石灰和成的混合物糊在生鸭蛋上。接下来的几个月里，石灰通过化学反应“煮熟”生鸭蛋，让其中的蛋白质发生质变，内部的颜色和口感都发生巨变。中国人这种做皮蛋的方法至少已经延续了5个世纪，一开始的目的是通过腌制保存食物，后来则是为了创造美妙的鲜香风味。历史上这种方法究竟来源于何处已不可考，但各种纷繁的传奇都说，是有人把鸭蛋存放在一个石灰坑或烟灰坑中，意外地发现了这种方法。

青椒（生的或烤熟的均可，见“注意”） ½ 个

皮蛋（鸭蛋） 3 个

凉拌汁

生抽 2 大匙

细砂糖 1 小匙

红油 2 大匙（加不加下面的辣椒均可）

香油 1 小匙

青椒切成1厘米见方的小块，青椒籽要挖掉丢弃。

皮蛋剥壳，清洗沥干，然后把每个蛋切成8瓣。取一个小盘，把切好的青椒堆在盘中，把切瓣的蛋围成一圈，摆成花瓣状。

在一个小碗中调好凉拌汁调料。要上桌前，把凉拌汁倒在皮蛋和青椒上。

注意

这道菜中的青椒可以用生的，也可以用熟的。有的厨师坚持认为，处理青椒的最好方式就是架在火上烤。（在家进行这一步的话，就把整个青椒放在明火上烤到外皮微微发黑，就像做一些意式餐前小吃，烤好后放在一个可以密封的容器中，慢慢放凉，然后把黑皮撕掉即可。）

美味变奏

还可以调酸辣凉拌汁，将2小匙生抽、¼ 小匙细砂糖、1½ 大匙镇江醋和2大匙红油混合拌匀，倒在皮蛋和青椒上。

这道菜用鹌鹑皮蛋来做也可以。

Coral-like Snow Lotus

珊瑚雪莲

藕　2 段（500 克）

姜（带皮）　15 克

细砂糖　100 克

白米醋　100 毫升

枸杞子　几颗（做装饰用，可不加）

盐

莲花因为其出淤泥而不染之美，自古以来就是佛教徒心中灵性顿悟的象征。四川很多地方广泛种植莲花。开车朝成都南部走，穿梭在绿油油的农田之间，就会看到很多池塘和水库中都蔓生着圆形的宽大莲叶。川菜中几乎把莲的浑身上下都用遍了。

莲花的种子是多子的象征，因为“莲子”谐音“连子”。莲子可以用来做甜的饺子馅，或直接和大米一起煮成有益健康的养生粥。水下的根茎入菜，或做成糖藕；而叶子可以用来包裹蒸菜，让那幽微清淡的叶香渗入到食物中。就连白色的花朵都能裹上蛋白，微微油炸，撒上玫瑰糖当菜吃。

下面这道菜（见第 79 页的图片）用到了莲花的根茎，即藕。藕切片之后如白玉，横截面还有繁复美丽的花纹。这样来处理藕，能够充分展示其透白之美和脆嫩的口感，恰恰应了“珊瑚雪莲”这个菜名。

藕段分别切掉两头不要，然后削皮，切成片。轻轻拿刀面或擀面杖拍松生姜。将藕片泡水清洗，和姜一起放在碗里；倒淡盐水，没过藕片。

烧一大锅水，把沥干的藕片（不要生姜）倒进开水中，等水再烧开，焯水 10 秒左右。用漏勺捞出藕片，冲凉水，然后放在一个碗里。

糖加 100 毫升水入锅，加一小撮盐，小火加热，不停搅拌到糖融化，彻底放凉。

醋倒进糖水中，充分搅拌，然后倒在藕片上。在冰箱里冷藏至少一小时，或放到需要时再取用，中途把藕片翻动一两次，让它们均匀吸收酱汁。

如果你想装饰这道菜，把枸杞子放在热水中浸泡一两分钟，再进行装饰即可。

Fine Green Beans in Ginger Sauce

姜汁豇豆

姜汁是凉拌川菜中最让人愉悦的调味了。四川人经常把姜汁用于豇豆。你在亚洲超市里能看到一把把豇豆，细长柔软。同样的凉拌汁也可以用于焯过水的菠菜或别的绿叶菜，以及焯过水的荷兰豆，放凉的熟鸡肉或兔肉，还有各种各样的猪下水。

姜汁很清淡，所以你要用很好的食材。要是不用新鲜、柔软和散发着香味的生姜，那就不用做了。生姜一定要切得很细很均匀，才能保证卖相和口感。姜汁应该呈一种美好的“茶色”。有些版本的姜汁会加入生抽，增加一点鲜味。我在这个菜谱中没有加生抽，是为了突出醋和姜的味道。如果你想加生抽，那么高汤或水的用量要减到1大匙，盐的量减到¼小匙，再加2小匙生抽。

我曾经在纽约的“好面馆”（Hao's Noodle and Tea）吃过一道精致的现代菜肴，用到了这种川味姜汁：韭黄焯水，配上肥美多汁的蛤肉（我想他们用的肯定是透明的米醋，因为姜汁是无色的）。

上好的豇豆　200克

姜末（切得很细）　1½大匙

镇江醋　1大匙

盐　¾小匙

放凉的高汤或清水　1½大匙

香油　1½小匙

豇豆掐头去尾，切成小段。

烧开一锅开水。加入豇豆。大火烧开再煮2～3分钟，到刚刚变软。用漏勺捞出，冲凉水，然后甩干。把豇豆整齐地摆在盘子里。

在一个小碗里混合蒜末和醋、盐、高汤或清水，充分拌匀，然后加入香油。（醋应该赋予酱汁一种浅淡的“茶色”和轻微的酸味。）把酱汁倒在豇豆上，如果要摆盘更细致好看，就像图片里那样，那就先把酱汁淋在豇豆上，再把蒜末均匀摆放在顶上。

美味变奏

姜汁菠菜

要对这种酱汁进行美味变奏，我有一个最喜欢的菜叫“姜汁菠菜”，经常在家做。做法很简单，就是把300克菠菜焯水断生，立刻冲冷水，然后轻轻拧干。去掉菠菜根，全部切成适宜筷子夹取的长度，淋上姜汁，上桌。

'White' Pork in Garlicky Sauce

蒜泥白肉

这种春夏餐桌上常见的经典开胃凉菜，全四川人民都喜闻乐见，是长江边李庄古镇的特产。那里的厨师们为自己的刀上功夫自豪不已。李庄的厨师可以在木墩子上放一块温热的猪肉，然后拿起一把巨大的菜刀，削出特别宽又特别柔软的肉片，用筷子夹起来都能抖出波浪。当地的老饕总是夹起一片半肥半瘦的肉，手腕轻轻一抖，就把肉片绕在筷子上准备蘸蘸水了。在李庄，肉片通常都是平平地摆在盘子上，你能充分欣赏到那漂亮的透明肉片，蘸水中还加了些捣碎的辣椒（糍粑辣椒）。据说，把这种煮好的白肉放凉了吃的传统，是从满族发源的。

到了成都，白肉通常会被放在蒜泥酱汁中。这种酱汁由蒜泥、加了香料和糖的酱油以及红油做成。通常，白肉要么和黄瓜片搭配，要么就是应季的香椿芽。按照传统，做这道菜的肉要用“二刀肉”，是猪臀部的一块肉，有厚厚的一层肥肉，连着猪皮；也可以用猪腿肉，但必须要有足够的肥肉，才能制造出正确的丝滑口感。

菜谱做的是非常经典的成都蒜泥酱汁，但后面也补充了不需要加香料和糖，用生抽做出的“快手版”。你可能也想试试李庄的那种版本，一盘白肉，配一碗糍粑辣椒蘸水（见第 462 页）。

姜（带皮，大拇指大小） 1 块

小葱（只要葱白） 1 根

整块二刀肉（肥瘦相间，肩肉或颈肉也行，都要带皮） 400 克

黄瓜 ½ 根

盐 ½ 小匙

酱汁

复制酱油（见第 453 页） 3 大匙

蒜瓣（剁成泥） 2～3 大匙

红油 2 大匙（加不加下面的辣椒均可）

香油 1 小匙

用刀面或擀面杖轻轻拍松生姜和葱白。

猪肉放在锅中，倒凉水没过猪肉。大火烧开水，撇掉浮沫。然后加入蒜和葱白，小火煮 10 分钟。把猪肉翻个，再煮 10 分钟。这时候猪肉应该完全被煮熟了（把猪肉从水中捞出，用竹签插最厚的部分，确保肉汁是清亮不带血水的，这就是煮熟了）。离火，不要盖锅盖，猪肉放在水里稍稍放凉。

黄瓜去皮，削成很薄很薄的丝带状。撒盐，充分抓匀，放在一旁出水。

调酱汁时，先把复制酱油和一大匙凉水在碗里混合，再加入其他配料搅匀。

趁猪肉还温热时，从水中捞出，放在墩子上。尽量切成薄片，努力确保每一片都肥瘦相间。把黄瓜腌制出的水倒掉，尽量多挤一点水出来，然后堆在大浅盘的中央。把肉片围着黄瓜摆放好，搅拌一下酱汁，倒在肉片上，然后立刻上桌。

美味变奏

快手蒜泥酱汁

在碗里混合 3 大匙生抽、1 大匙细砂糖、2 大匙蒜泥、2 大匙红油（加不加下面的辣椒均可）和一小匙香油。

Steamed Aubergines with Scorched Green Peppers

烧椒拌茄子

这道菜不怎么常见，是川南特有的乡野风味。在不算遥远的过去，农村地区很多人还在使用两千多年来没什么变化的柴烧炉，炉膛里有余烬还在阴悄悄地燃烧，他们就会埋几个青椒进去，借余烬的热量让它们变软起皱。青椒取出来，掸去灰烬，带皮或不带皮，然后和大蒜、盐与生菜籽油一起擂成浓稠的烧椒酱，就成为极富川南地区特色的酱料之一，特别搭配蒸茄子（正如本菜谱中一样），也可以作为豆花的蘸料。现代厨房中，一些厨师对青椒的处理不是烤，而是煎，然后与食用油混合擂成酱。很多人（包括成都喻家厨房"大厨二人组"的戴双）都会把切得细细的皮蛋加进酱汁里，增添鲜香的风味。还有些人喜欢把烧椒和酱油、生姜、花椒粉、少许糖、醋和（或）红油混合在一起。

我在家做这道菜时，用的是长青椒，就是经常和肉串一起烧烤的那种青椒，长长的，辣味很轻。如果你的茄子饱满柔软，应该就不需要削皮去籽了；如果你还是想削皮去籽，那需要酌情增量，和菜谱中的用量保持一致。

茄子 400克

长青椒 200克

蒜瓣 2～3瓣

生菜籽油 4大匙

盐 约½小匙

皮蛋 1个（可不加）

茄子纵向剖成两半，放在能进蒸锅的碗里。碗放进蒸锅里，大火蒸20分钟。蒸好的茄子放进漏勺，边放凉边沥干多余的水。

等茄子放凉到合适的温度，愿意的话，你可以进行去皮的步骤，尽量去掉里面的籽（用手最方便）。把茄子撕成1～2厘米粗的长条，然后用刀切成适合筷子夹取的小段。切好放在盘中。

长青椒有两种处理方法。要么用炭火的余烬慢慢烤，烤到变软，表皮起皱，颜色发棕，但又没有烧焦的程度。要么在预热到200℃的烤箱里烤20分钟，烤到长青椒颜色发棕，质地变软。

去掉长青椒的尾端。尽量去掉发黑的皮。然后把长青椒细细地剁成泥，或者放在臼里舂成泥。把青椒泥放进一个碗里。蒜瓣拍碎，加入青椒泥，再加油和适量的盐。愿意的话，你可以取一个皮蛋，剥壳，洗净，细细地切碎，也加进去。充分拌匀。上桌前，用勺子舀酱，加在准备好的茄子上就行。

Spicy Steamed Aubergine Salad

凉拌茄子

茄子经常用油炸的方法来做，所以人们很容易忽略，用蒸制的方法能够让这种蔬菜散发出完全不同的魅力：清淡温柔、软嫩多汁和微妙可口的风味。在这道美味的菜（见前页图片）中，蒸茄子被切或撕成条，和非常典型的四川调料拌匀。这种调料里融合了辣、麻、甜、酸、咸和其他淡淡的香料味，特别好吃。用中国茄子或地中海茄子都可以。就在四川著名"盐都"（还有"恐龙博物馆"）自贡郊外的馆子"桥头三嫩"，我吃到了一种非常美味的蒸茄子。当时端上来的算是配菜，整个茄子蒸熟以后放凉，起了皱，"安睡"在盘中；配上简单却好吃的酱油蘸水，加了很多葱花，还有一点小米辣。（对了，你可能会问"桥头三嫩"是哪三嫩，爆炒的嫩猪肝、嫩腰花、嫩猪肚。）

茄子　800 克

葱花　2 大匙

凉拌汁

生抽　3 大匙

镇江醋　2 小匙

细砂糖　1 小匙

红油　2 大匙

香油　½ 小匙

花椒粉　几大撮（可不加）

茄子纵向剖成两半，放在能进蒸锅的碗里。碗放进蒸锅里，大火蒸 20 分钟。蒸好的茄子放进漏勺，边放凉边沥干多余的水。

等茄子放凉到合适的温度，去皮，尽量去掉里面的籽（用手最方便）。把茄子撕成 1 ～ 2 厘米粗的长条，然后用刀切成适合筷子夹取的小段，放在盘中。

在小碗中混合凉拌汁的配料，充分拌匀，然后倒在茄子上，轻轻搅拌。上桌前撒上葱花，剩到第二天也是很好吃的。

Sour-and-hot Wood Ear Salad

凉拌木耳

这是一道味道和口感都很清爽的沙拉（见第 61 页图片），可以很好地平衡口味比较重的菜，特别是肉菜。这种又滑又脆嫩的菌类与大量的蒜、辣椒和醋一结合，顿时变得活泼跳脱。很多川菜厨师会用一种淡绿色的小个子泡椒——野山椒。有时候只加野山椒，有时候也会再加点新鲜的小米辣。如果你要在这道凉菜中加泡椒，也可以顺便加点泡椒的卤水，会很好吃。

木耳　20 克（泡过水之后 150 克）

小米辣或泡野山椒（切碎）　2 大匙

米醋或泡椒卤水　3 大匙

蒜末　2 小匙

香菜叶（切碎）　1 小把

香油　1½ 小匙

盐

木耳在热水里浸泡至少 30 分钟（也可冷水浸泡几个小时或过夜）。

木耳沥干水，撕成适合入口的大小，尾部比较硬的地方要丢掉。充分清洗。烧开一锅水，加入木耳，焯水 10 ～ 20 秒，冲凉水，充分沥干。

把木耳放在一个大碗里。取一个小碗，混合切碎的辣椒、¼ 小匙盐、米醋或泡椒卤水（两者混合也可以）。搅拌一下，加到木耳中，再加入剩下的配料，根据自己的口味再加点盐，充分拌匀，上桌。

Cold Fish in Spicy Sauce

凉拌鲜鱼

在成都的一个深夜，我很累，想吃点抚慰人心的食物，比如米饭，再来点豆腐和蔬菜之类的。但我的朋友们却有完全不同的提议，什么自贡冷吃兔、香辣富贵虾、水煮沸腾鱼之类的。虽然都是很好吃的东西，但在那个当下我感觉有点无福消受。好在，他们还点了这道美味惊人的菜。凉拌的鱼，酱料鲜艳悦目，又芳香四溢。

这个菜谱可以有很多版本。有些人喜欢蒸鱼而不是煮鱼；有的人会加入新鲜的青红小米辣，加点辣度也让颜色更鲜艳些，或者用芹菜碎或香菜碎来装饰这道菜。如果你要加鲜椒，我建议你先尝一尝，对辣度有个把握之后，再酌情添加，因为不同辣椒的辣度区别是很大的。我这个版本或多或少地参考了在重庆花花纯阳餐馆吃到的那道菜。

通常这道菜里的鱼都是鲫鱼，味道清淡，鱼肉丝滑。在伦敦，我用的是海鲷，海鲈鱼也应该很合适。反正无论如何，一定要选很新鲜的鱼。

鲫鱼或海鲷　1条（约675克）

生姜　1块（25克，带皮）

姜末　1½大匙

小葱（只要葱白）　1根

葱花　4大匙

料酒　2大匙

食用油　3大匙

蒜末　1大匙

腌过的剁辣椒　5大匙（根据口味增减）

青红小米辣（切碎）　适量（可不加）

生抽　1½大匙

高汤或清水　4大匙

花椒油　2小匙

盐

鱼放在墩子上，在鱼身上以1厘米左右的间隔切横刀。用刀面或擀面杖轻轻拍松姜块和葱白。

用宽口锅或炒锅烧开水，要是你没有大到能容纳整条鱼的锅，我建议你把刀以倾斜的角度对着墩子，将鱼横切成两半，之后装盘时再把两半组装到一起（有角度地切下去，后面再用酱汁一覆盖，接口基本就看不到了）。水烧开时，加入和煮土豆时等量的盐、拍松的姜块和葱白，以及料酒。

让鱼溜入水中，大火烧开之后转小火慢炖，到鱼刚刚煮熟的程度（7～9分钟）。用筷子插进鱼肉最肥厚的部分就可以看煮得如何了：轻轻一拨，鱼肉就应该是从鱼骨上脱落了。把煮熟的鱼轻轻捞出，放在盘中。

在养过的炒锅中大火烧热食用油。赶在油温还没有太高之前，加入姜末和蒜末，迅速炒香。之后加入切碎的剁辣椒和青红小米辣（如果要用的话），持续翻炒。等辣椒的辣味散发出来，加入生抽和高汤（或清水），大火烧开，然后离火，加入花椒油搅拌均匀。把凉拌汁倒在鱼身上，固体配料要均匀分布，最后用葱花装饰。热的凉的上桌均可。

Three-sliver Salad with Various Dressings

凉拌三丝

中餐菜名里经常带有数字：三鲜，四喜，五香，双脆……这道菜中就有“三丝”。这三丝你用任何喜欢的菜来“充数”都行，关键在于要组合好漂亮的颜色与怡人的口感。你可以选择胡萝卜丝、莴笋丝、黄瓜丝、白萝卜丝或粉丝。有些厨师喜欢加海带丝，而我通常比较中意苤蓝丝和佛手瓜丝。还有别的选择，包括焯过水的荷兰豆切丝、豆腐皮切丝、焯过水的金针菇等。这道凉菜的调味也是随你欢喜：芥末味、酸辣味或者温柔的糖醋味。我给出了一些建议，但你尽管自由发挥。第 91 页图片上的菜采用的是凉拌菜里的糖醋调味。通常，大的味道是融合糖与米醋，只加一点点的盐来勾出整个味道。在四川，有些人会用镇江醋，还会加红油。

如果你要用粉丝，记得先在温水中浸泡至少半小时（做菜用剩下的粉丝可以煮汤）。白萝卜、胡萝卜、芹菜、西葫芦或苤蓝都要用盐腌制半小时使其变软，然后挤捏出多余的水分。土豆丝应该略微焯一下水，然后过凉水。

干粉丝　50 克（约半包）

胡萝卜　150 克

苤蓝　300 克

葱花　2 大匙

盐

糖醋凉拌汁

细砂糖　3 大匙

米醋或镇江醋　4 大匙

红油　3 大匙（可不加）

倒热水没过粉丝，放在一边，准备其他配料。

胡萝卜削皮，切薄片，再切细丝。苤蓝削皮，做同样的操作。加入 1½ 小匙盐，和菜丝抓匀。静置 30 分钟，然后把水分尽量挤捏干净。

烧开一锅水，把沥干水的粉丝焯水 30 ～ 60 秒，过凉水，然后充分沥干。在大碗里混合粉丝和菜丝，搅拌均匀。

做凉拌汁。糖加 2 大匙水入小锅，小火加热到糖融化。加入醋和少许盐。如果你想更具有四川风味，就加一点红油（我在成都最喜欢的餐馆之一“竹园”就是这么做的）。

快上桌之前，把凉拌汁加入三丝，充分拌匀。摆盘，用葱花装饰。

美味变奏

干拌三丝

这是完全不同的味觉体验。把三种丝和以下这些配料拌匀：¼ ～ ½ 小匙花椒面或 1 ～ 1½ 小匙花椒油，2 ～ 3 小匙海椒面，2 小匙香油，4 大匙葱花，以及适量盐（根据自己的口味添加）。

芥末味

这种味道的三丝通常是在过年期间做来吃。在小碗中混合 ¼

小匙盐、½ 小匙细砂糖、½ 小匙醋、2 小匙生抽和 1 大匙清水。搅拌到盐和糖融化，然后根据口味加入顺滑的辣芥酱或辣芥油。必要的话调整盐的用量。有些厨师还会加入 2 ～ 3 大匙的红油。糖和醋能够调和芥末的苦味。（成都大厨兰桂均会用新鲜现磨的芥末籽自己制作芥末酱，做法如下：用热水烫一下碗，加入 2 小匙现磨芥末籽和 2 小匙约 50℃的温水，混合成酱。轻轻遮盖，让风味慢慢散发出来。）

酸辣味

在小碗里混合 ½ 小匙细砂糖、1 大匙生抽和 2 大匙醋，搅拌到糖融化。再加 3 大匙红油搅拌均匀（愿意的话可以把红油下面沉积的辣椒也加进来）。

'Old Arabian' Cold Beef with a Spicy Dressing

天方拌牛肉

成都有数以万计的穆斯林，大部分都是回族人。他们的北方祖先在17世纪来到成都市中心安顿下来。和中国很多地方的穆斯林一样，他们也发展出了属于自己的地方菜，按照伊斯兰教的规矩对当地的经典菜肴进行改造，改造后的菜与他们祖上遗留下来的北方菜系一起释放着异彩。曾经，成都市中心有座皇城清真寺，建筑很漂亮，瓦屋顶，庭院中花木扶疏，周围有个小小的穆斯林聚居区，一直到20世纪90年代都是这样。1998年，清真寺另迁他地，周围的那些小吃店和餐馆也是同样。取而代之的是一座现代建筑。不幸中的万幸，过去那些小馆子中，至少有一些又在新清真寺周围重新出现了，所以还是能稍微领略一番四川清真菜的风味，体验一下北方与当地风格的奇妙结合。

清真寺附近最著名的餐馆是天方楼，得名于中国对阿拉伯世界的旧称“天方”。餐馆里有伊斯兰风格的拱顶和展现阿拉伯生活的壁画，你能在这样的环境中吃到回锅肉、鱼香肉丝等川菜的“清真版”（两道菜都是用牛肉做的），当然也有一些更具穆斯林特色的菜，比如孜然羊肉。我在这里试图重现天方楼一道招牌凉菜，用的是散发着香料芬芳的牛腱子肉，加了非常美味的辣汁。

整块牛腱子肉　700克

码料

花椒　2小匙

盐　2小匙

料酒　2大匙

姜（带皮）　50克

小葱（去头）　2根

卤水

姜（带皮）　25克

葱　2根

草果　1个

八角　1个

花椒　½小匙

胡椒籽（黑白均可）　¼小匙

香叶　1片

砂姜　2片

甘草　2片

高汤（最好是用牛骨和鸡肉熬成）　2升

料酒或醪糟（见第454页）　2大匙

糖色（见第452页）　2大匙

老抽　½小匙（或不用糖色，直接加2½大匙）

盐

上桌前加

黄瓜　半个（约150克）

细砂糖　2小匙

镇江醋　2小匙

生抽　2大匙

花椒面　¼小匙

红油　4大匙（要下面的辣椒）

香油　2小匙

蒜末　2大匙

请注意，牛肉需要码味过夜，所以需要提前一天准备。卤水滤出来之后可以冷冻，下次做的时候再用。

炒花生或油酥花生（见第 452 页） 25 克（稍微弄碎）
香菜 几根

如果牛肉血水比较多，先在冷水中浸 1 小时，中间换一次水。充分沥干水，再用厨房纸吸水。用竹签或刀尖把整块牛肉都戳一戳，方便码味。把肉放进碗里。花椒在炒锅中干炒出香味，加到肉碗里，再放盐和料酒。用刀面或擀面杖轻轻拍松姜和葱，也加进去。把码味的配料揉搓进肉里，盖上碗，冷藏过夜。

接下来做卤水。用刀面或擀面杖轻轻拍松姜、葱和草果。要达到最好的效果，就把这些香料和其他香料包在一块棉布里，扎成一团。烧开高汤，加入香料，小火炖煮 30 分钟左右。卤水在炖煮时，将牛肉放进一锅冷水中（码料可丢弃），烧开，焯水 1 分钟，用漏勺捞出，过凉水。

按照口味，在卤水里加大约 2½ 小匙的盐，卤水要比普通汤菜咸上那么一点点。加入料酒，糖色和（或）老抽以及焯过水的牛肉。烧开后小火炖煮 1 小时。关火，盖上锅盖，再静置浸泡 1 小时。把牛肉捞出放凉，汤汁要留着。（另一种办法是用高压锅煮牛肉，30 分钟即可，之后让压力自动释放，接着静置 1 小时，再捞出放凉。）

上桌前，黄瓜去籽，切成薄片，堆在盘中。牛肉切薄片，在黄瓜上堆起来。把 4 大匙汤汁过滤进一个碗里，加入糖、醋、生抽、花椒面、红油、香油和蒜末，充分拌匀。把酱汁倒在牛肉上，然后撒花生和香菜装饰即可。

美味变奏

这种十分美味的酱料来自另一家回族穆斯林开的餐馆，是在四川北部城市阆中，那里的回族社区也是由来已久。将 200 毫升汤汁过滤到碗里，加入 2½ 小匙细砂糖和适量盐，搅拌到糖和盐融化。加入 ¼ 小匙花椒面、3 ～ 4 大匙带辣椒的红油、1 小匙香油和 2 大匙蒜末，搅匀，倒在切片牛肉上。按照前面菜谱中说的，撒花生和香菜装饰。

'Man-and-wife' Offal Slices

夫妻肺片

这道菜最初是成都的街头小吃，就在旧时市中心老皇城附近的回族穆斯林聚居区售卖。在清真餐厅与肉铺之中，街头的货郎会收走便宜的牛下水和边角料，用一种辣酱拌一拌，卖给路过的人。20 世纪 30 年代，其中一位货郎郭朝华，因为调出来的酱料非常好吃而著名，这道菜最终也改了名，为了纪念他与妻子张田正的伉俪情深。

夫妻肺片里面有切成薄片的牛肉和各种牛下水（牛肚、牛心、牛舌和牛头皮），调料是美妙的麻辣味，加了红油和花椒，然后撒上脆脆的坚果与令人愉悦的芹菜末装饰。

虽然菜名里面有"肺"这个字，但菜里其实是没有牛肺的。根据当地的说法，这名字是因为和一个同音字搞混了。一开始菜的原料都是来自那些餐馆弃置不用的便宜牛肉，所以被称为"废片"，后来人们错写成了"肺片"。还有另一个说法认为，至少一开始其中的配料是含有牛肺的。

得到现在这个名字之前，这道菜被戏称为"两头望"，因为这是一道名声不那么好的便宜街头小吃，但又那么美味，让有钱人也无法抗拒，所以吃的时候还得警惕地两头观望，免得被认识的人看到了。

在家里要煮整个牛舌、牛心和牛肚，还要

牛腱子肉　450 克

蜂窝牛肚　150 克

卤水

高汤（最好是用牛骨和鸡肉熬成）　2 升

姜（带皮）　25 克

葱（只要葱白）　2 根

草果　1 个

八角　1 个

花椒　½ 小匙

茴香籽　½ 小匙

胡椒籽（黑白均可）　¼ 小匙

砂姜　2 片

桂皮　1 小块

料酒　2 大匙

盐

上桌前加

西芹或芹菜　150 克（2 ～ 3 根）

芝麻　1 小匙

盐　½ 小匙（可根据口味加量）

花椒面　½ 小匙

红油　4 大匙（另外加 1 大匙下面的辣椒）

炒花生或油酥花生（见第 452 页）　50 克

香菜　几根（装饰用）

先做卤水。在大锅里烧开高汤。用刀面或擀面杖轻轻拍松姜、葱白和草果，和其他香料一起放在棉布中，用棉线扎成一团放进高汤（当然也可以把香料散放进锅里，但后面就得从肉里面挑出来），大火烧开，然后半掩着锅盖，转小火炖煮约 30 分钟。

炖煮卤水时，将牛肉和牛肚放在另一个锅里，倒大量的凉水没过牛肉和牛肚，大火烧开。焯水 1 分钟，然后用漏勺捞出，

加上牛肉和牛头皮，显然不太现实。所以我的菜谱是个简化版，选取用量合适的牛腱子肉，加了爽脆滑溜的牛百叶增加口感。你可以根据自己的口味改变配料，只要记住煮熟不同牛下水的时间或长或短。如果你对下水没那么感冒，光用牛腱子肉也是很好吃的。

这道菜对下水采取了典型的中式烹饪处理法，都是焯水之后和香料一起炖煮的，以去除腥臊，还加了芹菜来提味。用到的汤汁称为“白卤”，因为没有那种焦糖色，所以不像这道菜通常要用的深色卤水（见左页图片）。

充分过凉水。

卤水炖好以后，调盐味，加大约 2½ 小匙的盐，卤水要比普通的汤菜咸上那么一点点。把焯水后的牛肉和牛肚加进去，浸在卤水中，再加料酒，大火烧开后转小火，炖煮 1 小时。之后关火，盖上锅盖，让牛肉和牛肚静置浸泡 1 小时左右，然后沥干水，备用。牛肉和牛肚要放凉。汤汁留下做调料。

完全放凉之后，牛肉切薄片，之后把刀以倾斜的角度对着墩子，把牛肚切成尽量薄的牛肚片：最后切出来的是矩形的薄片，每一片的一边都有一点蜂巢花边。切好的肉放在一个碗里，或者整齐地码放在盘中。

芹菜去头择好，然后切碎。芝麻在煎锅中微微翻炒到淡金色。取 100 毫升卤水，将盐融化在其中。

上菜摆盘时有两种选择。要么把所有食材混合拌匀，直接上菜（愿意的话用香菜做装饰）；要么可以像左页图片一样，把牛肉和牛肚与加了盐的卤水、花椒、红油和红油辣椒搅拌，让酱料均匀地裹住每一片牛肉和牛肚，然后把芹菜和不太规整的牛肉和牛肚堆在盘中央，然后把切成薄片的牛肉和牛肚一片片盖在上面。愿意的话，撒芝麻、花生和香菜装饰。

Spiced Chicken Hearts

卤鸡心

整个四川遍布着专做卤菜的小摊和小馆子。肉、禽、蛋、豆腐文火慢炖熟透，浓郁的卤水中加了盐、料酒与香料。卤水的基底通常是用猪骨熬的高汤，但无论在里面煮什么肉，汤汁都会吸收那种肉的风味。

这道菜就是一道卤菜，卤水你可以按比例增多，也可以多加一些香料，什么丁香、香叶、砂姜、印度豆蔻或良姜子等，用来给你喜欢的食材调味。鸡腿、鸡翅、鸭翅、猪鼻、猪尾、肥猪肉、鸭舌和其他禽类下水、鹅肉、兔肉、老豆腐、水煮蛋等，都是很好的搭配。煮熟的肉切片之后，加上一点汤汁、少量芝麻油，再配上一个花椒面与海椒面的蘸碟，也很美味。卤水过滤之后冷藏起来，后面还可以用；或者，你可以每天都把汤汁烧开，再加入盐和香料。（请注意，第90页的天方拌牛肉和第93页的夫妻肺片，都是卤水的美味变奏。）

中国城比较好的肉铺能买到鸡（或鸭）心。我第一次在伦敦为英国朋友做这道菜时，还不太确定大家能不能接受，结果大家都很喜欢，吃得风卷残云。

姜（带皮） 15克

葱（只要葱白） 1根

鸡心 350克

料酒 1½大匙

花椒面和海椒面 适量（做蘸料）

卤水

鸡高汤或鲜汤（见第457页） 500毫升

姜（带皮） 15克

葱（只要葱白） 1根

小个草果 1个

八角 ½个

花椒 ¼小匙

桂皮（大拇指大小） 1块

甘草 1片

茴香籽 ¼小匙

糖色（见第452页） 2小匙（或¾小匙老抽）

料酒 1大匙

盐

用刀背或擀面杖轻轻拍松姜和葱白。烧开一锅水，加入鸡心，大火烧开后焯水1分钟，然后用漏勺捞出，过凉水。充分沥干，然后放在碗中，加入姜、葱白和料酒，充分拌匀，静置约30分钟。

静置时来做卤水。高汤烧开，用刀背或擀面杖轻轻拍松姜、葱白和草果。加入高汤和其他所有的香料（条件允许的话都装在棉布中扎成一团）。炖煮20分钟，然后加入糖色或老抽、料酒和适量的盐：卤水要比普通的汤菜咸上那么一点点。

煮鸡心用的姜和葱扔掉不要，多余的汁水也倒掉。把鸡心加入卤水中，大火烧开后转小火炖煮10分钟。关火，盖上锅盖，静置浸泡至少30分钟或放凉。

鸡心沥干水，放在盘中，配上海椒面和花椒面的蘸碟。

Dry-tossed Beef

干拌牛肉

这样吃牛肉（或放凉的水煮鸡肉）特别简单又美味，搭配剩下的烤肉或烤禽肉说不定也很完美。这种手法特别简单直接，几乎不需要菜谱指导。这是一道干拌菜，所以最好和几道带点酱料的菜一起上桌：比如一道有凉拌汁的菜（如果不选中餐，那土豆沙拉也不错）。这道菜致敬的是成都喻家厨房的大厨喻波所做的美味的干拌牛肉和鸡肉。

卤牛肉 350克（生牛肉500克，按照第90页的办法来做）

盐 最多½小匙

细砂糖 最多½小匙

花椒面 ½小匙

海椒面 2～3小匙（根据口味增减）

葱花 5大匙

牛肉切成适合入口的肉片或肉条。加入糖和盐充分搅拌均匀：品尝后酌情增加糖或盐。加入花椒面和海椒面。最后，拌入葱花。

美味变奏

用煮好放凉的鸡肉，带骨不带骨均可。

'Phoenix Tails' in Sesame Sauce

麻酱凤尾

芝麻　2 小匙
油麦菜或生菜、莴笋尖　200 克
生抽　1½ 小匙
细砂糖　¾ 小匙
放凉的高汤或清水　2～3 大匙
芝麻酱　40 克
香油　1 小匙
红油　1½ 大匙（可不加）
盐

这道简单美味的菜通常是用莴笋尖做的，莴笋脆嫩鲜绿的茎秆上有一簇簇的叶子，长得像神鸟凤凰的尾巴，所以叫“凤尾”。凤尾摘下来之后，有时候会在开水中焯一下，再调味成菜；但也可以直接生吃。现在，很多人都更倾向于用印度生菜，中文名“油麦菜”，凉拌之后生吃。油麦菜长长尖尖拖曳着的叶子其实比莴笋叶更像凤尾。油麦菜和莴笋尖都有很独特的坚果风味，和芝麻酱是绝配。西方某些中国超市里能找到油麦菜（通常标注的是粤语名字“yau mak choi”，也可能标普通话拼音“you mai cai”）。找不到油麦菜的话，同样的酱料也可以用来给脆生菜或黄瓜片调味。有些厨师还会加适量的红油，赋予酱料微微的辣味和一抹红光。

重庆流行着这道菜的当代版本，名字很奇怪——活捉莴笋，红油中带点剑走偏锋的酸甜味，加了细砂糖和醋，芝麻酱只加一点点，让酱汁黏稠。可参考右边的"美味变奏"。

芝麻放在炒锅或煎锅里，小火干炒至芝麻变成金色，放在一边备用。油麦菜洗净沥干，切成适合筷子夹取的小段，堆在盘子上。

生抽和糖放进一个碗里，加 2 大匙高汤或清水，搅拌到糖融化。另取一个碗放芝麻酱，稍微加一点点芝麻酱罐子里的油，用勺子拌匀。生抽和糖的酱汁分次加入，每次都保证充分拌匀，再加下一次。

酱汁搅拌均匀、顺滑后，加入香油和红油搅拌，需要的话，再加 1 大匙左右的高汤或清水，直到碗内液体顺滑，浓稠度和液体奶油差不多：酱汁的浓稠度要能够附在油麦菜上，但又要能够倒出来，有流动性。按照自己的口味加一点盐，但一定不要加太多，因为这道菜最好的状态，就是清爽可口，能平衡其他重口味的菜肴。

上桌前，把酱汁倒在油麦菜上，撒芝麻装饰。

美味变奏

活捉莴笋

用 1 大匙清水冲淡 15 克芝麻酱，搅拌到均匀、顺滑。加入 2 小匙生抽、2 小匙细砂糖、1½ 小匙镇江醋和 ¼ 小匙花椒面，再加 1 小匙芝麻油搅拌均匀，然后加入 3～4 大匙带辣椒的红油，根据口味加两大撮左右的盐。用这个酱汁来为油麦菜调味，芝麻就不用加了。这道菜还有不同的版本，有的厨师会把辣椒或花椒过油炒香，把热油淋在蒜末上，激发蒜香，然后用这种油代替红油。

Rabbit with Peanuts in Hot Bean Sauce

花仁拌兔丁

这道秋季常吃的美味菜肴是很典型的四川家常菜。但在欧式午餐中与面包和沙拉搭配，也非常绝妙。柔嫩的兔肉和脆脆的花生与葱形成令人愉悦的对比，酱汁散发着深色的光泽，辛辣刺激。

这道菜最著名的版本是"二姐兔丁"，背后的厨师是技艺娴熟的成都女性陈永惠。她这道菜太美味了，当地有位文人甚至还写了首诗来歌颂。我们听说，陈二姐的秘方就是最后加一点花椒面、拍碎的花生和炒熟的芝麻。

四川人做这道菜用的兔丁都是带骨的，所以成菜中还是会保留着尖锐的骨头。因此，我建议选择去骨兔肉做这道菜。愿意的话，之后你可以用兔骨熬高汤。

也可以用鸡腿肉代替（不过我从没见过川菜厨师这样做过）。要做素食版的话，就用那种很结实的卤豆腐或豆腐干，切成丁使用。

养殖肉兔　1只（带头和内脏1.4公斤，不带头和内脏1.1公斤）

姜（带皮）　20克

葱　1整根

葱白　6根

炒花生或油酥花生（见第452页）　60克

凉拌汁

细砂糖　½小匙

生抽　2大匙

香油　1小匙

豆豉　1大匙

食用油　2大匙

豆瓣酱　4大匙

红油　5～6大匙（再加1大匙下面的辣椒）

花椒面　½小匙（可不加）

兔子一切两半，方便处理，用冷水充分浸泡洗净。两半兔子都放在一个锅里，倒凉水没过兔肉，中火烧开。用刀面或擀面杖轻轻拍松姜和整根葱。水烧开之后，加入拍松的姜和葱。关小火，炖煮15～20分钟，彻底煮熟兔肉（用竹签插进最厚实的部分：汁水清澈没有血水流出即可）。关火，盖上锅盖，静置10分钟，之后捞出兔肉沥干水，完全放凉。（这一步可以提前一天完成。）

兔肉完全放凉之后，把肉从骨头上剥离，然后切成1～2厘米见方的兔丁，尽量切得均匀整齐。

下面来做凉拌汁。豆豉洗净后放进臼里捣成酱。炒锅中放入食用油，中火加热。加入豆瓣酱翻炒1分钟左右，直到油色红亮，散发香味，接着倒入豆豉搅拌。等混合物都在冒泡且散发美味之后，舀进一个碗里，加入糖、生抽、红油和油里的辣椒、香油搅拌均匀，还可以加入花椒。

尝一尝葱白，如果有很冲的洋葱味，可以稍微蒸一蒸或放进微波炉里稍微打一打，让味道稍微柔和一些。切成1厘米左右的小段，和兔肉一起放在碗里。慢慢地边搅拌边添加酱汁，边倒边尝，因为如果酱汁比较咸，你就不要全部加进去。最后把花生放进去拌匀。

Smacked Cucumber in Garlicky Sauce

蒜泥黄瓜

我在成都上学时，经常在“竹园”出没，那家餐馆的门口摆了个玻璃柜，里面有一碗碗的卤鸭心和鸭胗，以及油酥花生和别的小吃，还有各种凉拌菜的调料，食客们光看看也能胃口大开。服务员姑娘们站在柜台后面，变魔术一样地混合各种酱料，做出一盘盘凉拌胡豆、皮蛋和鸡。我特别喜欢的一道菜，做法特别简单，就是凉拌的黄瓜，有很经典的蒜泥味型，是蒜泥混合了复制酱油和红油。

竹园那家餐馆做这道菜的时候，都是直接拍碎黄瓜，调好味立刻上桌。愿意的话，你可以先把黄瓜用盐腌制出水，这样成菜以后你不立刻吃，也不会出水。如果你不想做凉拌汁中的复制酱油，那就混合1½大匙生抽和½大匙细砂糖，再和其他配料混合。

当地还有一道凉菜也用到了类似的凉拌汁，主料是有酸辣味的折耳根（也被称为“鱼腥草”，越南人称为“diep ca”）叶子、莴笋丝和胡豆。有时候在中国之外也能找到莴笋和折耳根（要买后者可以去越南商店里碰碰运气）；找不到的时候，我通常都会把胡豆焯水，用这种方法来调味。如果胡豆很嫩很软，就不用剥壳。

黄瓜　1根（约400克）

盐　½小匙（可不加，是用来提前腌制黄瓜的）

凉拌汁

复制酱油（见第453页）　1½大匙

蒜泥　1大匙

红油　1大匙（加不加下面的辣椒均可）

香油　½小匙

黄瓜切头去尾，放在墩子上，用刀面或擀面杖使劲拍几次，中间要翻转，主要是要把黄瓜内部拍松，但不要拍得黄瓜碎一下子喷得整个厨房都是！把拍松的黄瓜切成4段，然后斜着拿刀，把黄瓜斜切成1～2厘米的薄片。（如果你想提前盐腌黄瓜，就先加盐抓匀，在一旁放置至少30分钟，之后把出的水倒掉，再进行调味。）

把凉拌汁的配料放进小碗里混合。上桌前把凉拌汁倒在黄瓜上。

美味变奏

蒜泥胡豆

可以用胡豆代替黄瓜，250克带荚胡豆，煮软，过冷水，沥干水。用同样的凉拌汁调味，是特别适合夏日的美味凉拌菜（也可以用冷冻胡豆来做）。

'Tragically Hot' Water Spinach Salad

伤心拌空心菜

近几年，川菜厨师越来越热衷于用小米辣，很小很辣，属于朝天椒的一种。过去，川菜的凉菜和小吃中通常加的都是红油、海椒面或泡椒，但现在，特别是在川南，它们通常都被新鲜小米辣所取代，或红或绿，颜色漂亮，也辣得特别爽。

年轻人特别狂热地爱着所谓的"伤心凉粉"，调料特别辣，所以"辣得伤心"。我把这个词翻译成"tragically hot"（辣得悲惨），觉得这个意思比较贴切。

成都有家馆子叫"巴蜀味苑"，老板姓李，特别擅长做亲切暖心的淳朴家常菜。下面这道菜就参照了他的做法。他的凉拌空心菜用的酱汁和著名的伤心凉粉很像，所以我就借用了这个名字。你可以通过调整小米辣的用量，来增辣或减辣，或者用比较清淡的辣椒。不过，不管你怎么做，都可能会"辣得伤心"，所以要提高警惕哦！（我挺能吃辣的，但川南有些凉拌菜连我都有点受不了。）

空心菜　400 克

长青椒　1 个（约 50 克）

生抽　2½ 大匙

细砂糖　2½ 小匙

镇江醋　2½ 小匙

红小米辣　3 大匙（根据口味增减）

蒜末　2 大匙

青小米辣　3 大匙（根据口味增减）

烧开一大锅水。空心菜洗净，放在菜墩子上，用刀分离茎秆和叶子。

水烧开后，放入空心菜茎秆，略焯水到刚刚煮熟但仍然有点脆的程度，用漏勺捞出，立刻过凉水。空心菜叶也焯水断生，并立刻过凉水。把茎秆和叶子中的水分尽量挤干，切成适合筷子夹取的长度，然后堆在盘中。

青椒末端切掉，去掉青椒籽，然后切碎。把生抽、糖和醋放在一个小碗中，加入 1 大匙切碎的红小米辣，搅拌到糖融化。

要上桌前，把凉拌汁倒在空心菜上，撒上蒜末、青椒、切碎的青小米辣，最后撒上剩下的红小米辣。

全部拌匀再吃。

Spiced Cucumber Salad

炝黄瓜

炒菜通常都作为主菜，趁热吃。不过，很多炒菜放凉以后吃也很美味，在很多不太正式的饭桌上也正是这样吃的。家常菜中通常都会端上隔夜的剩菜，要么加热一下，要么就直接端上桌。放凉的炒菜也是成都闷热夏夜的小街小巷中休闲冷淡杯的主菜。我记下了一家冷淡杯的菜单，上面有好多凉炒菜，包括辣椒生姜四季豆、辣椒青椒藕片，还有泡豇豆炒肉末。这种炒菜的菜谱在“蔬菜”那一章，因为大部分都是趁热吃的。但是，一般来说，只要是没有动物脂肪或勾芡酱汁的炒菜，放凉后都挺好吃的。

这道菜的不寻常之处在于，黄瓜和香料一起炒（这种烹饪方法被称为“炝”），但总是凉着吃。做法特别简单方便，唯一的秘诀就是炝炒的时候手脚要快，而且可以提前几个小时就准备好。滑滑脆脆的黄瓜渗进了香料与芝麻的味道，很吸引人，盘中散落的红辣椒和花椒又保证了好卖相。在四川，你可能会在宴会的那种凉菜拼盘中发现炝黄瓜的身影，旁边可能是肉食冷盘、花生，或几种不同的饺子。我通常会在做中餐时把它作为一道菜，或者就简简单单地当午餐沙拉吃。

黄瓜　1根（约300克）	盐　½小匙
干海椒　8～10个	食用油　2大匙
花椒　½～1小匙	香油　1小匙

黄瓜纵向对半剖开，用勺子把瓤和籽都挖出来（我通常都是边挖边吃），然后把每一半切成3段，每一段又切成细条。黄瓜放在一个碗里，撒上盐，充分抓匀，放在一边静置至少30分钟。

黄瓜沥水，晃动甩干。干海椒一剪两半，尽量把辣椒籽甩出来。

大火热锅，倒进食用油，迅速转锅，让油均匀分布，然后加入干海椒和花椒翻炒，直到颜色变深（不要炒煳），加入黄瓜。迅速翻炒，让黄瓜表面受热，吸收油的风味。离火，加入香油拌匀，倒在盘中。

美味变奏

炝拌土豆丝

如果你从来都没吃过这样的菜，那一定会大吃一惊的。是很简单的菜，就是土豆丝混合了过油后有些烧焦的干海椒和花椒，顿时变得活泼跳跃起来。土豆丝要迅速爆炒，出锅还是脆的。300克土豆削皮（较大的土豆切起来比较容易），尽量切成薄片，然后切成细丝；条件允许可以用擦丝器。准备一大碗冷水，稍微加点盐，然后把土豆丝放在里面，防止氧化。

烧开一大锅水，土豆丝焯水大约2分钟，出水的时候必须保持脆嫩。放进筛子里，过凉水，晃动甩干。放进一个大碗中，加入1½大匙米醋，根据口味放盐。现在来做辣油。8个干海椒一切两半，尽量把里面的籽清除干净。取炒锅，中火加热3大匙食用油。加入干海椒和1小匙花椒，小火过油，直到辣椒颜色变深（不要炒煳）。把油和香料一起倒在土豆丝上，加2小匙的香油，充分拌匀后上桌。

North Sichuan Cool Starch Jelly

川北凉粉

川人嗜吃凉粉：用豌豆芡粉、绿豆芡粉、米浆与红薯芡粉做成的凉冻。凉粉会被切成方块、片状或粗条，淋上辣味酱汁，作为小吃上桌。（米凉粉是个例外，会出现在很多热菜中。）最著名的凉粉来自四川省北部的南充，那里的人们特别以自己家乡爽滑的豌豆凉粉自豪，搭配的酸辣凉拌汁加上刺激的蒜味，特别爽口。凉粉吃在嘴里，清凉丝滑，散发着香味，亮亮的红油又为其添了光彩。很多小吃摊主都会拿一个打了很多小孔的圆形金属片，在一大块凉粉上扒拉出一条条凉粉丝带；在家自己做的话，用刀切凉粉也很方便。

做凉粉混合液的时候，会加一点点明矾，这是一种食物添加剂，也会用在泡菜中，网上能买到，某些印度杂货店也有。加明矾是为了让成品凉粉略微有种紧绷的张力。你也可以不加明矾，但成品就会少了那种令人感到愉悦和清爽的滑溜的弹性，比正宗的凉粉差一些。凉粉需要一点时间来冷却成形，所以最好是提前一天做。这个菜谱最后的成品大约是500克。

近年来，特别辣的伤心凉粉在四川广受欢迎：想做这种凉粉的话，调味换成第103页的“伤心拌空心菜”即可。

绿豆芡粉或豌豆芡粉　50克

明矾粉　⅛小匙

上桌前加

盐　¼小匙

细砂糖　½小匙

生抽　2小匙

红油　2½大匙（要下面的辣椒）

镇江醋　4小匙

花椒面　约¼小匙

蒜末　1大匙

葱花　2大匙

先做凉粉。芡粉放在碗里，把200毫升冷水慢慢倒进去，边倒边搅拌，充分拌匀到液体顺滑没有结块。用1大匙热水融化明矾，倒入芡粉浆中混合均匀。

锅中烧开400毫升水，烧开后继续加热，搅一搅芡粉浆，然后缓慢、稳定地加入冒泡的滚水，与此同时要不断地迅速搅拌，不然就会结块。大火烧开后把火关到最小，继续不停地搅拌3分钟，要刮一刮锅底，避免粘锅。把这锅混合物倒进一个碗里，静置到彻底放凉、成形。

上桌前，把除蒜末和葱花之外的所有配料放在上菜的碗中。凉粉切成细条，也加入碗中，然后在顶上撒蒜末与葱花。拌匀再吃。

美味变奏

豆豉拌凉粉

3大匙豆豉清洗后沥干水，放进臼里舂成粗粗的酱。取炒锅，中火加热4大匙食用油，加入3大匙豆瓣酱，轻轻翻炒，直到油色红亮，散发香味。接着加入豆豉酱翻炒出香味。离火，加入¼～½小匙花椒面和2大匙红油搅拌均匀。把一条条凉粉堆在盘子上，按照口味把辣油酱倒上去。用炒熟的芝麻和（或）葱花来装饰。（剩下的酱汁用来拌面或给其他菜调味也很美味。）

'Lamp-shadow' Sweet Potato Crisps

灯影苕片

传统上，大家都觉得红苕（红薯）是穷人吃的东西，在川西的山区，人们把这作为主食，代替大米，因为那里的水土种不了大米，农民们只好依靠红苕这种能在干旱土地上长得比较好的作物。20 世纪的饥荒期间，政府发给农村的救济粮就是红苕干，缓解了那里什么都没得吃的局面。然而，这灯影苕片却是一道精美的宴席菜，用这种最基本的食物进行非常奢侈的烹调，也许能够象征生活好起来了。朴素的红苕变成脆嫩透明的苕片进行精美的摆盘，淋上辛辣开胃的红色酱汁。

如果苕片不马上吃，要存储在密封罐里，最好要加日本零食袋中那种干燥剂（我总是会存一些这种小袋子，放在坚果、脆片或饼干里，让它们保持酥脆）。一个 350 克的红苕可以做出一大碗脆片，但可以多做一些，因为一出锅你可能就会迫不及待地吃一些。

红心红苕　350 ～ 450 克

食用油　油炸用量

细砂糖　2 小匙

红油　2 ～ 3 大匙（纯红油，不要下面的辣椒）

香油　2 ～ 3 小匙

盐

红苕去皮，尽量切成薄片（可以用擦片器，很趁手）。如果是要上宴会桌的菜，遵循传统的川菜厨师会把红苕细细地切成整齐的长方形，但我切成什么样就什么样。薄片要浸没在加了少许盐的凉水中，要用的时候再拿出来。

苕片沥水，用厨房用纸吸干水。

食用油加热到 130℃（放一个苕片进去试验，周围有点微微冒泡，但不是很剧烈）。加入苕片，用烹饪长筷或钳子搅拌，把每一片分开（这要看你用多少油了，分批炸也可以）。炸 7 ～ 10 分钟，到颜色稍微有点深，然后立刻用漏勺捞出，放在厨房用纸上。控温很重要，也不要着急。要是油温太高，苕片就会起皱，内部还没干，外面就炸煳了。

苕片放入大碗中，根据个人口味加大约 ¼ 小匙的盐，再加入糖，轻轻翻匀。淋上各种油，轻轻抓拌均匀，堆在盘上。

美味变奏

要做麻辣味的，就用 ¼ ～ ½ 小匙花椒面代替糖。

Firm Tofu with Celery and Peanuts

凉拌豆腐干

这是一道简单易做的快手风味小吃，非常下饭，也是整个四川市场小摊或熟食店中琳琅满目的辣味小吃中的一员。基础调味就是带辣椒的红油、花椒面、香油、糖、盐和（当地会加的）味精，可以用来给各种各样的豆腐调味，包括豆腐皮或腐竹，还有泡菜丁和盐干菜；泡菜和腌菜不用另加盐。

卤豆腐或豆腐干　100 克

芹菜秆　3 根（约 125 克）

炒花生或油酥花生（见第 452 页）　30 克

红油　1½ 大匙（加 ½ 大匙下面的辣椒，根据口味也可多加些）

细砂糖　1 大撮

盐　适量

豆腐切成 1 厘米见方的小丁。芹菜秆竖切成 1 厘米宽的条，然后切成和豆腐大小差不多的丁。

烧开一大锅水，加入芹菜，焯水 30 ～ 60 秒，出水时还要比较脆。放进滤勺中，立刻过凉水，然后晃动甩干。

所有配料放在一个碗里，充分拌匀后上桌。

Slivered Pig's Ear in Chilli Oil Sauce

红油耳丝

四川人天赋异禀，可以将奇奇怪怪的下水和其他部位都变成令人无法抗拒的美味佳肴，这道用猪耳朵做成的辣凉菜就是一个鲜明的例子。四川人都喜欢猪耳朵切成片之后那脆嫩爽滑的口感，还有着带着一点辣香的调味。如果你想追求正宗的中国风，猪耳朵就不要煮得太过了，要保持其脆嫩爽口，不能软粑粑的（顺便说一句，四川那些"妻管严"的男人就被称为"粑耳朵"）。如果你觉得猪耳朵听起来有点难以接受，最好想一想，什么都吃的四川人还会吃各种各样的内脏，相比之下这种食材还算比较常规，口味比较轻的了。我最近去了一趟成都，一家餐厅摆出来的深夜小吃中，有猪鼻子、猪尾巴和猪天堂（上颚），还有鸭胗、鸭头和兔头。

这个菜谱借鉴了泸州一个路边摊的美味红油耳丝，那个城市的特产是著名的泸州老窖。还有另一种经典的红油耳丝，调味是混合 4 小匙细砂糖、3 大匙生抽、4 大匙鸡高汤、1 小匙香油和 4 大匙红油（加不加下面的辣椒均可）。不管用哪种方法做，这道耳丝都应该和其他凉菜一起先上桌，或者在你跟朋友们畅饮烈酒时做下酒菜。如果是闷热的夏夜，河边的桌前，那简直是妙不可言。

猪耳朵（清洗干净） 2 块

姜（带皮） 20 克

葱（只要葱白） 2 根

花椒 ½ 小匙

高度白酒 1 大匙（可不加）

芹菜 100 克

凉拌汁

放凉的鸡高汤 4 大匙

盐 ¾ 小匙

细砂糖 2 小匙

蒜泥 4 小匙

花椒面 ½ 小匙

红油 4～5 大匙（加不加下面的辣椒均可）

小米辣 4～5 个（可不加，嗜辣族专享）

收尾

香菜碎 3 大匙

炒花生或油酥花生（见第 452 页） 4 大匙（稍微弄碎）

炒芝麻 1 大匙

葱花 4 大匙

新鲜红椒（切碎） 1～2 个

如果猪耳朵上还有猪鬃，直接用明火烧一烧然后刮掉。仔细擦洗猪耳朵。割开猪耳朵的底部，切下耳道的部分，扔掉，其他不干净的部分也同样处理。用刀面或擀面杖轻轻拍松姜和葱白。猪耳朵放进锅里，倒水没过猪耳朵，大火煮开。猪耳朵捞出沥水，煮过的水倒掉。倒水没过猪耳朵，再次烧开，需要的话撇去浮沫，然后加入姜、葱白、花椒和白酒（如果要用的话）。炖煮 10 分钟，然后把耳朵捞出来，静置放凉。想达到非常爽脆的程度，就立刻将耳朵浸入冰水。（如果想吃到更柔软的口感，就以同样的时长炖煮，但之后还是放在锅中，盖上锅盖，静置 20 分钟左右。）

耳朵放凉后，切成细丝。芹菜撕去老筋，切成细条（如果你是用比较细的芹菜，直接切成6厘米长的条即可）。放入开水中迅速焯水，之后捞出过凉水，沥干。

现在来做凉拌汁。在小碗里混合高汤、盐和糖，搅拌到糖和盐融化。加入大蒜、花椒、红油，充分拌匀。想吃更辣的，粗切一些朝天椒，搅拌到凉拌汁里。

把耳丝和芹菜放在一个大碗里，撒上香菜和花生，加入凉拌汁，全部翻拌均匀。堆在盘中，然后撒上芝麻、葱花和辣椒碎。

‘Rabbit Eaten Cold’

冷吃兔

水煮牛肉（见第157页）也许是四川历史悠久的“盐都”自贡最著名的菜，但自贡本地人觉得自己家乡最具有特色的菜是这道美味的冷吃兔。小块的兔肉、煳辣椒和飘着香味的辣油混合在一起，辣香逐渐释放出来，真是滋味绝妙。自贡几乎家家户户都会做这道菜，过节待客，特殊场合，冷吃兔都是自贡人餐桌上不可或缺的主角。（成都有一道类似的菜——花椒兔丁。）

四川人爱吃兔肉，要拜社会主义计划经济所赐。一直到20世纪50年代，都还只有农民偶尔吃吃野兔肉，除此之外兔肉很少见。然而，到了50年代，以美国为首的西方国家对中国实行贸易禁运，急需外汇的中央政府命令四川省发展兔肉产业，好出口兔毛皮和兔肉去苏联。兔业养殖逐渐繁荣起来，兔毛和上好的兔肉都用来做了出口，当地人手里就剩下兔头、兔腰和兔肚，于是他们把这些全都变成大家喜闻乐见的美味。兔肚的滑脆口感让人颇为享受，被称为“口口脆”；兔腰通常都弄成一串，放进火锅红汤里煮；兔头（四川方言称之为“兔脑壳”）则用卤水卤，成为深夜下酒的街头小吃。（吃兔头的过程很复杂，也很有趣，所以四川人将法式湿吻戏称为“啃兔脑壳”。）

我的第一盘冷吃兔是做给一群嘴很刁的中

姜（带皮） 50克
葱（只要葱白） 3根
去骨瘦兔肉 650～750克（约一只养殖兔）
料酒 1½大匙
干海椒 25克
食用油 油炸用量
花椒 2½小匙
鲜汤（见第457页） 400毫升
老抽 1小匙
生抽 2大匙
细砂糖 2½大匙
镇江醋 1大匙
香油 2小匙
盐

装饰

芝麻 1小匙
葱花 2大匙

用刀面或擀面杖轻轻拍松姜和葱白。把兔肉切成2厘米见方的兔肉丁，尽量切得大小一致，放在碗里。加入一半的姜、2根葱白、½小匙的盐和所有料酒，混合均匀。放在一边码味至少30分钟，或者在冰箱里放几个小时。把干海椒剪成2厘米的小段，尽量把辣椒籽都甩出来。

锅中热油到190℃准备油炸。从码料中捞出姜和葱白，然后把兔肉放进油中炸1～2分钟到微微泛金黄，轻轻拨动，免得兔肉粘在一起（看一次用多少油，可以分批炸）。炸好放在厨房用纸上吸油，备用。

小心地把油滤出，擦锅或刷锅。放4大匙油回锅中，开中火。加入辣椒，一嘶嘶冒泡，就倒入花椒翻炒到干海椒颜色开始变深，千万小心不要炒煳了。倒入鲜汤和剩下的姜与葱白、兔肉、老抽和½小匙的盐。

国朋友，成为当晚他们最爱的一道菜，甚至都打败了麻婆豆腐。我希望你也同意我的观点，兔肉冷吃最好吃，正如报仇也要冷静冷静。注意，给兔子去骨是需要技术的：用锋利的刀，不要着急。你也可以选择用去骨鸡大腿或精瘦猪肉代替兔肉。

烧开炖煮，不时搅拌一下，煮约 5 分钟，液体减少 ⅔ 左右。

加入生抽、糖和醋，持续搅拌，直到液体几乎全部蒸发，汤汁浓稠。关火，倒入香油搅拌均匀，放凉备用。上桌前捞出姜和葱白丢掉。

开很小的火，把芝麻炒香且泛金黄的程度。兔肉上桌前撒上芝麻和葱花。（如果不是立刻上桌，这道菜能在冰箱里冷藏好几天。）

Tea-smoked Duck

樟茶鸭子

烟熏鸭是川菜中最广受赞誉的佳肴之一。最好的烟熏鸭，应该肥美多汁，味道浓郁，散发着茉莉花茶、樟树叶、柏树枝和木刨花的淡香。在成都，烟熏鸭永远是和一条老巷子联系在一起的。中华民国早期，这条巷子因为热闹的茶馆与酒馆而著名，巷口很窄很不起眼，进去却宽敞广阔，别有洞天，所以被称为“耗子洞”。1928年，一个叫张国良的人在耗子洞口附近开了个小摊，卖美味的烟熏鸭，逐渐声名远播。到现在成都还有家餐馆叫“耗子洞张鸭子”，专做烟熏鸭和其他传统川菜。这里的鸭子可以堂食也可外带，好吃得不得了。20世纪90年代成都的小街小巷里还有老式的熏鸭坊，一只只金黄油亮的鸭子挂在缭绕着烟雾的一堆茶叶与樟树叶上。呜呼哀哉，这些作坊现在都消失了。

在川菜菜谱上，这道菜都叫“樟茶鸭子”，从名字上看，樟树叶是熏鸭的材料之一。然而，有些专家说，这是因为把字搞混了，这道菜的名字来源跟樟树一点关系都没有，只是因为熏鸭的茶叶来自福建漳州。

发明樟茶鸭子这道菜的是黄晋临，曾经在慈禧太后的御膳房做过总厨，他到成都开了著名餐厅“姑姑筵”，也把这道菜带到了四川。

樟茶鸭子通常不会在家做，因为配料和菜

雏鸭　1只（1.75公斤）

食用油　油炸用量（能半浸没鸭子的量）

香油　2小匙

腌料

盐（或含有0.4%亚硝酸钠的专用腌制盐）　35克

花椒　1小匙

白胡椒面　¼小匙

料酒　2大匙

醪糟　3大匙（或再加2大匙料酒）

熏制用料

坚果壳（我用的是杏仁壳）　100克

花生壳或瓜子壳　75克

散碎的柏树枝　20克（差不多1把，如果你能找到的话）

茉莉花茶　20克

蒸制用料

姜（带皮）　30克

葱（只要葱白）　2根

第一步，腌制鸭子，将盐、花椒和白胡椒面放在臼里舂。料酒和醪糟混合，把舂好的混合物放进鸭子体内，揉搓入味。接着把两种酒的混合物抹在鸭皮上，剩下的都倒进体内，揉搓入味。鸭子包起来，鸭胸朝下，冷藏12小时或过夜。

鸭子放在滤器中，放进水槽。烧一壶开水，倒在鸭子上，让鸭皮收紧，中间小心地翻动鸭身。找个阴凉通风的地方，把鸭子悬挂几个小时，直到鸭皮摸着已经变干。

干燥的炒锅中垫两层锡纸，压紧压实。把坚果壳、花生壳或瓜子壳撒上去，然后加上柏树枝（如果要用的话），最后撒上茶叶。在锅底放一个金属架。

上面再架一个蒸屉，把鸭子鸭胸朝下放进去。大火烧锅（油谱都很复杂，就连餐厅都是从专门做樟茶鸭子的人那里进货。我也发现用自己那小小的一口炒锅，很难重现正宗四川樟茶鸭子那种深度的风味。它们都是经过木刨花和芬芳的柏树叶、樟树叶和茶叶冷熏，味道深远细腻。不过，就算只是模仿一二，味道也还是不错的。不过，你可要注意了，用炒锅熏食物，你家里可能会是一股烟熏火燎的味道！（如果你能在户外进行，还能找到柏树枝和樟树叶，请参见后面完整的传统做法。）

要做这道菜，你需要一个能放进炒锅的架子，还要有一个能装下整只鸭子的大碗和能装下这个碗的蒸锅。用鸭子重量 2% 的盐来腌制这只鸭子。如果你希望鸭肉呈现漂亮的粉红色，要用那种含有硝酸钠的盐；或者某些川菜菜谱中推荐的亚硝酸钠盐，是可以从专门的供货商那里买到的。同样的方法也可以用于烟熏整鹅、乳鸽和鹌鹑。

不过，只烟熏鸭胸就容易多了，成品也很棒（第 61 页的图片里就有切成片的樟茶鸭胸）。也是按照重量的 2% 用盐腌制，和菜谱里说的一样，然后按比例减少别的配料即可。烟熏料减一半，只熏 15 分钟，中间翻个面。

烟机要开到最大吸力）。茶叶开始大量冒烟了，用锅盖盖住炒锅，熏 30 分钟，15 分钟时翻个面。所有的东西都在冒烟时，你可以关到中火，但一定要确保持续冒烟。30 分钟后，鸭子应该变成淡金色。

烟熏料扔掉，把鸭子放进一个能装进蒸锅的大碗。用刀背或擀面杖轻轻拍松姜和葱白，也放进碗中。大火蒸到鸭肉软嫩。大概需要 1 个小时，要视你熏制时的火力而定（蒸好后拿筷子试一试，应该很容易就能穿透最肥厚的部分）。

鸭子从碗里拿出，美味的汤汁留着（可以用来烧汤或者放入汤面中）。鸭子充分沥干，用厨房纸吸水。

炒锅里倒半锅油，加热到 200℃。鸭子放在丝网滤器中，举在油表面上，然后舀热油浇在鸭皮上。皮的颜色开始变深时，把滤器移除，小心地把鸭子翻面，继续浇热油，得等到油喷溅得没那么厉害了，再把鸭子放进热油中。等到鸭皮全部变成浓郁的焦糖色，小心地把鸭子捞出，关火。趁热在鸭皮上刷香油，让外表更油亮、更香。把鸭子切开，或者按中国人的做法斩成小块，在盘中摆好。

美味变奏

传统烟熏方法

我有一本老川菜菜谱，里面写了这样的办法。混合 200 克木刨花和 200 克柏树枝，然后加入 50 克茉莉花茶和 50 克樟树叶混合均匀。在地上放一个大木桶，把 ⅓ 的烟熏料放在一个陶盆中。从火中取一点燃烧的余烬，让烟熏料燃起烟来。在木桶上放一个架子，把处理好的鸭子放在架子上，再用一个木桶盖住。熏 10 分钟，再加 ⅓ 的烟熏料和更多的余烬。把鸭子翻个面，再熏 7 分钟。最后，把颜色最浅的那一面朝下，加入剩下的烟熏料，熏 5 分钟，最后鸭子应该呈深黄色。

Numbing-and-hot Dried Beef

麻辣牛肉干

这一条条深色的牛肉很有嚼劲，是用“炸收”的方法做的（见第 58 ～ 59 页），非常美味，一口下去口中绽放着满满的川味。可以作为头盘上桌，也可以当休闲零食来吃，或者再配点酒水。我一吃到牛肉干，就会想起那些深入川西山区艰难却精彩的旅程。那时候我和朋友们经常买了一包包的牛肉干，大巴车坏在路上了，我们就拿出来，和花生一起吃，嚼得香着呢。自制牛肉干在冰箱里能放好几天。

小个草果　1 个

精瘦牛肉（炖的牛排就可以）　1 公斤

八角　1 个

葱（只要葱白）　4 根

姜（带皮）　40 克

料酒　2 大匙

食用油　油炸用量

细砂糖　3 大匙

盐

收尾

花椒面　约 1 小匙（根据口味增减）

海椒面　约 1 大匙（根据口味增减）

红油　3 ～ 4 大匙（根据口味增减）

香油　2 小匙

芝麻　2 小匙

用刀面或擀面杖敲开草果。牛肉放在锅里，倒冷水没过牛肉，大火烧开，牛肉继续在水中煮 1 分钟左右，然后沥干，过凉水后再倒回锅里。再倒一些冷水没过牛肉，烧开，然后撇去浮沫。加入八角和草果，小火炖煮 30 分钟，直到牛肉全部炖熟（不用炖到软）。从锅中捞出放凉，锅里的水留着备用。

用刀面或擀面杖拍松葱白和姜，然后切成几大块。顺着牛肉的纹理切成 1 厘米左右的牛肉片，然后再按和纹理垂直的方向切成 1 厘米宽且适合入口的牛肉条。在一个碗里放入一半的葱白和姜，1 小匙盐和料酒，混合均匀，腌制 30 分钟。

把腌料中的葱白和姜捞出扔掉。锅中放油，加热到 180° C，牛肉放进去炸大概 4 分钟，直到颜色变成棕色。（可能需要分批做，看你用多少油。）用漏勺捞出，沥油。

小心地把油过滤到别的容器里，把锅擦干净或者刷干净。再把 2 大匙油放回锅里，开大火。把剩下的葱白和姜放进锅里，炒到微微泛出金色并且散发香味。加入 700 毫升刚才留用的炖肉水，再加点糖和1小匙盐，然后把油里的葱白和姜捞出来扔掉。加入牛肉，大火烧开，转小火炖煮大约20分钟，直到汁水基本上蒸发掉，只剩下一点点亮闪闪的、美味的油。一开始偶尔搅拌，随着汁水的蒸发则要开始不断搅拌。离火，根据口味加入花椒面和海椒面搅拌均匀，然后加入红油和香油充分搅拌。

把芝麻放在干燥的炒锅或煎锅里，用很小的火炒香，并微微泛金黄。上桌前撒在牛肉干上。

Fragrant Deep-fried Peanuts

油酥花仁

这道小吃可以作为开胃凉菜，我吃过很多次了，经常是在温柔的夏夜，成都的河边，边吃边喝；有时候是在家中或餐馆里作为一碟小菜；有时候甚至是匆忙的一顿早饭，配上米粥和泡菜，吃完继续赶路去上烹饪课。里面的花仁（花生）是深红色的，油亮油亮的，又脆又香。应该放在小碟子里，撒点盐和花椒面，上了桌再用筷子和匀。一定要耐心，要抵挡住诱惑，油炸的温度不要太高，不然花生很容易就炸煳发苦了。记住，花生离火后还会在油的作用下继续加热，所以要很快地把它们分散开，让它们降温散热。（在估计是否炸熟的时候，川菜厨师通常会用漏勺舀几颗正在油炸的花生出来，往空中轻轻抛一下。再次碰到金属漏勺时，炸好的花生声音会比没炸好的清脆。）

生花生　200 克

食用油　油炸用量

盐和花椒面（根据口味增减）

花生放进炒锅里，倒入能没过花生的油。慢慢把油加热到 120 ～ 130° C，就是在花生周围微微冒泡的程度。保持这个温度油炸 20 分钟左右，油温千万要控制好，不要过火。20 分钟之后，花生应该又脆又香。如果你尝一颗，会发现已经没有生花生那种湿润了，颜色也微微泛金黄，有种烧烤风味。用漏勺把花生从油中捞出，充分沥油，散放在厨房用纸上彻底晾凉。

上桌时，把花生堆在小盘子里，按照口味撒盐和花椒面，吃之前充分和匀。

‘Strange Flavour’ Peanuts

怪味花仁

生花生　200 克

盐　¼ 小匙

海椒面　1½ 大匙

花椒面　½ 小匙

细砂糖　150 克

这道菜的味型和“怪味棒棒鸡”（见第 66 页）一样，因为把好几种不同的味道看似奇怪地组合到一起，所以被命名为“怪味”，不过这两道菜除此之外就没有别的相似之处了。怪味花仁里的脆花生（见第 117 页图片）包裹着一层美味的外衣，味道出人意料，有辣椒和花椒融合的味道。这道菜可以作为宴会上的凉菜之一，也会在街上当小吃卖，算是你偶尔能在欧洲城市街头遇到的焦糖花生的“川版”。香料的用量你可以根据口味和手里海椒面与花椒面的味道轻重随便发挥。如果你还想味道更“怪”，可以加一点剁得很细很细的姜末、蒜末和葱末。如果你不喜欢那种甜辣的味道，香料可以不加，改成炒熟芝麻即可。油炸或烤制的核桃与腰果也可以如法炮制——怪味腰果真是太好吃了。

按照中国的传统，大部分厨房都没有烤箱，近几年才流行起厨房配烤箱的风潮。所以花生不用烤的，都是放在炒锅里，撒一层盐，轻轻地炒。盐就是热量的导体，保证炒制过程中花生能均匀受热。之后用筛子把盐和花生分离，再继续炒下一批。花生皮通常用手剥下来，轻轻一吹，就吹出门窗之外了。

烤箱预热到 150° C。花生铺在烤盘上烤大概 20 分钟，周身泛淡金色，变脆。密切注意花生的状态，不然很容易上色太深。把花生从烤箱里拿出来，完全放凉。放凉后，用手轻轻揉掉花生皮，可以的话，走到门外去，一边摇花生，一边吹：羽毛一样轻盈的花生皮会被吹走的。

把盐、花椒面和海椒面放在一个盘子里。

把糖和大约 75 毫升的水放在一个干净的锅里，小火加热，搅拌到糖融化。之后开大火，把水烧到滚开，大概 125° C 的样子（这时候糖水表面咕嘟咕嘟的泡被称为“鱼眼泡”，你亲眼看看就知道为什么叫这个名字了）。如果你没有液体温度计，就不时地用勺子舀起糖浆看状态：一开始糖浆会一滴滴地从勺子上落下来，然后连成线，最后会开始有黏性，像头发丝一样地拉丝，中国人称之为“飞丝”。糖浆到了这个状态之后，关火，散热大约 30 秒。迅速把混合的香料倒进来搅拌，再倒入花生。不断搅拌，直到糖浆凉下来，像软糖一样裹在花生上，注意把花生分开成一颗颗或者一小块一小块的。

彻底放凉，放进密封罐储存（我总会加一袋日本零食袋中的那种干燥剂，最大限度地保持酥脆）。

中国人在吃肉这件事情上的大胆与冒险，大概让全世界都叹为观止。关于中餐的古代美食史料和现代烹饪大全，看上去就像载满神奇生物的挪亚方舟。

肉菜

Meat

MEAT

肉菜

中国人在吃肉这件事情上的大胆与冒险，大概让全世界都叹为观止。关于中餐的古代美食史料和现代烹饪大全，看上去就像载满神奇生物的挪亚方舟。两千多年来都被烹饪界奉为高级珍馐的熊掌，在20世纪80年代出版的菜谱中还有出现。这些珍馐平常人可吃不到，必须是富埒陶白或达官贵人才有此口福，不过，这也成了文化的一部分，不受什么饮食禁忌的限制。

如今，因为过度捕猎和环境恶化，大部分的稀有野味都从宴会菜单上消失了，而且很多捕猎与吃野味的行为都是违法的。不过反正大部分中国老百姓的主要肉食也只是猪肉，再来点牛肉和羊肉（川南还特别喜欢吃兔肉）。当然，穆斯林是个例外，他们不吃猪肉，只吃牛羊肉。

不过，就算富贵阶级吃的野味种类减少了，自古以来的冒险精神在四川还是非常显见。四川人吃肉，“从头吃到尾”，真是让欧洲人望尘莫及。总体来说，中国人都有种天赋（四川人尤甚），能够把大部分欧洲人一辈子碰都不会碰的动物身上的部位做成特别好吃的佳肴，不仅是心脏和肝脏这种常见的下水，还有肚子、肠子、耳朵和蹄筋。有一次，我在宜宾过春节，喝了一道汤，是用猪的肺、肠、肝、心和血熬成的，全部放在高汤里熬炖，加了白萝卜和红薯粉。在重庆吃火锅，会上一些只有懂行的吃货才吃得惯的动物下水，比如软骨一样的牛黄喉和猪黄喉、兔腰和鹅肠。十八般武艺样样精通的成都厨师甚至把猪嘴中那耐嚼的上颚都用成了食材，浇上辣油，作为深夜小吃，称为“天堂”，真是让人难以置信。

这种杂食性的原因之一，是中国人有着欣赏食物口感的文化。西方的饮食观会认为，吃鹅肠毫无意义，因为那东西就像橡胶一样嚼不动，而且没味道。但在四川人眼里，那种滑溜爽脆的口感，真是一种享受。类似的，兔头和鸭脖子吃起来那么麻烦，又没什么肉，大部分西方人都觉得没有吃的必要；而四川人就爱这么掰开揉碎，慢慢咂摸其风味。中餐对食材的选用，还闪烁着哲学的光辉，非常开放包容。技艺高超的中餐厨师不会简单地把某样东西归类为“能吃”或者“不能吃”，而是会好好地检视这种食材，评估一下优点与弱点，然后运用烹饪技术，突出优点，掩盖弱点。比如，蹄筋的口感特别好，但没有味道，所以好厨师就会用浓郁的高汤将其炖煮，最后做出来的菜口感特别好，也十分美味。腰子（肾脏）既可口又有营养，但有股子腥味，要是煮过头就会硬得像皮。所以，有经验的厨师会先用料酒把腰子腌一下，去掉腥味，然后切成精致的花刀，最大限度地扩大表面积，大火爆炒效果最好。

传统上，最奇怪的部位最能显示社会地位的两极分化：富人吃鱼翅熊掌，穷人拿一大锅辣椒煮鸭血。猪肉则处于中间地位，是大多数人吃的肉。事实上，中国人常说的“肉”，如果没有特别修饰，通常都是指猪肉。这是日常生活的肉，十分常见，很多肉铺甚至只卖猪肉。

猪肉可以炒，可以烧，可以蒸，可以炸，可以炖，可以烤，可以煮，可以盐腌，可以熏。猪肉可以单独做，也可以和很多蔬菜一起下锅炒，还可以熬成高汤。淡淡甜香的猪油，可以给肉菜或素菜画龙点睛。肥肉慢慢炖煮软嫩，吃着真是人间极品。如果说猪肉很普通，却绝不是下等食材，柔软的口感，甜美新鲜的味道，都能让人大快朵颐。伟大的宋朝文学家苏东坡就在诗作《猪肉颂》中奚落了那些瞧不起这种最普通肉类的人：

净洗铛，少著水，柴头罨烟焰不起。
待他自熟莫催他，火候足时他自美。
黄州好猪肉，价贱如泥土。
贵者不肯吃，贫者不解煮，
早晨起来打两碗，饱得自家君莫管。

中国北方的一些考古发现说明，中国人从公元前五六千年就开始养猪了，到公元前 3 世纪，猪已经成了主要的家养牲畜之一，猪肉也用在祭祀中。那个时期的文本资料中提到烹饪猪肉的多种方法，包括火烤、水煮和蒸制，也可以做成猪肉羹。现在，猪肉仍然是中国消耗最多的肉类，而且经常是四川普通人家餐桌上唯一的肉食。

过春节时，猪肉会成为年夜饭桌上最引人注目的菜之一。农民们会遵循传统，在春节前养肥一头猪，腊月里，把猪宰了，内脏吃掉，肉就腌起来。大部分地方都是用盐腌肉，然后慢慢地进行长时间的冷熏，或者涂抹上甜面酱，挂在屋檐下风干。很多人还坚持自制香肠，肥瘦相间的肉馅，加上海椒面与花椒面，风味十足。在四川汉源的山区，他们会把一块块肥猪肉浸在同一头猪熬的猪油中油封，装在陶罐中。到了年末寒冬的夜晚，每家每户的院子里都会堆起木头生起火，橘色的火苗上架着一口大锅，肥肥的猪肉在锅里咕嘟咕嘟地冒泡（这就是“坛子肉”，和豆豉与蒜苗炒一炒，真是好吃得不得了）。

过去，人们还会在春节做加入很多元素的复杂肉菜。比如长江边的古镇李庄，就有著名的“头碗”。人们会把肉片裹上蛋糊，炸成酥肉；还会蒸炸结合，把比较肥的肋排肉做成“粑粑肉”。然后拿个大碗，把这些肉和木耳、黄花菜等好食材一起摆个漂亮的盘，一起蒸好上桌。在四川的其他乡村地区，人们会把上好的五花肉片放在浅碗中，上面盖着宜宾芽菜或甜糯米，蒸到软烂。有一年春节期间，我到成都附近的朋友家里吃午饭，有幸尝到了自制家常熏肉、甜面酱腌的酱猪肉、风干香肠、鲜菌炖鸡和各种让人赞叹不已的美味素菜。

中国人特别能欣赏那种带大量肥肉的猪肉，也精通烹饪肥肉的艺术，能把它做得香味四溢，肥而不腻。因此，像回锅肉、咸烧白以及（特别是）甜烧白这样的菜，最好要选用很肥的猪肉：要么是“二刀肉”（见第 128 页），要么是有厚厚一层肥肉的五花肉。（有一次，身在伦敦的我很开心地找到一块特别肥的五花肉，我当时就觉得用来做甜烧白肯定特别完美。那位欧洲肉铺店主觉得肉太肥了，很抱歉，所以半价卖给了我！）同样，在调饺子馅儿和肉酱时，中国人通常都讲究碎肉要“三分肥，七分瘦”。

在中国古代，牛和猪似乎在饮食文化中占据了同样重要的地位，也会用在祭祀典礼中，在《礼记》等古文献里也经常提及。然而，随着农业的发展，牛的最大作用成了耕田和负重，很多封建王朝都颁布法条，不许宰牛做饮食之用。

从汉朝开始，牛肉就很少出现在有关饮食的文献中了，诗人或美食家的诗文中也鲜少赞颂。对藏族等中国边境的一些游牧民族来说，牛肉依然是非常重要的食材；但在其他地方，只有在寒冬腊月的恶劣气候中死去的耕牛，才会被吃掉。

直到今天，在四川的市场上，牛肉依然没有猪肉那么普遍，必须要仔细找（不过由于西式牛排的流行，目前牛肉正在经历复兴）。不过，川南的盐矿地区却保留着引人入胜的吃牛肉传统，他们曾经用牛拉车，把盐从地底深处挖出来。牛老了干不动了，当地人就把它们杀了吃肉。他们说，这就是自贡名菜水煮牛肉的起源。“盐都”自贡的火边子牛肉干很出名，牛肉切成极薄的大片，在小火加热的盐锅周边烤干，几乎透明，嚼劲十足。

在一些著名的川菜中，牛肉的确是当之无愧的明星，比如麻婆豆腐（见第 241 页），加了牛肉末才叫正宗（不过很多人也会用猪肉末代替），还有夫妻肺片（见第 93 页）。1930 年就开业的重庆老字号餐馆“老四川”就一直以牛肉类菜品著名，比如清炖牛尾汤（见第 309 页）。四川的回族穆斯林也喜欢吃牛肉，会用牛肉做出经典川菜的清真版，比如回锅牛肉、鱼香牛肉丝等。

羊肉在传统的川菜菜单上比较罕见，通常是中国北部省区会用的食材。13 世纪，嗜吃羊肉的蒙古人征服了中华大地，在北方留下了他们的烹饪传统，在那里也会强烈感受到游牧文化。

不过，在四川的清真餐厅可以吃到羊肉，而且四川简阳的羊肉特别出名。成都的几家简阳餐厅会做羊肉汤，里面会放羊的各个部位（羊杂），从羊血到羊蹄，应有尽有。从中医的传统理论来看，羊肉汤是特别“上火”的，很多四川人会在冬至喝羊肉汤作为滋补。从 20 世纪 50 年代开始，兔肉就成为四川人喜闻乐见的肉食（第 112 页关于冷吃兔的介绍中说明了原因）。

下面这一章介绍了川菜中的一些经典肉菜。

在川南宜宾市李庄镇附近的一个小乡村，一位“乡厨子”正在准备白事席。

Twice-cooked Pork

回锅肉

回锅肉可以说是最受欢迎的一道川菜了。香喷喷的猪肉，特别浓郁可口的调味，加上令人唇齿愉悦的蔬菜，真是引人入胜。这是一道很具有怀旧意味的菜，是四川人的童年回忆之一。成都有个上了年纪的烤鸭小贩告诉我，在工业化之前的日子里猪都是散养的，只要有人做回锅肉，整个院子的人都能闻得到那令人垂涎三尺的香气。据说四川有名的秘密社团在被中国政府取缔前，只要聚会都会吃这道菜，所以在川西的某些地区回锅肉还被叫作“袍哥肉”。

之所以叫“回锅肉”，是因为猪肉要先在锅里煮，再放回锅里炒。在热油之中，薄薄的肉片卷曲起来，被厨师们称为“灯盏窝形”，就像旧时中国那种装上油用来做灯的小碟子。主料是一块二刀肉，猪后臀上的肉，没有骨头，多余的部分要去掉（切过“二刀”）；还要方方正正的，半肥半瘦。这种上好的肉煮了之后，有时候会被放在祭祖的供桌上，放一会儿再做他用。据说，这就是回锅肉的由来。

带肥的猪肉是这道菜的灵魂。条件允许的话，你要用肥肉厚度在 2 ～ 3 厘米的二刀肉或猪腿肉，做不到的话，用五花肉也完全可以。要想切片的时候比较轻松，猪肉要切得比实际需要的大，切得不好的那些做别的用途。

姜（带皮） 30 克

葱（只要葱白） 1 根

整块二刀肉、猪腿肉或五花肉（肥瘦相间，带皮） 350 克

蒜苗或红洋葱、红椒、青椒 90 克

猪油或食用油 2 大匙

盐 1 小撮

豆瓣酱 1½ 大匙

甜面酱 1½ 小匙

豆豉（清洗后沥干） 2 小匙

老抽 ¼ 小匙

用刀面或擀面杖轻轻拍松姜和葱白。烧开一锅水，放入猪肉，大火再次烧开。加入姜和葱白，关小火，炖煮到猪肉刚熟：大约 10 ～ 20 分钟，要根据肉块的厚度而定。把猪肉从水中捞出，放几个小时到彻底变凉之后冷藏，需要时取用（猪肉可以提前一天煮熟）。

正式做菜的时候，把肉切成尽量薄的肉片，确保每一片都要带皮、有肥肉和瘦肉。蒜苗要斜切成细长的“马耳朵”（如果是用洋葱或青红椒，就切成适合入口的片状）。

中火加热炒锅中的猪油或食用油。加入猪肉和一小撮盐翻炒，直到肉片卷曲且微微出油，闻起来很香。把炒锅斜放，把猪肉堆到一侧，把豆瓣酱加入锅底的油中，翻炒出香味，油也变红。加入甜面酱和豆豉，迅速翻炒，然后再把锅正过来，把所有食材混合在一起炒。最后，加入老抽和蒜苗（或别的蔬菜）翻炒到刚刚好的程度。

美味变奏

有时候大蒜久了不用，就会发芽，那种绿色的蒜芽可以代替这道菜中的蒜苗。

Pork Slivers with Yellow Chives

韭黄肉丝

韭黄（*Allium tuberosum*），在西方的中国超市只是偶尔能看到，但在中国就比较常见了，通常都是种植在温室中，不见阳光的。阴暗的环境让韭黄失去了原本该有的绿色，叶子变成一种淡然柔和的黄色。韭黄有很强烈的香味，能充溢你的购物袋和厨房。烹饪之后的韭黄丝滑多汁，吃起来非常享受。从汉朝开始，人们就掌握了在温室中让韭黄“漂黄”的技术，宋朝诗人陆游还赞颂过成都附近种的韭黄。如今，韭黄已经成了四川特产，不过别的地方也有产出。对于老一辈的四川人来说，韭黄是除夕夜菜单上不可或缺的食材，因为“韭”谐音“久”，代表长长久久，能给新年带来好兆头。

这是一道很常见的家常菜，要么下饭吃，要么包在新鲜的春饼（见第 395 ~ 396 页）里做馅儿。川菜中有很多肉丝和各种蔬菜炒在一起的菜（见“美味变奏”），这只是其中之一。猪肉是川菜中最常用的肉类，不过这里的穆斯林会用牛肉或羊肉。鸡肉、火鸡肉也都可以这样烹饪。韭黄是很柔嫩的蔬菜，买回家后最好快点吃，不过如果用纸包起来冷藏，也能保鲜个两三天。加点姜丝、红椒或辣椒到锅里和韭黄一起炒也可以，随意就好。

猪腿肉（瘦肉） 150 克
韭黄 150 克
食用油 3 大匙

码料

盐 ¼ 小匙
料酒 1 小匙
土豆芡粉 2 小匙

调味

盐 ⅛ 小匙
土豆芡粉 ¼ 小匙
料酒 ½ 小匙
镇江醋 ¾ 小匙
生抽 ¼ 小匙
高汤或清水 1½ 大匙

猪肉切成尽量薄的肉片，然后切成很细的肉丝，放入碗中，加入码料和 1½ 大匙水，朝一个方向搅拌均匀。放在一边，同时准备其他配料。

韭黄理好去头，切成 5 厘米长的小段。调味料全部放进一个小碗。

锅中大火热油，放入肉丝迅速翻炒。肉丝一分开立刻加入韭黄。继续翻炒到韭黄变烫（肉丝一定是刚熟的程度），然后搅一搅调味料，倒进锅里。汤汁浓稠时搅拌一下，然后上桌。

美味变奏

不用韭黄也可以用韭菜、芹菜、青红椒等其他蔬菜，所有蔬菜都要切成均匀的细丝。肥嫩多汁的蔬菜最好是提前中火炒个一两分钟断生，然后放在一旁，等肉炒得丝丝分明了，再把蔬菜回锅同炒（如果不提前炒一炒，等蔬菜熟了，肉丝可能就炒过头了）。

如果吃素，可以用豆腐干或熏豆腐切丝代替猪肉（豆腐不用提前码味，直接炒就可以了）。

Bowl-steamed Pork in Ricemeal with Peas

粉蒸肉

这是四川乡村地区宴席与庆祝场合（见第133页）上常常出现的一道传统菜肴，扣在碗里蒸好，十分美味。猪肉切片，码味，裹上米做的蒸肉粉，加热后蒸肉粉膨胀，让肉片穿上一件软糯熨帖的“衣服”，肉片和豌豆融为一体，口感很梦幻。这道菜是穆斯林特色菜小笼粉蒸牛肉（见第161页）的“近亲”。在重庆和川南地区，这道菜的名字叫作“鲊肉”，遵循古法将米舂成粉，人称“鲊粉”。

这道菜做法很简单，但蒸制需要2小时，所以一定要小心别让锅里的水烧干了；不过，也可以用高压锅蒸30分钟。你也许能在中国超市里找到现成的蒸肉粉，也可以自己做（见第448页）。你还需要一个直径大约18厘米，宽约5厘米，能放进蒸锅的碗，还有适量锡箔纸和天然纤维做成的绳子。这道菜可以提前做好冷藏，上桌前再用蒸锅或微波炉加热。

猪肉肋排也可以如法炮制。豌豆也可以换作青鲜黄豆或去皮切块的南瓜或红薯。我曾经在宜宾吃过一道甜口的粉蒸肉，黄澄澄的红薯裹着蒸肉粉和红糖浆，与肥瘦相间的猪肉混合蒸制，非常好吃。

新鲜或冷冻豌豆　150克（带豆荚约450克）

蒸肉粉　5大匙	豆瓣酱　1½大匙
高汤　100毫升	带皮五花肉　350克
食用油　1大匙	料酒　2小匙

豆腐乳（红白皆可）　2小匙（和着卤水搅散）

姜末　1小匙	白胡椒面　⅛小匙
老抽　¼小匙	葱花　1～2大匙
细砂糖　½小匙	盐

豌豆放在碗里，加入¼小匙的盐、1大匙蒸肉粉和2大匙高汤，搅拌均匀。锅里中火热油，加入豆瓣酱，轻轻翻炒到油色变红并散发出香味。起锅，放在一边备用。

猪肉切片，像市售的那种培根片，大约10厘米长，3～4毫米厚，每片都要带一点皮。放进碗里，加入豆腐乳、料酒、姜末、生抽、细砂糖和白胡椒面，与豆瓣酱炒过的油混合。把剩下的蒸肉粉和高汤加入，再加¼小匙的盐，混合均匀。

把肉片沿着碗底和碗沿互相交叠摆好，不要留下缝隙，猪皮的部分要贴在碗面上（见第132页图片）。铺好肉片后，装满豌豆，表面均匀铺平，碗口加盖锡箔纸。为了蒸好后能轻易从蒸锅里取出，可以用绳子将整个碗像包裹一样捆扎好。

炒锅或蒸锅中烧开大量的水，碗放在蒸架上，盖好锅盖，中火加热2小时，随时加水。（另一种办法是用高压锅蒸30分钟，然后留出时间让压力自然释放。）

要上桌前，把碗从蒸锅中取出，拿深盘覆盖碗口，倒过来。碗拿走以后，肉和豌豆就在盘中自然成形了。蒸好的肉很软，所以可能有点走形，但不用担心，味道仍然会很棒。撒葱花装饰。

Bowl-steamed Belly Pork with Preserved Vegetable

咸烧白

举行老派乡村婚礼的家庭通常会雇一个“乡厨子”来操持婚宴。这个厨子通常就是当地一个厨艺了得的农民，带着自己的装备和帮手到了地方，然后准备几十甚至上百人的饭菜，端到主人家在院子里临时摆起来的流水席上。咸（四川方言音“含”）烧白几乎永远在这种宴席的菜单上占据着一席之地，在大年三十例行的年夜饭上也是不可或缺的一道菜。碗里摆着一片片五花肉，蒸到肥肉软烂，入口即化；宜宾芽菜浓重的咸味在蒸制过程中与肉融合在一起。这道菜是客家和粤南菜系中“梅菜扣肉”的四川“近亲”，当得起“肥而不腻”这个称赞。

这种碗蒸菜是所谓“田席”或“坝坝席”中的明星，因为可以提前备好放在锅中，小火微蒸，需要的时候再出锅：非常有利于办多人宴席。通常这样的宴席会被称为“九大碗”或“三蒸九扣”。

我参加过一次这样的午间婚宴，院子里用砖头陶土搭建了一个临时土灶，一群帮厨共花两天时间进行备料烹饪。等客人到场，十几张圆桌上已经摆好了凉菜；之后，一碗又一碗的热菜就从一摞高高的竹蒸笼上被拿下来上桌了。

五花肉（整块带皮） 450 克

老抽 1¾ 小匙

食用油 100 毫升

泡椒 3 个（可不加）

豆豉 1 大匙

宜宾芽菜或天津冬菜 150 克（清洗后挤干水分）

一大锅水烧开，加入猪肉煮大概 10 分钟。捞出猪肉浸凉水，刚才的热水保留。肉趁热用厨房用纸或干净的茶巾吸干水，然后把 ¼ 小匙的老抽抹在表面上，放在厨房用纸上，静置几分钟晾干（也可以防止一会儿放进热油时溅油）。

锅中放油，大火烧热至 160° C 左右（放一片肉下去试验，密集地冒泡即可）。

加入猪肉，带皮的一面向下，炸大约 2 分钟，至猪皮表面像冒泡泡一样起皱，整个呈现深红棕色，一定注意不要炸煳了。把肉从锅中捞出，放回刚才保留的热水中，浸泡约 5 ～ 10 分钟，直到肉皮再次变得柔软，然后从水中捞出，静置一边彻底放凉。

猪肉放凉以后切片，尽量每一片都切得均匀，厚度在 5 毫米左右，每一片都要带点皮。如果肉片太宽，可以顺着纹理从中间切断（理想的长宽应该在 8 厘米 × 4 厘米左右）。边角料也都保留下来。如果要用泡椒，则去头，用刀轻轻挤刮，把辣椒籽尽量挤出来，每个泡椒都切成 3 段。

取直径约 21 厘米，深约 4 厘米的耐热碗（要能装进你的蒸锅或高压锅中），在两边碗沿上铺 2 片肉，肉皮要向着碗底中心。之后在碗底整齐地摆上大约 8 片肉，每一片都要覆盖着上一片，每一片的皮都要接触到碗底。边角料摆在肉片上（也可以用在别的菜肴中），然后在肉上均匀地淋 1½ 小匙的生抽，加入豆豉和泡椒，再填满芽菜或冬菜，用手轻轻按压。碗口加盖锡箔纸。为了蒸好后能轻易从蒸锅里取出，可以用（天然纤维做的）绳子将整个碗像包裹一样捆扎好。

碗放进蒸锅，盖好锅盖，大火烧开后继续加热 2 小时，随时加水。（另一种办法是用高压锅蒸 30 分钟，然后留出时间让压力自然释放。）可以提前一两天进行这个步骤。

要上桌前，可以进行再次加热，解开绳子，拿走锡箔纸，拿深盘覆盖碗口，迅速倒过来让肉和芽菜呈现半球状。

美味变奏

龙眼咸烧白

这是咸烧白的“奢侈版”。每段红泡椒里都塞一个豆豉，然后分别用一片猪肉包住，竖着摆放在耐热碗的中心，带皮的一面向下，周围用芽菜或冬菜围成一堵“墙”保持造型。按照上述菜谱中的做法进行蒸制。把碗倒扣在盘中，表面就像是一个个有着黑色瞳仁的红色龙眼。

Pork in 'Lychee' Sauce with Crispy Rice

锅巴肉片

这道菜非常适合朋友聚会。热气腾腾的酱料盛在碗中，和一个堆满肉片与脆锅巴的深盘一起上桌。座上的客人们经过提醒都略微靠后，酱料倒在锅巴上，“滋啦”一声，视效音效都爆棚，有些地方把这道菜称为“平地一声雷”，可不是毫无根据的。（我在四川“烹专”学这道菜时，还听老师介绍了另一个有点难以启齿的名字“轰炸东京”[1]，有几个同学一听就窃笑起来。）不过，这道菜不仅仅冲击感官，色、香、味也令人愉悦。锅巴浸了酱料，一半多汁，一半爽脆，特别好吃。

你会看到，虽然这道菜里没有用到荔枝，但酱料在川味中被归为荔枝味：是比糖醋味更清淡的味道，酸味比甜味更突出些，就像荔枝一样。按照中餐的传统，“锅巴”指的是在火上煮饭时因为略微烧煳而粘在锅底的那一层米。锅巴撒上盐和辣酱，就成了孩子们特别喜欢的零食。市面上也有像薯片一样的袋装锅巴售卖。

我在成都上学时，在每个市场都能找到锅巴：在巨大的锅里做成，整块的锅巴和那种卫星天线的“锅盖”一样大，晒干以后掰碎售卖。很高兴，这种锅巴在家用烤箱做也很方便，还可以提前做，放在密封罐里，需要时取用。

干香菇　4个

干木耳　少许

笋（新鲜笋或罐头笋皆可）　60克

葱（只要葱白）　2根

泡椒　2个（或1个成熟度很高的番茄）

无骨猪排肉或猪里脊肉　200克

食用油　3大匙

大蒜（去皮切薄片）　2瓣

姜（量和蒜一样，去皮切薄片）

鲜汤（见第457页）　500毫升

绿叶菜　1把

土豆芡粉　2大匙（加3大匙凉水搅匀）

锅巴

泰国香米　200克

食用油　油炸用量

码料

盐　¼小匙

料酒　2小匙

土豆芡粉　2小匙

酱料

细砂糖　3大匙

镇江醋　3大匙

生抽　1½大匙

盐　¾小匙

先来做锅巴（这一步应该提前做）。烤箱预热到200° C。先按日常做法把米饭蒸熟，然后在铺了烘焙油纸的烤盘上铺平，厚度在6毫米左右，整理边缘，尽量平整，让各个部位厚度一致。烤约30分钟，把米烤到干脆，边缘有微微的金色。从烤箱取出，彻底放凉并晾干。然后掰成约6～7厘米见方的小块，储存在密封罐里。

做这道菜时，你需要用一口锅处理肉片，用另一口锅（炒锅或油炸锅）做锅巴。如果是用炒锅做锅巴，我建议找个帮手来帮你看着油，免得你处理肉片和调酱料时，一不注意油温就过高了。上菜要用大盘子，还要用一个能用锅盖或小盘子盖上的深碗，给酱料保温。

1 抗日战争时期，重庆等地人民曾将锅巴肉片叫作“轰炸东京”，以表达对抗战的乐观及对敌的愤慨。——编者注

香菇和木耳都用热水浸泡 30 分钟。之后挤出多余水分，香菇去柄，切成薄片，木耳撕成适合入口的小朵，去掉根部硬硬的部分。

竹笋切片，在开水中焯水 1 ～ 2 分钟，然后捞出沥干。葱白斜切成“马耳朵”，泡椒（如果要用的话）也如法炮制（如果用的是番茄就切片）。

猪肉切薄片，加入码料和 1 大匙凉水，搅拌均匀。

酱料的配料全部在小碗中混合。

做好烹饪准备以后，首先选择操作距离较远些的那个灶，加热油炸用的食用油，要炸锅巴的话，油温要达到 200° C（待会儿去处理猪肉和酱料时，也一定要注意油温不能过高）。

炒锅中加入 3 大匙油，大火加热。下猪肉翻炒到片片分明。肉色变白后，下蒜、姜、葱白和泡椒（如果使用的话）翻炒出香味。把香菇、木耳、竹笋和番茄（如果使用的话）放进去翻炒到锅里热气腾腾。加入鲜汤，烧开，撇去浮沫。搅一搅酱料，加入锅中，之后加入绿叶菜。迅速搅动一下土豆芡粉，分几次加入锅中，不停搅拌到汤汁略微浓稠（水芡粉的量不要过多）。把锅中的东西倒进一个深碗，盖住碗口保温。

等油炸锅中的油温已经达到 200° C，就把锅巴放进去，炸 1 ～ 2 分钟，到体积膨胀，颜色金黄。放在厨房纸上充分沥油，然后堆在盘中。这时候手脚要麻利，盘子和装酱料的碗同时上桌，当着客人的面把酱料倒在脆脆的锅巴上。

美味变奏

有的餐馆会用鱿鱼代替猪肉，鸡肉也是不错的选择。如果是素食主义者，用各种各样的新鲜菌类来代替肉，也会很好吃。葱姜蒜是不可或缺的调味料，但搭配的蔬菜就随意选择了，反正目标就是要颜色丰富好看。

Stir-fried Pork Slivers with Sweet Flour Sauce

京酱肉丝

一次，我和朋友们在自贡附近的枕水古镇闲逛，巧遇一个酱坊，店主家是专门做这一行的，已经传到了第四代。他们家的院子里摆了一缸缸甜面酱，这种酱料的历史至少能追溯到元朝。虽然街上小店里随处可见这种调味料，我却少有机会亲眼见证手工制作的过程。店主范先生带我们走到店铺后面的一间屋子，地上全是大块蒸制后的面团，用纸包着，正安静地在自身表面生成一层霉菌。两周以后，它们就会被放进缸里，浸没在卤水中，在阳光下晾晒（只在晚上和下雨时才加盖），晒成深土色的面酱，嗅之扑鼻上头，尝之浓郁。用这种基本方法，使用黄豆、各种谷物及面粉做成的酱，在大约两千年的时间里，一直是中餐烹饪中最重要的调味料，直到酱油（老抽、生抽）这种现代调味料声名鹊起，才逐渐被取代。

20 世纪 90 年代，成都每个饭馆的菜单上都有我介绍的这道菜，甜面酱就是其中最主要的调味料。“京酱肉丝”这个名字说明其灵感是来源于中国北方一道类似的菜。肉丝散发着幽深的光泽堆在盘子上，再装饰一点脆脆的葱白丝或京葱丝，清新爽口的味道刚好和浓郁的肉丝形成对比。

猪腿肉或猪肩肉　250 克

葱（只要葱白）　4 根（或 1 根京葱）

甜面酱　1½ 大匙

食用油　5 小匙

码料

盐　¼ 小匙

土豆芡粉　1 大匙

料酒　½ 大匙

酱料

细砂糖　1 小匙

土豆芡粉　¼ 小匙

生抽　1½ 小匙

老抽　½ 小匙

高汤或清水　1 大匙

猪肉均匀地切成很薄的肉片，再切成细长的肉丝，理想厚度应该在 3 毫米左右，这样的话可以均匀受热，迅速炒熟，保持软嫩。肉丝放在碗里，加入码料，再加 1½ 大匙凉水，然后往同一个方向搅拌均匀。放在一边备用。

葱白或京葱切成 10 厘米的葱段，然后切成细丝，泡在凉水中。用 1 大匙凉水将甜面酱搅散到可以流动但依旧浓稠的状态。

小碗中混合酱料的各种配料。

做好一切准备之后，把葱白或京葱沥干水。炒锅放油，大火加热。加入肉丝，干脆利索地翻炒到丝丝分明、将熟而未熟的程度。炒锅斜放，肉丝堆到一侧，搅散的甜面酱加入锅底的油中，翻炒 10 ～ 20 秒，炒出香味，然后再把锅正回来，把肉丝和甜面酱混合炒熟。

接着要手脚麻利、动作迅速，酱料搅拌一下倒进锅中。继续搅拌直到酱汁浓稠，然后起锅，表面放上葱丝或京葱丝，上桌。

Red-braised Pork

红烧肉

肥瘦相间的猪腩肉有个颇具诗意的中文名——五花肉，这道菜就是用五花肉做成的。肥瘦肉小火慢炖到完美软烂的状态，酱汁慢慢蒸发，变成糖浆色，光彩油亮，里面还有八角，让风味更为丰富细腻。红烧肉特别好做，吃起来又让唇齿震动。

这是一道在全球都很受欢迎的中国菜，而川菜中的版本颜色没有上海红烧肉那么深，味道也没有那么甜。在那些家常的“苍蝇馆子”，红烧肉通常会和其他的烧菜一起上桌。店里通常会琳琅满目地摆着一碟碟凉菜、咕嘟咕嘟的炖锅、一坛坛泡菜和一大桶米饭，任君挑选。

条件允许的话，这道菜最好是提前一天做，放过夜后，风味与口感似乎会更上一层楼。放凉后，你可以把表面上凝固的油脂去掉再端上桌（油脂可以用于炒菜或加入面汤增鲜）。

带皮五花肉　750 克

姜（带皮）　30 克

葱（只要葱白）　2 根

食用油　2 大匙

鲜汤（见第 457 页）　700 毫升

老抽　约 1 大匙（或糖色 1½ 大匙，见第 452 页）

料酒　2½ 大匙

盐　约 ¾ 小匙

红糖或冰糖　3 大匙

八角　半个

烧开一大锅水。加入猪肉，焯水 4 ～ 5 分钟；捞出浸凉水，然后切成 3 ～ 4 厘米见方的肉块。用刀面或擀面杖把姜和葱白轻轻拍松。

取厚底锅热油，热到刚刚开始冒烟的程度。加入肉块，煎几分钟到肉“发紧”，封住油。愿意的话，在这一步可以倒掉多余的油脂。

其他所有配料倒进锅里拌匀烧开。转小火慢炖，锅盖半盖或不盖，炖 2 小时左右，不时进行搅拌，直到猪肉软烂。离火出锅，姜和葱白捞出来扔掉。

上桌前根据具体喜好调味。愿意的话，可以多加一点老抽或糖色加深颜色。你也可以开大火让汤汁更加浓稠。

美味变奏

同样的办法还可以用于烹饪排骨、兔肉和牛肉和某些下水。不过做红烧牛肉的方法通常不太一样，会用到豆瓣酱（见第 164 页）。

Fish-fragrant Pork Slivers

鱼香肉丝

所谓的“鱼香味”是川菜中最著名的烹饪创意之一，也鲜明地代表了川人对各种味型进行的大胆融合。鱼香味又辣又甜，又酸又咸，还结合了葱姜蒜扑鼻的香味。泡椒给整道菜增添醇厚的微辣，也带来一种油亮的橘红色。鱼香味的菜，是川菜走出巴蜀地界后最受欢迎的菜肴种类之一，但因为中文里面带了个“鱼”字，英文菜单上就出现了五花八门的奇怪翻译，什么mock-fish，sea-spice，fish-flavored，等等。其实汉字就是“鱼”和“香”，所以我直译成“fish-fragrant”（对于这个词的具体解释，见第18页）。

鱼香肉丝是川菜中最著名的鱼香味型菜肴。川菜厨师是一般喜欢用上好的冬笋或莴笋作为这道菜中的爽脆担当，但你可以用西芹。做这道菜要动作快，才能保证肉丝软嫩。用四川泡椒的话，油色就会呈现非常漂亮的橘红。三巴酱的颜色要淡一些，所以我有时候会再加一点点红油，好让整道菜发散出传统的红光。

干木耳　4～5朵

芹菜或莴笋（去皮）　125克

猪腿肉或猪排肉　200克

四川泡椒末或三巴酱　4小匙

红油　2～3大匙（不要下面的辣椒，可不加）

蒜末　2小匙

姜末　1½小匙

葱花　2大匙

食用油　4大匙

码料

盐　¼小匙　料酒　1小匙

土豆芡粉　1大匙

食用油　1小匙

酱料

土豆芡粉　¾小匙

细砂糖　3小匙

镇江醋　2小匙

生抽　2小匙

放凉的高汤或清水　2大匙

木耳放在碗里，热水浸泡30分钟。去掉根部硬硬的部分，然后切成厚度3毫米的丝（最后差不多是50克的重量）。芹菜或莴笋处理好之后切成厚度3毫米的细丝。猪肉切成大约5毫米的薄片，再切成肉丝，放进碗里，把所有码味料都放进去，只留1小匙的油。碗里加1大匙清水。往一个方向搅拌均匀，再把油也倒进去搅匀。

取小碗混合酱料的配料。

大火加热炒锅，然后加入4大匙食用油。油烧热以后，加入肉丝，迅速翻炒到丝丝分明。肉丝一变色，立刻把炒锅斜放，把泡椒末、姜末和蒜末加入锅底的油中。翻炒到散发香味，油色发红。把炒锅正过来，翻炒肉丝和配料。加入木耳和芹菜或莴笋，迅速翻炒。稍微搅拌一下酱料，倒入锅的正中央，翻炒混合。最后，加入葱花和红油（如果要用的话）。立即上桌，趁热吃。

Sweet-and-sour Pork

糖醋里脊

竹园是我在成都最爱的餐馆之一。烟雾缭绕的厨房中，永远都是一派积重难返的手忙脚乱。络绎不绝的食客总是报出一长串做法复杂的菜名，但大部分下厨工作都是用一口炒锅来完成的。主厨站在煤炉前翻炒掂锅，“无影手”一般疯狂地往锅里倒各种食材与酱料。三个助手在小小的后厨忙碌飞奔，切着姜末、蒜末、肉片、肉丁、肉丝，还要洗碗、洗盘子。整个厨房感觉随时处在混乱崩溃的边缘。到处都堆放着竹篮子，里面装满了葱、芹菜与大白菜，凌乱无比。地上到处是泡好的干鱿鱼和各种菌菇，特别挡路。

然而，在这一片疯狂的混乱中，却奇迹般地诞生了那片儿最好的川菜，调味正宗，火候精准，很朴实地端上桌，全无一丝矫饰与骄傲。

竹园的招牌菜之一，就是糖醋里脊。炸得嫩嫩的猪肉挂着色深味浓的酱料；西方也有同名的中国菜，但看上去就像人工合成的零食，和竹园的一对比，真是被甩出去几百条街。

猪里脊 250 克
料酒 2 小匙
大个鸡蛋 1 个
土豆芡粉 75 克
食用油 至少 500 毫升（油炸用量）
蒜末 1 大匙
姜末 1 大匙
葱花 3 大匙
葱白（切成葱丝） 2 根（可不加）
红辣椒（切成细丝） 几个（可不加）
盐

酱料

细砂糖 5 大匙
镇江醋 2 大匙
生抽 ½ 大匙
土豆芡粉 1¼ 小匙
高汤或清水 5 大匙

将猪肉切成约 1 厘米厚的肉片，然后切成适合入口的 1 厘米厚的肉条。放进碗里。加入料酒和 ¼ 小匙的盐，混合均匀。另取一个碗搅匀鸡蛋，慢慢地加入土豆芡粉中，搅成浓稠顺滑的面糊。加入到猪肉中搅拌，让每一根肉条都挂上面糊。

把酱料的配料在碗里混合，再加 ¾ 小匙的盐。

油炸用量的食用油在锅中加热到 150° C（放一片肉下去试验，微微地冒泡即可）。手脚要麻利，很快地把一半肉条溜进油锅里，每一条都要单独放，免得粘在一起，用长筷子或钳子搅动，将肉条分开。肉条油炸 1 ～ 2 分钟，颜色变白，将熟而未熟。用漏勺从油锅中捞出，剩下的肉条如法炮制。

油再加热到 190° C（放一片肉下去试验，密集地冒泡即可）。把所有的肉条再放回油锅中油炸到表面发脆，颜色金黄：选一条切得比较大的肉条捞出来切开看看，确保肉完全熟了。

用漏勺从油锅中捞出，尽量沥干油，堆在盘中。

小心地把锅中油倒出一部分，只剩下大概 3 大匙在锅里，再开大火。加入蒜末和姜末炒香。稍微搅一下酱料然后倒入锅中，翻炒到糖融化。等到酱汁浓稠且密集冒泡，迅速将葱花倒进去搅拌一下，然后淋在肉条上。用葱白丝和辣椒丝装饰，立即趁热上桌。

美味变奏

椒盐里脊

不要酱料，趁热把油炸肉条上桌，配一盘椒盐蘸碟（见第 450 页）。

鱼香里脊

把菜谱里的糖醋酱料换成第 141 页的鱼香酱料即可。这样做也非常好吃。

Li Zhuang 'Head Bowl' Meatloaf Stew

李庄头碗

李庄是川南保护得最好的古镇之一。曾经，长江是中国最重要的运输动脉，那时的李庄是个繁忙的港口，也是繁荣富有的区域中心。但随着一条条铁路四通八达，这里也逐渐消隐无闻。如今的李庄在长江不起眼的支流边安然而立，风景如画，岁月静好。老街小巷的两旁林立着木房子与开门迎客的店面，当地人慵懒地围坐着，喝茶闲聊，家长里短，玩着棋牌麻将。这里有做传统草鞋与竹椅、竹凳的匠人，还有专卖香脆米花糖的小店。每个赶集日，小街上到处都是货郎小摊，有上了年纪的农民，叫卖一篮子一篮子的鸡蛋或蔬菜；有剃头匠，在旁边的墙上挂一面镜子，顾客可以一边享受理发修面服务，一边把街景一览无余。

这道令人愉悦的美味佳肴通常是婚礼、过年等庆祝场合上桌的菜。之所以叫“头碗”，就因为它是一道节庆菜肴，一大碗高汤里，浸着蒸好的粑粑肉，四周摆放着完整的炽豌豆、木耳、黄花菜和其他点缀。粑粑肉要提前做，放凉后再切片。要做这道头碗，你需要一个正方形或长方形的隔热器皿：我的装备是一个玻璃的食物存储盒，大约17厘米长、11厘米宽、5厘米高。这道菜的做法我是从李庄的厨师任强和张勇那里学到的。

干黄花菜　1小把

干木耳　1小把

小白菜　几棵

熟炽豌豆或鹰嘴豆　150克

高汤（见第458页）　500毫升

葱花　1小把（可不加）

盐和白胡椒面

粑粑肉

肥瘦相间的猪肉末　250克

小个鸡蛋　2个

土豆芡粉　60克

姜末　1½大匙

盐　1½小匙

花椒面　¾小匙

食用油　少许

首先做粑粑肉。猪肉放进碗里。蛋清、蛋白分离，其中一个蛋的蛋清倒进肉里，再加上土豆芡粉、姜末、盐、花椒面和90毫升的凉水，充分拌匀。

在烹饪容器中刷油，放进猪肉，摊开，表面要平整均匀。剩下的蛋白和蛋黄搅拌均匀，刷在猪肉表面，然后用锡箔纸盖好，放进蒸锅中，大火蒸制30分钟。把容器从蒸锅中拿出，彻底放凉。

黄花菜用凉水浸泡至少1个小时至泡软。木耳用热水浸泡至少30分钟至泡软，然后撕成容易入口的小朵，根部硬硬的部分丢掉，继续泡在水中，需要时取用。小白菜竖切成半颗或⅓颗，如果还是太大，就继续切成适合入口的大小。水烧开后稍微焯一下小白菜，再过凉水冲洗。用凉水浸泡，放置在一旁，需要时取用。

把粑粑肉从容器中倒出来，切成大约5毫米厚的肉片。把刷了蛋液的那一面朝下铺在能放进蒸锅的碗底，炽豌豆或鹰嘴豆撒在肉上，沥干水的木耳和黄花菜摆放在碗沿。碗放在蒸锅里，高火蒸制 20 ～ 30 分钟，要蒸透。

蒸制的同时把高汤烧开，根据自己的口味用盐和白胡椒调味，并进行保温。

把碗从蒸锅中取出，用深汤碗盖在上面，迅速翻转，然后轻轻地拿掉蒸制用的碗。迅速把小白菜浸入热高汤中进行二次加热，然后围着粑粑肉摆放好。把高汤沿着碗边倒进去，愿意的话，就用葱花装饰。上桌开吃。

Pork Slivers with Preserved Mustard Tuber

榨菜肉丝

这道家常菜做法简单，却特别美味。白白的肉丝、咸咸的榨菜和新鲜的香葱温柔地“缠绵”在一起，很是可口。做起来也是方便迅速。榨菜是用某种芥菜的块茎做成的，一开始是浸在辣卤水中吃新鲜的，或者慢慢腌制，随吃随拿。但19世纪末，重庆附近小城涪陵一个富有创业精神的农民因为意外丰收，尝试了一下盐脱水的保存办法，结果味道特别好，于是这位农民在兄弟的鼓励下做起了榨菜生意。几十年过去了，人们纷纷仿效，榨菜生产遍布全省。做榨菜的流程，是首先将隆起的芥菜块茎晾在木架子上，在长江河谷温柔的风中慢慢阴干；接着用盐腌制并压榨进行脱水，之后与海椒面、花椒面等一系列香料混合，密封在陶土坛子里进行发酵。成品酸咸浓香，脆中带一点嚼劲。

榨菜通常会被当作下饭菜，或者切一切撒在面或豆腐菜上增添风味，但在这道炒菜中，榨菜显得异常美味。炒这道菜时，中国厨师通常会用猪油来更添一层鲜。你用猪油、食用油或两者混合的油都可以。

猪肉（无骨） 200克

榨菜 50克

葱 2根

食用油或猪油 4大匙

码料

料酒 1½小匙

土豆芡粉 1½小匙

盐 ⅛小匙

食用油 2小匙

酱料

细砂糖 ¼小匙

土豆芡粉 ½小匙

猪肉切薄片，然后均匀地切成肉丝，理想厚度是3～4毫米（可以先把猪肉冷藏一个小时左右，切起来比较容易）。肉丝放进碗里，加入1大匙凉水和除食用油以外的所有码料。往同一个方向搅拌均匀，放置一旁，同时准备别的配料。

榨菜冲洗之后切成与猪肉差不多的细丝。如果特别咸，就在开水中焯水10秒再沥干。葱切成6厘米长的段，再纵向地切成细丝。把做酱料的配料和2大匙凉水在碗中混合。

将2小匙油加入正在码味的肉丝中，混合均匀，然后在炒锅中大火加热4大匙食用油或猪油，把肉丝倒进去翻炒到丝丝分明，颜色变白，然后加入榨菜，继续翻炒到猪肉刚刚炒熟、榨菜散发香味的程度。搅一搅酱料，加入锅中，迅速翻炒到酱汁浓稠。最后，加入葱丝，翻炒一两下，上桌。

美味变奏

榨菜肉末

不用肉丝改用肉末，榨菜也要切碎来搭配口感。码料就不用了，肉末直接倒进锅里炒到将熟而未熟，然后加入榨菜。两者都炒熟且炒香后，撒葱花翻炒一下，上桌。这道菜很适合快手晚餐，特别下饭。

Sichuanese Stir-fried Bacon

回锅腊肉

享用四川腊肉或酱肉的最好办法之一，就是蒸制后切片，再和很香的蔬菜一起炒，来平衡丰富的油脂和咸味。成都远郊道教名山青城山一带的腊肉很有名，长时间熏制之后颜色会变得黑黑的。厨师们通常会用这种腊肉做炒菜，配菜就是简简单单的蒜苗。薄皮长青椒也是很妙的配菜，韭菜也不错。

这道菜做法简单，却非常美味，但如果愿意的话，你也可以在加入长青椒之前加点干海椒和花椒，增添风味。再来点姜片、蒜片也是很好的，能稍微增添点辣度，把其中的香味都给勾出来。如果腊肉不是自制的，那么你可能会在当地的中国城里找到很好吃的广味酱肉或风干香肠，按照完全一致的方法做出来，也很棒。

四川腊肉（见第 420 页）或酱肉（见第 423 页） 150 克

长青椒或蒜苗（或者两者混合） 350 克

食用油 1 大匙

盐

把腊肉或酱肉放在蒸笼里，高火蒸大约 20 分钟至熟。放凉后切薄片。长青椒和（或）蒜苗处理好，斜切成长度约 1 厘米的“马耳朵”。

取炒锅，大火热油。加入腊肉或酱肉翻炒到肥肉释出一点油脂。把长青椒和（或）蒜苗倒入锅中翻炒到炒熟炒香，腊肉周围有点金黄色的程度。根据口味不同，可以加盐调味（但腊肉或酱肉本身已经很咸了）。

Salt-fried Pork

生爆盐煎肉

这道菜和比它出名的回锅肉（见第128页）一样，都是家常味的代表菜肴：咸口，有浓郁开胃的发酵酱味，只有轻微的辣度。两道菜之间的区别在于，这里是直接用生肉切片，所以和要入锅两次的版本相比，口感上有比较大的区别。盐煎肉是四川普通人家餐桌上常见的菜肴，再配上几个炒素菜，一道简单的汤、一大碗米饭，更觉风味十足。

这道菜里的肉片通常是和蒜苗一起炒的，但韭菜、蒜薹、芹菜、仔姜，甚至豆腐干也都可以搭配。我这个菜谱选的配菜是青椒。在锅中翻炒肉片时，要加一小撮盐，帮助肉片释放水分，所以有了“盐煎肉”这个名字。至于“生爆盐煎肉”这个全名，是因为肉片下锅炒时温度非常高。不过通常人们都是直接简称“盐煎肉”。

猪臀肉或猪腿肉（要有较厚的一层肥肉） 250克

青椒 1个（约200克）

猪油或食用油（或两者混合） 3大匙

盐 1大撮

豆瓣酱 1½大匙

豆豉 ½大匙

老抽 ¼小匙

猪肉切片，尽量切薄，每一片都应该肥瘦相间。

青椒去籽处理，尽量整齐地切成适合入口的小块。

猪油和（或）食用油放入锅中大火加热。倒入肉片翻炒，翻炒到片片分明时加入盐。炒个一分钟左右，到肉片散发香味，释出一些油脂。调整火力到中火。把锅斜过来，肉片推上去放在锅边，将豆瓣酱和豆豉加入锅底的油中，翻炒到散发香味，油色红亮。把锅正过来，所有食材混合翻炒，然后加入老抽和青椒，翻炒到热气腾腾，立即上桌，趁热吃。

Stir-fried Pig's Liver

白油肝片

肝和腰子（肾）一样，最好的烹饪秘诀就是快，所以很适合用来做中式炒菜。这是一道很普通的家常菜，但其中的轻盈精妙，在欧洲的肝脏菜中是非常罕见的。想要得到最好的结果，你需要一把锋利的快刀，能把肝片尽量切薄切整齐。（按照肝脏的自然形状切下来的尖片，称为“柳叶片”。）

关于这道菜的菜谱，我的资料来源之一是一本 20 世纪 80 年代出版的食谱，令人惊讶的是，这本书的封底还印着“内部发行”几个字。这其中的原委我百思不得其解。

干木耳　少许

猪肝　250 克

芹菜秆　2 根（约 75 克）

泡椒　3 个（或 ½ 个红椒）

葱（只要葱白）　2 根

食用油　150 毫升

蒜（去皮切片）　2 瓣

姜（去皮切片）　和蒜的用量相当

码料

盐　¼ 小匙

料酒　1 小匙

土豆芡粉　2 小匙

酱料

盐　¼ 小匙

细砂糖　¾ 小匙

土豆芡粉　¾ 小匙

白胡椒面　2 撮

料酒　1 小匙

生抽　1 小匙

高汤或清水　2 大匙

香油　1 小匙

热水泡发木耳，30 分钟左右；根部硬硬的地方要去掉，然后切成细条。剥去猪肝表面的外膜。如果猪肝形态完整，就竖切两半，然后尽量切薄片，有比较硬的部分就丢掉。切好的肝片放在碗中，加入码料，充分拌匀。芹菜切成 5 厘米长的条，厚度和筷子差不多。如果要用红椒的话，也做同样的处理。把葱白（如果要用泡椒的话也一样）斜切成“马耳朵”。把酱料的配料全部放入一个碗中。

锅中放油，大火加热。放入肝片翻炒到片片分明，颜色开始发白（千万别炒过了），从锅中捞出。锅中的油小心倒出一部分，剩 2 大匙左右，继续开大火。加入蒜、姜、葱白和泡椒（如果使用的话），迅速翻炒出香味。加入芹菜、木耳和红椒（如果使用的话）翻炒到热气腾腾。再次把肝片放入锅中，翻炒到刚刚好。搅拌一下酱料，倒进锅中，翻炒几秒后盛盘上桌。

Fire-exploded Kidney 'Flowers'

火爆腰花

我第一次去成都时，朋友周钰带我去一家餐馆，给我点了这道菜。我吃得津津有味，他突然要我猜吃的是什么。我认识盘中的莴笋、干海椒，但那与之一起，微微泛着粉色，切成多边花刀，裹着蜜糖色酱料的东西到底是什么，我却完全摸不着头脑。

火爆腰花绝对是你闻所未闻、尝所未尝的肾脏做法——爽脆、精致，而且非常美味。在我看来，这道菜充分展现了川菜厨师的能力，他们能把最让人弃之如敝屣的下水做成出乎意料的佳肴，也能鲜明体现出中餐在备料上下的功夫。腰子（肾）必须要以特殊的手法细细地切，配菜切好后整齐地摆在盘中，酱料要提前在碗中混合。真正开火烹饪的时间很短。火爆，就是要大火快炒。这种做法能够很完美地保留腰子和肝脏这类下水脆嫩的口感，过了头口感就老了。腰花，就是腰子"开"出的一朵花，纵横交错地切了花刀，在烹饪过程中会绽放。听起来很需要刀工，但你别害怕，要是手中的刀够锋利，就没有看上去那么复杂。至于烹饪过程中的关键，就是火要开得大，手脚要麻利。

猪腰　2瓣（300～350克）

芹菜秆　1根（约50克，或50克去皮莴笋）

葱（只要葱白）　2根

泡椒　2个（或¼个红椒）

食用油　100毫升

蒜（去皮切片）　2瓣

姜（去皮切片）　和蒜的用量相当

盐

码料

料酒　1½小匙

盐　¼小匙

土豆芡粉　1½小匙

酱料

土豆芡粉　¾小匙

白胡椒面　⅛小匙

生抽　1小匙

料酒　1小匙

高汤　1½大匙

腰子平放在墩子上，用菜刀或其他锋利的刀平行于墩面将其切成两半，带皮那一面朝下。刀仍然和墩面平行，把腰臊全部片掉，只剩下淡粉棕色的部分。可能需要细细几刀才能片掉。

刀和墩面成30°夹角，在每一片腰子表面都划上小口，每个口相距3～5毫米，不要切透。接着，刀仍然和墩面成夹角，垂直于之前划的小口，再划小口，还是不能切透。每一片腰子的表面都应该布满交错的小口。

最后，把腰子切成适合入口的长方形或钻石形。切得不整齐也别担心，下锅一加热都会打卷儿的。（背面介绍了更复杂、更精细的刀工切法。）一片片腰花放进碗中，加入码料，抓匀。放在一旁，准备其他配料。

芹菜秆撕去老筋（莴笋也可以），切成4～5厘米的长条，厚度大概和筷子差不多。葱白和泡椒斜切成“马耳朵”。如果你要用红椒，就切成和芹菜差不多的细条。

酱料的配料全部加进一个小碗中。

锅中放油，大火加热到开始冒烟。放入腰花，迅速翻炒到朵朵分明，颜色开始发白。锅中的油小心倒出一部分，剩2大匙左右，继续开大火，加入蒜、姜、葱白和泡椒（如果使用的话），翻炒一两次即可加入芹菜或莴笋和红椒（如果使用的话）。继续翻炒，直到腰花刚好炒熟。搅拌一下酱料，加入锅中，不停搅拌，直到酱料浓稠并包裹住腰花。立刻上桌，趁热吃。

美味变奏

如果你想试试手，挑战更精妙的刀工，那么腰花还可以切成以下形状。

眉毛腰花（如第152页图片所示）

和上述做法一样，先以30°夹角切小口，交叉花刀也一样，但每切3下就要切透。如果有特别长的段，就切分成8厘米左右的长短。按照这种方法切出的腰花，看上去就像那种很浓的眉毛。

凤尾腰花

别的切法和“眉毛”一样，不过反向切时每一刀都要切透，每3下就成独立的一片，这样一来，每一片腰花的尾部都会有3条分散开来，正如神鸟的尾羽。

Stewed Pork with Carrots

胡萝卜烧肉

成都小街巷中有很多价格便宜且气氛轻松的小馆子，当地人送爱称“苍蝇馆子”，因为这样的馆子可能卫生条件不太好（但其实并不都是这样！）。这些馆子经常会在店门口摆上烧菜，咕嘟咕嘟地冒着泡，诱人的香味飘散在大街小巷，吸引着食客。

如果你决定驻足品尝，就会坐在临时摆放的餐桌旁，点一碗想吃的烧菜，再从同样令人眼花缭乱的凉菜中挑一两个，加个米饭、泡菜什么的。我曾经在悦来茶社附近一座木建筑里找到一家这样的馆子（现在已经消失了），店里卖的烧菜有大豆炖蹄花、红烧肉、竹笋牛腩、土豆排骨、白萝卜肥肠、莲藕排骨、芋儿鸡、红烧肘子、香菇炖鸡和毛血旺。

这道菜谱来自成都的苍蝇馆子“饭遭殃”的一道烧菜（关于这个餐馆有趣的名字，见第189页）。可以提前做好，要吃的时候再加热；也可以提前一两天把肉做好，然后在上桌前再加热，并加入胡萝卜一起烧。愿意的话，你也可以用四季豆、土豆等根菜代替胡萝卜。

五花肉或猪肩肉（带皮、不带皮均可） 450克

姜（带皮） 25克

葱（只要葱白） 2根

食用油 4大匙

料酒 2大匙

豆瓣酱 3大匙

八角 1个

桂皮或肉桂 1小段

鲜汤（见第457页） 1.3升

细砂糖 2小匙

老抽 ½小匙

胡萝卜 400克

盐和白胡椒面

猪肉切成3厘米见方的肉块。烧开一大锅水，加入肉，焯水1分钟左右，然后放在滤水篮中冲冷水，充分沥干。用刀面或擀面杖轻轻拍松姜和葱白。

大火热锅。加入油，略微旋转一下，然后加入猪肉，翻炒到表面微微呈现褐色，翻炒，使其均匀变色。倒入料酒搅拌，让液体蒸发。把炒锅斜过来，肉推到一边，把姜和葱白都倒入锅底的油中翻炒到散发香味，边缘金黄。加入豆瓣酱、八角和桂皮（或肉桂）翻炒到油色红亮，香味扑鼻。把炒锅正过来，所有食材混合翻炒，然后倒入鲜汤烧开。撇清表面浮沫，然后加入糖和老抽，同时根据实际情况加盐调味。

关小火，慢炖1小时左右至猪肉软烂；也可以用高压锅压20分钟，再等压力自然释放。（我通常会把炒锅里的食材转移到炖锅里来进行这一步，这样可以把炒锅解放出来做别的菜。）

胡萝卜去皮，切成和肉块差不多大小的滚刀块。加到猪肉中，有必要的话淋一点鲜汤或水，然后重新烧开，炖煮30分钟左右，煮到胡萝卜和猪肉都软烂的程度。上桌前加盐和白胡椒面调味。

Sliced Pork with Black Wood Ear Mushrooms

木耳肉片

我朋友邓红的母亲年近八十高龄，却依然像发电机一样，精力充沛，幽默风趣。她会在花盆和屋顶花园上自己种菜，也会亲手做泡姜、泡椒，在阳光灿烂的窗边摆上竹匾，晒果干和种子。有一次，她为我们精心烹制了一桌午饭：红油凉拌鸡、卤鹅掌和猪皮、自制豆腐配蘸水、土豆烧牛肉、山药鸡汤，还有就是这道简单却色彩缤纷又十分美味的炒菜，同时也是一道很典型的四川家常菜。

白白的猪肉片在炒锅里和鲜红的泡椒、滑溜的木耳与脆嫩的莴笋片一起翻炒。调味料组合出来的味型叫“白味”，因为只用了盐和白胡椒面，而没有用到老抽等深色调味料。如果你能找到茎秆粗壮且味道清新淡雅的莴笋，请一定将其入菜。找不到的话，芹菜切片也是不错的选择。

干木耳　10 克（泡发之后大概 80 克）

猪瘦肉　200 克

莴笋或芹菜　200 克（2～3 根）

葱　1 根

泡椒　2～3 个（或 ¼ 个红椒）

食用油　4 大匙

蒜（去皮切片）　2 瓣

姜（去皮切片）　和蒜用量相当

码料

盐　¼ 小匙

料酒　½ 大匙

土豆芡粉　4 小匙

酱料

盐　½ 小匙

白胡椒面　2 撮

土豆芡粉　½ 小匙

放凉的高汤或清水　3 大匙

干木耳用热水浸泡 15 分钟。把猪肉尽量切成薄片，理想的长宽在 4 厘米 × 3 厘米左右。放在碗里，加入码料和 4 小匙凉水，充分拌匀。

木耳切成或撕成适合入口的小朵，根部硬硬的部分丢掉。如果你是用莴笋，就去皮后切半，然后平放在墩子上，切成菱形的薄片。如果用的是芹菜，则拍松后斜切。葱切成葱花，泡椒或红椒斜切成薄片。

酱料的配料全部放在小碗中混合。

把 1 大匙油放进码味后的肉片中搅拌。剩下的油加入炒锅，大火加热，加入肉片，迅速翻炒。肉炒到片片分明、逐渐变白时，加入蒜、姜、葱和泡椒或红椒。翻炒到蒜和姜散发香味。

加入莴笋或芹菜，以及木耳，翻炒到热气腾腾。最后，把酱料搅动一下，加入锅中，不停搅拌，直到酱汁浓稠后起锅上桌。

Boiled Beef Slices in a Fiery Sauce

水煮牛肉

这道菜来自自贡，那座城市有个绰号——四川“盐都”，因为自汉朝盐矿兴起到20世纪60年代，自贡一直都是盐业生产的中心。不同省份来的盐商都会在自贡修建属于自己的会馆。其中一家会馆位于一片修建于18世纪的建筑群里，那里还保存着宏伟壮观、飞角檐梁的大门，现在是当地盐业博物馆的所在地。在附近一座木结构的建筑里，光膀子的工人们在“桑拿天”的湿热环境中劳作着，他们的脚下是一片片冒泡的盐池。数百年以来，盐池都使用天然气作为燃料。盐池被结晶盐包裹住了，盐如同雪花一般漂流着。

过去，开采盐矿的老办法，是让牛拉着木头做的工具，把盐卤从地下拉出来。牛死了之后，肉就被矿工廉价买去，烧了做晚饭吃。一开始牛肉是和花椒与姜一起煮，后来也加了辣椒。这道菜的名字其实有种“冷幽默”在里面，容易引起误解。虽然牛肉片是水煮的，但最后的成品却被覆盖在一片辣椒与花椒之中，能辣得你像过电一样。冬天时候来道这个菜是最好不过的了，能让你周身温暖无比，充满力量。就像四川人说的，就算是最寒冷的冬天，吃了水煮牛肉，也能汗流浃背。牛肉下面要铺一层比较爽脆的蔬菜，通常是豆芽、莴笋和野芹混合。

牛瘦肉　250克

料酒　1大匙

食用油　180毫升

大白菜（最好是白白脆脆的部分）　200克

芹菜秆　2根（大约100克）

干海椒　10～12个

花椒　2小匙

土豆芡粉　1大匙

豆瓣酱　2½大匙

海椒面　2小匙

蒜末　1大匙

姜末　1大匙

高汤　350毫升

老抽　¼小匙

香菜　少许

葱花　2大匙

盐

垂直于牛肉的纹理，把牛肉切成大而薄的肉片，放进碗里，加入¼小匙的盐、料酒和1大匙油。混合均匀后放在一边备用，开始准备其他食材。

大白菜放在墩子上，先纵向切成手指厚度，然后再切成5厘米长短的块。芹菜撕去老筋，切成5厘米的长条，再改刀切成比较细的长条。

准备刀口海椒。把干海椒剪成两段或者2厘米长的小段，尽量把辣椒籽都弄出来。锅中大火加热3大匙油。趁油温过高之前，加入干海椒进去翻炒。等到“嘶嘶”响了，加入花椒翻炒到干海椒颜色开始加深，然后迅速用漏勺将香料从锅中捞出，让多余的油滤回锅中。把香料放到墩子上，切碎（或者用舂的办法），静置一旁，需要时取用。

牛肉中加入土豆芡粉和1大匙凉水，混合均匀，包裹住每片牛肉。

油锅大火烧热后加入蔬菜，翻炒到将熟而未熟的程度，用¼小匙的盐调味。将蔬菜放在一个大深碗中。

锅中加入 3 大匙油，中火加热。下豆瓣酱轻轻翻炒到散发香味，油色红亮。加入海椒面，翻炒几次，然后加入蒜末和姜末，继续翻炒出浓郁的香味。倒入高汤和老抽烧开。将牛肉片放进烧开的汤汁中，搅拌一下，不要粘在一起。煮到牛肉刚熟的程度，将锅里所有食材都倒进事先准备好的蔬菜上。

洗锅擦干，再大火加热，放 5 大匙的油，不断搅拌至油“嘶嘶”冒泡。（可以在隔热碗中放一根葱或者蔬菜的边角料，滴一些油上去测试一下油温，以一滴上去就马上发出激烈的“嘶嘶”声为准。）油热到位了之后，迅速把刚才准备的刀口海椒倒进菜碗中心，然后浇上一勺热油，撒上香菜和葱花，尽快上桌，让客人也听听那火辣的“嘶嘶”声！

美味变奏

同样的方法也可以用在其他很多配料上，比如切成厚片的豆腐（不需要提前码味）、猪肉片（如果是用猪肉片，在浇热油之前，加 1 大匙姜末，后面不用加香菜了），还有切成花刀的鱿鱼（这个也不用提前码味）。

这道菜的传统做法，就是在最后加上刀口海椒（干海椒和花椒翻炒后切碎），但如果你想方便快手，用 1 大匙粗切海椒面和¼小匙的花椒代替也可以。

Spicy Steamed Beef with Ricemeal

小笼粉蒸牛肉

老成都曾经有个满族聚居区，现在已经消失不见了。在那片狭窄的街巷中，有铺面朝街开的小吃店和餐馆。木结构建筑的檐梁下，常常能看到堆得高高的袖珍竹蒸笼，在一大锅开水上冒着热气。揭开蒸笼盖，那浓郁的牛肉香味会一下子俘获你的心，它们已经裹上大米做的柔软且抚慰人心的蒸肉粉，被蒸得入口即化。

这道清真菜最初是清朝早年从中国北方迁移到成都的回族穆斯林带来的，正值改朝换代之际，战乱之祸犹在，需要调派很多人口来填补四川（见第7页）。据说，20世纪20年代，位于成都中心位置长顺街的一家小吃店让这道菜名声远播。北方的回族人也有自己版本的粉蒸牛肉流传至今，但裹的是调了香料的面粉，而不是米粉。也许他们的祖先是在迁居南方之后，才用米粉代替的面粉吧。

蒸牛肉的容器，可以选用能放进蒸锅的碗，或者直接在蒸锅上铺一片荷叶。（如果是干荷叶，要先用热水稍稍泡软，然后修剪成适合蒸锅的大小，确保边上都覆盖上，可以盛装汁水。）这种粉蒸牛肉可以配上荷叶饼（见第388页）。

牛瘦肉 350克

蒜泥 2小匙（与1大匙凉水混合）

海椒面 ½～1小匙（根据口味增减）

花椒面 ¼小匙

香油 1小匙

葱花（只要葱花） 1½大匙

香菜（切碎） 2大匙

码料

豆瓣酱 1大匙

豆豉 1小匙

食用油 2½大匙

白腐乳 1～2块（罐子里的汁水也舀一些出来）

姜末 2小匙

老抽 ½小匙

醪糟 2大匙（或1大匙料酒）

蒸肉粉（见第448页） 100克

垂直于牛肉的纹理，把牛肉切成适合入口的薄片，放在碗中。豆瓣酱和豆豉放在墩子上，细细地切碎。锅中倒入1大匙油，中火加热，把豆瓣酱和豆豉的混合物加进去轻轻翻炒，到散发香味，油色红亮。静置一旁放凉。腐乳混合一些汁水捣碎搅拌成大约1大匙顺滑的酱，然后加入牛肉中，再加入豆瓣酱与豆豉的混合物（油也要一起）、姜末、老抽和醪糟或料酒，混合均匀。把剩下的食用油倒进去搅拌。最后，每片牛肉都裹上蒸肉粉，放在一边码味至少30分钟。

取一锅，倒水烧开后用来蒸肉。把牛肉片铺在能放进蒸锅的浅碗或荷叶上，大火蒸30分钟，直到软烂。

牛肉蒸好以后，浇上蒜泥和水调的蒜汁，再加上海椒面、花椒和香油，最后撒葱花、香菜装饰。直接端着蒸笼上桌。

Dry-fried Beef Slivers

干煸牛肉丝

四川有道名菜叫“干煸鳝鱼”，而这道菜就是干煸鳝鱼常见的美味变奏。“干煸”这种做法本身就是四川原创。不用码味，也不用酱料，传统做法就是用中火慢慢把主料中的水分煸干，之后再加香料和调料。现在，很多厨师都追求速度，用油炸代替干煸。干煸用的主料通常都会切成条或者细丝，最后会又脆又有嚼劲，有种美味的烧烤味和干香味。

鳝鱼、牛肉、猪肉和鱿鱼都可以用来干煸，四季豆、茄子和苦瓜之类的蔬菜也可以。如果你能找到鳝鱼，要在使用前杀掉并处理好，切成大概1厘米宽的条。烹饪方法和以下相同（请注意，这里的鳝鱼不能用西方常吃的鳗鱼来替代）。

牛瘦肉 425克

芹菜秆 3～4根（约220克）

姜 20克

葱（只要葱白） 2根

食用油 100毫升

料酒 1大匙

豆瓣酱 2大匙

老抽 ¼小匙

香油 ½小匙

红油 1～2大匙（可不加，要下面的辣椒）

盐

牛肉切成均匀的薄片，然后垂直纹理切成5毫米厚的肉丝。肥腻的脂肪和比较硬的软骨部分都扔掉。芹菜撕去老筋，横切成6厘米的条，再竖切成和牛肉相配的细丝。把芹菜和一点盐混合，腌出水。姜去皮，然后切成细丝。葱白也切成差不多的细丝。

锅中倒油，大火加热到高温，然后加入牛肉丝翻炒。随着牛肉释放出汁水，油色会越来越浑浊。不停搅拌，直到油色清亮，牛肉中的大部分水分蒸发，开始上色并散发出美妙的香味。整个过程大概10分钟，看你用什么样的牛肉（你会发现水分蒸发到一定程度，牛肉开始发出“嘶嘶”声）。肉的水分完全蒸发之后，沿着锅边倒入料酒，让它冒泡蒸发。

油色清亮之后，关到中火。把炒锅斜过来，把牛肉推到锅边，把豆瓣酱加入锅底的油中翻炒到散发香味，油色红亮。炒锅正过来，加入姜丝和葱白丝，把所有食材混合，继续翻炒大概10秒钟，或到你闻到姜丝的味道为止。最后，加入芹菜和老抽，继续翻炒到芹菜热透。

炒锅离火，倒入香油搅拌（还有红油，如果用的话），盛盘上桌。愿意的话，你可以再撒一些花椒。

Red-braised Beef with White Radish

红烧牛肉

红烧是全中国普遍使用的烹饪手法，通常都是文火慢烧，老抽上色，所以称为“红”烧（如果不用老抽上色，就是“白”烧）。不过，川版红烧牛肉的主要调味料不是老抽，而是豆瓣酱，赋予肉汁一种漂亮的栗色和一抹深沉的红辣椒色。白萝卜要到烹饪尾声再加进去，出锅还是爽脆的口感，和风味浓郁、软嫩的牛肉形成令唇齿愉悦的对比。

四川的餐馆里，这样的炒菜通常都被放在深锅里，放在门口用小火加热着，起到用香味吸引食客的作用。

如果你想用按照四川人的吃法上这道菜，也就是配米饭和其他几道炒菜，那么，你可以提前制作，想吃的时候加热就好。这道菜做成欧式炖锅和土豆泥搭配也很棒。（我真的按照同样的方法，用豆瓣酱创造了传统欧洲羊肉和根菜炖锅的新版本，吃起来真是让人兴奋，里面的辣味让这道菜愈显温暖，愈加抚慰人心。）

牛腩或牛排　1公斤

姜（带皮）　20克

草果　1个

葱（只要葱白）　2根

牛肉高汤或鲜汤（见第457页）　1升

食用油　4大匙

料酒　4大匙

豆瓣酱　4大匙

花椒　1小匙

八角　1个

老抽　1小匙

白萝卜　600克

香菜　少许（用作装饰）

盐

牛肉切成3厘米见方的肉块，用刀面或擀面杖轻轻拍松姜、草果和葱白。烧一锅开水，加入牛肉，大火烧开再煮1分钟左右。把肉放进滤网，冲凉水，然后静置几分钟沥干。

高汤烧开，保温。锅中放1大匙油，大火烧热，然后加入牛肉，在热油中翻炒，变成棕色。上色快完成时，倒入料酒，搅拌蒸发，然后把牛肉倒进厚底锅或平底锅。

炒锅里放3大匙油，加入姜、豆瓣酱、草果、花椒和八角，调到中火，翻炒到香味四溢，油色红亮。把大概一半的高汤倒进去，所有食材搅拌均匀，然后倒在牛肉上。把剩下的高汤也倒在牛肉上，再加老抽和葱白，烧开。根据需要加盐调味。半盖锅盖，调成小火慢炖2小时（或在高压锅里压30分钟，然后让压力自然释放）。

炖肉时收拾好白萝卜，削皮，切成3厘米见方的块。炖煮还剩下大概20分钟时，加入白萝卜。大火烧开，然后关小火慢炖到最后。（如果你用的是高压锅，就先把牛肉炖好，再大火烧开，加入白萝卜炖大概20分钟，直到萝卜软烂。）把姜、葱白和整颗的香料都挑出来再上桌，撒香菜装饰。

Spicy Blood Stew

毛血旺

我们的桌上一片狼藉，油汪汪的，摆着各种下水，围坐的人脸通红，面前是红红的辣椒和让人酥麻的花椒，耳边是肆无忌惮的大笑大闹。我的两个大厨朋友一边拼着白酒，一边争论“猫耳朵”这种面食到底该怎么做。我们周围的分贝也是直冲云霄，人们互相玩笑、吹嘘、开怀，要么就埋头在一堆辣椒中大快朵颐。

这是一家老派的重庆餐馆，各种食物都深得我心：卤猪脸肉配上丰富的红油，牛软骨切成“眉毛片”配上青椒，豆汤肥肠，牛百叶蘸海椒面，埋在一堆干海椒中的油炸鸭，直接用锅端上来还热气腾腾的家常豆腐，对了，主菜是一大盆壮观的毛血旺。

之前我吃这道菜也有无数次了，但总是跟成都人一起吃的，总有点改良的味道，血和午餐肉都是一小块一小块的。而在这里，它就是名副其实的江湖菜，让河边的工人喜闻乐见，各种不太高级的食材与很多的香料来了个欢天喜地大团圆。已经有些发黑的大铁锅里有一块块鸭血、豆腐皮和一片片午餐肉，下面铺着豆芽，一切都浸润在油的海洋中，上面漂浮着炒得焦煳的辣椒和花椒。

这个菜谱就是我对那份“终极”毛血旺的致敬，一想起那道菜，我还会有流口水的冲动。

干腐竹　1片（约30克）

藕　1节（150～175克）

干海椒　1大把（约20克）

葱　2根

豆瓣酱　3大匙

豆豉　2小匙

罐装午餐肉　150克（约半罐）

猪血或鸭血　200克

豆芽　150克

复制调和老油1（见第455页）　175毫升

姜末　1大匙

蒜末　2小匙

鲜汤（见第457页）　700毫升

料酒　2大匙

青花椒或红花椒　2大匙

盐和白胡椒面

腐竹在水里浸泡至少一小时至软。去掉两头比较硬的地方，切成3厘米长的小段，然后继续泡在水中，需要时取用。藕切掉两头，削皮，切成厚度3毫米左右的藕片。用一个碗装点凉水，放一点盐，把藕泡在里面。

干海椒切成两段，尽量把辣椒籽都甩出来。葱洗净择好，切成5厘米长的小段。将豆瓣酱和豆豉放在一个墩子上，一起切碎，然后放在一旁备用。午餐肉和血都切成5毫米厚，适合入口的小片（大约长5厘米、宽3厘米）。

烧开一大锅水，豆芽略微焯水，然后冲凉水，放进一个大深碗中。腐竹和藕片沥干水，焯水约30秒，沥干后放在一旁。午餐肉和血如法炮制（焯水顺序最好是先蔬菜再血，不然水会微微变色）。

锅中放入4大匙油，中火加热，加入豆瓣酱和豆豉的混合物，翻炒到香味四溢，油色红亮。放入葱、姜末、蒜末，翻炒出散发香味。

这道菜的名字很奇怪，据说“毛”在重庆方言里是“粗犷”的意思，“血旺”就是血的意思。根据当地的一些资料，这道菜的发明者是一名屠夫的儿媳妇，他们在重庆的小镇磁器口做生意。这个儿媳妇在街上摆摊，用肉的边角料煮了汤来卖。有一天，她往锅里加了点猪血，赢得了广泛好评。这道菜里的“血旺”，可以是猪血或鸭血（生的动物血里加一点盐，静置凝固成奶冻状，很多人称之为“血豆腐”）。一些亚洲超市里能找到猪血，但鸭血在中国国门外就很难找到了。请注意，这道菜中的复制调和老油要提前做：如果你用普通的食用油来做这道菜，就会比较平淡无味。

倒入鲜汤烧开，然后调到小火，炖煮5分钟。加入午餐肉、血、腐竹和藕片，大火烧开，加入料酒，根据口味加盐和白胡椒面。这道菜要偏咸口，来平衡一下重油。煮1～2分钟入味，然后把锅中物倒在大碗中的豆芽上。把碗盖上保温。

把锅洗净擦干，大火加热，放入剩下的老油。油烧热而未冒烟时，加入干海椒，翻炒到散发香味且开始变色的程度。倒入花椒，继续翻炒到干海椒变成深红棕色（不要变黑），千万不要焦煳。立刻把锅中的热油浇入碗中，趁着还在“嘶嘶”出声，赶快上桌。

美味变奏

这是一个基础的模板，配料可以随意改变，五花肉片、耳菇、金针菇或普通的白豆腐都可以。很多川菜厨师还会加牛百叶。

Scalded Kidneys with Fresh Chilli

鲜椒腰片

过去10年来，全川兴起嗜吃新鲜红椒、绿椒的风潮。当代川菜中采用新鲜辣椒，能够为菜增色（有时候还能让味道更火辣）。通常都是切碎几个小米辣，放进热油中滚一滚，然后浇在菜上。

这道菜是我在成都餐馆“屋顶上的樱园”吃到的，非常喜欢，也很感谢大厨张伟向我说明具体做法。腰子切成薄片，有种很微妙的口感，稍微焯一下水，然后浸入美味的调料中。当然，这道菜有多辣，就要看你用哪种辣椒了。我喜欢用那种带一点点辣度，但又不像小米辣那么冲的。总之在决定用量之前，你一定要评估一下手中辣椒的辣度。

猪腰　2个（300～350克）

新鲜红尖椒或绿尖椒　3～4个（根据口味增减）

食用油　2大匙

蒜末　1½大匙

鸡高汤　125毫升

生抽　2小匙

藤椒油　½～1小匙

盐

码料

盐　¼小匙

白胡椒面　1撮

料酒　2小匙

土豆芡粉　2小匙

腰子平放在墩子上，用菜刀或其他锋利的刀平行于墩面将其切成两半，带皮那一面朝下。刀仍然和墩面平行，把腰臊全部片掉，只剩下淡粉棕色的部分。可能需要细细几刀才能片掉。然后把刀斜贴着墩子，把每块腰子切成尽量薄的腰片。把腰片放在碗里，加入码料，充分拌匀。

鲜椒切碎。烧开一大锅盐水，加入腰片，只略微焯水到刚熟的程度（大约30秒）。充分沥干，放入上菜的盘中。

锅中放油，大火烧开。加入鲜椒、蒜末，短暂翻炒到大蒜飘香（不要让大蒜变色）。加入高汤、生抽，根据口味加盐。大火烧开，然后关火，倒入藤椒油。把所有调料倒在腰片上，立即上桌。

Dry-braised Beef Tendons

干烧牛筋

鱿鱼、海参等食材，是传统的宴会珍馐，而四川人以自己独特的创意，针对这些食材发明了很多本地特色的做法。他们通常比较偏爱用干烧的方法，调出亲切暖心的家常味。我在“烹专”学会的那道干烧海参就是一个很鲜明的例子。遗憾的是，在中国的国门之外，很难找到海参这种食材，而且就算找到也是贵得离谱。好在，可以用牛筋代替海参，口感和味道能做到非常相似。

按照中餐传统，宴席上的蹄筋菜都是用猪蹄筋或鹿蹄筋（后者是少见又昂贵的珍馐）做的；但国外的中餐厨师通常都用牛筋。以西方人的口味来说，这些东西听上去都有点嚼不动、倒胃口。但根据我的经验，如果你按照这个菜谱的做法，慢慢用文火去软化它们，让它们在轻微的抖动中“屈服”，很少有人能抵抗成品的魅力。

干烧牛筋配上一碗白米饭，再来一盘简单的素菜，真是太幸福了。而且酱汁特别美味，能吃到你不停舔嘴唇。

牛筋可以提前烹制，浸泡过夜，到入口即化的程度。如果有高压锅的话，这一步的工作时间能稍微缩短。如果你想按照宴会规格来呈现这道菜，就在盘子上放几朵切

葱　4 根

泡椒　4 个（或 ½ 个红椒和 1 大匙三巴酱）

食用油　3 大匙

猪肉末　100 克

老抽　1 小匙

豆瓣酱　1½ 大匙

蒜末　1½ 大匙

姜末　1½ 大匙

宜宾芽菜或天津冬菜（浸泡后挤干水）　4 大匙

香油　1 小匙

盐

提前准备工作

新鲜或解冻的牛筋　500 克

姜（带皮）　20 克

葱（只要葱白）　2 根

鲜汤（见第 457 页）　1.3 升（如果是高压锅就用 1 升）

料酒　3 大匙

桂皮　1 小块（或 ½ 根肉桂）

八角　1 个

花椒　½ 小匙

提前做牛筋。先烧开一大锅水，加入牛筋焯水 1 ～ 2 分钟，然后沥干水，在冷水中充分浸泡。用刀面或擀面杖轻轻拍松姜和葱白。

沥水后的牛筋放入炖锅或高压锅，加入鲜汤（注意如果是用高压锅的话，汤只用加 1 升）。大火烧开，再加上其他所有这一步要用的配料，再加 ¼ 小匙盐，火开到最小，炖煮 2 小时。（如果是用高压锅，就调到高压炖 30 分钟，再让压力自然释放。）离火，盖上锅盖，放在阴凉的地方将牛筋浸泡过夜（如果你要睡觉时已经充分放凉了，就可以放进冰箱）。液体一定要始终没过牛筋，可以在上面加盖一个小盘子。

第二天，高汤应该已经结冻了，将牛筋从汤冻中捞出，放在

割后焯水的小白菜。

感谢张小忠大厨热心地为我演示这道菜的做法。

一旁（或者冷藏）备用；高汤冻保留。葱切成6厘米长的小段，分开葱白和葱花。泡椒去尾，放在墩子上，用刀挤压出辣椒籽。每个泡椒都切成3段（如果是用红椒，就切成6厘米长，和葱相配）。

把牛筋切成6厘米长、1～2厘米厚的段。牛筋很有弹性又滑溜，所以切的时候要小心。拿小锅加热结成冻的高汤。

锅中加入1大匙油，大火加热，加入猪肉末翻炒。肉末变色时，加入¼小匙的老抽。肉末熟了散发出香味就起锅，放在一旁备用。

必要的话清洗炒锅，擦干，再大火加热。加入2大匙油，再放葱白翻炒出香味。加入豆瓣酱，中火翻炒到香味四溢，油色红亮。

再次开大火，加入蒜末、姜末、芽菜（或冬菜）、泡椒（或红椒与三巴酱），翻炒出香味。倒入200毫升加热过的高汤，牛筋和猪肉也加入进去，烧开。中火炖煮几分钟，不停搅拌，好让牛筋吸收汁水的味道。然后加入¾小匙老抽。等酱汁蒸发得差不多了，按照口味加盐，然后加入葱花，稍微搅拌加热。关火，拌入香油，趁热上桌。

鸡肉在中国美食烹饪中牢牢占据着一席之地：不但无数的美味菜肴都要用到鸡肉，而且文火慢炖所用的鸡汁，也被认为是风味的精华。

蛋与家禽

Poultry & Eggs

POULTRY & EGGS

蛋与家禽

鸡肉在中国美食烹饪中占据一席之地：无数的美味菜肴都要用到鸡肉，且文火慢炖所用的鸡汁也被认为是风味的精华。人们喜爱浓郁的鸡高汤，认为那就是鲜味的化身，滋味妙不可言，而且在很大程度上启发了中国的烹饪艺术（现在大部分西方人说起"鲜味"，叫的都是日本名字 umami）。因此在很多最为著名的中餐菜肴中，鸡和鸡高汤才成为很关键的配料，特别是用海参或竹荪等"山珍海味"做的菜中。也正因如此，你会发现其他肉类做主料的菜中，也会用鸡肉，比如第 309 页的牛尾汤，最后的成品是见不到鸡的，但鸡汁却烘托出牛肉的风味，并且让那种粗粝的味道显得更为精致。中国人和很多外国人一样，也把鸡汤看作富含营养的补品。最鲜、最滋补的鸡汤一定是老母鸡炖的，西方人所谓"有机鸡肉"，中国人所谓"土鸡"。童子鸡的肉比较嫩，用作炒菜最好。全中国有好多种比较著名的鸡。中国人的祖先可能是世界最早开始把鸡作为家禽饲养的，四川地区也从公元前 3 世纪左右就开始养鸡了。

鸡的"诗意升级版"就是凤凰，是传说中有着华美羽毛的神鸟，在中国帝国时代是皇后的象征。凤凰和象征皇帝的龙在中国是很常见的装饰图案；四川宴席上端来的漆器攒盒上，也能看到龙凤图案（见第 60 页）。有些用鸡肉做食材的菜也把"凤"入菜名，所以，如果你看到中餐馆里有凤爪，就知道到底是哪种动物的爪子了。

乡村地区基本在特殊场合才会做鸡肉。抓一只散养的走地鸡，杀掉，拔毛，做成节庆餐桌上的佳肴。就连在成都，一直到不久以前，说起"鸡肉"，大家的概念还是在市场上挑选一只活蹦乱跳的鸡杀掉并处理好。我在"烹专"的同学们都很瞧不起"欧洲鸡"，觉得它们又懒又肥，肉过于柔滑而缺少风味；相比之下，这些市场上现杀的鸡则比较精瘦，肌肉发达。很多中国人依然偏爱活动比较多的鸡腿和鸡翅上那种紧一点的肉（所谓"活肉"），而不喜松散的鸡胸肉（所谓"死肉"），只因为前者口感和风味都更胜一筹。尽管很多优雅的宴席菜都是用无骨鸡肉做成的，家常烹饪和家常菜中，一块块鸡肉大多都是带骨的。

除了能看出有鸡肉的菜，四川人还喜欢把鸡胸肉和蛋白混合搅匀成轻盈的糊状物，再变成丝滑的鸡片、轻盈如云的"奶冻"，甚至能做得像一块豆腐。我在成都吃过一次特别棒的新年大宴，其中有道菜就叫"雪花鸡淖"，上面铺着一块块凝胶状的鱼唇，美味极了，让我多年后想起来还会满足地长叹一声。芙蓉鸡片则是一片片又软嫩又略微带嚼劲的水煮鸡片，浸泡在一锅金色的鸡高汤中。而最让人叹为观止的，是鸡蒙葵菜：清汤中漂浮着葵菜的嫩芽，每一根都包裹着清淡可口的鸡茸。不过，当代的四川美食讲究狂放爽辣，所以你更有可能遇到和堆成山的辣椒一起做成的辣子鸡，而不太有机会尝到这些比较安静和精致的菜品。

鸭子是川菜中常用的另一种禽类，不过没有鸡肉被用得那么频繁。鸭肉的风味倒不是鸡肉那种精妙的“鲜”，但也因为独特的“香”而被大家喜闻乐见。整只烤鸭或油炸鸭最能体现这种香味。也许是因为那些最有名的四川鸭肉菜谱都需要大量的油，或者需要用到烤箱（在传统中式厨房中很少见），烹饪鸭肉的通常都是专业人士。不过，像樟茶鸭或烤鸭这种做好的成品，倒是随处都能买到，可以拿回家和自制的菜一起上餐桌。

在20世纪90年代，成都还有手工烤鸭人。我的朋友李先生，他那小小的店铺就开在一个两边都蔓生着老院子的巷子里。他会在鸭肚子里塞满腌冬菜、泡椒、姜、葱、豆豉和料酒，可能再看心情加点别的香料。接着把鸭子在滚水中过一遍，收紧鸭皮，刷上糖浆，挂在店铺门外，直到鸭皮全部风干。最后，他把鸭子挂在用砖土搭建的拱形烤炉中，用栎木燃起阴火，热气在炉中弥漫，让鸭子慢慢烤熟。烤的过程中会释放出飘香的油汁，滴在下面的陶罐里。鸭子烤好后，就在屋檐下吊成一排，热气腾腾地向路人展示它们闪亮如漆的外皮。顾客盈门，需要排队，才能买到新鲜出炉的烤鸭。李先生会在木墩子上干净利落地把鸭子斩成块，装进顾客的碗中，再从咕嘟冒泡的罐子里舀点卤水浇上去，卤水正是用烤鸭时析出的油脂加各种香料熬的，最后来点盐、胡椒和香油。“烹专”的教授刘学智说，这种川版烤鸭和其更出名的北京“亲戚”一样，都是借鉴了古时候御膳房烤乳猪的技法。

不用我说你也猜得到，鸭子浑身都是宝，能吃的部分绝不会被浪费。成都做樟茶鸭最出名的耗子洞张鸭子（见第114页）有用鸭肠、鸭舌和鸭胗做的菜，而鸭血也能用于风味十足的重庆炖锅（见第166页毛血旺）。喜欢深夜来一杯的酒客通常会到小吃店买味道很重的下酒菜，比如鸭掌、分成两半的鸭头等，全都浸润在大量的红油与花椒油中。

青蛙既不是家禽，也不是鱼类，不过它有个中文名字叫“田鸡”，所以在这里可能要专门提一句。肥嫩多汁的蛙腿是乡村饭桌上的美味，通常会用大量的辣椒与姜来去腥。最后来点滚烫的热油，浇在青花椒上。去自贡的人家做客，你可能会吃到非常壮观的一锅菜，里面有牛蛙、仔姜和新鲜的红辣椒。

蛋也是川菜中重要的食材。鸡蛋是最常见的，可以蒸成柔滑的蛋羹，可以水煮，也可以在高汤或茶汤中和香料一起煮，要么就是和不同的蔬菜（特别是番茄）一起炒。在农村的厨房中，通常会把野菜（比如马齿苋和香椿）切碎，加蛋液打散，然后倒入滚烫的热油，做个金黄蓬松的蛋饼。水煮蛋染成红色变成“红蛋”，就成了一种礼物，送给刚生了孩子的父母：生儿子送单数，生女儿送双数。鸭蛋偶尔是吃新鲜的，但更常见的是和上石灰，做成碱性的皮蛋，被西方人称为“千年老蛋”或“盐蛋”，还有个最棒的名字，叫“糟蛋”（见第427页）。鹌鹑蛋也很受欢迎，通常都是水煮之后剥壳，加入汤或烧菜炖锅里，不过也可以和鸭蛋一样做成皮蛋。

我之前提到过，很多传统川菜都是整鸡带骨斩成块来做的。西方卖的禽类一般都比较大，需要用比较重的菜刀来砍，对厨艺的要求也更高；再加上很多人都更喜欢无骨肉，所以我在好些菜谱中都建议用无骨鸡腿肉。

当然，如果要熬高汤，就需要整只鸡了。能找到的话老母鸡是最好的，至少也得是散养的走地鸡（关于熬汤的更多详细内容，请见第457～459页）。

盖碗茶

出
Exit
翠竹
Bamboog

Gong Bao Chicken with Peanuts

宫保鸡丁

这道菜的名字来源于19世纪的一位四川总督丁宝桢。据说他特别爱吃这道菜。丁宝桢出生于贵州省，1876年到四川任职。那之前曾在山东做巡抚，得到了荣誉官衔“宫保”。贵州、山东和四川都称这道菜是自己的本土菜，不过川版的“宫保鸡丁”名气最大。关于这道菜的起源细节，众说纷纭，不一而足。有人说丁宝桢把这道菜从贵州带到了四川；还有人说他微服出巡体验民间疾苦时，在一家不起眼的小馆子吃到了这道菜。不管真实的起源为何，仅凭和一位官员的联系，这道菜就足以激起“文革”时期激进分子们的怒火了，所以他们给它起了新名字：“烘爆鸡丁”或“煳辣鸡丁”。直到风波过去，才又恢复原名。

宫保鸡丁将肥嫩多汁的鸡丁、炸得金黄的花生和炒成深色的辣椒混合在一起，色香味俱全。荔枝味的酱料和辣椒炒出的香辣以及一丝花椒的麻味相得益彰，让你的唇齿感受到愉悦的酥麻。虽然传统的宫保鸡丁用的都是花生，但用腰果其实更为美味。

无骨鸡胸肉　300克

葱（只要葱白）　5根

干海椒　1大把（至少12个）

食用油　4大匙

花椒　1小匙

蒜（去皮切片）　3瓣

姜（去皮切片）　和蒜等量

烤花生或油酥花生或腰果　75克

码料

盐　½小匙

生抽　2小匙

料酒　1小匙

土豆芡粉　1½大匙

酱料

细砂糖　2大匙

土豆芡粉　¾小匙

老抽　¾小匙

生抽　1小匙

镇江醋　2大匙

鸡高汤或清水　1½大匙

香油　1小匙

将鸡肉尽量均匀地切成1.5厘米见方的鸡丁。放在碗里，加入码料和1½大匙的凉水，混合均匀。将葱白切成和鸡丁差不多大的小块。干海椒切成大约2厘米长的小节，辣椒籽尽量都抖出来。

酱料的配料全部混合在小碗中，如果用手指蘸一点来尝，应该能尝到那种清淡的酸甜味，就是这道菜的底味——荔枝味。

锅中放油，大火加热。迅速加入干海椒和花椒，短暂翻炒到散发香味，辣椒颜色变深但没有焦煳。鸡肉倒入锅中翻炒到颗颗分明之后，马上加入蒜、姜和葱白，翻炒出香味，鸡肉也是刚刚炒熟的程度（可以捞一颗出来切成两半，观察是否熟透）。

搅拌一下酱料，倒入锅中。等上1～2秒，然后搅拌越来越浓稠的酱料，包裹住每颗鸡丁。将花生（或腰果）放进去混合均匀，装盘上桌。

Zigong 'Small-fried' Chicken

自贡小煎鸡

曾经，盐商是中国经济的中流砥柱之一；川南的“盐都”自贡有着发达的盐矿，也因此富庶起来。如今的自贡仍然因为产盐而名扬全川（在国外则是因为恐龙博物馆而出名）。不过当地的老饕们比较热衷于宣扬的，则是自贡作为盐帮菜中心的地位。和整个川南的人们一样，自贡本地人会吃很多辣椒和姜，来中和过分潮湿的气候，所以盐帮菜也是鲜香麻辣，色彩缤纷。小煎鸡是当地特别受欢迎的一道菜。我很能吃辣，但第一次吃到这道用乌骨鸡肉做成、红绿尖椒多到可怕的菜时，还是被辣得完全说不出话来。好在，这道菜的辣度可以减轻，那种鲜活的风味却不会受影响。

在下面的菜谱中，我建议用新鲜小米辣、剁辣椒（要是能找到泡椒，那就尽管用）和青红圆椒混合。如果你觉得这样不正宗，那请自便，所有的青红圆椒都可以用新鲜红绿尖椒代替，反正风险自担。如果能找到的话，加个2大匙剁碎的仔姜也很棒。自贡阿细村村小煎鸡的厨师陈卫华向我示范了如何做这道菜。其中运用的“小煎”手法在自贡厨界很常用（关于此手法的详细介绍，请见第469页）。

无骨鸡腿肉（带皮） 300克

新鲜小米辣 2个（约25克）

长青椒 100克

芹菜秆 100克（1～2根）

红椒 ¼个（约40克）

食用油 4大匙

青花椒或红花椒 1小匙

剁辣椒 2大匙

姜末 1½大匙

蒜末 1大匙

镇江醋 1小匙

码料

盐 ¼小匙

料酒 2小匙

土豆芡粉 1½小匙

酱料

细砂糖 ½小匙

老抽 ½小匙

生抽 1小匙

把鸡腿肉带皮的一面向下放在墩子上。在肉上面割上平行的小口，间距在5毫米左右，然后再垂直割小口（这种交错的小口能够帮助鸡肉更好地入味）。鸡肉切成1～2厘米见方的小丁，放在碗里，加入码料和1大匙凉水，充分拌匀。放在一边备用。

另取一碗，将酱料的所有配料和1大匙凉水混合。小米辣去头，切碎（不去籽）。青红椒也如法炮制，但要去籽，切得稍微粗一些。芹菜撕去老筋，和红椒一起切成和鸡丁差不多大的方块。

炒锅放油，大火加热到冒烟。加入鸡肉翻炒到颗颗分明，加花椒翻炒出香味，然后加入鲜椒和剁辣椒以及姜蒜翻炒出香味。加入青红椒，翻炒1～2分钟。热气腾腾时搅拌一下酱料，倒入锅中，之后加入芹菜。待一切都热气腾腾、香味四溢，酱料大部分蒸发时，倒入醋搅拌，趁热盛盘上桌。

Taibai Chicken

太白鸡

这道菜十分美味，令人愉悦。金黄的鸡片与绿色的葱花、鲜红的泡椒一起沉浸在鲜香麻辣的橘红油色之中。名为“太白鸡”，是为了纪念公元8世纪唐朝著名诗人李白；按照中国的习俗，他成年时得了字“太白”（欧洲人所称的“金星维纳斯”，还有个别名就是“太白星”）。

李白出生于中国北方，但幼时就迁居四川。后来他到处漂泊，四海为家；追求仕途而不得，反遭权贵轻视，只好寄情诗酒。他在名篇《蜀道难》描述了一条险路，高峰环绕，峡谷冲波逆折，瀑流飞湍，有悲鸟号古木，常须躲避猛虎长蛇。篇章结尾，他发出警告：

锦城虽云乐，不如早还家。蜀道之难，难于上青天，侧身西望长咨嗟！

如今，在他提到的“锦城”，你还有可能找到这道以“太白”命名的菜。

干海椒　1小把

葱　5根

无骨鸡腿肉（最好带皮）　400克

食用油　3大匙

花椒　1小匙

泡椒　4个（切成6厘米的长条，或者3大匙剁辣椒加切成6厘米长条的红椒）

料酒　1大匙

鸡高汤或鲜汤（见第457页）　150毫升

老抽　1½小匙

白砂糖　1¼小匙

盐　¾小匙

白胡椒面　2撮

香油　1～2小匙

干海椒一切两半，尽量把辣椒籽都甩出来。葱白和葱花分开，都切成6厘米长的葱段。

鸡腿肉切成3厘米见方的鸡块。锅中放油，大火加热。加入鸡块翻炒到颜色变白，但还没有熟透的程度。起锅备用，锅中尽量多留点油。关到中火，加入干海椒和花椒翻炒到干海椒颜色变深，但不要焦煳。迅速加入泡椒（或剁辣椒）翻炒到散发出香味。加入葱白（或红椒）翻炒到能闻到葱香。

鸡块放回锅中，倒入料酒。高汤倒入锅里，用老抽、砂糖、盐和白胡椒面调味。大火烧开，然后关小火，炖煮5～10分钟，不时搅拌一下。液体蒸发的过程中，用长筷或夹子捞出干海椒和葱白去掉。

汤汁基本收干，只剩下辣油之后，加入葱花，稍微加热一下。炒锅离火，倒入香油，起锅盛盘。

Dry-fried Chicken

干煸鸡

我学生时代所见所闻的那个成都虽然已经“面目全非”，但是在某些相对安静的小街小巷，老成都的气氛却还流连不去。在其中一条小街上，人们还在树下摆个麻将局，在阳光下的椅子与小电驴上晾晒菜叶，准备做冬天的腌菜。沿街走到半路，会看到一家小小的餐馆，菜品的风味让我想起学生时代常常光顾觅食的地方。餐馆的店面临街开放，铺着白色瓷砖，只有几张桌子。在店铺后面小小的厨房里，主厨张国彬正忙着制作最最色香味俱全的佳肴，而店主李琦则负责迎来送往，招呼客人。我能为你介绍包括这道美味干煸鸡在内的几个菜谱，还要感谢李先生和张大厨。

这道菜中的鸡块外焦里嫩，风味十足；再加上清新的青椒搭配，更让人唇舌愉悦。细品这道菜，会感受到那种温柔的微辣，光是那加了辣椒而变得红亮的油色，让人看了就食指大动。和所有干煸菜式一样，这道菜不需要勾芡、码味或酱料，配菜也可以按你的喜好随意改动。我个人比较推荐土耳其商店里那种长长的薄皮长青椒，但你用普通的圆椒也可以。

无骨鸡腿肉（带皮） 400 克

葱（只要葱白） 5 根

干海椒 6～8 个

长青椒 200 克

食用油 2 大匙

花椒 1 小匙

豆瓣酱 1½ 大匙

蒜（去皮切片） 3 瓣

姜（去皮切片）与蒜等量

老抽 ½ 小匙

细砂糖 1 大撮

红油 1 大匙（加不加下面的辣椒均可）

鸡腿切成 2 厘米见方的鸡丁，葱白切成 1 厘米长的葱段。干海椒一切两半，或者切成 2 厘米长的段，尽量把辣椒籽都甩出来。长青椒去头，沿着边挤压一下，把大部分的青椒籽都去掉，然后斜切成“马耳朵”。

锅中放油，大火加热。放入鸡丁，翻炒 4 分钟左右，直到散发香味，颜色金黄。为了上色，可以任其留在锅底，只偶尔翻炒一下。加入干海椒和花椒翻炒到散发香味，干海椒颜色开始变深。

把炒锅斜过来，鸡丁往上堆到锅边，关到中火。在锅底的油中加入豆瓣酱，翻炒至香味四溢，油色红亮，再把锅正过来，开大火，把所有食材翻炒均匀。加入蒜、姜和葱白，迅速翻炒出香味。

倒入老抽和细砂糖炒匀，再加入长青椒，继续翻炒一两分钟，到长青椒热腾腾地发出“嘶嘶”声，根据口味加盐。

最后，倒入红油搅匀，盛盘上桌。

Braised Chicken with Chestnuts

板栗烧鸡

在四川，夏秋将尽，潮湿冬夜逐渐袭来的时节里，卖栗子的货郎就开始出现在街头巷尾。他们摆着流动的小摊，支起装满炒砂的巨大炒锅，炒着一堆堆的栗子，然后包在纸袋里，再妥帖地放进篮子里保温。午饭前的一小时，坐在街边的茶馆中歇脚，一包热乎乎的炒栗子能充分抚慰你的辘辘饥肠。

古代中国就有种植栗子的历史：“栗”这个字出现在商朝的甲骨文中，那是中国最早的文字记录。《诗经》中也提到了“栗”。清朝著名的美食家袁枚留下了自家做栗子炒鸡的菜谱。而我介绍的这道菜，依据的是现在在四川比较出名的那个版本。在栗子当季的时候，这道菜特别受欢迎。

这道菜可以提前做，要吃的时候再加热就好。在本书的初版中，我给的菜谱里用的是整鸡，而现在这个版本用的是无骨鸡腿肉，比较好操作。

无骨鸡腿（最好带皮） 4个（约350克）

姜（带皮） 20克

葱（葱白和葱绿分开） 2根

食用油 3大匙

料酒 1½大匙

鸡高汤或清水 300毫升

细砂糖或红糖 1大匙

老抽 1½小匙

去壳熟板栗（罐装或真空包装） 200克

盐

鸡肉切成适合入口的鸡块。用刀面或擀面杖将姜和葱白轻轻拍松，然后把葱白切成几段。葱绿整齐地切成4厘米的段。

炒锅放油，大火加热。烧热之后加入姜和葱白翻炒出香味。加入鸡块翻炒到微微变成棕色，不要翻炒得太厉害，在锅底静置一下好稍微上色。愿意的话，在这一步可以把多余的油沥掉。

料酒倒入锅中，搅拌均匀，然后倒入高汤或清水。烧开后加入糖、老抽和板栗，加适量的盐（¾小匙就差不多了）调味。关小火，盖上锅盖，炖煮大约15分钟，把鸡块煮熟，让栗子吸汁入味，搅拌一下。

快出锅时开大火收汁，可以根据口味再加点调料。最后加入葱绿，稍微盖下锅盖断生，然后盛盘上桌。

如果你想用1～1.5公斤的整鸡，那么配料用量也要调整：栗子500克，姜30克，葱2根，料酒4大匙，高汤700毫升，细砂糖或红糖4小匙，老抽4小匙，适量盐调味。鸡肉同样切成适合入口的鸡块。后面的做法同上。

Chicken in a Delicate Vinegar Souce

醋熘鸡

这道菜中的鸡肉是美妙的淡色，而且口感非常软嫩，浸泡在红油当中。鲜美多汁的鸡肉配上爽脆清新的芹菜，真是享受。调料中的醋增加了一丝温柔的酸味，泡椒又带来令人回味无穷的深幽微辣。川菜中使用的配菜通常是冬笋或嫩莴笋，我自己在家就用西芹代替了。鸡肉要先裹上芡粉和鸡蛋清混成的面糊油炸过，充分锁住其中的汁水，再被美味的调料包围。做这道菜的诀窍，是鸡肉不要炒老了，不过上桌前一定要先挑一块大的出来检查一下，还是要到全熟的程度。本菜谱所介绍的做法，是四川省商务学校的龚兴德大厨教授的。

对了，我的很多中国朋友都觉得"醋"与爱情中的背叛与嫉妒有关，比如一个人"吃醋"了，要么就是被戴了绿帽子，要么就是嫉妒情敌了。

无骨鸡胸（带皮不带皮均可） 2块（约300克）

盐 ¼小匙

料酒 1½小匙

土豆芡粉 2大匙

蛋清 2大匙（约1～2个鸡蛋）

西芹秆 150克（约3根）

食用油 400毫升（油炸用量）

泡椒末或三巴酱 2大匙

姜末 1大匙

蒜末 1大匙

葱花 3大匙

镇江醋 2小匙

酱料

细砂糖 1½小匙

盐 ¼小匙

土豆芡粉 1小匙

镇江醋 2小匙

料酒 1小匙

高汤或清水 3大匙

鸡胸肉尽量整齐地切成1.5厘米的条，然后再斜切成菱形，放进碗里，加入盐和料酒搅拌均匀。

另取一碗，将土豆芡粉和蛋清搅拌成顺滑有流动性的面糊。面糊倒进鸡肉中，搅拌均匀。

西芹秆撕去老筋，竖切成两半，再斜切成和鸡块差不多的菱形。酱料的配料在小碗中混合均匀。

锅中放油，大火加热到130° C左右（放一块鸡肉下去测试，稍微冒泡即可）。加入鸡肉和西芹，用长筷或夹子稍微拨动一下，让鸡块分开。轻微翻炒到鸡肉颗颗分明，颜色开始变白，然后立刻用漏勺捞出（此时鸡肉还是半生的，在这一步千万不要全熟，否则最后的成菜会有点柴）。

锅中的油倒出来一部分，只留大约 3 大匙的量，关中火。加入泡椒末或三巴酱，轻微翻炒到油色呈现浓郁的深红。加入姜末、蒜末炒香。

把鸡肉和西芹入锅，迅速翻炒。手脚麻利地搅拌一下酱料，放入锅中翻炒到浓稠。

最后，加入葱花和醋，稍微翻炒一下，然后盛盘上桌。（鸡肉是刚熟的程度，很嫩很软。把最大的那块拿出来看看，要确保全熟。）

Stir-fried Chicken with Preserved Vegetable

鸡米芽菜

这是一道特别下饭的快手菜，咸香十足，配上一碗白米饭已经足够。我学这道菜的成都餐馆名字很有趣也很应景——饭遭殃。显然店主也自豪于菜品的风味，认为你边吃菜就能干掉大碗大碗的米饭，米饭可不就遭殃了吗！

从我在那里吃的菜来判断，他的自信是有道理的。小块的鸡肉和咸香浓郁的芽菜、青椒以及一些香料混在一起翻炒，实在让人无法抗拒。除了这道菜，我还会再点些其他菜（也是会让米饭遭殃的菜），比如鱼香茄子、土豆四季豆烧肉、炝炒椒麻莴笋尖等。

如果你找不到宜宾芽菜，也可以用别的四川咸菜代替，比如榨菜或大头菜，都要细细地切碎。

“饭遭殃”会给这道菜加入切碎的新鲜红辣椒和青辣椒，所以成菜很辣：我建议把辣椒和味道比较温和的青红椒混合使用，但你可以根据自己的喜好随意调整比例。这道菜包在脆嫩的生菜里吃是很美味的（不过我在成都没见过这种吃法）。

鸡腿肉或鸡胸肉（无骨无皮） 250克
料酒 2小匙
土豆芡粉 2小匙
新鲜红辣椒 1个
长青椒 75克
生菜 1棵（可不加）
食用油 2大匙
宜宾芽菜（或其他腌菜，清洗后挤干水分） 75克
蒜末 2小匙
姜末 2小匙

鸡肉切片后切条，再切成小粒（理想的厚度在5毫米左右，这种很小的鸡块才能被称为“鸡米”），放进碗中，加入料酒和土豆芡粉，再加2小匙凉水，混合均匀。

红辣椒和长青椒切成和鸡米差不多大小的小粒。如果你想把菜包在一片片生菜里上桌，就把生菜一切两半，用剪刀把叶子剪成圆形。

炒锅放油，大火加热，加入鸡米翻炒到颜色变白，将熟而未熟的程度。放入芽菜、蒜末和姜末翻炒出香味。加入红辣椒和长青椒继续翻炒到热气腾腾，盛盘上桌。

Braised Chicken with Baby Taro

芋儿烧鸡

20世纪90年代末，我成都的朋友们开始流行起周末自驾出城吃"农家乐"。这些地方都是城市周边的农民开的，富有乡土气息，让城里人偶尔过过乡村生活，打打麻将，坐在简陋的农家棚子里嗑嗑瓜子，自己钓鱼来吃，品尝爽辣的兔肉等让人觉得亲切朴实的菜肴。成都南边的郊区华阳，因为一道油汪汪的超辣芋儿烧鸡而闻名。一天晚上，我和两三个大厨朋友慕名开车去吃。端上桌的是一大锅颜色鲜亮的油汤，里面浸着鸡块与芋儿。

我这个版本因为是家常菜，所以减了量，但仍然是非常美味又暖心的烧菜，是寒冷冬夜的不二之选。四川人做的芋儿烧鸡，通常鸡块都带着骨头，但我建议你用无骨鸡腿肉加鸡汤（如果你想用带骨鸡肉，烹饪时间也要延长，好把鸡肉烧得软嫩）；我用的油也相对四川本地版本少些。芋儿口感丝滑，抚慰人心，和鸡肉搭配起来真是美妙，但你也可以根据自己的喜好换用土豆或萝卜。

同样的方法可以用于猪排骨或猪肩肉，烧排骨的时间要久一点。

鸡腿肉（无骨带皮） 500克

老抽 ½小匙

料酒 1大匙

芋儿 500克

干海椒 6个

葱（只要葱白） 2根

小个草果 1个

食用油 6大匙

鸡高汤 约750毫升

豆瓣酱 3½大匙

八角 ½个

桂皮 1小块

蒜末 1大匙

姜末 1大匙

海椒面 1大匙

花椒 1小匙

香菜 1小把（用作装饰）

盐

把鸡肉切成3～4厘米见方的小块，放进碗里。加入老抽和料酒混合均匀。戴上手套把芋儿的皮削去（芋儿皮下的黏液有刺激性，会让你的手发痒），然后把每个芋儿切成2～3块（做好是切滚刀块）。干海椒一分两半，尽量把辣椒籽都甩出来。用刀面或擀面杖把葱白和草果轻轻拍松。

炒锅里大火加热2大匙的油，加入鸡块，均匀地铺在锅底，煎1～2分钟直到鸡块变白，边缘有点金黄，期间翻几次面。把鸡块从锅中捞出，放在一边，必要的话洗锅擦干。另取一锅，将高汤烧开。

锅中放入4大匙油，小火加热。加入豆瓣酱、草果、八角和桂皮翻炒到油色红亮，散发香味。这一步不要着急，耐心等几分钟，让风味慢慢发散出来。加入蒜末、姜末和葱白翻炒出香味。加入干海椒、海椒面和花椒翻炒出美妙的香味。（这个过程就像指挥交响乐演奏，先让一组配料充分表达自己之后，再让下一组行动，逐渐汇成各种风味集合的恢宏高潮。）

接下来加入鸡肉、芋儿和一点高汤，翻炒均匀后放入厚底锅。倒入高汤浸没食材，大火烧开，加一点点盐调味。盖上锅盖炖煮 30 分钟。愿意的话，在这一步你可以把草果、八角和桂皮捞出来扔掉。

快做好的时候，如果你不想有那么多汤汁，就开大火烧个 5 分钟左右。尝尝盐味，可以根据口味再加点盐。然后撒上香菜装饰。

Chongqing Chicken with Chillies

辣子鸡

初遇这道菜时，你可能会被它麻辣的样子吓到：一大堆血红的辣椒之中藏着一块块鸡肉。其实呢，辣子鸡并没有看起来那么辣。这么多辣椒除了加强视觉效果，也能为炒鸡的油增添微微的辣香，通常不是用来吃的。你只需要用筷子寻找油炸过的鸡块，辣椒留在盘子里就好啦。

反正，要是你觉得这道菜里的辣椒太多，那应该去辣子鸡的起源地看看最初的版本。那是重庆的歌乐山，风景优美。那里有一家著名的餐馆叫“林中乐”，店里的辣子鸡每一份都要用掉一整只鸡，装在太阳能“锅盖”一样大的盘子里，其中的辣椒数量会让你大跌眼镜。不久前我还去过，看到厨房外面堆了十个巨大的袋子，里面全是辣椒。老板说，单是每个周六他们就能用掉这么多辣椒。

老板是个好人，允许我进入他们专门做这道菜的小厨房。里面有四个厨师，正一刻不停地炒着辣子鸡。其中两个站在木墩子旁边，把一只又一只的鸡剁成适合入口鸡块；而另外两个是一男一女，执掌着锅里春秋，叫我看入了迷。他们把一桶桶干海椒倒入大锅的油里，然后将一把一把的花椒撒进去。辣椒“嘶嘶”作响，气温酷热难当，他们忘我地翻炒一会儿，再把鸡肉

童子鸡　1只（约450克，或450克无骨带皮的鸡腿肉）

辣度适中的干海椒　50克

芝麻　½小匙（可不加）

蒜瓣　2个

姜　10克

葱（只要葱白）　2根

食用油　500毫升

豆瓣酱　½大匙

花椒　2小匙

料酒　少许

盐　¼小匙

细砂糖　½小匙

香油　1小匙

葱花　2大匙（可不加）

码料

姜（带皮）　20克

葱（只要葱白）　1根

料酒　2小匙

盐　½小匙

如果用的是童子鸡，把鸡腿和鸡翅都砍下来。翅尖和腿尖都砍掉不要。每个鸡腿都一直切到骨头，切开，把鸡腿骨拆出来。每个鸡翅都切成两半。鸡腿和鸡翅切成1～2厘米见方的鸡块。鸡身剖成两半，分开鸡胸和背脊。把背脊平放，沿着脊骨竖着斩，留下肉，丢掉脊骨。把背上的肉切成2厘米见方的鸡块。碎鸡皮全部保留，会非常好吃。

如果用的是无骨鸡腿肉，就直接切成2厘米见方的鸡块，放进碗里。

接下来码味。用刀面或擀面杖将姜和葱白轻轻拍松，然后加入鸡肉碗中，还要加上料酒和盐。混合均匀后，鸡肉静置码味10～15分钟。

加进去，再倒入酱油，之后再来点味精。接着他们把整锅食材倒在大托盘上，撒点芝麻。

我这个菜谱比较适合家中操作。我建议选一只小小的童子鸡（大小比较合适，切起来比较容易，量也比较适合家常菜），或者是无骨鸡腿肉（一定要带皮，因为做出来特别好吃）。如果你选的是童子鸡，那就需要比较重的刀来切小块。你买的辣椒辣度一定要适中。比较好的中国超市里都能买到那种比较大袋的：这些辣椒可能都提前切成了段，也能节省你的下厨时间。做这道菜的关键就是不要把辣椒炒煳了，是要有点发焦，但还是鲜红的程度。

同时将干海椒切成1～2厘米长的段，尽量把所有辣椒籽都甩掉。如果要用芝麻的话，就用小煎锅和很小的火炒一炒，炒到散发香味，带点金黄色。蒜和姜去皮切片。用刀面或擀面杖轻轻拍松葱白。

把码料中的姜和葱白去掉。炒锅放400毫升油，大火加热到190°C。加入鸡肉，翻炒搅动，颗颗分明，油炸4分钟，到微微金黄。用漏勺把鸡肉捞出。油再加热到190°C，鸡肉放回锅中，再加热3～4分钟，炸成漂亮的金黄色，外皮酥脆。用漏勺将鸡肉捞出，放在一边备用。

轻轻把油倒出，如果必要的话刷一下锅。将3½大匙的油倒回锅中，中火加热。加入豆瓣酱翻炒到油色红亮，再加入蒜、姜和葱白，迅速炒香。加入辣椒和花椒，炒香到微焦，千万别炒煳了。（如果感觉辣椒要炒煳了，就把锅离火一会儿。）

将炸过的鸡肉放回锅中，短暂翻炒，裹上炒香的油。加入料酒、盐和糖。最后关火，加入香油。盛盘后撒上芝麻和葱花（如果要用的话）。

Stir-fried Chicken Hotchpotch

炒鸡杂

我的川菜厨师朋友们看见我把这个菜谱也收进本书，也许会很惊讶。这道菜不是什么精致的菜，餐馆的菜单上也很少见。然而，炒鸡杂真的非常好吃，也能充分体现川菜烹饪中“不拘一格用食材”的特点。我的朋友冯锐曾经邀请我花一天时间和他，一起烹饪加吃饭，一起的还有他的两个朋友，分别在成都最好的两个酒店做过大厨。上午，我们一起去当地菜市场买食材。你应该想象得到，市场上的鸡不是那种宰好的生鸡肉，而是还在笼子里“咯咯”叫着扑腾着的。冯锐挑了一只拇指没怎么发育的，这样的鸡年纪小、肉嫩。小贩帮我们认真地杀了鸡，拔了毛，剖了内脏，我们带着处理好的鸡肉和鸡杂回了家。这只鸡浑身上下几乎没有一处被浪费的。鸡肉加了红油凉拌；鸡骨熬高汤，做了冬瓜汤的汤底；所有的内脏（除了苦胆）都被做成了下面这道菜，其中有鸡肠、鸡心和鸡血。浓烈的风味和不同的口感融合在一起，加点爽脆的芹菜和细致的调味来凸显，让口腹兴奋不已。

下面的菜谱就是重现这道菜。你可以用鸡肝和（或）鸡心来做。我的做法和原来的做法相比有所改动，这要感谢餐馆老板李琦和他主厨张国彬的提点，他们的炒鸡杂做得相当美妙。

鸡肝和（或）鸡心　200 克

芹菜秆　250 克（约 4 根）

泡椒　2 个（或 2 小匙三巴酱加 ¼ 个红椒）

葱（只要葱白）　6 根

食用油　3 大匙

豆瓣酱　½ 大匙

泡姜或鲜姜　几片

红油　1 大匙

码料

盐　¼ 小匙

料酒　2 小匙

土豆芡粉　1½ 小匙

酱料

生抽　2 小匙

细砂糖　½ 小匙

镇江醋　½ 小匙

土豆芡粉　¼ 小匙

高汤或清水　1 大匙

鸡杂切成薄片，放进碗里，加入码料，充分混合，放置一旁备用。

芹菜秆撕去老筋，然后切成大约 5 厘米长的窄条。如果你用的是泡椒，就把尾部切掉，尽量把辣椒籽都甩出来，然后斜切成“马耳朵”。（如果你是用红椒，就切成和芹菜一样的窄条。）葱白切成 1 厘米的片。在小碗里混合酱料。

炒锅放油，大火加热，加入鸡杂，翻炒到颜色变白。炒锅斜过来，把鸡杂往上推到一边，在锅底的油中放入豆瓣酱（或者三巴酱），翻炒到散发香味，油色红亮，油在豆瓣酱周围轻微地“嘶嘶”冒泡，必要的话可以把火关小。炒锅正过来，加入泡椒（或红椒）、葱白和姜，所有码料混合到一起。大火翻炒到葱白和姜出香气，然后加入芹菜，翻炒到热气腾腾。

酱料搅一下入锅，翻炒到浓稠。最后，加入红油，盛盘上桌。

Fish-fragrant Fried Chicken

鱼香八块鸡

泡椒、姜、蒜和葱白混合，加上浓郁的酸甜味，这就是鱼香味，可谓川菜中最杰出的发明之一。鱼香肉丝（见第 141 页）和鱼香茄子（见第 262 页）可能是这种味型中最著名的代表，但这道鱼香味的鸡可以说是"深藏不露"。油炸的鸡块，配上世界上最美味的酱料，试问又有谁能抗拒这美味？四川的厨师们通常会把当地新鲜的泡椒剁碎成酱来调味，但那种发酵时间比较短，颜色比较鲜红的豆瓣酱一样可以做出色香味俱全的成品。同样的酱料配炸大虾或其他海鲜，也是非常惊艳的。

鸡腿肉（无骨去皮） 300 克

盐 ¼ 小匙

料酒 2 小匙

土豆芡粉 60 克

大个鸡蛋 1 个

食用油 至少 500 毫升（油炸用量）

豆瓣酱或泡椒末 1½ 大匙

蒜末 1 大匙

姜末 1 大匙

葱花 4 大匙

酱料

细砂糖 2 小匙

土豆芡粉 ½ 小匙

生抽 1 小匙

镇江醋 1 大匙

高汤或清水 3 大匙

鸡腿肉平放在墩子上。在肉上面割上平行的小口，间距在 5 毫米左右，然后再垂直割小口（这种交错的小口能够帮助鸡肉更好地入味，并且加快烹饪的速度）。鸡肉切成 2 厘米见方且适合入口的小丁，放在碗里，加入盐和料酒，充分拌匀。

另取一碗，将土豆芡粉和蛋清搅拌均匀，成为浓稠的面糊（可能用不完）。把面糊倒入鸡肉碗中，混合均匀，每一块鸡肉都要挂上面糊。

酱料在小碗中混合。

锅中放油，加热到 180° C（放一块鸡下去试验，密集地冒泡即可）。用长筷或夹子，小心地把一半鸡块放进热油中，一块块地放，免得粘连；如果有粘连的，用漏勺分开即可。鸡块炸 1 ～ 2 分钟，微变金黄色，然后出锅放在厨房纸上吸油。剩下的鸡块如法炮制。

油再加热到180° C，所有的鸡块放回热油中，再炸个1～2分钟，直到全部变成漂亮的金黄色。起锅，放在厨房纸上吸油。（鸡肉一定要熟透，可以切开最大的一块看看是否熟透。）

小心地把油倒出来，必要的话清洗油锅。将3大匙油放回锅中，开中火。加入豆瓣酱（或泡椒末）翻炒到油色红亮，散发香味。将蒜末和姜末入锅炒香。

搅拌一下酱料，倒入炒锅中，开大火。立刻放入鸡块，迅速翻炒到酱料浓稠并包裹住鸡块，最后放葱花翻炒一下，盛盘上桌。

Chicken 'Tofu'

鸡豆花

有些让厨师煞费苦心的菜，初看上去却看不出本来面目，这种烹饪上的小"玩笑"一直是中国饮食文化的一部分，也算是衡量烹饪精细程度的一个标准。在佛寺周围的素食餐厅，那些卖相、口感和味道都像肉或鱼的素菜是一个很显著的特色。而下面要介绍的这道特色川菜，乍看是一道平淡无奇的素食，其实是用很贵的鸡胸肉和奢侈的高汤做成的。鸡肉和上蛋清，捶打搅拌成鸡茸，然后造型成"豆花"这种很受欢迎的便宜小吃。有句话说得好，这道菜是"豆花不用豆，吃鸡不见鸡"。除了形式上很取巧，这道清淡的汤菜，口感如云似雾，加上慢熬的高汤、雅致的绿叶菜，以及深粉色的火腿或枸杞，真是人间至味。成菜的品质，取决于高汤的品质和对火候的精妙把控。成都人吃鸡豆花的历史至少已经延续了一个世纪，傅崇矩于1909年编著的《成都通览》中就提到了这道菜。

切记，只要是生鸡肉直接接触的台面和工具，都必须要经过彻底的清洁。

姜（带皮） 20克

葱（只要葱白） 2根

鸡胸肉（无骨无皮） 1块（约160克）

嫩菜心或嫩豆苗 1把

蛋清 125毫升（约3个鸡蛋）

料酒 ½大匙

土豆芡粉 1½大匙（和1大匙凉水混合）

鸡高汤或高汤（见第457～458页） 1升

枸杞 适量（或2大匙熟火腿碎，用作装饰）

盐和白胡椒面

用刀面或擀面杖轻轻拍松姜和葱白，放在碗里，加入300毫升凉水，静置浸泡几分钟。把鸡胸肉放在墩子上，把鸡油、软骨、筋腱全部去掉，然后把肉切成小块。烧开一小锅水，加入嫩菜心或嫩豆苗，短暂焯熟断生，然后冲凉水，放在一碗凉水中浸泡。

鸡肉放进搅拌机，把浸泡姜和葱白的水加入大概一半，搅打到顺滑。剩下的水慢慢加入，然后再加蛋清，再次搅打到均匀。加入料酒、¾小匙的盐、1撮白胡椒面和土豆芡粉。最后得到的应该是白色的鸡肉"奶昔"。追求完美的读者可以把"奶昔"用筛子过滤一下。

高汤倒入厚底锅，大火烧开。用盐和白胡椒面调味。将高汤充分搅拌，旋转起来，然后迅速倒入鸡茸，使其分成絮状的云，浮到表面上。高汤再次烧开后，马上开到最小火，盖上锅盖，煮10～20分钟，直到彻底形成一块白色固体的鸡豆花（最终用时要看你锅的大小和鸡豆花的厚度）。一定要确保熟透。如果不确定的话，从中间舀点出来确认。

把鸡豆花舀到4～6个碗中，每一碗中加入足够覆盖鸡豆花的高汤，再放入一根嫩菜心，用枸杞或火腿碎装饰。

‘One Tender Bite’, from Qiaotou, Zigong

桥头一嫩

一天，自贡阿细村村小煎鸡的主厨陈卫华开车带我去了乡下。车子经过水面宽阔的鱼塘，塘上的木船中有人在垂钓；又经过闪着微光的稻田和绿荫袅袅的竹林，来到了名叫“桥头”的小镇。这里有家小小的家庭餐馆，因为特色菜“三嫩”而著名。这家餐馆没有菜单，每个来客都是点几个小菜，配上“三嫩”：三道不同的菜，分别是爆炒猪肝、猪腰和猪肚。这些猪下水吃起来和名字一样嫩，主要得益于手脚麻利、火候精确的烹饪。

主厨谢信元是个有30年烹饪经验的资深老手，他只用几样主要调料，凭着让人眼花缭乱的手速，就能做出味道绝妙的著名“谢式小炒”。他把所有的调料都堆在一个大碗里，切好的“嫩”则放在另外的碗里；往炒锅里倒入量大到让人不敢相信的油，架在火山爆发一样的大火上，把“嫩”加进去，像发疯一样翻炒着，再加入所有的调料，然后在转瞬之间将锅离火，继续翻炒着配料和滚油，炒到刚刚好。

我这个菜谱完全是按他的做法来的，但也根据家用炉灶的特点进行了轻微的调整。用的“嫩”变成了鸡肉。如果你比较爱吃下水，那尽管换好了。谢先生做菜时用的是猪油和菜籽油，尤其增味添香。

鸡腿肉或鸡胸肉（无骨，最好带皮） 300克

土豆芡粉 2小匙

花椒 1小匙

葱（只要葱白） 6～8根

姜末 1小匙

豆瓣酱 2小匙

剁辣椒或剁泡椒 1大匙

海椒面 1½ 大匙

盐 ¼ 小匙

食用油（最好能一半猪油一半菜籽油混合） 6大匙

把鸡肉带皮的一面向下放在墩子上。在肉上面割上平行的小口，间距在5毫米左右，然后再垂直割小口（这种交错的小口能够帮助鸡肉更好地入味）。鸡肉切成1～2厘米见方的小丁，放在碗里，加入土豆芡粉和花椒，再加1½ 大匙的凉水，充分混合。

葱白切成2厘米的段，放在碗里，加入姜末、豆瓣酱、剁辣椒、海椒面、盐和1大匙油。

锅中加入剩下的油，大火加热。等到油加热到“嘶嘶”冒泡时，加入鸡肉翻炒到颗颗分明，然后立刻加入调料。继续翻炒到油色呈现亮丽的橘红色且鸡肉刚熟的程度（选较大的一块鸡丁，切开确保炒熟）。立即上桌。

请注意，成菜是很油的，不要用勺子舀出来“泡饭”。正确的吃法是用筷子夹肉吃，油就留在盘子里。还可以在上桌前稍微沥掉一些油。不过，要做这道菜，就是要用这么多油，才能保证鸡肉的酥嫩。

Fragrant and Crispy Duck

香酥全鸭

在伦敦的中餐厅，餐桌上必不可少的一道菜就是四川的香酥鸭。鸭肉软嫩多汁，鸭皮金黄酥脆。香酥鸭在英国大部分餐厅的吃法都和北京烤鸭一样，配着饼皮、海鲜酱和葱丝、黄瓜这一类口感比较脆的蔬菜。但在四川，鸭子就是单纯的鸭子，最多再配上一个椒盐干碟，要么旁边来点喧腾蓬松的馒头和一些京葱（像韭菜，也像葱，味道比较清淡），再配点甜面酱。

这个菜谱步骤有点多，但并不是特别难。鸭肉可以提前码味和蒸制，想吃的时候简单地油炸就行了。（如果你想按照英国餐馆的做法来呈现这道香酥鸭，大多数中国食品店都可以买到冷冻的北京烤鸭饼皮。）菜谱中建议自己来炒香料，但愿意的话，你也完全可以用 1 小匙的五香粉来代替。

整鸭　1 只（2～2.5 公斤）

食用油　油炸用量（至少能将鸭子浸没一半）

香油　1 大匙

码料

花椒　1 小匙

桂皮　1 块

八角　1 个

丁香（去头）　2 个

茴香籽　½ 小匙

草果　½ 个

砂姜　1～2 片

盐　3 小匙

料酒　3 大匙

姜（带皮）　30 克

葱　2 根

以下配菜可选

荷叶饼（蒸熟，见第 388 页）

甜面酱

京葱或葱白（切丝）

黄瓜条

椒盐干碟（见第 450 页）

先给鸭子码味。香料和着盐下锅，小锅炒到散发香味，然后稍微舂一下。拿竹签把鸭子浑身上下都刺满小孔，然后在全身里里外外都涂满混合香料与料酒，塞入一个能放进你蒸锅的大碗中。用刀面或擀面杖轻轻拍松姜和葱，然后粗切成几段。往鸭肚子里塞一点姜和葱，然后把剩下的塞进碗里。在阴凉的地方码味几个小时，或者在冰箱里放过夜。把鸭子分泌出的汁水沥干。大碗放进蒸锅，用锡箔纸盖好，大火蒸大约 2 小时到鸭子彻底变得软嫩。将鸭子从碗中拿出，把肚子里蒸出的汁水放进碗里，然后放在一边稍微晾凉并晾干。把姜和葱都扔掉。（鸭肚子里的汁水可以给面汤或别的汤菜做底，特别鲜美，不过可能比较咸，需要稀释。）到这一步，鸭子可以静置，需要时取用。

为了避免在油炸时溅油，用厨房纸把鸭子表面的汁水吸干。

食用油加热到 200° C。如果用炒锅，一定要确保完全放稳。

用大的粗目筛子盛着鸭子，放进热油中炸几分钟，中间翻个

面，直到鸭皮开始变成金黄色。小心地将鸭子从锅中捞出，再把油加热到200° C，将鸭子放回锅中，油炸到整只鸭子表皮酥脆，呈现金棕色，而且香味四溢。从锅中捞出，充分沥油，然后把香油涂遍鸭子全身。

愿意的话，你可以把鸭子切成小块堆起来，鸭胸肉堆在最上面，最好能摆出和鸭子本身相似的形状。也可以把整只鸭子直接放在一个大盘子上，请客人们用筷子夹着吃。不管用什么方法，鸭子都要趁着热气腾腾时上桌。

美味变奏

香酥鸭腿

炸整鸭可能不太好操作，需要用太多的油。所以要记住，用这种方法单做鸭腿也很不错。如果你用两个鸭腿（总共400克左右），那么码料大概需要1½小匙的盐、1小匙的花椒、1个八角、1小块桂皮或肉桂、20克姜、2根葱白和1大匙料酒。把圆底炒锅固定在锅架上，油炸只需要400～500毫升的油。

Duck Braised with Konnyaku 'Tofu'

魔芋烧鸭

魔芋在中文里带了个“魔”字，在英语里也有“魔鬼之舌”（devil's tongue）的别称。这种植物本身开的紫色大花十分怪异，每一朵花中央都有一根巨大的肉穗花序，仿佛男性生殖器，其难闻的味道也是“臭名远扬”。不过，这种奇怪的植物有和红薯相似的球茎，加工之后可以食用。通常的办法都是晾干后磨粉，然后做成胶状冻，所以有时候又叫“魔芋豆腐”。魔芋豆腐在日本很出名，也是四川的特产，和其他用米和豆子做成的胶状物一样广泛使用于素食中，用来模仿肉和海鲜的口感。在四川佛教圣地峨眉山，僧人们有做“雪魔芋”的传统，就是把魔芋冷冻，产生很多孔洞，像蜂巢一样，赋予它不同的口感。

下面这道菜结合了长条的魔芋豆腐和浓郁喷香的烧鸭。这是一道很经典的川菜，在我20世纪90年代于成都上学时特别受欢迎，但在如今的餐馆菜单上近乎销声匿迹了。据说这道菜对治疗很多疾病有奇效。日本食品店的冷藏区可以找到半透明且弹嫩的褐色魔芋。请注意，打开包装的时候可能会闻到非常冲鼻子的怪味：所以才需要在正式烹饪之前焯水并浸泡。川菜厨师会用整鸭，但我建议各位对自己好一点，只用鸭胸和一对鸭腿。

鸭腿　2个（约650克）

姜（带皮）　15克

葱（只要葱白）

鸭胸肉（带皮）　2块（约325克）

魔芋　300克

食用油　3大匙

豆瓣酱　3½大匙

花椒　½小匙

泡姜或鲜姜（切片）　15克

料酒　1大匙

老抽　1小匙

葱（只要葱白）或蒜苗　2根

土豆芡粉　2小匙（和2大匙凉水混合）

盐和白胡椒面

鸭腿去骨（骨头上留了一点肉也没关系，照样能给汤增添风味）。用刀面或擀面杖将姜和葱白轻轻拍松。与鸭骨头一起放进厚底锅里，装大约1.5升的水。烧开后撇去浮沫，然后关小火炖煮1～2个小时，煮出一锅风味鲜美的高汤。过滤高汤，把固体配料扔掉。

去骨鸭腿和鸭胸肉皮朝下放在墩子上，切成手指粗细的条。

打开魔芋包装，切成和鸭肉条差不多粗细的条。用热水壶烧一些开水，同时烧一锅淡盐水，把魔芋条放进去焯水1分钟，然后用漏勺捞出，放进碗里，用壶中倒出的开水淹没住。放在一边浸泡，需要时取用。

锅中放油，大火加热，放进鸭肉煎4分钟左右，到表皮微微金黄，散发香味。起锅，放置一旁备用。

小心地把油倒出来，把锅洗好擦干，再加3大匙油，中火加热（剩下的油用来做英式烤土豆会很不错）。加入豆瓣酱和花椒，轻轻翻炒到油色红亮，散发浓郁的香味。调料千万别炒煳了。

倒入大概600毫升鸭高汤（必要的话可以再加点水），大火烧开。用漏勺捞出豆瓣酱中的固体配料和花椒（这些配料的味道应该都融入汤汁里去了）。加入鸭肉、姜、料酒和老抽。再次大火烧开，撇去表面浮沫，然后关小火，炖煮大约30分钟，直到鸭肉软嫩，需要的话再加一点高汤或清水。

鸭肉烧好之后，加入沥干水的魔芋条，再次烧开，然后关小火，炖煮大约5分钟，让魔芋吸收汤汁的风味（如果汤汁烧得太开，魔芋可能会煮得太硬，所以应该文火慢煮）。

与此同时，将葱白或蒜苗切成5厘米的段。魔芋烧好以后，根据口味加盐和白胡椒面，再加入葱花或蒜苗，稍微煮一下。

最后，水芡粉搅一下，分次加入，每次都要搅拌一下，让汤浓稠到肉汁的程度即可。盛盘上桌。

Steamed Egg Custard with Minced Pork Topping

臊子蒸蛋

这道菜做法简单，早餐吃是再好不过的了，配上一碗面真是好极了；不过作为正餐的一道菜也很棒。如果是比较隆重的场合，你还可以做个“升级版”：成都大厨喻波有时候会在蒸蛋中加入松茸，还把顶上的猪肉末变成兔肉末。

如果是早餐，可以分成两三个碗来蒸；如果想正餐时和别的菜一起上，就用一个比较浅的大碗来装，可以下饭。蒸蛋的时候一定要注意控制火候。如果火太大，蛋羹就会出现许多孔洞，口感粗糙不丝滑。放在表面上的肉末可以提前做好。

大个鸡蛋　3 个

热高汤或清水　约 225 毫升

料酒　1 大匙

香油　1 小匙

盐

表面配料

食用油　2 大匙

猪肉末　75 克

料酒　½ 大匙

甜面酱　1 小匙

先做撒在表面上的肉末。锅中放油，大火加热，放入猪肉末翻炒到颜色变白，再加入料酒和甜面酱，翻炒几下出香味。根据口味加盐，然后放在一边备用。

鸡蛋打进量杯搅成均匀的蛋液，记住总共的量，然后加入 1.5 倍的高汤或清水，混合均匀（高汤或清水要温热的，最好是在 70 ～ 80° C，有液体温度计的话可以量一量）。加入料酒和 ½ 小匙的盐搅拌均匀。用勺子撇去表面的泡泡，然后倒入 2 ～ 3 个饭碗中，上面加盖锡箔纸或小盘子。

碗放进竹蒸笼，放在烧开的水上。盖上锅盖，大火蒸 5 分钟，然后锅盖开一条缝，小火再蒸 10 分钟左右，直到蛋液凝固成细腻的蛋羹。

在蒸蛋的时候，拿小锅加热肉末，必要的话加一点点水。

蛋蒸好了，把肉末舀上去，滴一点香油，上桌。

这是一个江河环绕的地方，所以淡水鱼一直是当地餐饮中非常重要的食材。

Fish & Seafood

FISH & SEAFOOD

水产海鲜

四川远离中国的海岸线是个内陆省，所以在传统川菜中很少用到咸水鱼类。唯一的例外是海鲜干货，比如干贝、干虾，隆重的场合还会出现的鱿鱼和海参。不过四川也是一个江河环绕的地方，所以淡水鱼一直是当地餐饮中非常重要的食材。长江从青藏高原发端，一路奔流而下环绕过重庆，然后蜿蜒流向东海岸的湿地，再从上海汇入大海。成都有锦江，因为曾有人在其中浣洗四川著名的蜀锦而得名。庄严雄伟的乐山大佛脚下，岷江奔腾而过。

数个世纪以来，四川地区无比美味的鱼类料理早已名扬天下。西晋文学家左思作《蜀都赋》，回忆起在成都“觞以清醥，鲜以紫鳞”（杯子里斟满清冽的美酒，盘子里装着美味的鱼脍）；几百年后，唐朝诗人杜甫又说当地“鲂鱼肥美知第一”。

四川有很多著名的鱼类，最著名的当属岩鲤、雅鱼、江团、石爬子和长江鲟，如今其中的大多数已经很少能见到野生的了。川菜厨师也会用较为常见的鱼入菜，比如鲤鱼、草鱼、鳜鱼、鲶鱼和鲫鱼，还有黄鳝和泥鳅。鲫鱼虽然个头小，相对来说肉比较少，但味道特别鲜美，经常用来熬奶白的鱼汤和高汤。曾经来源于水稻田之间洼地的鳝鱼和泥鳅则在农家餐桌上比较常见，不怎么用在宴席中。我看过一个资料，说四川一共有120多种淡水鱼。

风味最鲜美的当属野生河鱼：湖水鱼和水田鱼颜色比较深，静水不流动，泥沙淤积深，让它们的味道有些失色。一些成都人还记得在不远的过去，人们会下锦江洗澡，那时候江水很清，鱼和各种水生动物活蹦乱跳。我在成都求学时，曾经亲眼看到过一个渔夫划船而过，船上站满了黑色的鸬鹚。大鸟们脖子上都系着绳子，抓到了鱼但吞咽不了，只好吐出来给渔夫，换来对方手中比较小的鱼。但即使在那时，这一幕也已经非常少见了：因为污染，锦江中的大部分野生动植物都不见了踪影，要寻找野生河鲜，必须继续往西，来到青藏高原脚下。就算是在那里数量也很少了，有些鱼类现在已经被官方列入保护动物的行列。在四川的市场上买鱼，买的是活蹦乱跳的活鱼，而且通常都是趁新鲜赶紧做了吃。很多餐厅都会在烹制一条鱼之前，先把仍在扭动的活鱼放在网中，拿到桌上给客人看一下，保证新鲜现杀。

川菜中烹鱼，常常用到泡椒、姜、葱和蒜：据说这就是著名鱼香味型的来源。但川菜中有些鱼料理口味也很清淡雅致，全球都有的中国美食“糖醋脆皮鱼”也有个四川版本。四川人时不时地就兴起一阵“吃鱼热”。新千年伊始时，成都人很喜欢结伴自驾出城，吃那种一整条的大头肥花鲢，都是活鱼现杀。过一会儿再出现时，活鱼已经变成了肥嫩多汁的鱼块，放在大大的搪瓷盆子里，浸润在一片辣椒与花椒的海洋中，热气腾腾。

和全中国人民一样，四川人也讲究在除夕的年夜饭上有道整条鱼的菜，为的就是讨个“年年有鱼（余）”的好彩头。有一年春节之后，我去了一户农家，主人过年时吃了鱼，把鱼尾钉在墙上，祈求好运。他们告诉我，过去的富人们喜欢在墙上挂满鱼尾巴，显摆自己能经常吃鱼。

随着中国越来越繁荣，川菜也开始驰名世界，川菜厨师也逐渐能熟练地将高超的调味艺术运用于咸水鱼和其他海鲜，创造出很受欢迎的当地料理，比如香辣蟹和宫保虾球等。

川菜烹饪中最常用的鲤鱼和鲶鱼在国外很难找，所以我经常用川菜的菜谱来烹制海鲷或海鲈鱼。请注意，这一章很多菜肴的关键是调味和烹制方法，用于不同鱼类效果都很好，比如乌鱼等。总的来说，你只要选择口感柔滑的白鱼即可，不要选三文鱼和金枪鱼那种油脂较多、口感结实的。不过，豆瓣鲜鱼在我这儿是个例外，用鳟鱼来做味道特别好。

一旦走出故乡，很多川菜是比较难复制的，比如长江边的小城泸州，每天晚上街边都会有豆花烤鱼，鲜美无比。一到夜晚，那里的河边就热闹起来，白塔（象征古时的孝道）周围的街巷中处处是吃食小摊，很多是专做这道鱼料理的。鲤鱼竖剖两半，撒上香料，用炭烧烤。接着和新鲜豆花一起放在白菜头上，放进一个类似于西班牙炒饭锅的容器中。最后再洒点菜籽油、红油和酱油等调料，烧开，摆在迷你炉灶上保温，再盖上香菜之类的新鲜配料。

和中国其他地区的厨师一样，川菜厨师处理起水产海鲜会特别细致，用盐、料酒、姜和葱进行码味，去除腥味，让食材自然的鲜香更加光彩照人。

Fish Braised in Chilli Bean Sauce

豆瓣鲜鱼

这个菜谱中用到了四川著名的豆瓣酱，这是小城郫县（今成都郫都区）的特产，用的主料是当地产的二荆条辣椒和蚕豆，也是四川家常菜中经常用到的调味料。这道鱼包裹着浓郁鲜红的酱料，其间点缀着绿色的葱花和少许姜蒜。豆瓣酱的味道很浓，完全处于主导地位，但最后加的那一点点醋起到了画龙点睛的作用。川菜厨师通常会用鲤鱼做这道菜，但还有很多鱼类也适用。这是我做的第一道鱼做主料的川菜，当时参照的菜谱来自苏恩洁的《中国名菜谱》（*Yan-kit So's Classic Chinese Cookbook*）。

四川人经常会在吃完鱼之后把剩下的酱料回个锅，加点豆腐热一热，然后继续吃。你也可以如法炮制，把豆腐切成厚片或方块，放在淡盐开水中，用最小火加热几分钟，然后加到重新加热过的酱料中。小火煮几分钟，让豆腐吸收风味，然后上桌。

鲤鱼、海鲈鱼或鳟鱼等（去鱼鳞，剖好） 1整条（约700克）
料酒 1大匙
土豆芡粉 2～3大匙
食用油 约100毫升
豆瓣酱 4大匙
蒜末 1½大匙
姜末 1大匙
高汤 300毫升
细砂糖 ½小匙
生抽 1小匙（根据口味增减，也可不加）
葱花 4大匙
镇江醋 ½小匙
香油 1小匙
盐

在鱼的两面肉最厚的地方各斜切3～4刀，方便入味。给鱼里里外外抹上少许盐，然后在鱼肚子里揉料酒，腌制10～15分钟。把腌制出的水过滤掉，把鱼擦干。将1～2大匙的土豆芡粉揉进刀口里，然后抹去留在表面的芡粉（这样一来煎鱼的时候就不会粘锅）。在小碗里面混合1大匙土豆芡粉和2大匙凉水。

锅中放油，大火加热。油烧热以后，把鱼沿着锅边滑进去，两面煎到鱼皮稍微变得金黄（尚未完全煎熟）。一开始不要频繁地翻动，不然鱼皮可能会破。小心地把鱼翻面，稍微转一下锅，让热油接触到整条鱼。等到鱼皮全部变成金黄色，小心地把锅中的油倒出，把鱼放到盘子里。

洗锅，必要的话刷干净，然后擦干。锅中放4大匙油，大火加热。油烧热之后，关中火，加入豆瓣酱，翻炒到油色红亮，散发香气。加入蒜末和姜末炒香。倒入高汤，加糖，烧开。

再次将鱼沿着锅边滑入锅中，煮5分钟左右，中间翻个面，愿意的话加生抽调味。边煮边不停地舀酱汁浇在鱼身上，同时转锅，让整条鱼均匀受热。

用锅勺和锅铲小心地把鱼捞出来，摆在盘子上，尽量摆得整齐端正。

开大火，把水芡粉搅拌一下，适量加入锅内，搅拌后的酱汁应该是那种刚刚好的浓郁且黏稠。（水芡粉分次加入，免得过分黏稠了。）

加入葱花和醋，搅拌 2 ～ 3 次，然后关火。加入香油搅拌，然后将酱汁浇在鱼身上，上桌。

Fish Stew with Pickled Mustard Greens

酸菜鱼

这道菜十分美味，据说是20世纪80年代发明的。90年代，酸菜鱼先在重庆市内风靡一时，之后又成为成都人民喜闻乐见的菜肴。有种说法是，这道菜出自重庆乡下一个小餐馆老板之手；另一种说法就比较浪漫了，说一个年纪很大的渔夫有个贤惠的老婆，有一天正煮着一锅酸菜汤，不小心把丈夫捕的鱼掉进去了。不管到底怎么来的，这道菜特别好吃，抚慰人心，做法也很简单。

最常见的主料是草鱼，不过乌鱼或海鲷也会很美味（剥皮的比目鱼等扁鱼应该也很好吃）。酸菜特指四川人放在酸菜坛子里的那种整颗的菜，有长长的绿叶，加入鱼汤中，赋予了整道菜一种微妙的酸味和咸味。很多厨师会在最后热油，炒点香料，淋在鱼上，好看又好吃。我在成都求学时，人们用的都还是红辣椒和红花椒；现在则常用青花椒，有清新的柑橘味，和鱼是绝配。干青花椒就很棒了，如果能找到新鲜青花椒（中国商店里也许能找到真空包装的）就更妙了。四川人做的酸菜鱼，通常是一条大鱼加一大盆汤，闪着油光，还有鲜亮的辣椒。我这个版本减了量。

草鱼、乌鱼或海鲷（去鱼鳞，剖好） 1整条（约750克）

料酒 1大匙

土豆芡粉 1大匙

蛋清 1大匙

葱（只要葱白） 1根

蒜 2瓣

姜 和蒜等量

酸菜 150克

泡红椒 2个（或4～5个小个泡青椒）

食用油或猪油与食用油混合 5大匙

收尾

真空包装的新鲜青花椒 2枝（或2小匙干青花椒）

新鲜红绿椒 几片

葱花 1～2大匙

盐和白胡椒面

从鱼身上整个割下两大块肉，鱼头、鱼尾和鱼骨都保留（这一步可以在买鱼时让鱼贩进行）。用刀尾将鱼头砍开一道口子（更容易出味），把鱼脊骨斩成三段。把鱼头、鱼尾和鱼骨放进一个碗里，加½小匙的盐和½大匙料酒，混合均匀，放在一旁备用。

将其中一块鱼肉鱼皮向下放在墩子上。从尾部开始，刀和墩子成一定角度，将鱼肉片成鱼片，厚度比5毫米稍微厚一点，每一片都要带皮。另一块鱼肉也如法炮制。鱼肉放在另一个碗里，加入½大匙的料酒和¼小匙的盐，再加芡粉和蛋清，混合均匀。

用刀面或擀面杖轻轻拍松葱白。蒜和姜去皮切片。酸菜斜切成和鱼片差不多大小。如果要用泡椒，就去掉一头，轻轻把辣椒籽甩出来扔掉，然后斜切成片（如果用那种小个的泡青椒，就斜切成两半）。用水壶烧开1.5升水。

炒锅放2大匙油，大火加热。加入葱白、姜、蒜和辣椒，迅速炒香，但不要上色。加入酸菜翻炒到热气腾腾，香味四溢。倒入壶中的热水，烧到滚开，然后加入鱼头、鱼尾和鱼骨，迅速烧开，继续大火 5 ～ 10 分钟，直到汤汁浓郁，颜色也不怎么透明。把鱼头、鱼尾和鱼骨捞出来扔掉。

汤里根据口味加盐和白胡椒面。然后把所有鱼片放进去，一片片地放，避免粘连。鱼片刚熟（应该 1 分钟不到），就把整锅菜都倒入盛放的餐具中。

小煎锅中放花椒和泡椒片。另取一锅，大火加热 3 大匙油，到"嘶嘶"冒热气，然后小心地把油淋在香料上。油一定要充分加热，倒下去能够猛烈地"嘶嘶"，并且香味一下子就散发出来（分两个锅进行是因为花椒如果直接下油锅，很容易煳）。立刻把油淋在鱼上，撒葱花装饰，上桌。

美味变奏

干海椒和红花椒装饰

做鱼汤之前，把一把干海椒切成两半，尽量把辣椒籽都甩出来。锅中放 3 大匙油，中火加热到还没有冒烟的程度。加入干海椒和 2 小匙的花椒炒香，辣椒颜色开始变深，但不要炒煳。用漏勺将辣椒和花椒捞出来，放凉后一起切碎，做成所谓的"刀口海椒"。鱼汤做好后洗锅，再加 3 大匙食用油，加热到"嘶嘶"作响。将切好的辣椒和花椒撒在汤里，然后立刻倒入热油，会"嘶嘶"地冒泡。撒葱花装饰，立刻上桌。

Boiled Fish in a Seething Sea of Chillies

水煮鱼

这道菜也许最能代表辣椒、花椒和油所组成的麻辣味型，也是川菜风靡全中国与全世界的代表味型。这道水煮鱼显然是对自贡经典名菜水煮牛肉的现代演绎，于20世纪90年代红遍四川食客，吸引着成都人出城寻找专做这道菜的馆子，等着服务员拿着网子，把还在扑腾的大草鱼网到桌上，保证鲜活足斤两。过了一会儿，服务员再出现的时候，手上端的就是巨大的搪瓷盆子，热油、红辣椒与花椒还在“嘶嘶”作响。其中滑嫩的鱼片让在场食客无不食指大动。

我这个版本减了量，更适合做家常菜，但仍然非常适合做家宴上的一道硬菜。如果趁着油还在冒泡，端上桌的时候就像女巫在坩埚中熬制的药剂，颇为夺人眼球。鱼片应该是美妙柔嫩的；干海椒应该辣香四溢，但没有炒煳，基本上还是红色的。里面的油和辣椒是不吃的，用筷子或漏勺把鱼片和豆芽挑出来就好。

复制调和老油一定要提前一两天做好（如果用普通的食用油，这道菜会显得有点腻）。菜谱中列出的复制调和老油用量超出了所需，但过滤之后，这种油很好保存，可以用于别的菜。让鱼贩把鱼肉割下来，但鱼头、鱼尾和鱼骨也一定要一起带回家。

海鲷、草鱼或海鲈鱼（去鱼鳞，剖好，鱼肉割下来） 1整条（750～800克）

干海椒 40克

花椒 2大匙

食用油 1大匙

豆芽 200克

复制调和老油2（见第455页） 250毫升

盐和白胡椒面

码料

盐 ½小匙

料酒 1大匙

蛋清 1大匙

土豆芡粉 1½大匙

鱼汤

鱼头、鱼尾和鱼骨

葱（只要葱白） 1根

食用油 2大匙

蒜（去皮切片） 3瓣

姜（去皮切片） 和蒜等量

料酒 1大匙

将其中一块鱼肉鱼皮向下放在墩子上。从尾部开始，刀和墩子成一定角度，往鱼尾的方向将鱼肉片成鱼片，厚度为3～5毫米。另一块鱼肉也如法炮制。鱼肉放在碗里，加入码料，混合均匀。

干海椒一切两半，或者切成2厘米的段，尽量把辣椒籽都抖出来，然后和花椒一起放在一个小煎锅里。

锅中放油加热。加入豆芽翻炒到热气腾腾，根据口味加盐。之后堆在上菜的容器中。

接下来熬鱼汤。用刀尾或刀尖把鱼头砍开一道口子，把鱼骨切成几块，放在一边备用。用刀面或擀面杖轻轻拍松葱白。用水壶烧开水。

必要的话洗锅擦干，放在灶上开大火。放食用油，等油热了之后，加入葱白、姜和蒜炒香，从水壶中倒出 900 毫升热水，再加料酒和鱼头、鱼尾和鱼骨；烧开后再继续加热 7 分钟，直到汤汁变成奶白，风味十足。把固体配料捞出扔掉，撇掉表面浮沫，然后用盐和白胡椒面调味。

把鱼片放进鱼汤，用长筷或夹子分开鱼片，避免粘连。1 分钟左右，鱼片煮到刚熟的程度，用漏勺捞出，堆在豆芽上。把鱼汤浇上去。

迅速地把锅洗净擦干，开大火。复制调和老油加热到在干海椒和花椒上浇几滴就能发出“嘶嘶”声的程度。手脚麻利地将加热到位的油倒在干海椒和花椒上。过几秒钟，等到干海椒和花椒的颜色稍微变深，迅速地将煎锅里的油倒在鱼上。在“嘶嘶”声结束之前，赶紧上桌！

美味变奏

只用鱼肉做也可以，方法是用 600 毫升的鲜汤（见第 457 页）代替鱼头、鱼尾、鱼骨熬的汤。

Dry-braised Fish with Pork in Spicy Sauce

干烧鲜鱼

“烧”是全中国都在使用的烹饪方法，而“干烧”是独特的四川版本。所有的烧菜都需要大火加热，然后带着汤汁文火慢炖，最后加入水芡粉收汁。而干烧是把汤汁全部蒸发干净，主料把调味料的精华都吸收了，或者被美味包裹。这个过程中不会加入芡粉来让汤汁浓稠。现在就来介绍一道四川特色菜，也是我最喜欢的菜之一。这道鱼做好上桌时，烧鱼的汤汁已经完全消失了，鱼躺在亮闪闪的红油中，周围撒着鲜红的辣椒、白白的葱、脆脆的猪肉和深色的咸菜。辣味并不猛烈。最经典的干烧鲜鱼是用岩鲤做的，这也是当地最负盛名的河鲜之一，但用乌鱼效果也很好，用海鲈鱼更是鲜美无比。如果你是鱼素者（只吃鱼这一种肉类），可以不用猪肉，改用蔬菜熬鲜汤。

因为烹饪时间比较长，鱼会有点散，所以盛盘时要小心点。如果你按照四川的规矩，让客人用筷子自己吃，那么大部分的油都会被留在盘子里。但这道菜依然是油重汁浓，配上一碗白饭和一两道简单的炒菜最好不过。感谢成都大厨张小忠帮我完善这个菜谱的细节。

虹鳟鱼、海鲷、乌鱼或海鲈鱼（去鱼鳞，剖好） 1 整条（约 600 克）

姜（带皮） 20 克

姜末 1 大匙

料酒 2 大匙

葱（只要葱白） 4 根

红椒 ½ 个（或 3 个泡椒）

食用油 7 大匙

猪肉末（不带皮） 75 克

土豆芡粉 2 小匙

豆瓣酱 1½ 大匙

蒜末 1 大匙

宜宾芽菜碎或榨菜碎（清洗后挤干水分） 2 大匙

高汤 250 毫升

细砂糖 1 小匙

老抽 ¼ 小匙

香油 1 小匙

盐

在鱼肉最肥厚的地方斜切四五刀，然后再反向斜切四五刀，切成十字花刀，另一面重复这一步骤。

用刀面或擀面杖把姜块拍松。用 ½ 小匙的盐和 1 大匙的料酒涂抹鱼的全身，然后把拍松的姜塞进鱼肚子里。

将葱白切成 5～6 厘米长的 4 段，然后再把红椒切成大小差不多的 3 条，如果要用泡椒，就切成 5～6 厘米的段，辣椒籽挤出扔掉。

锅中加入 1 大匙食用油，大火加热，加入猪肉末炒到变白全熟，放在一旁备用。

必要的话，洗锅，擦干。把鱼肚子里的姜扔掉，擦干鱼身上的水分。把土豆芡粉揉进鱼身两边的刀口中。锅中放 2 大匙的油，大火加热，然后在锅底撒一点点盐，避免粘锅。

油烧热以后，把鱼沿着锅边滑进去，煎到两面金黄，转动炒锅，让鱼尾也上色。（餐馆里基本都是先把鱼炸一炸，但家常做法通常是用比较少的油来煎鱼。）把鱼转移到盘子里，放在一旁备用。

必要的话洗锅，擦干，加入 4 大匙的油，大火加热。油烧热以后，关中火，加入豆瓣酱翻炒到油色红亮，香味四溢。加入姜末、蒜末、芽菜（或榨菜）碎、葱白、红椒（或泡椒）和炒熟的肉末，翻炒到全部出香味。

倒入高汤，烧开。加入糖、老抽和 1 大匙料酒，然后再把鱼滑入锅中。文火炖 8 ～ 10 分钟，浇些汤汁在鱼身上，不时晃动一下锅，避免粘锅。转锅，确保头尾也能吸收汤汁的风味，炖到一半时小心地把鱼翻个面。

到最后，鱼应该全部熟透，汤汁浓缩成一层美味黏稠的“釉面”。洒上香油，然后轻轻将鱼盛盘，把剩下的汤汁倒上去。葱白与红椒（或泡椒）间插地放在鱼身上。

Dry-braised Prawns

干烧虾

这道菜我是在成都龙抄手的宴会上吃到的，根据当时的记忆进行了复制。这道菜和其他用新鲜水产做的川菜一样，是比较新的菜式，把“干烧”这种方法应用于大虾。

大虾可以整个下锅，也可以去头去腿，但虾壳和虾尾不要去。记住用细竹签挑出大虾背后的泥肠。

烧到最后，大虾应该包裹在美味的姜、蒜、辣椒和芽菜中，吃的时候，用筷子把嘴里的虾壳夹出来。

老虎虾（带壳，冷冻或新鲜均可） 600 克

葱（葱白和葱绿分开） 3 根

泡椒 2 个（或 ¼ 个红椒）

食用油 至少 400 毫升（油炸的话再加 1 大匙）

宜宾芽菜 3 大匙

豆瓣酱或泡椒末 1 大匙

蒜末 1 小匙

姜末 1 小匙

鲜汤（见第 457 页） 150 毫升

细砂糖 ½ 小匙

生抽 1 小匙

老抽 1 小匙

码料

姜（带皮） 200 克

葱（只要葱白） 2 根

盐 ½ 小匙

料酒 1½ 大匙

大虾洗干净，沥干水，虾背开刀，剪去虾须，放在碗中。码料中的姜和葱白用刀面或擀面杖轻轻拍松。加入装大虾的碗中，再加盐和料酒。静置码味 15 分钟。

将葱白斜切成“马耳朵”，葱绿切成 5 厘米长的段。泡椒也切成“马耳朵”，用红椒的话，就切成长度和大虾差不多的细条。芽菜清洗后挤干水分，然后烧热 1 大匙食用油稍微翻炒出香味。

把大虾从码料中拿出来，甩干水分。锅中加入油炸的油，加热到 180° C，加入大虾，短暂油炸，直到大虾蜷曲变色。用漏勺从锅中捞出。油再次加热到 180° C，加入大虾，炸 1～2 分钟，直到外皮金黄酥脆。从锅中捞出，放在厨房纸上吸油。小心地把油从锅中倒出一部分，只留下 3 大匙左右，关中火。加入豆瓣酱，轻轻翻炒到油色红亮，香味四溢。加入葱白、泡椒（或红椒）、姜末和蒜末，翻炒出香味。加入大虾、鲜汤、细砂糖和生抽、老抽，然后烧开。任其沸腾一会儿，不时搅拌，把汤汁浇在大虾上，一直到汤汁基本收干。加入芽菜，搅拌到汤汁收成黏稠的“釉面”。加入葱花，稍稍搅拌，起锅。

Sweet-and-sour Crispy Fish

糖醋脆皮鱼

这道菜非常适合朋友聚会。整条鱼酥脆可口，挂着酸甜的酱汁，撒着一丝丝红白相间的鲜艳装饰。这道菜是四川宴会上常见的珍馐，和朋友出去吃大餐时，也是一道重要的硬菜。川菜厨师通常都用草鱼或鳜鱼来做。但我用比较好买到的海鲈鱼和乌鱼也都做成功了。用整条鱼来做卖相最好，但你需要一个可以装下整条鱼的炒锅或深煎锅。如果满足不了这个条件，就把鱼一切两半，盛盘时再组装到一起，或者用肉质比较紧实的大块无骨白鱼（炸鱼之前直接挂上干玉米芡粉即可）。请注意，这是本书中比较难做的菜之一。

鱼一定要按菜谱中说的炸两遍，不然可能鱼肉还没熟，外皮就酥脆金黄了。

草鱼、海鲈鱼或乌鱼（去鱼鳞，剖好） 1 整条（650 ～ 700 克）

玉米芡粉 约 200 克（油炸的话再加 1 大匙）

葱（只要葱白） 3 根

泡椒 3 个（或 ¼ 个红椒）

盐

码料

料酒 1 大匙

葱 2 整根

姜（带皮） 20 ～ 30 克

酱料

生抽 1 大匙

细砂糖 6 大匙

蒜末 3 小匙

姜末 3 小匙

葱（只要葱白，切碎） 4 根

鲜汤（见第 457 页） 300 毫升

土豆芡粉 1 大匙（与 3 大匙凉水混合）

镇江醋 3 大匙

香油 ½ 小匙

鱼平放在墩子上，用锋利的刀切鱼肉最厚实的地方，一直切到脊骨处。位置是大概离鱼颈处 5 厘米，而且下刀要与脊骨垂直。刀碰到脊骨时，将刀锋朝着鱼头的方向切割进鱼肉中，然后继续平行于鱼骨切口往鱼头方向割 3 厘米，这样就会切出一块厚厚的鱼肉，仍然连着鱼骨。继续以 5 厘米的间距切口，直到切到尾部；鱼身的另一边重复这样的切法，还是切到鱼脊处再往头的方向回割。（切完之后提起鱼尾，两边的鱼肉会微微往外翻。）用刀尾或刀尖在鱼头上开一条大口方便出味。愿意的话可以把鱼尾收拾干净些。

用 ¾ 小匙的盐和料酒里里外外地揉搓鱼身。用刀面或擀面杖轻轻拍松葱和蒜，粗切一下，然后塞进鱼肚子和鱼身上的口子里。静置码味大概 30 分钟。

在碗中混合 100 克玉米芡粉和足够的清水（差不多 100 毫升），做好的水芡粉比较浓稠，但有流动性，然后加入 1 大匙食用油搅拌均匀。

将葱白和泡椒（或红椒）切成细丝，泡在凉水中备用。把其他配料聚集在炉灶边，确保盛盘用的容器也在很好拿的地方。

油炸用的油加热到 200° C。把码味用的葱和姜扔掉，用厨房纸把吸干水。把剩下的干玉米芡粉抹遍鱼身，切口里面也要抹一点。等油温到位了，拿着鱼尾把鱼提起来，挂上水芡粉，用手把水芡粉抹进所有的切口中。切口应该稍微往外翻，挂满水芡粉。还是按照刚才的姿势把鱼拿好，鱼头放进油中，炸几分钟，同时把热油舀起来浇在鱼身上，也浇入切口中。油封住切口后，站得离油锅远一些，把整条鱼都放进热油中，再炸 1 ～ 2 分钟，直到鱼肉刚熟。如果你的炒锅不够大，不能把鱼整条浸润在油中，就不停地把热油浇在鱼身上，中间翻个面。小心地把鱼从锅中提起来，放在盘中。

油重新加热到 200° C，再把鱼浸在热油中炸几分钟，直到外皮酥脆金黄。如果没有完全浸入油中，就把油舀起来浇在鱼身上。轻轻地把鱼起锅，鱼肚朝下放在盘子上。用干净的茶巾轻轻压一下鱼，这样有利于酱汁入味。鱼要注意保温。

现在来做酱汁。把生抽、糖和 1 小匙盐在碗中混合。小心地把油从锅中倒出，把锅擦干净。将大约 3 大匙的油放回锅中，开大火。油烧热以后，加入蒜末、姜末和葱白，短暂翻炒出香味，但不要上色。把一半的鲜汤倒入锅中，把剩下的汤倒入酱料碗中，搅拌均匀，再加入锅中。大火烧开，然后把水芡粉搅拌一下，分 2 ～ 3 次加入锅中，不停搅拌，直到汤汁黏稠。把醋倒进锅中搅拌，加热一下。

最后把锅离火，倒入香油搅拌，把酱汁舀起来浇在鱼身上。用葱丝和泡椒（或红椒）丝装饰，上桌。

Numbing-and-hot Tiny Fish

麻辣仔鱼

在四川郊县的很多河边小城，小小的河虾或淡水虾经过油炸，裹上香料，作为香脆的小吃售卖。四川乐山有着世界上著名的佛像，俯瞰着脚下湍急而过的褐色岷江水。我记得曾在那里河岸边的小摊上买到过这种小炸虾，又新鲜又酥脆，辣椒和花椒的麻刺感久久地萦绕在我双唇之间。

这个菜好吃又好做，趁热上桌，很适合朋友聚会时当下酒的小吃。我建议用冰冻小银鱼，因为比较好找。但你也可以用一些亚洲超市能买到的冰冻小虾，或者更常见的大虾。用小鱼或小虾的好处在于，可以整只地吃。愿意的话，你可以在最后调味的时候加点盐，但我发现用小银鱼就没这个必要了。

冰冻小银鱼（解冻） 500 克

盐 ½ 小匙

料酒 1 大匙

姜（带皮） 30 克

葱 2 根

食用油 油炸用量

土豆芡粉 75 克

调味

海椒面 1～3 小匙（根据口味增减）

花椒面 ½～1½ 小匙

把鱼放在碗里，加入盐和料酒，混合均匀。用刀面或擀面杖轻轻拍松姜和葱，然后粗粗地切一下。加入放鱼的碗中，静置码味 15 分钟。

油炸的油放入锅中，加热到 190° C。把姜和葱从碗里拿出来。把鱼放入滤水篮中抖干净水，然后在芡粉中滚一下，均匀地包裹上芡粉。

鱼肉分成两三批下油锅炸脆，每批用时大概 2～3 分钟。起锅后放在厨房用纸上吸油。

鱼肉全部炸好后，小心地把油倒出来，把锅擦干。将 2 大匙油放回锅中，中火加热。加入海椒面稍微翻炒一下，炒到油色红亮，香味四溢，一定要小心，别炒煳了。加入花椒面搅拌均匀，然后放入鱼肉，手脚麻利地翻炒，均匀地包裹上香料。立即上桌。

美味变奏

同样的方法还能做出美味的炸薯条：按照平常的办法炸好，然后倒进烧热的油锅中，裹上海椒面和花椒面，再根据口味加盐。

Gong Bao Prawns with Cashew Nuts

宫保虾球

一直到20世纪90年代，成都还很少见到新鲜的海产。尽管各个市场上随处可见鳝鱼、泥鳅和淡水鱼，新鲜的海产却只在青石桥市场才能买到，做这些菜的餐馆，也只有少数几家比较豪华昂贵的粤菜馆。现在，海鲜已经很普遍了，海内外的川菜厨师也都做出了四川风味的海鲜菜。在这股海鲜川菜的新浪潮中，我最喜欢的菜肴之一是宫保虾球，由广受欢迎的宫保鸡丁发散而来，算是个“奢侈升级版”。新鲜大虾放进油锅加热，保持柔滑软嫩，然后加上传统的宫保调料：辣椒、花椒和美妙的荔枝味（见第467页）。要再添点辣味，可以在上桌之前再搅一大匙红油进去。

生大虾（剥壳，新鲜或解冻） 250克

干海椒 10个

葱（只要葱白） 5根

西芹秆 1根

食用油 300毫升

花椒 ½小匙

蒜（去皮切薄片） 2瓣

姜（去皮切薄片）与蒜等量

腰果（煎或烤） 75克

码料

盐 ¼小匙

料酒 1小匙

土豆芡粉 2大匙

蛋清 1大匙

酱料

细砂糖 3小匙

土豆芡粉 ¼小匙

料酒 1小匙

生抽 1小匙

镇江醋 2½小匙

用锋利的刀在每只虾背上最厚实的地方竖着割一刀，放在碗中，加入码料，放入冰箱冷藏，最好能放几个小时。干海椒切两半或者切成2厘米长的段，尽量把辣椒籽都甩出来。将葱白切成1厘米左右的片。将西芹秆斜切成菱形。把酱料的配料放入小碗，加入1½大匙的凉水搅拌均匀。

锅中放油，加热到150°C（放一只虾下去测试一下，应该有很多泡泡冒出来，但还不算剧烈）。加入大虾，用长筷或夹子分开避免虾与虾粘连，然后加入西芹。虾半熟的时候，用漏勺把它们和西芹一起捞出来，放在一旁备用。

小心地把锅中的油倒出一部分，剩大约3大匙，大火加热。加入辣椒和花椒，快速炒香。加入蒜、姜和葱白炒香。加入大虾、西芹翻炒到刚熟（拿出一只虾来确定一下）。搅一下酱料，倒入锅中，不停搅拌，直到酱汁浓稠，包裹住每只虾。最后，加入腰果翻炒，上桌。

Fish with Fresh Chilli and Green Sichuan Pepper

藤椒鱼

20 世纪初，青花椒开始席卷四川美食界，并不断用那带着果香的风味催生着新的菜式。这个菜谱基于我在成都饕林餐厅吃到的美味菜肴。滑嫩的鱼肉、鲜红鲜绿的辣椒和大量的青花椒真是绝配。我在饕林餐厅于大厨的建议下试着复制了这道菜。

如果能找到的话，就用真空包装的新鲜花椒；找不到的话就用干花椒。这道菜的辣度要看你用什么样的辣椒：我比较喜欢用辣度温和的辣椒，颜色好看，辣得也不厉害。这道菜有点类似于水煮鱼，但我建议不要用整鱼，只用鱼肉。注意，复合调和老油必须提前至少 24 小时做好。

海鲷、海鲈或草鱼肉　325 克
红辣椒　60 克（根据口味增减）
青辣椒　60 克（根据口味增减）
葱　2 根
干藤椒　2 大匙（或几枝新鲜藤椒）
食用油　1 大匙
豆芽　200 克
复制调和老油 2（见第 455 页）　200 毫升
盐和白胡椒面

码料
盐　½ 小匙
料酒　1 大匙
蛋清　1 大匙
土豆芡粉　1½ 大匙

汤汁
鲜汤（见第 457 页）　500 毫升
葱（只要葱白）　1 根
食用油　2 大匙
蒜（去皮切片）　3 瓣
姜（去皮切片）　和蒜等量
生抽　2 小匙

把每块鱼肉平放在墩子上，鱼皮朝下。刀成一定角度往鱼尾的方向切，把鱼片成 3 ～ 5 毫米厚的鱼片。将所有鱼片放在碗里，加入码料，混合均匀。放在一旁备用，同时进行其他准备。

红辣椒和青辣椒切碎，尾部和掉出来的辣椒籽都扔掉。葱白和葱绿分开，然后把葱白切成厚度 5 毫米的薄片，葱绿切成葱花。把所有的辣椒、藤椒和葱白都放在小煎锅里。

锅中放油，烧热。加入豆芽，迅速翻炒到热气腾腾，根据口味加盐。装在一个深盆中。

接下来熬汤汁。鲜汤烧开后保温。用刀面或擀面杖轻轻拍松葱白。有必要的话洗锅擦干，开大火，放油。油烧热以后，加入葱白、蒜和姜炒香。倒入热鲜汤，再次烧开，再加入生抽，加盐和白胡椒面调味。

码好味的鱼片加入汤汁，用长筷子或夹子轻轻分开鱼片。大概1分钟左右，煮到刚熟的程度，用漏勺捞出，堆在豆芽上，再把汤汁浇上去。

迅速洗锅擦干，再开大火。复制调和老油加热到在干海椒和花椒上浇几滴就能发出明显猛烈的“嘶嘶”声的程度。小心地把热油倒在辣椒和其他香料上，稍微等几秒钟散发出香味，然后迅速淋在鱼肉上，立即上桌。

豆腐是一种富有营养且用途广泛的中国食材。四川人能用豆腐做出最让人满足的美味佳肴。

豆腐

Tofu

TOFU

豆腐

豆腐是一种富有营养且用途广泛的中国食材。四川人能用豆腐做出最让人满足的美味佳肴。西方人通常把豆腐视为肉的降级替代品，然而在中国，豆腐不仅为素食主义者所喜爱，也是主流饮食中不可或缺的食材。四川的豆腐有很多种类：不仅有普通的白豆腐，还有薄薄的金黄色豆腐干，口感紧实、外表有光泽的五香豆腐，薄薄的豆腐皮，香肠形状的"素鸡"，口感柔滑的豆花，以及发酵的豆腐乳。豆腐有多种吃法。豆腐干和五香豆腐可以切成片，弄点辣椒香料，直接当零食吃，或者和其他配料一起炒。豆腐乳（中国版"蓝奶酪"）可以用来下饭和码味。白豆腐可以直接或油炸之后烧煮，或者用来做汤。在下锅之前，这种豆腐通常都会放在滚烫的淡盐水中浸泡几分钟加热，去除其中促凝剂的味道，让风味更为清爽。

做豆腐用的是黄豆，其中的植物蛋白最为丰富。生豆子是不太好消化的，通常都要做成豆腐、发酵的豆瓣，或者长成豆芽再吃。要做豆腐，就把干黄豆在冷水中浸泡几个小时或过夜，然后加清水来磨成豆浆，过滤之后去除残留的固体，也就是豆渣。豆渣可以用作家畜的饲料，但也可以用不同的方法做成菜肴。川菜中就有一道"豆渣鸭子"。过滤后的豆浆烧开后炖煮，然后加入促凝剂，比如石膏或盐卤（在英国，人们称呼盐卤都是用其日本名 nigari）。如果是用盐卤做，就将其溶于水中，分次加入热豆浆中搅拌，直到开始凝固。石膏就可以在不加热的情况下加入。

没有经过压制的新鲜豆腐就叫"豆花"。如果要做那种能用刀切块且形状固定的紧实豆腐，就要把凝固的液体倒进铺了细棉布的模子里，盖上木板把多余的水分压出。豆腐有多紧实，主要看挤压出多少水分。比如，用于麻婆豆腐中的白豆腐，就水水的，柔嫩弹滑；而豆腐干的水分就挤压得比较彻底，和红波奶酪一样干硬。豆腐干制成之后，可以放进卤水锅中炖煮，也可以放在架子上烟熏。

在中国的神话传说中，豆腐是公元前 2 世纪时由淮南王刘安发明的，但已知最早的相关文字记载却出现在很久以后的公元 10 世纪，即陶穀的著作[1]中，因此豆腐真正的历史起源依旧神秘未知。豆腐和简易奶酪的制作方法有着惊人的相似之处，所以有人推测，是不是中国的农耕民族与那些会做奶酪的游牧民族接触之后，才产生了做豆腐的灵感，这种说法可真是有趣。唯一能确定的是，在宋朝，豆腐已经是中国老百姓喜闻乐见的食材了。

美食家们坚信，做豆腐要注意水质，这是豆腐品质与风味的决定因素之一。因此，四川一些水质特别好的地方，豆腐也很出名，比如川南的西坝。在西坝所属的乐山，大佛吸引来无数游客的同时，还有很多专做西坝豆腐的餐馆，用新鲜的西坝豆腐变着花样儿做出三四十道菜。而四川东南部的豆花有自己的“花名”——活水豆花，因为按照传统的制作方法，那里的豆花都是要用流动的山泉水来做。而豆花本身也有很多不同的种类。川南常用盐卤来点豆花，算是当地盐业的副产品。成都等地则通常使用石膏来做豆花。豆花的口感质地如何，就看用什么做促凝剂了：石膏做的豆花有点像意式奶冻；而盐卤的豆花则稍带弹性，可以用筷子挑起一块来蘸蘸水，这是川南常见的吃法。那种软嫩到只能用勺子舀起来的豆花就是豆腐脑，通常会盛在浓稠的羹汤中，放各种调料，再来点爽脆的配菜。

在四川的某些地方，人们会把苕尖之类的绿叶菜细细切碎，和豆浆搅拌均匀，做成菜豆花。我在泸州还寻觅到了肉豆花，就是抢在豆浆快要凝固之前，把炒熟的猪肉末加进去。加了肉末的豆花放在鸡高汤中炖煮，上桌时配上美味无比的烧椒蘸水。不过，要说我吃过最美味的豆花，还是在川东南的合江。当地特产黑豆花，是用黑豆做的，颜色紫灰，观之令人震惊。我们把黑豆花当早饭吃，配辣蘸水，下白米饭。（我试过在家做黑豆花，但成品的颜色是很浅很浅的紫色。可能就像一位朋友说的，合江人做黑豆花时，用的豆子颜色要深很多。）

豆腐乳是十分美味奇妙的食物；西方人对其多有不屑和忽视，而我却觉得素食者和那些想减少饮食中肉类比例的人应该立刻把豆腐乳吃起来。豆腐乳的制作，是将大小合适的紧实豆腐块发酵出一层毛茸茸的白色霉菌。按照传统的方法，豆腐块摆在竹篮中，放在阴凉地，用南瓜叶子盖好，让环境中的霉菌天长日久，逐渐发生作用。现在，豆腐乳的生产商会为豆腐注入一系列帮助发酵的微生物，之后，再装进加了各种调味料的盐卤酒罐子里进行发酵。四川人自然是要做辣豆腐乳的。有时候，装豆腐块的罐子里是满满一罐菜籽油泡海椒面、花椒和别的香料。还有种做法，是在装罐之前，先把豆腐块浸入高度酒、盐，再裹上海椒面。豆腐乳多种多样，都可以用于调味或码味，但也经常开罐即食，下饭或下粥都很美味。从罐子里舀一块出来，再加点汁水。吃饭时用筷子挑一点，混一大口饭吃下去（抹在热吐司上也很好吃哦）。

四川还有一种有趣的豆腐叫“豆腐帘子”，是所谓的“怀远三绝”之一（怀远古镇离成都不远）。另外“两绝”是冻糕和叶儿粑。豆腐帘子的做法，就是把一卷卷豆腐皮放在竹板上，直到表面覆盖雪白的霉菌。发酵过程中，豆腐皮的风味逐渐变得浓郁丰富，吃着有点儿奶酪香。我在怀远吃过一顿难忘的午饭，当地厨师付强给我和朋友们端上一道美味的家常味煮帘丝，大方地放了很多豆瓣酱和葱姜蒜。

1 陶穀撰写的《清异录》中有关于豆腐的记载：“时戢为青阳丞，洁己勤民，肉味不给，日市豆腐数个，邑人呼豆腐为小宰羊。”

川南小城合江的先市酱油厂，长江边摆着一个个陶土大坛子，酱油正在里面慢慢熟成。

醬

Mapo Tofu

麻婆豆腐

这道菜可谓荣耀加身，美名在外。它有个英文名字叫“pock-marked old woman's tofu”，直译过来是“麻子老太婆豆腐”。而中文菜名的由来，也正是和发明这道菜脸上长麻子的那位餐馆老板娘有关。据说，19世纪末，在成都北门的万福桥附近，“陈麻婆”发明了这道菜，受到过路工人们的喜爱。他们进城赶集卖油的途中，会放下肩上的重担，吃顿午饭再走。

这是一道十分暖心又美味的家常菜，也是最出名的川菜之一，充分展现了四川家常菜中舍得放调料的特点。花椒让你的双唇有种愉悦的酥麻感，软嫩的豆腐滑溜溜地抚过你的喉舌。

有些人觉得豆腐淡而无味，很难发挥多样性，麻婆豆腐是对这种观点的有力还击。无肉不欢的人能享受这道菜；如果把其中的肉去掉，用菜来吊汤，素食者也会垂涎三尺。这大概是我最常做的一道川菜。

按照传统做法，麻婆豆腐里加的是牛肉末，但很多餐馆都用猪肉末替代了，就连成都也如此。我经常会做一道素麻婆豆腐：有了风味浓郁的豆瓣酱和豆豉，加不加肉都无所谓了。我曾经在悉尼用袋鼠肉末做过一次，竟然惊人地美味！

能找到蒜苗的话，可以用它代替菜谱中的

豆腐　500克

大葱或蒜苗　2根

食用油　6大匙

牛肉末　100克

豆瓣酱　2½大匙

豆豉　1大匙

海椒面　2小匙

蒜末　1大匙

姜末　1大匙

高汤或清水　175毫升

白胡椒面　¼小匙

土豆芡粉　1大匙（和2½大匙冷水混合）

花椒面　¼～1小匙

豆腐切成2厘米见方的块，在滚烫的淡盐水中浸泡。与此同时准备其他食材。

大葱或蒜苗切成2厘米长的段。

大火热锅。倒入1大匙食用油，加热到锅中冒烟。倒入牛肉末翻炒到全熟，散发香味。一边翻炒一边把肉块弄散。用漏勺捞出，放在一边备用。

必要的话洗锅擦干，然后开中火烧热，倒入5大匙食用油，转锅，让油覆盖锅边。加入豆瓣酱，翻炒出香味和颜色，再加豆豉和海椒面，再翻炒几秒钟出香味，再把姜蒜加入，也炒香。这些调料千万不要炒过了，状态应该是香气四溢的浓稠酱料。其中的秘诀在于，让酱料保持轻微地“咕嘟”冒泡，让油慢慢引导出它的风味。

用漏勺将豆腐从热水中捞出，甩掉多余的水分，轻轻放入锅中。把牛肉末撒进去，然后加入高汤或清水以及白胡椒面。轻轻把豆腐推到酱料里，要用锅铲背面，免得把豆腐块弄碎。

大火烧开，然后小火炖煮几分钟，让豆腐充分吸收酱料的风味。如果你是用蒜苗（或大蒜芽），现在就放进去。

葱，或是用大蒜发出来的芽。

用郫县老豆瓣做出来的麻婆豆腐最好吃，这种酱已经完全熟成，有着漂亮的深栗色和深沉悠长的风味。最后加花椒的时候，要看客人的口味而定。（按照我的经验，四川人加的花椒，可能是别人的4倍。）

熟度刚好的时候，加入水芡粉，轻轻搅拌，让汤汁浓稠。同样的做法重复两次，直到汤汁和豆腐水乳交融，美味喷香（水芡粉的量不要加过了）。如果你是用大葱，就在这时候加，轻轻地推到酱料中。

起锅装深盘，表面撒上花椒面，上桌开吃。

Home-made Nigari 'Flower' Tofu

活水豆花

在一个明媚美好的春日，我们来到川南的一座老城。城里的主街曲折迂回，两旁有很多茶馆，老人们一边玩牌，一边聊聊家长里短，一边举着竹子做的长烟斗抽抽叶子烟。有个工匠在做伞，身边堆满竹篾条和画了鲜艳花朵的油纸。街面上有家小餐馆，人声喧嚷，客人谈笑风生。我们在这里享用了鱼香肉丝、干煸豇豆、粽子和一碗碗的活水豆花。

新鲜出模的活水豆花，温温热热地端上桌来，配上一碗爽辣的蘸水，真是川南寻味的一大享受。其实豆花就是新鲜的豆浆凝固后，没有压制成更紧实的豆腐。在做豆花之前，必须要把黄豆浸泡过夜。你还需要一块大大的细棉布，能把所有豆子包起来扎成个大“包袱”；液体温度计也是需要的工具之一。作为促凝剂的盐卤可以网上购买。你还需要一口足够深的锅，这样豆浆煮开后不至于潽锅。下面的菜谱大概是4人份。

豆花配的蘸水也很棒，加了辣椒、油、酱油、盐、坚果碎、香草碎和其他一些佐料。很多厨师会加香葱或薄荷；有些会撒点花生碎或南瓜子碎进去，增加爽脆的口感；还有些会加切碎的大头菜、榨菜或咸鸭蛋来增添风味。

干黄豆　250克

食用油　½小匙

盐卤　1¼小匙

你喜欢的蘸水（见后页）

黄豆放进碗里，倒大量的清水没过，放在阴凉地浸泡过夜。如果可以，浸泡过程中可以换一两次水。

第二天，把豆子清洗后沥干水，然后放进搅拌机中，加800毫升凉水和¼小匙的食用油，开最高档搅拌，就能得到顺滑的豆浆。

在锅上架一个筛子，上面盖一大块细棉布。豆浆倒上去。加400毫升凉水对搅拌机进行电动清洗，最后混出的豆浆水也从筛子倒入锅中。然后把细棉布四角都拴起来，系成一个包袱，要拴紧，不要让豆浆漏出去，然后使劲挤压，把豆浆都挤入锅中。

尽量把所有豆浆都挤出来，然后把棉布中的豆渣放在一旁。（中国和日本的料理中，厨师会把豆渣作为一种食材。有些中国厨师会把它和成面来蒸馒头。）豆浆用中火慢慢烧开，中间一定要随时注意，一旦烧开，就会有一层厚厚的泡沫浮起来。此时，迅速把火调到最小。保持豆浆轻轻“咕嘟”的状态，小火煮8分钟。关火，让豆浆降温到80°C。烧开少量的水，取3～4大匙，融化盐卤。豆浆在小火煮和放凉的过程中，表面会结皮，用筷子将皮挑起来，晾干。（之后在水里稍微浸泡一下，可以用来做汤或炒绿叶菜，非常美味，且富含蛋白质。）

豆浆降温到80°C后，将盐卤溶液分次少量倒入搅拌。一看到豆浆开始呈云雾状凝结，就不再加入盐卤，盖上锅盖，静置5分钟（配方中的盐卤溶液是用不完的）。之后，你可以让豆花的口感更紧实一些，具体做法是在表面上放个筛子，轻轻按压，把溢出筛子的水舀走。

愿意的话，可以在上桌前将豆花微微加热。然后小碗分装，配小碟蘸水上桌。

还可以尝试别的佐料，比如切碎的香菜，木姜菜（薄荷科的植物）或者折耳根（也叫鱼腥草），姜末，芝麻或花椒油，以及烧椒末、猪肉末，当然还可以加味精。菜谱后面我列出了几种蘸水的配料。

豆花蘸水的几种配方

豆瓣酱蘸水

这是我最喜欢的豆花蘸水。取 6 大匙（100 克）豆瓣酱，如果结块比较多要细细切一下。取 2 大匙豆豉，清洗一下，然后捣成酱，再和豆瓣酱搅拌均匀。锅中加入 4 大匙食用油，中火加热。把豆瓣酱和豆豉的混合物加入，轻轻地慢慢翻炒，直到油色鲜红，散发出一股熟成的味道。然后再放入碗中，加入 ½ ～ 1 小匙的花椒面搅拌均匀。实在是非常美味。

红油蘸水

将 3 大匙红油或菜籽油和 3 大匙红油下面的辣椒混合。加入 3 大匙生抽，也可以按照口味加盐。之后再加 3 大匙葱花。找得到的话，可以加几滴有点柠檬味的木姜子油。这是贵州和与其接壤的川南地区常用的调味料。

糍粑辣椒蘸水

这种蘸水有非常鲜明的川南特色。把 10 个干海椒掰成两半，或者切成 2 厘米长的段，尽量把里面的辣椒籽全部甩出来，然后放在一个小碗里，加 1½ 小匙红花椒或青花椒。倒热水覆盖食材，静置浸泡 5 分钟。沥干水，然后放入臼中，加 ¼ 小匙的盐，舂成酱。锅中烧热 3 大匙的油，到浇在辣椒酱上发出剧烈“嘶嘶”声的程度。将热油淋在辣椒酱上，搅拌均匀，然后加入 3 大匙生抽和 3 大匙切碎的薄荷叶或葱花。

海椒面蘸水

这是一种简单快手的蘸水。将 2 大匙海椒面、½ 小匙花椒面、2 大匙葱花、3 大匙生抽和 1 ～ 2 大匙的菜籽油混合拌匀即可。

Home-style Tofu

家常豆腐

家常味是一种专门的川菜味型，咸鲜可口，辣度适中，有时还有一丝甜味。这种味道的底料通常都是豆瓣酱，别的调味会有一些变化：有的菜谱会加豆豉或甜面酱，还有的会加泡椒。味如其名，这种调味方法来源于亲切简单的四川家常烹饪，不过也会用于烹调海参这样的珍馐。在这道菜中，松软洁白的豆腐浸润在热腾腾带着豆香味的酱料中，吸收了汤汁，有了美妙的风味，加入的蒜苗又增添了吸引人的鲜绿。四川的餐馆做这道豆腐时通常还会加肉，但去掉猪肉也是一道美味的素菜（我自己几乎做的都是素菜版）。如果你提前就把豆腐炸了，那做起来就会非常快。

这道菜还有个版本叫“熊掌豆腐”。因何而得名呢?因为这道菜里的豆腐并非油炸，而是用一点点油，在锅中煎到散发香气，某些地方变得金黄，鼓胀起来，看着很像熊掌（熊掌也是著名的中餐珍馐，现在则被动物保护主义者所不齿）。这样做豆腐花的时间比炸豆腐要长，除非你有一个很大的煎锅。

白豆腐　450 克

猪腿肉　100 克（可不加）

蒜苗或大葱　3 根

食用油　200 毫升

豆瓣酱　2 大匙

大蒜（去皮切片）　3 瓣

姜（去皮切片）　与蒜等量

高汤　200 毫升

细砂糖　½ 小匙

生抽　½ ～ 1 小匙（根据口味增减）

土豆芡粉　1 小匙（与 4 小匙凉水混合）

将豆腐切成 4 ～ 5 厘米的正方形或长方形，厚度约 1 厘米。如果要用猪肉的话，将猪肉切片。把蒜苗或大葱切成“马耳朵”，白的部分和绿的部分分开。

锅中大火热油，到“嘶嘶”冒烟，然后分批将豆腐炸到表面金黄。沥油后放在厨房纸上吸油。

小心地把锅中的油倒出一部分，只留 3 大匙的量，大火加热。加入肉片迅速翻炒，炒到片片分明。调到中火，然后加入豆瓣酱翻炒到油色红亮，香味四溢。加入姜和蒜，以及蒜苗或葱白，翻炒出香味。

倒入高汤和豆腐，大火烧开，稍微把火关小，加糖和生抽，煮 3 ～ 4 分钟，直到汤汁浓稠，豆腐吸收了汤汁的风味。

加入蒜苗或马耳葱，稍微搅拌一下断生。搅一搅水芡粉，分次少量倒入锅中，让汤汁收到包裹着豆腐，泛着光泽。

盛盘上桌。

Tofu with Minced Meat in Fermented Sauce

酱烧豆腐

很难理解可以吃到麻婆豆腐的人为什么还要吃别的豆腐，但有的人就是不爱吃辣，所以成都著名的“陈麻婆”餐馆也有酱烧豆腐这道菜，和著名的麻婆豆腐比起来，仿佛一个害羞的小妹妹。

做法和“她姐姐”是一样的，不过底料不是豆瓣酱而是甜面酱。吃起来当然没有麻婆豆腐那样天雷勾动地火，但也十分美味，能让不爱多吃肉却又向往美味的人吃个心满意足。

白豆腐　500 克

蒜苗或大葱　4 根

豆豉　1½ 大匙

食用油　3 大匙

牛肉末或猪肉末　100 克

老抽　½ 小匙

甜面酱　1 大匙

高汤或清水　100 毫升

生抽　1 大匙

土豆芡粉　1 大匙（和 2½ 大匙凉水混合）

盐

豆腐切成 2 厘米见方的块，在滚烫的淡盐水中浸泡。与此同时准备其他食材。蒜苗或大葱斜切成“马耳朵”。用自来水清洗豆豉。

大火热油，倒入肉末翻炒到全熟，边炒边把肉末弄散。一开始随着肉汁析出，油也会变得浑浊。等到肉色变白，油色重新清亮时，倒入老抽搅拌，再加入豆豉和甜面酱，短暂翻炒出香味，加入高汤或清水充分混合均匀。

用漏勺将豆腐从热水中捞出放入锅中。轻轻把豆腐推到酱料中，要用锅铲背面，免得把豆腐块弄碎。加入生抽和盐调味。将豆腐稍微炖煮几分钟，充分吸收酱料的风味。然后加入蒜苗或大葱：如果用的是蒜苗，需要稍微多煮一会儿。

水芡粉搅拌均匀后，分 3 次加入锅中，每次都要搅拌后汤汁浓稠了再加。直到汤汁醇厚和豆腐水乳交融，美味喷香（水芡粉不要加过量）。

起锅装盘，上桌开吃。

Leshan 'Bear's Paw' Tofu

熊掌豆腐

在那尊大佛石像的故乡乐山，生活的步调是那么安宁闲适。午后时分，集市上小摊寥寥，餐馆里岁月静好，好像全城的人们都去玩牌打麻将去了。当地一个出租车司机对我说："他们都在说成都的生活好安逸，但是跟乐山比，节奏还是太快咯。"

乐山老城那几条滨江街道非常慵懒，恰是寻觅传统小吃与菜肴的好去处。其中就包括了当地的西坝豆腐，来自下游的一座古镇。做西坝豆腐用的水，就是那些流过石灰岩峭壁的江水。各式各样用西坝豆腐做成的菜在乐山的各种餐馆榜上有名。我最近去的一家叫"戴八姐"。看名字你就猜得到，老板姓戴，在家排行老八。上次去那里的时候，我和朋友一起饱餐了一碗碗千变万化的豆腐。比如热气腾腾、口感丝滑的豆腐脑配上猪肉末、韧脆的泡菜、炸花生、油炸馒头块，加了好多的红油；怪味豆腐；塞了猪肉末，浸在糖醋酱中的圆柱体灯笼豆腐；还有就是这道有着红亮酱汁的熊掌豆腐。"熊掌"这个名字取自豆腐外形，按照传统做法，每块豆腐都要事先煎一煎，表面鼓起，仿佛熊掌。不过我们要用的方法是油炸。

白豆腐　450 克

土豆芡粉　50 克

食用油　至少 200 毫升（油炸用量）

豆瓣酱　1 大匙

泡椒末或三巴酱　1 大匙

姜末　2 小匙

蒜末　2 小匙

高汤　300 毫升

细砂糖　5 大匙

生抽　2 小匙

土豆芡粉　1 小匙（和 1 大匙凉水混合）

镇江醋　2 小匙

葱花　2 大匙

将豆腐切成 4 ～ 5 厘米的正方形或长方形，厚度约 1 厘米。充分沥干水。50 克的土豆芡粉放在盘中。

食用油倒入锅中加热到 180 ～ 190° C。豆腐裹上土豆芡粉，每次一片，先把大概一半放入锅中。用长筷子或锅铲把豆腐拨开。油炸到豆腐鼓胀，表面金黄。在厨房纸上吸油，放在一旁备用。剩下的豆腐如法炮制。

小心地把锅中的油倒出一部分，只留 3 大匙的量，开中火。加入豆瓣酱，轻轻翻炒到油色红亮，香味四溢。加入泡椒末或三巴酱炒香，然后加入姜末和蒜末，继续炒香。倒入高汤烧开。用漏勺捞出固体调料，丢掉，然后加入糖和生抽。加入豆腐，轻轻搅拌，在汤汁中煮 1 ～ 2 分钟，充分吸收风味。不时把汤汁舀起来浇在豆腐上。

水芡粉稍微搅拌一下，分次加入锅中，每次都要充分搅拌均匀。不要加过量，只要汤汁浓稠，与豆腐水乳交融即可。加醋，然后盛盘，撒上葱花。

Mount Emei Spicy Silken Tofu

峨眉豆腐脑

某年春节过后一个阴冷晦暗的清晨，我在去往成都文殊院烧香的路上，巧遇一家小小的豆腐店，店主是个年轻女子，乐山人，热情友好。她家的招牌就是香辣豆腐脑，菜谱在她们家流传了三代。于是我坐在店门边的一个小凳子上，吃了那一大碗口味爽辣、口感滑嫩的“豆腐粥”，全身都温暖起来，而且感觉活力满满，冬日的寒意一扫而光。这个菜谱就是希望能重现那碗豆腐脑。当时的完整版里撒了一些粉蒸牛肉（见第161页），还有一些炼猪油剩下的油渣（一些地方指脆猪皮，一些地方指去掉猪皮炸脆的猪肥肉丁）；但即使不加，也是美味无比了。

四川的大部分地区都有豆花，但是在川南，尤其是佛教圣地乐山与峨眉山及周边，这种浸润在浓郁汤汁当中的丝滑豆腐就被称为“豆腐脑”。这是人们最喜闻乐见的小吃之一，在早餐菜单上极受欢迎。这个菜谱中给出的量足够两个人吃饱，也可以作为四人份的小吃。

豆腐脑上会加很多东西，如果找不齐也别急。榨菜或大头菜是必须要有的，除此之外，至少有一种新鲜绿菜和一种脆韧的干料即可。

土豆芡粉或红薯芡粉　4大匙

嫩豆腐　300克

生抽　1大匙

红油　2大匙（要下面的辣椒）

花椒面　¼小匙

西芹碎或野芹碎　4大匙

香菜碎　2大匙

葱花　2大匙

榨菜或大头菜　4大匙

烤花生或油酥花生（见第452页）　2大匙

兵豆花生香味什锦　2小把

取小碗将芡粉和5大匙凉水混合。用一把叉子将嫩豆腐划成细条。将生抽、红油和花椒面平均分到2个小碗（或4个更小的碗）里。

用小锅烧开300毫升水，之后慢慢把水芡粉加进去，搅拌均匀，只要液体略微黏稠即可。加入豆腐，搅拌均匀。

将锅中物分入碗中，把剩下的配料都撒上去，上桌。先用勺子把所有配料拌匀，然后舀着吃。

Sour-and-hot 'Flower' Tofu

酸辣豆花

阳光灿烂的慵懒午后，四川大学附近某条偏僻的小街，一家茶馆里。老板提着铜壶在桌椅之间闲庭信步，偶尔停下来跟熟客聊聊闲天儿。接着外面的街上传来一阵吆喝，慢慢地由远及近："豆花儿！豆花儿！"几分钟以后，卖豆花的货郎就走到院子里来，放下竹扁担两边挑着的红黑大桶。他把桶里家常的豆花舀一点到碗里，放点调料，再撒上点榨菜粒、葱花和脆脆的炸黄豆，每一碗的收尾都是撒花椒面。豆花还是热热的，软嫩得入口即化，调料辛辣开胃，丰富而令人满足。

成都正在经历剧变，小街小巷里能遇到这类吃食的机会已经不多，而这道颇受欢迎的小吃算是仍能见到的为数不多的其中之一。不过最著名的豆花餐馆还要数"谭豆花"，专做各种成都小吃，分店遍布全城。自己用成品嫩豆腐做起来也很快手简单。这个菜谱提供的量是两人份。在家时，我会加兵豆花生香味什锦来增添香脆的元素，而成都人一般都是加炒花生和炸黄豆。

嫩豆腐　300 克

镇江醋　1 大匙

生抽　2 小匙

红油　1½ 大匙（加 ½ ～ 1 大匙下面的辣椒）

香油　½ 小匙

花椒面　几大撮（可不加）

盐

上桌时

榨菜粒　1 大匙

葱花　2 大匙

兵豆花生香味什锦　1 小把

一锅水，加少量的盐烧开。用勺子把豆腐大块地舀到水里，然后用极小的火煮大约 5 分钟，让其热透。

煮豆腐的同时准备其他配料。把醋、生抽、红油和香油，以及花椒面（如果使用的话）平均分到两个碗里，搅匀。

豆腐热了之后，用漏勺捞起来分装到两个碗里。撒上榨菜粒、葱花和兵豆花生香味什锦，上桌。吃之前要把所有食材都混合均匀。

Xiba Tofu

西坝豆腐

西方人长久以来都认为，豆腐是素食者吃的肉类替代品。但大部分的中国人却把豆腐作为不可或缺的食材。所以，看到很多菜里既有肉也有豆腐，你也不必大吃一惊。下面的菜谱来源于我在乐山一家偏僻的街边餐馆尝到的美味，就是那种彻底抚慰身心的家常菜：小块柔嫩的豆腐浸润在浓汤中，用鸡肉、火腿、番茄和猪肉来增鲜提味。这道菜名字中的“西坝”，是乐山附近的一座古镇，因为做的豆腐风味独特、品质上乘而著名。

这道菜能否成功，完全取决于你的汤是否浓醇。我当时在那家叫“开水鸡”的餐厅尽情品味着这道菜，店里的人告诉我，他们的高汤浓稠浑厚，是用整鸡和猪脆骨熬的。要把高汤的风味发挥到最佳，用的豆腐紧实度要刚刚好，就是切成小块时还能成形。

熟鸡肉　70 克

熟火腿　50 克

中等大小番茄　1 个

食用油或猪油　1 大匙

猪肉末　75 克

白豆腐　400 克

奶汤（见第 459 页）　300 毫升

土豆芡粉　1½ 大匙（和 4 大匙凉水混合）

葱花　2 大匙

盐和白胡椒面

将鸡肉、火腿和番茄切成 1 厘米见方的小丁（为了保证成菜品质最佳，最好把番茄籽挖掉）。锅中放食用油或猪油，大火加热，加入猪肉末翻炒到熟透，同时把肉末弄散。放在一旁备用。

锅中放水，少量放盐，烧开。把豆腐切成 1 厘米见方的小丁，泡在盐水中，用极小火煮几分钟，热透。

浓汤烧开。用漏勺将豆腐捞出，充分沥干水，然后加入浓汤中，再加入鸡肉、火腿、番茄和猪肉。加盐和白胡椒面调味。轻轻搅拌，不要把豆腐弄破了。煮几分钟让风味融合。

水芡粉搅拌一下，分次加入锅中，每次加之前都要先搅匀，汤汁略微浓稠即可。必要的话再调整一下调味，然后盛盘，撒上葱花。

四川自古以来就有『天府之国』的美名，直到今天，这里的集市上也是一年到头都有琳琅满目的新鲜蔬菜。每个季节都会给予这片土地赏心悦目的馈赠。

Vegetables

VEGETABLES

那些名声在外的川菜几乎都是肉、鱼或家禽，但四川本地人比较偏好的传统饮食结构，还是以豆类、谷物和蔬菜为主。当然，在过去，是经济条件不允许，但也跟传统中国文化中养生长寿的理念有关。古代医术中就讲到以素食为主的饮食有益于健康。古往今来的统治阶级和文人雅士也都表达过要简朴修身，如农家一般简单饮食的倾向。现在，很多有着良好养生观念的人们，家常饮食中肉类占比很少。大家也都知道，最好是“多吃蔬菜少吃肉”。比较典型的一顿四川家常菜，可能会有好几个炒蔬菜，加点肉末做点缀，再加一道豆腐，以及一道简单的用高汤、鲜汤做底的汤羹，还有大量的米饭。大鱼大肉基本在下馆子或者招待客人时才会出现。

虽然大家普遍接受了以谷物和蔬菜为主导的饮食结构，吃全素的中国人也是很少见的，大部分人很难想象完全“戒肉”的生活。在一些大城市，有数量较少但越来越多的一群人，正在完全杜绝摄入肉类。不过除此之外，全素的饮食基本还是局限在佛教寺庙之中。佛教虽然没有明说禁止吃肉，但其戒律之一就是忌杀生。佛教在印度发源初期，和尚出去化缘，施主在他们的钵中放任何食物，他们都得吃下去，包括肉食在内，只要动物不是专门为他们杀的就行。然而，东汉初年佛教传入中国时，发展出独特的素食传统，原因之一是中国文化一直不太接受乞讨（化缘）这种行为，所以中国的佛寺必须自给自足。大家对素食的概念也并不陌生：从远古时代开始，中国人就会在特定时期不吃肉，算是某种仪式。不过这种传统的建立一般是归功于梁武帝，他自己就信佛，所以身体力行地吃素。他禁止使用肉类作为祭品，还在整个长江下游地区的佛寺中强制实行严格的素食政策。

和尚们的日常饮食简单清淡，基本都是谷物、蔬菜和豆腐。但从梁武帝时期开始，佛寺开始举办宴席，经过数个世纪的发展，佛教素食烹饪逐渐变得博大精深。规模较大的寺院因为需要招待香客和金主，专门开辟了宴会厅。人们可以在那里吃到各种以巧妙手法用素菜做成的仿荤菜，甚至会出现“鱼翅”“鲍鱼”之类的珍馐佳肴。仿荤菜的传统可以追溯到宋代；往近了说，促成这种菜系进一步发展的，是20世纪20—30年代那些佛教组织专门开办的佛教餐厅，比如1922年在上海开业的功德林，就一直盛名在外。中国佛教素食烹饪有个特别吸引人的地方，就是也具有传统菜系的地域特色。上海有土豆泥和胡萝卜泥做的炒素蟹粉，而四川也有素回锅肉、素宫保鸡丁和素鱼香肉丝，绝对不加一点儿肉、禽和鱼。这些菜里面也绝对不会加味道太重的香辛料，因为佛家认为这些香辛料会激起肉欲，避之唯恐不及。这些香辛料被统称为“五荤”，包括了蒜、葱，还有很多的葱属植物（四川的佛教徒还算幸运，辣椒和花椒不在五荤之列）。

成都历史悠久的佛寺文殊院以前有个餐厅，一楼比较简陋拥挤，可以吃到便宜的素餐；二楼是宴会厅，上桌的素菜色香味都让人惊艳。“芝麻牛肉干”用香菇梗做成，就是看中了那种嚼劲、肉感和浓郁的风味，最后的成品滴上红油再撒上芝麻，卖相和味道都足以以假乱真。“排骨”是用面筋包藕做成的；“豆瓣鱼”则是把土豆泥包上豆腐皮，做成一条鱼的形状，油炸后淋上光泽诱人的红色酱料；“回锅肉”则用红薯片来模仿。很多所谓的肉禽和海鲜菜都用面筋、豆类、豆腐和四川特产魔芋做成。

日常的四川素菜可能并没有这么复杂、精细，但也多姿多彩，丰富多样，让人兴致盎然。四川自古以来就有“天府之国”的美名，直到今天，这里的集市上也是一年到头都有琳琅满目的新鲜蔬菜。每个季节都会给予这片土地赏心悦目的馈赠。有些当地的产出，外乡人也比较熟悉，比如番茄、土豆、洋葱和椒类。还有某些整个东亚地区都比较常见的蔬菜：形状瘦长，味道回甜的茄子；红皮白萝卜；肉质脆嫩，表面有毛刺的黄瓜；还有绑成一把把的中国香芹，比西芹更细长。你还会发现一些很有中餐特色的食材：冬瓜、丝瓜、苦瓜、莲藕等根茎类食材；蒜黄、韭菜、韭菜花；嫩姜和大蒜；白绿相间的大葱；新鲜青豆和长长的豇豆。新鲜的竹笋和国外卖的干竹笋与罐装竹笋有着天壤之别，而且种类也丰富很多，比如春笋、冬笋和当地特产的苦笋——有着幽微而提神清心的苦味，是春季的限时特供。楠竹（或称“毛竹”）林中的嫩冬笋，可以切片、煮熟之后晾干，进行长期保存。这就是所谓的“玉兰片”，在老派的宴席上是很重要的食材。川南的人们会做熏笋干，呈现糖浆一样的褐色，炖猪肉或牛肉时加一些到锅里，真是风味十足。

川南宜宾附近有著名的蜀南竹海，那里有著名的“全竹宴”，所用食材全是竹林中的笋类或其他山珍。竹海的风景神奇而又秀丽。漫山遍野的茂密竹林如同一片绿海，掩映着零散的农舍；微风过处，凤尾森森，龙吟细细。林中修竹绿如烟，拔地而起，质朴动人，在游客的头顶苍翠如盖。瀑布从峭壁上飞流直下，流过红土地与山中巨石。鸟鸣啾啾，虫声喁喁，一切都是空灵滴翠，仿佛处处都攀爬着苔藓，弥漫着水汽，荡漾着美。当地的餐馆除了烹饪竹笋，还会做从竹子上长出来的竹花；肉质鲜嫩的竹蛙，和野山椒是绝配；褶状菌类“竹燕窝”；著名的牛肝菌，口感如凝胶，比较有嚼劲，味道丰富厚重；除此之外还有数不清的野生菌类。竹叶可以用来熏腊肉和熏竹笋。空心的竹子加工后可作为容器，蒸竹筒糯米饭或豆腐，都能产生一种清幽的竹香。

不过，四川的老饕们都一致公认，能享有“山珍之王”和“菌中皇后”美誉的，是好看又好吃的竹荪，就长在竹林下厚厚的落叶之中。竹荪的拉丁名是 *Phallus indusiatus*，有男性生殖器的意思。你只要看到它的形状，就一下子明白了。这种菌类中间的部分状如阴茎，有个颜色更深一些的“小帽子”，气味很奇怪。“帽子”下面长出蕾丝一样的白色小伞菌，十分柔嫩的样子，像超凡脱俗的天外飞仙。吃的是帽子下面包括小伞在内的部分，通常是要晾干再吃。竹荪通常都是用来做汤，能充分体现那滑溜而又略脆的口感，也能让食客欣赏到其本身的美貌。但我也吃过用辣椒和花椒炒的竹荪，也很美味。竹荪的“小帽子”有一条条的褶子，可以做成素牛肚。如果在春日寻访竹海，就能有幸尝到未成熟竹荪的菌托，当地人称为“竹荪蛋”，是鼓胀的球状蘑菇（之后竹荪会从里面冒出来，慢慢成熟），淡淡的粉灰色，基本上都是蜜橘大小。切开以后，横截面层次丰富，如同彩虹，有粉色、白色和灰色，还蜷缩着胚胎一般的蕾丝状小竹荪。竹荪蛋的外层有透明滑溜的薄膜，被称为“竹胎盘”，也可以入菜。竹荪作为中餐食材的历史，至少可以追溯到唐代。

再说回更常见的蔬菜，四川多种多样的白菜和芥菜都值得专门一提。除了大家都很熟悉的中国大白菜，四川人还会吃各种叶子更小、长得没那么紧密的白菜，四川人一般都叫“青菜”。当然还有叶子紧紧包裹成一个大球的莲花白。柔嫩多汁，有绿有紫的油菜薹，是早春的馈赠，略带苦味，风味很微妙（当地人会分别称之为“白菜薹”和“红菜薹”）。它们通常都是用来做炒菜，配上辣味蘸水，蘸水里经常要加上一点醋，但也可能做成鱼香味的。虽然竞争十分激烈，炒油菜薹大约能跻身我最爱的四川蔬菜行列。

大个头的芥菜通常会被腌制成酸菜，用来做汤。鼓胀饱满的芥菜秆晾晒到半干，调味，用盐脱水，变成著名的四川榨菜。青菜头可以直接入菜，也可以腌制，而名字有趣的“儿菜”，就像长在粗壮茎秆上一簇簇小小的卷心菜，相当于四川的“球芽甘蓝”，但味道要可口精妙得多。某种芥菜的嫩尖经过加工，成为“冲菜”，味道辛辣，冬天里吃上一点，非常爽口提神。还有一种芥菜的茎秆加上盐、红糖和香料进行腌制，就成了著名的宜宾芽菜，是担担面和干煸四季豆中不可或缺的一味食材。

除了芥菜之外，四川人还享受着很多种类的绿色蔬菜，包括菠菜、空心菜和牛皮菜（牛皮菜，顾名思义，菜叶又厚有大，如同牛皮）。蒜泥炒苋菜（当地发音“汗菜”）特别好吃。还有一种特别受欢迎的菜叫“折耳根”（拉丁名是 *Houttuynia cordata*），绿中带紫的叶子和淡粉的根茎可以做汤，也可凉拌。柔嫩的豆苗，因为其卷曲的形状，也被称为“龙须”，有时会出现在精美的宴席汤菜中。西方人总觉得吃绿色蔬菜是在被迫履行健康饮食的义务，而四川的绿色蔬菜却被烹饪得色香味俱全，既有营养，又让人吃得开心，几乎顿顿都有。

四川人所说的“蒜苗”，在中国其他地方被称为“青蒜”或直接叫“大蒜”，比欧洲的青蒜更长更细，也更柔嫩。蒜苗是广泛运用于川菜烹饪中的一种食材，比如，用在回锅肉和麻婆豆腐中，有种微妙而清新的辛辣味。

莴笋（也叫“青笋”）也是特别常见的蔬菜，茎秆粗壮，状如警棍，顶着稀疏的叶子。莴笋叶子通常用来炒，而茎秆去皮之后会呈现美妙的玉绿色，口感爽脆，风味有点像坚果，很好吃，经常用于各种凉拌菜、炒菜或烧菜。有时候，汤或炒菜中也会用到黄花。应季的珍馐也很多，比如绿紫色的椿芽，可用于凉拌，或剁碎后用来煎蛋，有点药草的味道，颇为有趣。

当地有种特产，叫“冬寒菜”，也叫“葵菜”。从有记载的历史看，这种菜自古以来就深受中国人的喜爱，《诗经》中也有提及。到现在，四川人还在吃这种菜，当地的市场上也能经常发现它的身影。由于叶子状如鸭掌，葵菜也经常被称为“鸭脚葵”，通常用于汤菜或炒菜，有种滑溜溜、黏糊糊的口感。还有一道菜，是将葵菜嫩叶用蓬松轻软的鸡胸肉泥包裹起来，浸泡在清亮的高汤中，是非常经典的宴席菜，叫“鸡蒙葵菜”。还有一种四川人民爱吃的蔬菜，叫“木耳菜”或“豆腐菜”，顾名思义，菜叶肥厚，口感滑嫩。

野菜在中国烹饪文化中的地位比较奇特。几个世纪以来，它们沉溺于崇尚简单质朴生活的文人墨客笔下那些赞美野菜的文字诗篇中。然而，对于很多农村人民来说，与野菜相关的都是艰难时日，庄稼收成不好，村里的人饥肠辘辘。而当代中国城市里的人们又对野菜十分推崇，符合他们追求健康、绿色和乡野风味的理念。

很多人会来个一日游，到成都附近造访古老的灌溉工程都江堰和附近的青城山，也会点一些当地的特色菜，比如有着提琴头的紫色蕨菜，和当地的腊肉一起炒，真是美味无比；还有灰灰菜和苕菜。

总体说来，四川人既喜欢直接炒素菜，也喜欢把各种蔬菜和肉、高汤、猪油或其他非素食的食材一起烹饪，后者被称为“素菜荤做”。很多厨师都斩钉截铁地认为，用猪油或者猪油、菜籽油混合油炒的蔬菜，是最好吃的。

这一章选了一些我最喜欢吃的四川素菜，倒也不是全素，不过那些包含了肉类的食谱也可供素食者借鉴，只要把肉去掉，用蔬菜高汤或蔬菜油代替肉类高汤或油即可。其中很多菜肴都是简单的家常菜，在那些严肃高端的菜谱中不太常见，烹饪学校也不会教。然而，它们做起来简单快手，吃起来美味新鲜，而且配上一碗米饭，还特别健康。

西方国家那些好的中国商店里能买到的中国蔬菜是越来越多了。有些特色蔬菜甚至开始出现在大市场上。我一直衷心期望，随着中国国门外越来越多的人了解到这些中国特色蔬菜的美味与百搭，它们能在西方国家大量涌现，特别是莴笋、蒜苗和韭菜。同时我要郑重提一句，这一章的很多烹饪手法，可以活学活用于各种不同的蔬菜，就看你手头有什么了。比如，用干海椒和花椒进行炝炒的手法，无论是用来烹饪空心菜、小白菜、土豆丝、莲藕，还是其他很多蔬菜，都非常好吃。所以，我的菜谱只是一个模板，一种引导，而并非刻板的烹饪教条。

Fish-fragrant Aubergines

鱼香茄子

这是一道经典川菜，也是我长久以来最喜欢的一道菜，无论菜系派别。我觉得这道菜最最能够集中体现川菜给人带来的多重愉悦：暖心的色彩和味道，微妙丰富的复合味。和其他鱼香味菜肴一样，鱼香茄子的调味遵循传统：泡椒和葱姜蒜。但它和更为著名的鱼香肉丝又不一样，漂亮的颜色不仅来自泡椒，还来自泡椒与豆瓣酱中胡豆的混合碰撞。酱汁酸、甜、辣兼备，略泛红色，撒上蒜末、姜末与葱花，煞是好看。

无论凉热，这道菜都美味不变。我通常会搭配一道肉菜或豆腐，再端上一盘炒青菜。不过只简单配上一碗糙米饭和一个凉菜，也是一顿不错的午餐了。菜里面的茄子油炸后变得如黄油般滑嫩，真是美味可口。我在大四川范围内各种餐馆都点过这道菜来吃，记下了数不清的不同版本的菜谱。希望下面给出的这个能让你吃到摇头晃脑，连连感叹。如果你是要招待聚会的朋友，想做得分量大一点，就把腌制后的茄子冲洗沥干，倒一点食用油进去摇晃均匀，然后烤箱预热 220° C，烤 15 ～ 20 分钟到表面金黄。然后酱汁不要勾芡，直接倒在烤好的茄子上，放在一边让风味互相融合。放至室温后上桌开吃。

茄子　600 克

食用油　油炸用量

豆瓣酱　1½ 大匙

蒜末　1½ 大匙

姜末　1 大匙

热高汤或热水　150 毫升

细砂糖　4 小匙

生抽　1 小匙

土豆芡粉　¾ 小匙（和 1 大匙凉水混合）

镇江醋　1 大匙

葱花　6 大匙

盐

茄子切成大约 2 厘米厚、7 厘米长的茄条，撒上盐，混合均匀，静置至少 30 分钟出水。

清洗腌制好的茄条，充分沥干，再用厨房纸擦干。食用油加热到 200° C 左右（放一个茄条下去测试，剧烈冒泡即可）。加入茄条，分 2 ～ 3 批，油炸大约 3 分钟，茄条变得柔软且略微金黄。放在厨房纸上吸油备用。

小心地把锅中的油倒出来一部分，留大约 3 大匙在锅里，开中火。加入豆瓣酱翻炒到油色红亮：不要把酱炒煳了（如果你觉得火大了，就把炒锅离火）。加入蒜末和姜末翻炒出香味。

把高汤或清水倒进去，再放入糖和生抽。烧开后加入茄条，轻轻将茄条拨动到酱汁中，不要弄散了。炖煮 1 分钟左右，让茄条充分吸收酱汁的风味。

水芡粉搅动一下，大概分 3 次加入，酱汁变得浓稠即可（水芡粉可能用不完）。倒入醋，再倒入葱花（要剩 1 大匙），然后搅动几秒钟，让风味融合。

装盘后撒上剩下的葱花，上桌开吃。

Dry-fried Aubergines

干煸茄子

茄子 400克

长青椒 75克

食用油 2～3大匙

香油 1小匙

盐

这道菜很简单，也是很典型的四川家常菜，可以作为川菜中干煸烹饪方法的代表菜式。这种做法能够充分展现食材的香味，还能赋予一种微妙的烧烤味，有点像西方的烧烤蔬菜。干煸经常用来处理茄子、笋子和苦瓜。茄子和青椒的量可以随意变换，但不要超出炒锅的容量，不然加热就不均匀了。成品中的青椒吃起来应该是有点爽脆的，能够和柔软的茄子相得益彰。做这道菜我比较喜欢用薄皮的长青椒。

茄子纵切成两半，然后斜切成片（比较理想的厚度在3～4毫米）。撒上盐，拌匀，腌制至少30分钟。

青椒去尾，薄切成片。茄子清洗后沥干，再用厨房纸吸水。

用厨房纸轻轻将食用油涂满炒锅，然后大火加热。加入茄片，翻炒掂锅大约3分钟，到茄片变软，散发香味。加入青椒和2大匙食用油，继续翻炒约2分钟，直到青椒刚好炒熟。加盐调味。

离火，加入香油，上桌开吃。

Stuffed Aubergine Fritters with Sichuan Pepper Dip

椒盐茄饼

这道小吃让人爱不释口，吃得停不下来。丰富的口感特别诱人：酥脆的面衣和柔嫩的茄子，包裹住中间多汁的肉馅。有时候茄饼会配上鱼香酱料做成鱼香茄饼，但我这里给出的是比较简单的版本，直接配盐和花椒面的干碟即可。这道菜可以提前几个小时准备好，最后下锅炸一下就行。做茄饼要用那种瘦长的茄子，切成连刀片，即每间隔一刀不要切到底，留那么一点点，让茄片的一端相连。然后再塞入肉馅，很像三明治。之后再分别裹面衣。

如果是素食主义者，可以选任意菌菇切碎，和1小匙生抽、1小匙土豆芡粉、2小匙凉水混合，再加盐调味，做成馅料。我第一次在成都为一些朋友做这个素菜版茄饼，就抢手到不行，我都没捞着一个尝尝。等我从厨房忙完出来，那群酒肉朋友早已经饿虎扑食把茄饼一扫而空了！就连无肉不欢的朋友也承认这个素食版比起肉馅版是有过之而无不及。

长茄子　1个（约750克）

食用油　油炸用量

盐和花椒面混合干料（见第450页）　1大匙

肉馅

猪肉末　50克

盐　几大撮

料酒　1大匙

冷高汤或冷水　2大匙

面衣

大个鸡蛋　1个

土豆芡粉　50克

先做肉馅。将猪肉末放在小碗里，其他配料加入之后充分混合，形成稠软的肉酱。

做面衣，在碗中将鸡蛋调散，然后分次加入土豆芡粉，形成浓稠但有流动性的面糊，和高脂鲜奶油的浓稠度差不多。

茄子切成3～4毫米的连刀片，两片连在一起，然后切断，这样就得到“三明治茄片”，中间可以塞肉馅。

每个“三明治”中间塞少量肉馅，把茄片轻轻挤压在一起（尽量不要把肉馅挤出茄片范围内）。

油加热到160°C（放茄片下去测试，周围微微冒泡即可）。然后，手持长筷或夹子，手脚麻利地将茄饼完全裹上面衣，然后放入热油中，炸到肉馅全熟：从裹面衣开始到炸好大概需要3～4分钟（可以把一个茄饼切半，看看熟透了没）。用漏勺捞出。

油加热到180°C，把所有的茄饼加进去，进行二次油炸，直到表面金黄酥脆。用漏勺捞出，放在厨房纸上充分吸油，然后装盘。趁热上桌，配上盐和花椒面干碟。

Stir-fried Water Spinach with Chillies and Sichuan Pepper

炝空心菜

空心菜 200 克

干海椒 5～6 个

食用油 3 大匙

花椒 ½ 小匙

香油 1 小匙

盐

空心菜在四川大部分地区都有种植，通常都是做成炒菜。做好以后口感爽脆多汁。空心菜主要分成两种，叶子的形状不一样，但都有空心圆柱体的茎秆，所以才被四川人称为“空心菜”。空心菜在中国的通用称呼是“蕹菜”或者“通菜”，拉丁名是 *Ipomoea aquatica*。

“炝”这种烹调手法的关键，是要让辣椒和花椒的美妙香味融合到食用油中，但又不能烧焦这两种调料。要达到这样的效果，关键就在于趁油还没热到冒烟就把调料加进去，等到辣椒颜色一开始变深，立刻手脚麻利地把菜放进锅里，翻炒掂锅，与油融合。如果你不小心把调料烧煳了，最好用新的油和调料重新开始。

空心菜择好，蔫掉的叶子和不饱满的茎秆都弃置不要，然后甩干。切成筷子比较好夹的小段，大略分离一下茎秆和叶子。

干海椒切半，或分成 2 厘米的小段，尽量把辣椒籽都摇出来。

锅中大火热油，趁油还未热到冒烟时，把干海椒加进去，简单翻炒出香味，颜色开始变深，迅速加入花椒，翻炒两下，然后倒入空心菜秆，在炒香的油中翻炒掂锅。等菜秆炒热，加入叶子，继续翻炒到热气腾腾，叶子变得柔软。根据口味加盐。关火，加香油，上桌开吃。

美味变奏

空心菜只用蒜简单炒一炒，然后加点盐，也很好吃。就用 1 大匙蒜末代替菜谱中的香料即可。

Stir-fried Mashed Broad Beans with Spring Onion

回锅胡豆

胡豆原产于西亚和北非，但中国从古代起就有种植。相传胡豆是在西汉（跟耶稣差不多同一个时代）传入中国的，“胡豆”这个名字在四川比较常用，和很多在汉朝传入中国的东西拥有同样的前缀，比如胡椒、胡瓜（“胡”这个字，最初用来称呼居住在中国西北的非汉族人，也出现在“胡说”“胡闹”等词语中，从中大致能感觉到古代中国人对外族人的态度）。胡豆更常见的叫法是“蚕豆”，因为豆荚和蚕很像。四川是中国的蚕豆种植大省，新鲜蚕豆总会出现在川菜馆的当季限定菜单上。干胡豆还有个特别著名的用途，是豆瓣酱的主要材料之一。

这是一道晚餐桌上的家常菜，快手易做，极其美味。最重要的步骤是把豆子煮软，煮到挤一挤就能“开花”。成菜应该口感软嫩，抚慰唇舌。四川人坚称，要让豆子最香，一定要用猪油来炒。在整个中国南部，蚕豆和香葱是非常经典的搭配。

胡豆（去荚） 300克（冰冻或新鲜都可以，带豆荚大约800克）
葱 50克
猪油 30克
盐

烧开一锅水，加入胡豆，煮10分钟，直到豆子完全变软烂。沥水后放回锅中。趁热拿叉子、杵或者土豆泥捣碎器将豆子挤压一下，要让它们全都“开花”，释放里面的“嫩肉”。这一步可以提前做。

葱切成葱花，葱白和葱绿分开。烧一壶开水。

猪油入锅，中火加热。开到大火，加入葱白，简单翻炒到“嘶嘶”响。加入胡豆，锅底的也要刮干净。豆子倒入热油以后，倒入125毫升热水，持续搅拌，加盐调味。等到液体变得浓稠，包裹住豆子以后，撒上葱花，盛盘上桌。

Pickled Yard-long Beans with Minced Pork

泡豇豆炒肉末

这是一道很典型的简单四川家常菜，也会出现在某些餐馆的菜单上。这是“下饭菜”中的杰出代表，豇豆的酸味、整体的盐味都让人胃口大开，和白米饭是绝配。因此，这道菜经常在一顿饭快吃完时，和米饭一起端上来。豇豆先在盐卤中稍微浸泡一下，变成酸豇豆，同时保持了脆嫩的口感，然后加一点点肉和几种香料一起炒。

因为要泡豇豆，所以要提前一两天就做好这个准备工作，还必须准备一个四川泡菜坛子。

豇豆　200 克
四川泡菜水（见第 416 页）　足量（可以浸没豇豆）
猪肉末　75 克
料酒　1 小匙
干海椒　4 个
食用油　2 大匙
花椒　½ 小匙
盐

豇豆洗净后铺在干净的茶巾或厨房纸上，完全吸干水分。在泡菜水中泡 1 ～ 3 天，赋予清爽的酸味。

准备做菜。猪肉末放在碗中，加料酒、几撮盐，混合均匀。

豇豆捞出，切成 1 厘米见方的小丁。干海椒切成 2 厘米长的段，尽量把辣椒籽都甩出来。

大火热油，迅速加入干海椒和花椒，翻炒出香味，不要炒煳。加入肉末，翻炒到颜色变浅，散发肉香，用锅铲弄散。加入豇豆，翻炒到热气腾腾。

这道菜冷热都很美味，米饭绝配。

Dry-fried Green Beans

干煸四季豆

我第一次吃到正儿八经的四川家常菜，是在朋友陶萍的外婆家。这位八十高龄的老奶奶住在一个单元楼的七楼，没有电梯。她精神矍铄，身体健康，给我们做了一桌丰盛到我永生难忘的饭菜。干煸四季豆是那天的“座上明星”，当然还有魔芋烧鸭、腊肉炖豆子、蛋花汤、笋子炒肉和豆瓣鱼。（当晚的日记中，我用“震撼人心”来形容这一餐。）

干煸四季豆是川菜的经典菜式，如今已经闻名全球。按照传统做法，锅中应该尽量少放油，保持合适的热度，将四季豆放入进行干煸，到表面起皱，豆子变软。但我观摩的每一个人都是图快用的油炸。如果你不愿意油炸，也可以在炒之前把四季豆烤一烤：平铺在烤盘上，250° C 烤大约 15 分钟，直到刚刚变软，表面颜色稍微变深（烤到中途要翻个面）。感谢我的朋友冷玫瑰提出这个建议。有些人还会在这道菜中加一些干海椒和花椒，如果你也要加，就先在油中炒一炒，然后再放猪肉末。

四季豆　400 克
食用油　油炸用量
猪油　3 大匙（可不加）
猪肉末（肥肉是最好吃的）　75 克
料酒　½ 大匙
宜宾芽菜或天津冬菜（切末）　4½ 大匙
生抽　2 小匙
香油　1 小匙

按照需要把四季豆择好，掐头去尾，切成适合入口的长度。

食用油加热到 180° C（放一段四季豆下去测试，剧烈冒泡即可）。加入四季豆，炸到变软，略微起皱。从锅中捞出，充分沥油。

小心地把油倒出来一部分，只剩 3 大匙的量在锅中，开大火（如果是用猪油，就先把所有的食用油都倒出来，再把猪油放进锅中加热）。加入猪肉末炒熟，散发香气，肉颜色变浅时倒入料酒。加入四季豆，翻炒均匀。等到锅内热气腾腾，加入芽菜或冬菜，再加入生抽。（你可以根据口味多加盐或生抽，但给出的用量应该足够了。）

离火，洒香油，装盘上桌。

美味变奏

素干煸四季豆

按照上述方法处理 400 克四季豆，将 2 根葱的葱白部分切成细细的“马耳朵”。把 8 个干海椒一切两半，或者切成 2 厘米长的段，尽量把辣椒籽都甩出来。3 瓣蒜剥皮切片，再准备等量的姜。按照菜谱对四季豆进行油炸。锅中剩 3 大匙油，开大火，加入干海椒，翻炒两下，加入 ½ 小匙花椒，再加入姜、蒜和葱白，翻炒出香味，加入四季豆。愿意的话，可以再加 4 大匙芽菜或冬菜末，然后把所有食材翻炒均匀，加盐调味。最后洒 1 小匙香油，装盘上桌。

Stir-fried Lotus Root with Chillies and Sichuan Pepper

炝炒藕丁

这是一道非常简单又特别好吃的川菜：迅速炒出来的藕丁，无论冷热都好吃。在成都那些"苍蝇馆子"，经常能见到做好的炝炒藕丁摆在那里，随意取用。几盘小菜，一碗热饭，就是一顿价廉物美的午餐。这道菜也出现在专做冷淡杯的地方，冷淡杯就是四川的"塔帕斯"，即开胃小菜。

藕通常都会被切成薄片，展现内部漂亮独特的纹理。但这道菜只是简单地切成藕丁，最为充分地展现了类似坚果的风味和爽脆的口感。干海椒和花椒的煳辣味似有若无，却是画龙点睛的美味。

嫩藕　475克（大约3节）
干海椒　8个
食用油　3大匙
花椒　1小匙
香油　1小匙
盐

藕切掉头尾，去皮，切成1～2厘米见方的藕丁。泡在冷的淡盐水中备用。

干海椒切成2厘米的段，尽量把辣椒籽都甩出来。

藕丁沥水。锅中热油，趁油不算很热之前加入干海椒，翻炒到"嘶嘶"作响，然后加入花椒。等到干海椒颜色变深但没有炒煳时，加入沥干水的藕丁，翻炒几分钟到热气腾腾，然后加盐调味。

最后离火，加入香油。冷热都好吃。

美味变奏

很多其他的蔬菜都可以按照炝炒的方法来烹调，就是和干海椒与花椒一起迅速炒熟，不加酱汁，不勾芡。炝空心菜（见第267页）是个经典的例子，也可以炝土豆丝（见第283页），你还可以炝炒豌豆、炝炒青豆，炝炒很多绿叶菜，炝炒各种你爱吃的菜。

Tender Boiled Vegetables with a Spicy Dip

粑粑菜

这道菜是传统乡村菜，非常健康，不用油，简单又美味。各种蔬菜简单地在高汤或清水中煮软（用当地的话来说叫煮“粑”，这道菜也由此得名），然后和蘸水一起端上桌。蘸水可以赋予那些菜更多的风味，可是汤汁经常只是吸收蔬菜香味的清水。过去，粑粑菜通常是煮在蒸饭的水中，或者剩的米汤当中。

这道菜可以用冬季限定的儿菜（长在“母”茎秆上小小的卷心菜状蔬菜，很像球芽甘蓝）来做，旁边摆一叠混合的海椒面和花椒面，再浇上煮菜的水，就是美味蘸水了。儿菜吃起来有点像西蓝花菜秆，汤汁也泛着一种澄澈的绿色。我还吃过这种做法的白萝卜、菠菜、豇豆、胡萝卜、南瓜、茄子、卷心菜和菜心；苤蓝和小土豆也是不错的选择。

有心情的话，你可以做个稍微丰富些的蘸水（见“美味变奏”），但我比较偏爱简单朴素。粑粑菜通常是连续几日大鱼大肉之后抚慰人心的“解药”。

你喜欢的蔬菜

高汤、米汤（见第323页）或清水

盐

海椒面

花椒面

葱花

熟芝麻（可不加）

蔬菜均匀地切成适合入口的大小。锅中倒入足够没过蔬菜的高汤、米汤或清水。大火烧开。加入蔬菜，炖煮到粑。最好先加土豆块之类炖煮时间比较长的蔬菜，然后再加绿叶菜这种容易煮粑的。

粑粑菜可以连锅端上桌，也可以连汤汁一起倒入大碗。用勺子浇一点汤汁到碟子里，做成蘸水。吃的时候，用筷子夹起蔬菜来蘸蘸水，吃完菜还可以喝汤。

美味变奏

按照乡村的传统，蘸水通常会用到手搓辣椒：干海椒在炉膛的余烬中烤一烤，去掉灰之后用双手搓成细细的碎片（也可以在锅中干炒到松脆，颜色变深）。

要做更丰富的蘸水，可以将3大匙豆瓣酱和1～2大匙油（这是配一份粑粑菜的分量）轻轻翻炒到油色红亮，散发香味。将油和酱倒在碗中，加入海椒面、生抽、花椒面和葱花与香菜碎，也非常美味。

Dry-fried 'Eels' (Shiitake Mushrooms)

干煸鳝鱼

这道美味的仿荤菜，是基于我在成都附近新都宝光寺的素食餐馆吃到的版本。菜中的“鳝鱼”是用干香菇做的，看上去和川菜中真的鳝鱼别无二致。我吃到的那道菜中没有大蒜，这是佛教素食的禁忌，觉得姜蒜葱等味道重的东西会燃起人心中的欲火。但我在这个菜谱中加了，因为会更好吃。干菌菇在中国素食烹饪中占有举足轻重的地位，因为风味十足，口感又和肉类似，令人满足。至于青椒，我倾向于使用瘦长皮薄的长青椒，味道比较清淡。

干香菇　10～12朵

（浸泡后重250克）

土豆芡粉　75克

干海椒　8个

长青椒　175克

食用油　油炸用量

花椒　1小匙

豆瓣酱　1½大匙

蒜（去皮切片）　3瓣

姜（去皮切片）　与蒜等量

香油　1小匙

酱料

土豆芡粉　¾小匙

细砂糖　½小匙

生抽　1小匙

老抽　¼小匙

干香菇放在锅里，倒热水没过，浸泡至少30分钟至软。直接大火烧开后略加点盐，小火煮20分钟，然后沥干水。放凉后尽量把水挤干，然后切成大概1.5厘米宽的条，放在碗里，均匀地裹上土豆芡粉。干海椒切两半或2厘米长的段，尽量把辣椒籽都甩出来。把青椒斜刀切成方便入口的块。找一个小碗，把酱汁料和4大匙凉水混合。

食用油入锅，大火加热至190°C（放一条香菇下去测试，剧烈冒泡即可）。分两三批油炸，把每一条香菇都小心地滑入热油中，不要粘在一起。炸1分钟左右到香菇酥脆，表面微微有些金黄，用漏勺捞出，充分沥油。

小心地将油倒出一部分，只留3大匙在锅里，开大火，加入干海椒和花椒，短暂翻炒出香味，辣椒不要炒煳了。立刻将锅离火，加入豆瓣酱翻炒到“嘶嘶”冒泡，油色红亮。加入姜、蒜和青椒，锅放回火上，翻炒到热气腾腾，香味扑鼻。迅速倒入香菇翻炒，然后搅一搅酱汁往锅的中间倒进去。迅速混合均匀，让酱汁在变浓稠的过程中包裹住香菇。洒上香油，盛盘上桌。

Stir-fried Cabbage with Chilli

炝莲花白

中国人能够把廉价而健康的卷心菜或芥菜做成令人难以抗拒的美味，这道快手菜就是很鲜明的例子。手撕卷心菜加一点干海椒、花椒翻炒，再来点糖醋调味。中国人用的是叶子较大、扁平、聚集得相对宽松的白色卷心菜，也就是莲花白（*Brassica oleracea* var. *capitata*）。在伦敦的家里，我会选择有个尖头的“甜心”卷心菜，被一些中国人根据其形状称为“鸡心白”。

莲花白或鸡心白　350 克（去掉外面蔫掉的叶子）

干海椒　6 个

细砂糖　1½ 小匙

盐　½ 小匙

生抽　2 小匙

镇江醋　1½ 大匙

食用油　3 大匙

花椒　2 小匙

把莲花白叶子撕成方便筷子夹的大小（这道菜中不要用中间的硬梗）。干海椒切成两半或者 2 厘米的段，尽量把辣椒籽都甩出来。小碗中混合糖、盐、生抽和醋，再加 1 大匙凉水，搅拌均匀。

锅中放油，大火加热，迅速地加入干海椒和花椒。翻炒到散发香味且干海椒颜色开始变深（不要炒焦），然后手脚麻利地加入菜叶，把所有食材翻炒均匀。一直翻炒到菜叶热气腾腾，到快熟的程度（一开始你会觉得锅里的菜叶很多，但其体积会慢慢缩小）。锅中加 1 大匙左右的水，防止锅太干。

最后，将碗中的调料搅拌一下，加入锅里。稍微搅拌一下，让液体蒸发，风味融合，盛盘上桌。

Stir-fried Cabbage with Pork Cracklings

油渣莲白

如果自己炼猪油，就会得到特别美味的油渣，可以撒在煮好的汤或面里提香用，也可以像这道菜一样用来炒，可以增加爽脆的口感和风味。即便你不炼猪油，也可能会愿意试试这个菜谱，小块的猪肥肉香喷喷的，口感松脆，和一锅莲花白一起炒，让人无法抗拒。好的肉铺应该都有猪背上的肥肉卖，要是买不到，用猪腩肥肉也可以。我这个菜谱是基于成都餐厅“人民食堂”经理的口述。

莲花白或鸡心白　350 克（去掉外面蔫掉的叶子）

猪背肥肉　75 克

干海椒　6 个

大蒜　3 瓣

食用油　1 大匙

生抽　3½ 小匙

花椒　2 小匙

莲花白叶子撕成适合入口的小片。肥肉切成 1 厘米见方的丁。干海椒切成两半或者 2 厘米的段，尽量把辣椒籽都甩出来。蒜剥皮切片。

锅中放油，中火加热，加入肥肉丁，翻炒到每一块都松脆、金黄且香气四溢。用漏勺把油渣捞出来，备用。

小心地把锅里的油（食用油和肥肉炼出的油）倒出来一部分，只剩 1 大匙左右的量，开中火。加入干海椒和花椒翻炒到散发香味且干海椒颜色开始变深（不要炒煳）。加入蒜和油渣，翻炒出蒜香。加入菜叶，开大火，翻炒掂锅，到菜叶刚熟（如果锅太干开始冒烟，可以加入 1 大匙水）。最后，加入生抽，翻炒均匀，盛盘上桌。

Cauliflower with Smoked Bacon

腊肉烧花菜

据说花菜原产于地中海东部，在中国的食用历史只有两百来年。川菜中有时候会将其焯水后加高汤和芝麻油凉拌。但更常见的做法是加一点腊肉一起炒，就是我下面这个菜谱。20 世纪 90 年代我常在成都的竹园餐馆点这道菜。这是一道非常典型的家常中餐，用少量的肉为淡而无味的蔬菜增鲜增香。如果你用猪油代替菜油，风味会更为鲜香。

小个花菜　1 个（约 450 克）

腊肉　75 ～ 100 克

食用油或猪油　3 大匙

大蒜（去皮切片）　3 瓣

高汤　300 毫升

土豆芡粉　1½ 小匙（和 2 大匙凉水混合）

盐和白胡椒面

花菜或撕或切，变成适合筷子夹取且适合入口的小块。菜梗切薄片。腊肉肉皮切掉备用，然后切成适合入口的片。

锅中放油，大火加热。加入腊肉和肉皮，翻炒到散发出浓烈的香味，边缘变得金黄。离火后把肉皮捞出来扔掉，然后加入蒜片翻炒出香味。加入花菜，在香喷喷的油中翻炒，然后加入高汤和盐调味。把花菜翻炒到锅中央的液体中，不要粘着金属锅沿（必要的话再加少量的高汤或者热水）。烧开后盖上锅盖小火煮 5 分钟左右，再揭开锅盖翻炒一两下，到花菜变软。

花菜熟了以后，移开锅盖，开大火。用白胡椒面调味，必要的话再加一点盐。水芡粉搅拌一下，慢慢加入锅中，汤汁浓稠的过程中不断搅拌，盛盘上桌。

Stir-fried Garlic Stems with Smoked Bacon

腊肉炒蒜薹

我有一道非常喜欢的四川炒菜，做法简单，就是把蒜薹（也称为“蒜毫”）与切成细条的腊肉炒在一起。蒜薹多汁爽脆，有点像芦笋。那股美妙的蒜香在炒制之后会变得更温柔、更香甜，与腊肉的鲜味可谓天作之合。四川市场上卖的蒜薹，都是一小捆一小捆的，头部的小花苞也不去掉。而国外的蒜薹经常出现在比较好的中国超市，去了头，修剪成30厘米左右的长度，扎成一捆。大部分的川菜厨师都会在切腊肉之前先蒸过，但我通常不会费那个事儿。除了腊肉之外，你也可以用那种风干的中国香肠或广味的酱肉，两者都很美味。

蒜薹　250克

腊肉（五花肉做的）3厚片

食用油　3大匙

香油　½小匙

盐

如果蒜薹尾部有点老，就切掉不要，然后把蒜薹切成5厘米长的段。切掉腊肉皮，一会儿可以用来榨油，然后顺着纹理将腊肉切成细条。

大火热锅。加入食用油，转动锅柄让油覆盖整个锅，然后加入腊肉和肉皮，翻炒数次，让肉条条分明。加入蒜薹翻炒到刚刚开始变软起皱，按口味加适量的盐。

离火，把肉皮挑出来扔掉，倒上香油，盛盘上桌。

美味变奏

腊肉炒韭菜花

把蒜薹换成韭菜花即可。这种做法的韭菜花非常美味，不过口感上没有腊肉炒蒜薹那么分明。韭菜花很好认，绿色的茎秆扁平有棱角，每一根头上都有个小小的花苞，质感像薄纸。通常都是一小捆一小捆卖的，开炒之前把花苞剪断即可。

Dry-fried Bitter Melon

干煸苦瓜

中国人喜欢把承受痛苦叫作“吃苦”，20世纪50年代末的困难时期以及“文革”时期那段日子，都是在“吃苦”。但尽管和痛苦联系在一起，“苦”也是有好处的。臣子若能苦口婆心地劝谏皇上，就是忠心；中医里面讲究良药苦口，也可以用苦味的食物调理身体。四川人觉得，潮湿闷热的夏季，吃点苦味的食物，能够为身体降火驱汗。

苦味食物中毫无争议的王者，就是苦瓜（*Momordica charantia*），瓜形修长，表面粗糙，颜色青绿，摸着软软的，又有点刺刺的。只要天气炎热潮湿，四川人的晚餐桌上就经常出现这种蔬菜，最典型的做法是下面介绍的干煸，也是川菜中比较有特色的烹饪方法。苦瓜很苦，肯定是要慢慢习惯才会爱上的味道，但一旦爱上了，就会特别喜欢。

苦瓜　1根（约525克）

干海椒　5个

食用油　3大匙

花椒　½小匙

蒜末　1大匙

宜宾芽菜（清洗后挤干水，切末）　4大匙

香油　1小匙

盐

苦瓜去掉头尾，竖着剖成两半，把瓜瓤和瓜籽挖出来扔掉，然后横切成薄片。干海椒切成2厘米长的段，尽量把辣椒籽都甩出来。

中火热锅，不要加油，加入苦瓜干炒几分钟到热气腾腾且体积缩小，看上去湿嗒嗒的，散发着香味。

把苦瓜推到锅边，将食用油倒入锅底，加入干海椒和花椒，在油中翻炒出香味，等干海椒颜色开始变深，加入蒜末，翻炒两三下出香味，然后倒入芽菜末，在油中搅动一两下，把锅中所有的食材炒在一起，根据口味加盐。

离火后加入香油，盛盘上桌。

美味变奏

肉末干煸苦瓜

翻炒苦瓜前，锅里倒一点点油，翻炒50克肉末，再加一点点生抽，炒到肉末熟透且散发香味，然后放在一旁备用。有必要的话可以洗锅并擦干。之后按照上述步骤来，肉末和芽菜一起加入。

简易干煸苦瓜

你也可以不用干海椒、花椒、蒜末和芽菜，只把青椒（辣或不辣的都行）切丝后与苦瓜一起干煸，用盐调味即可，就像第264页的干煸茄子一样。这是最常见的干煸苦瓜做法。

Stir-fried Potato Slivers with Chillies and Sichuan Pepper

炝土豆丝

中国人对土豆的感情，和欧洲人天差地别。中国人觉得土豆不是主食，而是一种可以做成下饭菜的蔬菜。土豆在中国还有个名字，叫“洋芋”，从中可以看出其外国出身和较晚才被引入中原的经历。中餐厨师有时候会把土豆切块，然后跟牛肉或猪肉一起文火慢炖。四川更常见的做法是切成细丝来炒。用这种做法处理的土豆丝比较爽脆，和土豆泥、水煮土豆、炸土豆和烤土豆感觉很不一样。（如果你的土豆丝稍微切粗一点，不洗掉淀粉，炒的时间长一点，那么成品就会更软更糯，口感比较像通常意义上的土豆。）

这道菜用任何品种的土豆都可以做，但最好是选择那种口感不那么粉的。当然要尽可能选择风味好的。土豆丝切得越均匀越细，成品就越出色。好的川菜厨师能把土豆丝切得极细，炒好之后锅里仿佛绕了一丝丝细毛线。我有几个四川朋友会把这道菜戏谑地称为“洋芋炒土豆”，让这道便宜的家常菜显得洋气一些。

土豆　400 克

干海椒　6 个

食用油　2 大匙

花椒　½ 小匙

香油　1 小匙

盐

土豆去皮，尽量均匀地切成极薄的土豆片，然后把片平放，切成极细的土豆丝。凉水中放一点点盐，将土豆丝泡进去，洗去淀粉。下锅之前尽量沥干水。干海椒切成两半或 2 厘米的段，尽量把辣椒籽都甩出来。

锅中放油，大火加热。在油烧得特别热之前，加入干海椒，稍微翻炒一下，直到出香味且颜色开始变深。迅速加入花椒，翻炒两下，然后倒入土豆丝。（此步骤的关键是干海椒要变色但不能烧煳。）

迅速翻炒到土豆丝热气腾腾，断了生味，但还比较脆，加盐调味。最后离火，淋上香油，盛盘上桌。

美味变奏

葱炒土豆丝

把原配方中的干海椒和花椒去掉，直接翻炒土豆丝，加盐调味，再加 1 小把细细的葱丝，然后迅速离火。葱丝加入之后炒个几秒钟出香味即可。淋上香油，盛盘上桌。

青椒土豆丝

把原配方中的干海椒和花椒去掉，直接翻炒土豆丝和青椒丝（青椒丝的量大概是土豆丝的五分之一），加盐调味，再撒 1 小把葱花，之后迅速离火。

醋熘土豆丝

翻炒土豆丝，加一点点青椒丝增色。最后调味时加盐、少量的生抽和 2 小匙的镇江醋。

'Crossing-the-river' Choy Sum

过江菜心

川南人民特别喜欢给菜品配上蘸水，比如蘸水兔、冷吃肉、内脏、新鲜的豆花和蔬菜等。很多蘸水都是酱油加红油或海椒面、新鲜的小米辣、调味用的香草碎，还有蒜末等，有时候也来点儿醋。如果是绿叶菜，要用筷子挑起来在蘸水里过一下再吃的，菜名里会带上“过江”二字。绿叶菜要么是简单地炒一炒或者焯一下水再沥干，要么就是煮好后直接连汤带水一起端上桌。我和朋友在合江吃的一顿晚饭，就有一盘炒苋菜，浸润在红色的汤汁中，还有一碗热水中的空心菜，两样菜都各自配了一碟辣味蘸水。

下面菜谱中用的是菜心，你换成空心菜、苋菜或菠菜都是没问题的。蘸水也可以自由发挥，并不需要严格按照菜谱来。根据自己的喜好，加一点姜末、一撮糖或一些葱花都是没问题的。只要是一份菜配上一碟蘸水，都是“过江菜”。

菜心或其他绿叶菜　300 克

蘸水

生抽　2 大匙

镇江醋　1 小匙

蒜末　1 大匙

海椒面　2 小匙

花椒面　¼ 小匙

绿叶菜清洗干净，有必要的话理一下，然后切成适合筷子夹取的长段。

小碗中混合所有蘸水配料。

烧开一锅水，加入绿叶菜，稍微煮一下，到叶子蔫掉、茎秆柔软。沥干水后摆在盘子上，或者直接连汤带水一起盛入碗中。蔬菜和蘸水配着吃。

Green Soy Beans with 'Golden Hooks'

金钩青豆

这道清淡柔和的菜赏心悦目，也满足口腹，和那些口味较重的川菜形成完美的互补。新鲜的青豆与金钩（即干虾仁的四川名字）是很经典的搭配。我在“烹专”学到这一课时，老师推荐用浓稠的奶汤，不过普通的鲜汤也足够了。如果是作为宴席菜，最后通常会加一点鸡油；但作为家常菜，淋点香油即可。如果你是用冻青豆，炒之前要先解冻。

金钩（干虾仁） 3 大匙

料酒 1 大匙

姜（带皮） 15 克

葱（只要葱白） 2 根

猪油或食用油 2 大匙

奶汤（见第 459 页）或鲜汤（见第 457 页）250 毫升

青豆 300 克

土豆芡粉 2 小匙（和 1½ 大匙凉水混合）

鸡油（见第 456 页）或香油 1½ 小匙

盐和白胡椒面

金钩放入小碗中，倒入料酒，再加热水没过，浸泡至少 30 分钟。用刀面或擀面杖轻轻拍松姜和葱白。

锅中入猪油或食用油，大火加热。加入姜和葱白，翻炒到香味四溢。倒入汤烧开，然后把姜和葱白捞出来扔掉。加入青豆和沥过水的金钩，再次烧开后加盐和白胡椒面调味，然后煮几分钟，让风味融合。

汤汁大概减少三分之一后，把水芡粉搅一搅，慢慢加入锅中，边加边搅拌，到汤汁变黏稠但仍能够缓慢流动的程度。淋上鸡油或香油，盛盘上桌。

美味变奏

别的菜也可以用这样的做法，比如白菜、冬瓜和豌豆。如果用的是白菜，加入高汤之前要先焯水断生，加入水芡粉前要先把白菜捞出来盛盘，之后再加鸡油或香油，然后把汤汁淋在菜上。如果是用冬瓜，汤量要多一些，在加水芡粉之前，要煮到冬瓜变软。

'Ants Climbing a Tree' (Bean-thread Noodles with Minced Pork)

蚂蚁上树

这道菜之所以叫"蚂蚁上树"，是因为用筷子挑起粉丝，会有很小很小的肉末粘在上面，好像蚂蚁在爬树。这道菜简单便宜，抚慰人心，是典型的四川家常菜；20世纪90年代也常在普通的餐馆出现，但很少有菜谱记录。这道菜非常美味，粉丝缠绕堆叠，肉末、红辣椒和绿色的葱花在其中若隐若现。对于干粉丝的处理方法，主要是浸泡，但有的厨师也会进行油炸。不过油炸的话粉丝容易碎裂。中国人偏爱绿豆粉丝爽滑的口感和嚼劲，并不将其当作主食。"蚂蚁上树"通常和其他菜一起上桌，配上一碗白饭。有时候也会用红薯粉来做，这种粉丝要粗一些，不过也颜色透明，口感滑溜。

绿豆粉丝（红薯粉） 100克

食用油 3大匙

肉末 100克

料酒 ½大匙

生抽 1小匙

豆瓣酱 1½大匙

姜末 1大匙

蒜末 1大匙

鲜汤（见第457页） 350毫升

老抽 ½小匙

葱花 4大匙

盐

将粉丝用热水浸泡几分钟变软。（如果用红薯粉，就凉水浸泡至少2小时，或过夜。）

同时，锅中加入2大匙食用油，开大火，加入肉末翻炒，边炒边用锅铲弄碎（记住，要碎得像蚂蚁）。肉炒熟后，倒入料酒，然后加入生抽和1小撮盐翻炒。

肉末散发出香味，颜色微微变深后，把锅斜过来，肉末推到锅边，让食用油聚集在锅底，再加1大匙油，然后加入豆瓣酱，翻炒到油色红亮，散发香味，有必要的话火稍微关小一点，以免煳锅。加入姜末和蒜末，翻炒出香味。把锅正回来，把肉末和酱料混合，然后加入鲜汤、老抽和充分沥干水的粉丝，充分混合。

开大火，翻炒到汤汁被粉丝吸收，然后撒上葱花，翻炒均匀后盛盘上桌。

美味变奏

猪肉末可以用牛肉末代替，葱花可以用等量的芹菜碎代替。

Sweetcorn Kernels with Green Peppers

青椒玉米

玉米玉米，玉做的米，这个中文名字颇具诗意，但并不是什么山珍海味。说起玉米，人们通常会想到这是贫困山区的人们常吃的食物。玉米粉会被做成小吃或甜食，比如圆锥形的窝窝头，口感粗粝，是农家的主食。不过有些时髦的餐厅也有这道菜，纯粹为了吃个新鲜。新鲜的玉米粒通常会用来炒，这道菜就是一个例子。

菜谱中通常是不会收录这种家常菜的，但青椒玉米在很多价格便宜的川菜餐厅和家庭餐桌上很常见。如果没有鲜玉米，你也可以用冻玉米粒，或者没有调味的罐装玉米粒。青椒我建议用薄皮的长青椒，但别的也可以。这道菜多加点盐味道会比较好，用盐量要比别的菜多一些。

甜玉米粒　250 克（约两个玉米剥下来的量）

长青椒　3 根（或 1 ～ 2 根圆青椒，约 150 克）

食用油　2 大匙

盐

如果是用新鲜的玉米，要把玉米粒剥下来。剥玉米的时候，可以用餐刀轻轻地刮下来，先刮几排，然后用拇指掰剩下的（没你想的那么麻烦）。

青椒切成和玉米粒差不多大的小丁。

锅中放油，大火加热，把玉米粒和青椒都倒入锅中，翻炒 4 ～ 5 分钟，到热气腾腾，“嘶嘶”作响，然后加盐调味。

Stir-fried Amaranth Leaves with Garlic

炒苋菜

这是一道春夏季节的时令菜，四川人称为“han 菜”，普通话发音“xian 菜”，吃的是苋菜柔软的嫩叶和茎秆。叶子中部发紫，边缘翠绿，根据品种不同，形状可圆可尖。四川人有个传统，就是农历五月初五的端午节，把这道菜和咸鸭蛋与粽子配着一起吃。苋菜有多种做法，但最常见也最好吃的，就是和蒜一起炒。炒的过程中，叶片的紫色会释放出来，把汤汁染成漂亮的紫红色。某些中国或越南食品店里有苋菜出售。方便起见，你可以把苋菜切成适合筷子夹取的长段（中国人通常不切，直接炒）。

苋菜（老的茎秆要去掉） 250 克

食用油 3 大匙

蒜（去皮切片） 3 瓣

热高汤或热水 约 3 大匙

盐

苋菜洗净甩干。锅中倒油，开大火。趁油没有过热时加入蒜片，翻炒到“嘶嘶”作响，香味四溢。

在蒜片变色之前，加入苋菜，迅速翻炒到叶子和茎秆都变得柔软，如果锅太干了，就加入高汤或清水（最后会有一小滩紫红的汤汁）。

加盐调味，盛盘上桌。

美味变奏

很多绿叶菜用蒜炒都很好吃，比如菠菜、空心菜、豌豆，还有很多野菜。如果是用口感比较粗的蔬菜，最好是在最初翻炒之后加一点点水，然后盖上锅盖，中火煮软，偶尔搅动一下，不要粘在一起。

Stir-fried Mixed Mushrooms

山珍烩

某个夏末，我造访川西的卧龙自然保护区，发现那里有个厨师和我一样，也曾经在“烹专”学厨。同学之谊是中国人很看重的缘分，对方像欢迎家人一样热情款待我。我这位同学彭锐和我一起在厨房忙活，他妈妈在屋后的棚子里点火熏肉。不过，那次最让我难忘的，还是我们去山谷中寻找野菜的经历。

我们借了个小电驴，一路颠簸，两侧是陡峭高耸的山坡，长满了松树。山峰在雾气中若隐若现。山谷中蜿蜒着一条孔雀蓝的河流，间或有很多大小不一的岩石。地势稍低的斜坡上，有拙朴的农民在耕种，开辟出小片的田野：深色的叶子包裹着莲花白，沃土中钻出粉白粉白的萝卜。黄澄澄的玉米棒子、大串儿的红辣椒都挂在农舍的屋檐下。我们停了下来，步行走过大路边一条崎岖的峡谷，看一股股瀑布汇入山间的溪流。彭锐告诉我，在这里，季节的变化带来了核桃与野苹果、小小的野草莓和各种各样的菌类。

彭锐那天晚上给我炒了一盘野菌，下面这道菜就是对那道菜的致敬。你可以按照自己喜好改变菌类，只要有几样颜色和口感对比鲜明的即可。

混合菌类（比如香菇、平菇、金针菇、舞茸、鸡腿菇、草菇、竹荪） 400 克

葱 2 根

猪油或食用油 3 大匙

鸡油（见第 456 页） 1 大匙（可不加）

蒜（去皮切片） 3 瓣

鸡高汤或蔬菜高汤 200 毫升

土豆芡粉 1 小匙（和 1½ 大匙凉水混合）

盐和白胡椒面

如果要用竹荪，需要在凉水中浸几秒钟泡软，然后在开水中稍微焯一下，冲水后切成 4 厘米长的段。如果要用金针菇，要轻轻撕开。平菇可以切或撕成适合入口的小块。别的菌类切成 3 ～ 4 毫米厚的片。

切掉葱白，然后用刀面或擀面杖轻轻拍松。葱绿切成葱花。

猪油或食用油（或鸡油）倒入锅中，开大火。加入葱白翻炒出香味，然后加入蒜片翻炒出香味，但蒜片不能变色。葱白捞出扔掉。加入所有菌类，在已经有蒜香的油中翻炒。加入高汤烧开，用盐和白胡椒面调味。一开始会感觉水不够，但随着菌类逐渐变软，液体会大量增加。边煮边搅拌，直到菌类变软。

水芡粉搅一下，慢慢加入锅中，边加边搅拌，直到汤汁略略变得浓稠。加入葱花，盛盘上桌。

Stewed Baby Taro with Greens

芋儿白菜

芋儿这种蔬菜入不了很多西方人的法眼，但其白白的淀粉感球茎有种很美妙的丝绒口感。它就像土豆的近亲，但要更温软更柔和一些（土豆比芋儿传入中国的时间更晚些，所以别名“洋芋”）。我很喜欢这道抚慰人心的菜，里面的芋儿很好吃；做法很简单，就是芋儿和白菜一起煮在汤汁里。如果你没有白菜，用菠菜或你喜欢的其他绿叶菜也可以，只是要调整烹饪时间。如果提前把芋儿煮了，让其在汤汁中浸润放松，变得浓稠顺滑，成品会特别让人满意。

在英国，中国商店、非洲商店和印度商店都能找到芋儿，名字五花八门，你找那种表面粗糙不平，长了短毛的褐色球茎即可。注意，削皮时最好戴上橡胶手套，因为芋儿含有一种黏液，煮好之后可以转化为营养，但生的时候会让你皮肤发痒。

芋儿　600 克

鸡高汤、蔬菜高汤或鲜汤（见第 457 页）

白菜　200 克

盐和白胡椒面

戴上橡胶手套，把芋儿去皮之后清洗，然后切成适合入口的小块，和高汤一起放入锅中，烧开后加盐和白胡椒面调味，然后炖煮 20 分钟左右，到芋儿完全变软，离火后放在一边备用。

要开饭之前，把芋儿和汤汁一起重新烧开，白菜切成适合入口的大小，加入锅中，盖上锅盖，煮一小会儿，到叶子和茎秆都变软。根据口味调味，然后盛盘上桌。

Tiger-skin Green Peppers

虎皮青椒

长青椒　300 克

镇江醋　1 大匙

生抽　2 大匙

食用油　油炸用量

盐

“虎皮”这个名字，是因为青椒煎过之后，表面有一点起皱，且有的地方变成金黄色，看上去一条条的像老虎皮。青椒煎过之后，放一点盐再摆盘，然后淋一点香醋和生抽，与醇厚爽滑的口感相得益彰。四川人用的薄皮青椒个头比较小，通常 6～9 厘米长；我在伦敦用的是长青椒，辣味非常可口。

在四川的餐厅点这道菜总有点像在下赌注，因为你不知道厨师会用哪种青椒，有时候是那种味道清淡的甜椒，有时候辣得你“咻咻”吸气（这道菜在中国，就像西班牙脆椒，点了这道菜，就像参与了一局俄罗斯轮盘赌）。这道菜热吃冷吃都不错。

用刀面或擀面杖将青椒轻轻拍松。去掉尾部，切成 6～7 厘米长的段，尽量把青椒籽都去掉。醋和生抽混合。

食用油加热到 200°C（放一块青椒下去测试，剧烈冒泡即可）。加入青椒，搅动一两分钟，直到椒皮发白起泡，口感柔软。小心地把油从锅中倒出，然后开大火，一边放盐一边把青椒炒匀。

青椒堆放到盘子上，将醋和生抽的混合物沿着盘边淋上去（沿着边缘就不会破坏青椒的颜色），夹取青椒时蘸一蘸调料再入口。

Stir-fried Celery with Minced Pork

烂肉西芹

这道菜简单快手，又十分美味，是典型的家常味。这道菜和我的家常菜谱《粒粒皆辛苦》中那道芹菜牛肉比较像，不过多加了红油和花椒。这道菜师从张国彬和李琦，他们的小餐馆是我在成都的最爱之一，前者是主厨，后者是老板。这道简单的菜非常下饭，按照菜谱中的量就够两个人吃了。川菜中用的芹菜比我们常见的西芹要细一些，香味更浓郁。但我发现西芹更多汁，所以做出来更美味。

西芹　300 克（约 5 ～ 6 根）

食用油　3 大匙

猪肉末　100 克

豆瓣酱　1½ 大匙

姜末　1½ 大匙

生抽　1 小匙

镇江醋　1 小匙

花椒面　¼ 小匙（根据口味增减）

红油　1 大匙

西芹撕去老筋，纵切成 1 厘米宽的条，再切成碎末。

锅中放油，大火加热。加入猪肉末翻炒到颜色变白，并且把肉弄散。加入豆瓣酱继续翻炒到油色红亮，散发香味，然后倒入姜末翻炒出香味。加入西芹碎，继续翻炒到热气腾腾，这个过程中加入生抽。把醋倒入锅中，稍微加热一下。

最后，倒入花椒面和红油，盛盘上桌。

川菜中的很多汤羹调味都比较清淡，以充清口润喉之用；有时候旁边会摆上一盘辣味蘸水，喝汤前先把里面的固体食材捞出来，蘸着料吃。

Soups

SOUPS

汤羹

川菜中的很多汤羹调味都比较清淡，以充清口润喉之用；有时候旁边会摆上一盘辣味蘸水，喝汤前先把里面的固体食材捞出来，蘸着料吃。

在大部分中国人的饭桌上，汤羹是非常重要的角色；中国饮食文化对汤羹的重视程度，也远胜于西方。有时候一餐中可能只有一道简单的汤是液体的，既是菜，也是饮品。汤喝起来很舒服，可以清口、润喉，配上“干”饭与“干”菜，相得益彰。中国人也经常吃汤面、汤饺子，如果面或饺子没有汤，通常也会再拿个碗，单独舀一碗汤。

中餐里大半部分的汤都是作为清润的饮品，所以比较清淡，和西方人爱喝的那种浓稠奶汤不一样。中国人把饭桌上清淡的液体称为“汤”，而把盛满切碎食材的浓稠液体称为“羹”。比起外邦人士，中国人似乎也更懂得欣赏汤羹中那些微妙精细的味道。精心熬煮的汤羹中会留下肉类或禽类鲜味的精华，总让中国人喝得津津有味。

在华南的广东等地区，通常都是先喝汤后吃饭，用来开胃。而四川通常都是先吃饭后喝汤，作用是在吃了重口味的菜肴之后用以清口。因此，川菜中的汤大都是调味比较淡的清汤，有时候跟大菜硬菜相比，显得有点太不起眼了，但这正是其存在的意义：让一桌菜达到整体的和谐，用清润口腹、抚慰人心的风味，来平衡那些重油重辣。我在自己的中国美食探索伊始，总觉得有些汤太平淡无奇了；现在几乎每顿饭都要配个简单的汤，因为喝了会觉得很放松很舒服。（对了，如果一家外国中餐厅的菜单上有比较清淡简单的汤菜，通常说明这里的常客是中国人，而非开给西方客人的“山寨馆子”。）

有些日常的汤羹真是简单得令人惊叹，要么是把蔬菜放进清水里煮开，要么就是米汤或面汤。农村人会在米汤里加些蔬菜，也算是最基本的菜汤了：选用柔嫩的豌豆尖或葵菜之类，也许再化点自制猪油，增添风味。可以把菜先炒过（通常是用猪油炒），再倒入水或米汤。冰箱里要是还剩了些散碎的菜，做成这样的汤也不失为一个好归属。

用整鸡、整鸭或排骨熬汤时，就需要文火慢炖，做成风味十足却几乎没什么颜色的汤。要做更浓郁的汤，可以用动物或禽类的骨头，加上猪蹄、脆骨一类的胶质食材，熬出乳化的奶白汤羹。喝汤时用勺子舀着喝，或者先盛进饭碗里，端着碗喝，同时也把饭碗里剩的米粒等一起冲干净。

有的汤里料要足一些，比如豌豆汤。四川很多菜市场上卖豆腐的小摊都会卖这种豌豆，买回去以后可以先用猪油混合着香料，炒一炒，然后放在水里煮开，做成浓郁美味的豌豆汤。还有包括本地不同寻常的品种在内的其他豆类，也可以被做成富含营养的浓郁汤羹，在农家菜中尤其常见。绿叶菜剁碎之后，也可以加入汤锅中。

四川的饭桌上也会出现精巧的甜汤，婚宴上比较常见，喻义婚姻甜蜜美满。（几种甜汤的做法见“甜品”一章。）

川菜中很多最著名的汤看上去简单直接，但其实需要很多奢侈的配料，或者需要高超的厨艺。比如做某道宴席常见的汤菜，主人需要尽其财力，在整鸭的肚子里塞上尽可能多的虫草（来自青藏高原地区的一种昂贵补品），然后花几个小时去炖煮。还有一道如今已经比较少见的汤——开水白菜，这是一个颇具调侃戏谑意味的菜名，把最柔嫩的白菜心择出来，放进透明清澈的汤水中。而这汤水有着无上的风味，是用鸡、鸭和猪肉熬炖而成的。看上去就是清亮的开水中躺着一朵白菜，但要熬出这种没有一丝油荤的透亮清汤，则需要高超的厨艺。

条件允许的话，我强烈建议你做中餐时配一道汤。不用太复杂。如果你冰箱里常备着家常鲜汤，或者把精心熬炖的鸡高汤冻成冰块备用，那就更简单了。你也可以做简单的水煮汤，比如第311页的水煮南瓜。（我得承认，自己在家里时经常会做味噌汤，它不属于中餐的范畴，但风味十足，能解我的馋。）下面这章收录了简单易做的快手汤羹，也有几道需要多花点时间或精力的汤。我自己最喜欢的是豆腐汤和酸菜鸡丝汤（非常清新开胃），还有番茄煎蛋汤（特别好喝）。如果你口味更重一些，可以试试酸辣豆花汤或者丸子汤。

大部分汤都是日常鲜汤打底，不过你也可以用鸡高汤或者蔬菜高汤，全凭个人口味。

川南宜宾李庄镇附近的荷塘。

Fried Egg and Tomato Soup

番茄煎蛋汤

四川菜市场上卖各类禽蛋的摊子总是美得惊人：一排排鸡蛋摆得整整齐齐，有蓝色的、棕色的和白色的；旁边还有个头大些，颜色白些的鸭蛋。皮蛋裹着土和谷糠堆成小山。拿出一个扒拉干净，剥开蛋壳，就能看到果冻一样的蛋白和青黄的蛋黄。咸鸭蛋外面包裹着煤灰色的一层泥。摊主总会挑出一个剖开，露出金色的蛋黄做样品。最可爱小巧的是表面还沾着泥土和羽毛，斑斑点点的鹌鹑蛋，放在用红棉线分成一格格的托盘上，像珠宝店里摆满戒指的展示柜。

当然，最常用的食材还是鸡蛋。它和番茄是绝配，正如这道汤。我以前在四川大学周围的餐馆觅食，总爱点这道汤。做法很简单，但味道却很好很丰富。

大个鸡蛋　2个

中等大小的成熟番茄　2个（175～200克）

鲜汤（见第457页）　1升

猪油或食用油　2大匙

菠菜、豌豆尖或柔嫩绿叶菜　1把

盐和白胡椒面

鸡蛋在小碗中打散；番茄切片。鲜汤在锅里烧开。

炒锅倒油，大火加热到油温很高，锅边冒烟。倒入鸡蛋，转锅。把鸡蛋煎成蓬松的蛋饼，底部金黄后翻面，把另一面也煎成金黄色。不用追求蛋饼的完整，反正后面也是要破开的。

倒入热鲜汤，烧开后再煮个一两分钟，直到汤水变成不透明的浓稠状，加盐和白胡椒面调味。加入番茄烧开，到刚好成熟。倒入绿叶菜，煮到刚刚变软。整锅倒入汤碗中，上桌。

美味变奏

番茄蛋花汤

这种做法来自一本20世纪80年代出版的四川家常菜谱。2个鸡蛋在小碗中打散，把2个大个番茄（300～400克）在开水中略微焯一下，稍放凉后撕去外皮，切成番茄丁。将2½大匙土豆芡粉和6大匙冷水在小碗中调匀成水芡粉。锅中倒2大匙猪油或食用油，大火加热，然后加入2小匙蒜末，迅速翻炒出香味。加入1升鲜汤烧开，加盐调味。水芡粉搅匀，慢慢加入锅中，边加边搅拌，让汤羹呈现稀奶油的浓稠度。加入番茄煮透。关小火，慢慢加入蛋液，小碗要沿着锅边转一圈，让蛋液均匀分布。蛋液变成碎碎的蛋花时，稍微搅拌一下，然后倒入汤碗中。

Simple Tofu Soup

豆腐汤

这是一道很典型的家常汤菜，特意做得清淡爽口。高汤调味后加土豆和绿叶菜，然后加入白豆腐，非常简单。这道汤很适合在吃了辣菜之后清口润喉。

大个番茄　1个

白豆府　300克

鲜汤（见第457页）或蔬菜高汤　1升

白菜叶、豆苗或其他绿叶菜

盐和白胡椒面　1大把

番茄切半，然后切成5毫米厚的片。豆腐切成大小差不多的小方块，在烧开的淡盐水中浸泡几分钟保鲜。

另起一锅，把鲜汤烧开，放盐和白胡椒面调味。加入沥干水的豆腐煮几分钟，使其吸收汤的风味，然后加入番茄片，烧开后煮10～20秒，略微煮软即可。加入绿叶菜，搅拌一两次之后倒入汤碗中。

Thick Split Pea Soup

豌豆汤

四川菜市场上的大部分豆腐摊都会卖豌豆，可以作为汤菜打底。豌豆通常是用整颗干豌豆做成的，但西方常见的那种分成两半的豆子也完全可以。我特别喜欢的一家成都小吃馆子卖一种不那么浓稠的汤，是用干豆子和猪肉高汤做的，舀一碗，配辣味荞面、冻糕和叶儿粑。我这个版本更为浓稠，材料更为丰富，还特别添加了剁碎的绿叶菜。你想用什么绿叶菜都可以，汤做好了还可以再加点炒花生、兵豆或炸面包丁来点睛（四川人会加炒花生和馓子）。

重庆人把豌豆用在更为朴实暖心的菜肴中，比如浓郁的豌豆猪杂汤，还有焯过水的绿叶菜上来一大勺用猪油炒过的豌豆泥，听着像是“暗黑料理”，但其实极为美味。

干黄豌豆　300 克

姜（带皮）　25 克

葱（只要葱白）　2 根

白菜或菜心　200 克

猪油或食用油　3 大匙

花椒　1 小匙

鲜汤（见第 457 页）或蔬菜高汤　1.2 升

葱花　2 大匙

盐和白胡椒面

豌豆在冷水中浸泡过夜。第二天沥干水，放在锅中。倒清水没过豌豆，水开后煮 10 分钟，然后关小火，直到豆子全部煮软，大概需要 1 小时。必要的时候往锅里添水，但不要加太多，最后要做出比较稠厚的豌豆泥（这一步可提前做）。

用刀面或擀面杖将姜和葱白轻轻拍松。把白菜或菜心切或撕成适合入口的大小。

猪油或食用油倒入锅中，大火加热，再加入姜和葱白，迅速翻炒出香味。加入花椒继续翻炒几秒，出香味。用漏勺将香料捞出扔掉，只剩下已经炒香的油。豌豆加入锅中，翻炒 1 分钟左右，然后倒入鲜汤烧开。用盐和白胡椒面调味。加入绿叶菜，烧开后煮到菜刚熟的状态，然后将汤倒入碗中，撒葱花，上桌。

美味变奏

豆汤时蔬面疙瘩

还可以加入更丰富的食材。比如用 400 克面粉（普通或低筋）和 325 毫升水混合，放在碗中，用湿棉布覆盖着醒 10 分钟。加入绿叶菜之前，将装了面团的碗悬在锅上空，斜过来让面团贴着一侧碗沿，用勺子将面一条条地挖进豌豆汤中。边挖边旋转碗。煮 3 分钟左右，到面疙瘩熟透。加入绿叶菜煮到刚熟的状态，然后将汤倒入碗中，撒葱花，上桌。

Clear-simmered Oxtail Soup

清炖牛尾汤

这是一道重庆特色汤菜，冬天喝来尤其舒心。整根牛尾慢炖数个小时，直到软烂美味，脂肪入口即化。牛尾浸润在清汤当中，旁边配上一碟辣辣的蘸水。吃一顿川菜之后，来点牛尾汤，实在是身心通畅，清新舒爽。

最受食客推崇的牛尾汤出自重庆市中心的老四川大酒楼，这个餐馆专做牛肉和牛杂菜。据说这道汤的发明者就是酒楼之前的主厨陈青云。对了，我有一次在悉尼，用同样的做法做了一次袋鼠尾巴汤，也非常美味。

这道汤的名字就是其烹饪方法——清炖，不加盐等各种调料，直接炖煮肉类或禽类。汤里面加的姜、花椒和料酒不算真正意义上的调料，而是用来去除牛肉的荤腥。类似的，鸡肉也并不是要让这道汤有鸡味，而是为了烘托强调牛肉本身那种自然的鲜味。最后，汤要上桌之前，再加一点点盐。

这种做法通常用来做滋补汤锅或烧菜，其目的不是为了用复杂的重口味惊艳味蕾，而是要凸显营养食材的自然本味。

清炖牛尾汤还有个“近亲”——清炖牛肉汤，做法见后面的“美味变奏”。还有道类似的汤叫“枸杞牛鞭汤”。我第一次去老四

大个牛尾　1条（1～1.5公斤，或1.2公斤大块牛尾）

鸡腿或鸡架　600～700克

姜（带皮）　35克

花椒　2小匙

料酒　75毫升

枸杞　2大匙

香菜叶（冲洗干净用于装饰）

盐

蘸水

食用油　1½大匙

豆瓣酱　4大匙

老抽　½小匙

香油　2小匙

牛尾把皮去干净。如果你用的是整条牛尾，就用锋利的刀切到每个关节的中心，要切透，但又不要把筋完全挑断。最后牛尾会变成一块块的，但还是连着中间的骨头。将牛尾在冷水中浸泡20分钟，泡出血水，倒掉之后冲洗牛尾。

大锅中烧开2.5升水，加入牛尾，大火再次烧开。用勺子撇去表面的浮沫。加入鸡腿或鸡架，再次烧开并撇去浮沫。用刀面或擀面杖轻轻拍松姜，和花椒、料酒一起加入锅中。关小火，炖煮几个小时。炖到牛尾肉软烂，很容易就从骨头上剥离。差不多要花3个小时。不过有人建议我用7.5个小时来炖煮。（你还可以用高压锅炖煮大概45分钟，然后留出时间让压力自然释放。）

炖汤的时候可以来做蘸水，锅中倒食用油，中火加热，加入豆瓣酱轻轻翻炒到油色红亮，香气四溢。倒入一个小碗中。等豆瓣酱放凉了，倒入老抽和香油搅拌。炖煮之后，将牛尾和鸡腿或鸡架从锅中捞出来。鸡腿或鸡架扔掉或放在一边做他用。然后用筛子或棉布将汤水过滤到干净的锅中。姜、花椒等杂质都可以扔掉了，然后再把牛尾放回汤中。

川大酒楼时，就喝到了这道汤，觉得特别美味，特别开心。结果到后来我才发现，“牛鞭”并非我想象中牛尾的别称，而是牛阴茎的委婉说法。这是老四川大酒楼的另一道特色菜，据说能滋阴壮阳，强身健体。

准备上桌的时候，可以用小火将汤再加热一遍，然后把牛尾放在汤碗中。在锅中加入枸杞，稍微放一点盐调味，然后倒在牛尾上。汤上桌之前放一点香菜做装饰，旁边配上蘸水。

美味变奏

清炖牛肉汤

做法和上面基本一样，但不用牛尾，而是用大块的雪花牛腿，要带牛骨。炖煮之后，把牛肉从锅中捞出，垂直肉的纹理切成手指粗细的肉条，扔掉牛骨。汤过滤之后扔掉鸡腿或鸡架，把牛肉放回汤中继续炖煮。削个白萝卜切成条，和牛肉搭配。将白萝卜在清水中煮软，然后加入汤中。最后加一点枸杞。上桌前，先把白萝卜垫在汤锅底部，加入牛肉，再把汤倒上去。撒点香菜做装饰，也可以按照上面菜谱一样调配蘸水。（用牛腩炖也非常美味。）

Boiled Pumpkin 'Soup'

水煮南瓜

这道菜非常简单，说是"汤"也有点夸张了（见背面图片），其实就是南瓜块在清水中煮熟，既不加油，也不调味，但味道真是好得上了天。说起凸显南瓜的本味，这道菜是当之无愧的代表。南瓜淡淡的甜味和丝滑感，给汤水增色不少。这道菜总能提醒人们，按照家常中餐的传统，汤往往只是配菜、配饭的饮品；在中餐烹饪中，清淡普通的菜肴也和大菜、硬菜一样重要；正是阴阳调和、相辅相成，汇聚成一个完整的饮食体系。在这个体系中，口腹之欢、味道平衡和身体健康都受到同等程度的重视。

想象一下，当你吃了又麻又辣的麻婆豆腐和宫保鸡丁之类的菜之后，吃这么一道菜，真是安神定心，清口润喉。这道菜做法特别简单，根本不需要称量，我写的用量只是给大家一个参考。

我在川南吃到一个很可爱很有趣的版本，里面放了些熟绿豆，凉着端上桌，还放了少许的糖，甜味更浓了些。

南瓜　1.1 公斤

南瓜去皮去籽，然后切成适合入口的南瓜块。放在锅里，加入大量的水（大约 1.2 升）烧开。撇去浮沫，锅盖盖一半，小火煮 20 分钟，将南瓜煮软。

盛入汤碗里上桌。你可以一边品尝南瓜，一边喝汤。

Simple Choy Sum 'Soup'

小菜汤

这道菜谱来源于一条小街上的馆子，位于川南小城泸州。这里最出名就是芳醇烈酒"泸州老窖"。历史悠久的酒厂附近总是飘散着发酵的酒味，浓烈得你光是走过，就感觉要醉了。那天我们午饭点的汤很简单，就是用水煮软一些绿叶菜，一起端上来，再配一份辣蘸水。于是我们把水中的菜秆挑出来，吃之前蘸一蘸碗里的红油和生抽，再喝一口汤，汤色微微发绿如琼浆玉液，味道微微回甜，令唇舌愉悦。

蔬菜可以根据喜好随意变化，比如菠菜、西蓝花、四季豆等。蘸水也是可有可无的。很多人单吃不调味的汤和菜也很满足了，跟味道比较丰富的菜肴很搭。

菜心或其他你喜欢的蔬菜　200 克

蘸水

红油　2～3 小匙（要下面的辣椒）

生抽　1½ 大匙

葱花　1 大匙（可不加）

做蘸水时将红油、生抽和葱花在小碗中混合。

在锅中烧开足以覆盖绿叶菜的水。加入绿叶菜，煮到刚熟的程度，然后和水一起倒入汤碗中。和蘸水一起端上桌，也可不配蘸水。

Chicken Balls in Clear Soup

清汤鸡圆

这一碗清清亮亮的汤里，漂浮着嫩白的鸡圆，周围是游若丝缕的绿叶，是一道传统的四川宴席汤菜。

鸡圆是用鸡胸肉做的，略微调味，加点蛋清和芡粉来定型。遵循传统的川菜厨师会用刀背把鸡胸肉捶成茸，是很耗费时间体力的活，但最后做成的鸡圆口感特别爽滑，入口即化。如果你是用搅拌机，那就要容易很多，也快很多（你想试试老办法的话，右面也有步骤）。请注意，鸡圆是可以提前煮熟的，在冷水里泡一天左右，上桌前再加热就好。

同样做法的鸡茸，多加一点蛋清做得更嫩一些，就可以用来包住葵菜尖，做成另一道经典的宴席菜——鸡蒙葵菜。

鸡胸肉（无骨无皮） 1块（约175克）

高汤（见第458页）或鸡高汤（见第457页） 1.2升

蛋清 100毫升（约2～3个鸡蛋的量）

土豆芡粉 1小匙（和2小匙冷水混合）

菜心嫩叶或豆苗 1小把

盐和白胡椒面

将鸡胸肉中大的筋腱和肉眼可见的小筋腱与肥肉扔掉。鸡肉切成丁，放在搅拌机里，加3大匙鸡肉、½小匙盐和所有的蛋清。搅拌机开慢速，然后慢慢加入，搅成柔软有弹性的鸡茸，黏稠度和做蛋糕的面糊差不多。把土豆水芡粉搅匀后也放进去搅拌，然后把混合物倒入碗中，搅拌机里的鸡茸要舀干净。

烧开一锅水，然后关小火，保持其微微冒泡即可（如果水太开，鸡圆就会煮老）。然后直接用手做鸡圆：一手抓一点鸡茸，微微握拳，大拇指那边向上。轻轻挤压鸡茸，挤过拇指和食指之间的洞，挤出小番茄大小的一个圆子，然后另一只手的手掌向上，把这团圆子轻轻削进水中。手要离水面很近，这样鸡圆才好成形。重复上述步骤，处理完所有的鸡茸。全部处理好之后，煮3～4分钟，到鸡圆全部刚好熟透（拿出一个切半看看，确保煮熟）。用漏勺将鸡圆捞进一碗冷水中，放在一旁备用。如果不马上用的话要冷藏。

汤快上桌之前，把绿叶菜在开水中稍微焯一下。用漏勺捞出后立刻冲冷水，保证颜色鲜绿，然后铺在汤碗中。

剩下的高汤或鸡高汤烧开，略加一点盐和白胡椒面调味，加入鸡圆，稍微煮一下加热，然后全部倒入汤碗中。

手工鸡圆

鸡胸肉放在墩子上，用刀背捶（想快一点的话，可以一手拿一刀）。上下挥舞菜刀将鸡肉捶成细细的鸡茸；转动墩子，保证各个地方都均匀受力，肉眼可见的白色细筋都要挑出来。鸡茸变得柔滑之后，在墩子上将其摊开，把肉眼可见的筋挑出来。之后把菜刀几乎平行于墩面，把鸡茸一层一层地挑开，把剩下的筋全挑出来。之所以不用搅拌机或刀刃，就是不想把筋切断，这样比较好挑出来，只需要一点耐心，最后出来的鸡茸就会非常顺滑。鸡茸处理好之后，放进碗中，加3大匙鲜汤和½小匙的盐混合均匀。用你惯用的那只手，朝一个方向搅拌，边搅拌边逐渐加入蛋清，鸡茸会逐渐变得黏稠。最后，倒入水芡粉，按照菜谱所说捏鸡圆并煮熟。

Chicken Soup with Pickled Mustard Greens

酸菜鸡丝汤

这道汤做法极其简单，又特别好喝。加了酸菜，汤色呈现淡淡的碧玉模样，味道又有点清爽的酸；鸡丝煮的时间很短，保持了滑嫩。四川人通常会在菜吃得差不多以后再上这道汤，用来清口，但如果按照西餐的上菜顺序，放在第一道也未尝不可。在四川这可是要做给客人喝的汤。

四川人平时晚饭喝的更家常更随意的版本，是酸菜粉丝汤。做这道汤的时候，要提前把细粉丝放进热水浸泡30分钟，然后放进汤里（代替鸡丝）。也可用猪肉丝代替鸡丝，就没那么高级而已。中国超市里可以买到现成的酸菜，通常都是塑料包装。

鸡胸肉（无骨无皮） 300克

酸菜 200克

鸡高汤（见第457页） 1.5升

盐和白胡椒面

码料

料酒 2小匙

盐 ¼小匙

土豆芡粉 1大匙

蛋清 1大匙

将鸡胸肉尽量均匀地切成薄片，然后切成细丝，放在碗中，加入码料混合均匀，朝一个方向搅拌。酸菜沥干水后切成和鸡肉粗细均等的细丝。

鸡高汤倒入锅中烧开，加入酸菜，小火煮1分钟左右，让味道融入汤中。加盐和白胡椒面调味（如果你想在最后上这道汤，就按照川菜中惯常的做法，稍微少放一点盐）。

加入鸡丝，用筷子分开。一旦煮熟，且汤水重新烧开，就将汤倒入大碗中，立刻上桌。

美味变奏

酸菜豆腐汤

如果你的冰箱里有一块豆腐，橱柜里放了一包酸菜，那这道汤你几乎就只需要烧开高汤而已。如果你没有现成的自制高汤，用浓汤宝也行，因为酸菜本身就很美味了。

将200克酸菜切成细丝，300克豆腐（老豆腐或嫩豆腐均可）切成适合入口的豆腐块。如果用的是老豆腐，先在淡盐水中浸泡几分钟（嫩豆腐可以直接用）。烧开1.5升高汤。加入酸菜和豆腐，小火煮1～2分钟，让酸菜的风味融入汤汁中。加盐和白胡椒面调味。上桌前加几段葱。

Meatball and Vegetable Soup

家常丸子汤

四川家常菜中有一道很典型的汤，暖胃暖心，就是丸子配上各种现成的蔬菜。它可以和很多菜配成一桌，也可以配上一碗米饭简单地吃一顿，可能再加一小碟泡菜。我这个菜谱的依据是一个特别棒的版本，“原作”是张国彬，在一家我特别喜欢的成都小餐馆做厨师。他会手剁大块的猪肉，对丸子进行慢煮，所以丸子口感软嫩，入口即化，就像扬州著名的“狮子头”。

如果用高压锅，煮丸子就只需要 20 分钟。你要是没有高压锅，或者不喜欢慢煮的方式，那就用 400 克现成的肉末，做好丸子之后直接煮熟（大概需要 5～10 分钟，可以夹起一个来尝尝），再加入蔬菜即可。

菜谱中加的蔬菜是小叶莴苣和番茄，但你手头有什么蔬菜都可以自由加，同时需要调整烹煮时间。豆芽是很不错的选择，白菜、冬瓜和（或）细粉丝都会不错（细粉丝要在热水里泡几分钟至软）。还可以再进行变化，抓一小把木耳或者几根黄花菜，在热水里泡个半小时左右，汤起锅之前加进去稍微煮一煮即可。

第一步（做丸子和煮丸子）可以提前进行。

鲜汤（见第 457 页） 2 升

生抽 1 大匙

中等大小番茄（切片） 1 个

小叶莴苣 10 片

葱花 3 大匙

盐和白胡椒面

丸子

五花肉（不带皮） 400 克

姜（带皮） 20 克

干香菇 4 朵

鸡蛋（打散） 1 个

土豆芡粉 4 小匙

先做丸子。先把猪肉冷冻约 2 小时，这样比较好切。用刀面或擀面杖轻轻拍松生姜，然后放在小碗中，加没过生姜的凉水，静置融合。香菇放在另一个碗里，用热水浸泡至少 30 分钟泡发。将冷冻后的猪肉切成 5 毫米厚的薄片，然后切成小粒，放在大碗中。然后把泡发的香菇切碎（香菇秆丢掉），加入猪肉中，再加蛋液、土豆芡粉、¾ 小匙的盐、几撮白胡椒面，以及 3 大匙生姜水（泡过的生姜可以丢掉了）。把一切混合均匀，朝一个方向搅拌。用手拿起混合物朝碗边摔打，使其紧致。

锅中烧开鲜汤，加入生抽，稍微加一点盐和白胡椒面调味，然后关小火，保持微沸。将肉馅儿捏成核桃大小的丸子，丢进微沸的鲜汤中。大火烧开后关小火，炖煮 2 个小时，到丸子软烂。（用高压锅的话，就压 20 分钟，留出时间让压力自然释放。）

上桌前大概 30 分钟，将鲜汤和丸子重新烧开，必要的话再加一些盐和白胡椒面调味。加入番茄和莴苣叶。叶子变软后马上关火上桌，撒一点葱花装饰。

'Along with the Pot' Pork and Radish Soup

连锅汤

这是一道经典的乡土汤菜，通常在一顿饭的尾声才上桌，所以味道很清淡。品尝的时候，用筷子捞出那一片片软嫩的猪肉和滑溜溜的萝卜，蘸蘸水吃。最后喝掉清爽的汤水，可以用汤勺，也可以直接捧着饭碗喝。

"连锅汤"这个名字，顾名思义，就是用锅端上桌的汤。这是悠久的冬日风俗。按照传统的做法，锅子一直架在小小的土炉上，炉火的余烬为汤水保温，之后连着锅一起上桌。不久前，还能经常看到乡下的人们围坐在这种锅子前，冷风阵阵的木头农舍里，一锅热汤是保暖神器。现如今，很多人都用上了电炉或酒精炉。

你也可以用高汤代替水，这样汤味会更加丰富浓郁，上桌前加盐和白胡椒面调味即可。但我这里给出的是传统配方，因为过去的人们很喜欢这种低调清淡的味道，反正汤不过就是一顿饭末尾清口的东西而已。要做这道汤，你的那块猪肉要带皮，还要有一层厚厚的肥肉。中餐厨师会根据季节使用不同的蔬菜，白菜或莴笋都不错。

姜（带皮） 20克

葱（只要葱白） 2根

白萝卜 400克

无骨猪腿肉 1整块（250克）

花椒 ½小匙

蘸水

食用油a 2大匙

豆瓣酱 4大匙

生抽 2小匙

香油 1小匙

干海椒 6个

食用油b 1～2大匙

花椒面 ¼小匙（可不加）

先来做蘸水。中火加热食用油a。加入豆瓣酱，轻轻翻炒，直到香味四溢，油色红亮。离火后加入生抽和香油。如果想更辣一点，先把干海椒切成2厘米的段，尽量把辣椒籽都甩出来，然后在食用油b中煎炒一下，在干海椒颜色变深但没有烧煳之前，用漏勺捞出，放凉，剁碎后加入蘸水，再加一点花椒面。分装进小碟子中，一人一碟，放在旁边备用。

用刀面或擀面杖轻轻拍松姜和葱白。白萝卜去皮，切成大约3毫米厚的方片。

猪肉放进锅中，加2升水（高汤也可以），烧开，撇去表面浮沫，然后加入生姜、葱白和花椒。开中火，盖锅盖，煮10分钟；用筷子能轻易刺穿猪皮即可。关火后把猪肉捞出，保留煮肉的水。猪肉放凉至不烫手后，尽量切薄片，最好每一片都带皮且肥瘦相间。

把白萝卜片加入水中，盖锅盖后大火煮开，然后小火炖煮到白萝卜变软，大约需要7分钟。加入猪肉，再煮几分钟后上桌。按照传统，是需要连着锅子一起端上去的，旁边配上辣蘸水（可以在上桌之前把汤里的姜捞出来扔掉）。

Sour-and-hot 'Flower' Tofu Soup

酸辣豆花汤

21 世纪伊始的那几年，大厨兰桂均在成都人民公园对面经营着餐馆“乡厨子”，声名远扬。店里通常是食客盈门，其中还有很多厨师，他们都欣赏兰大厨和其妻子朴实而抚慰人心的厨艺。我曾经在兰师傅那儿吃过一道酸辣豆花，这道豆花汤就是受了他的启发。这道汤非常美味，能让你享受得舔嘴唇。汤里加了辣椒和醋，酸辣和鸣，十分清爽。这个菜谱部分是基于我的记录，部分是基于一本 80 年代的菜谱《家常川菜》。吃素的话，就不要用猪油，把汤底换成蔬菜鲜汤即可。

川菜中的酸辣豆花汤表面会加炸黄豆和馓子（炸得酥脆的面圈）。我在家通常都会用兵豆花生香味什锦，因为比较好买，效果也差不多。

豆花　600 克

鲜汤（见第 457 页）或蔬菜鲜汤　1.2 升

猪油　1 大匙

白胡椒面　¼ 小匙

土豆芡粉　7 大匙（和 150 毫升冷水混合）

生抽　2 大匙

镇江醋　5 大匙

香油　1 小匙

榨菜碎　3 大匙

红油　2～3 大匙（要下面的辣椒）

花椒面　¼～½ 小匙（根据口味增减）

葱花　3 大匙

兵豆花生香味什锦　1 大把

盐

打开豆腐包装，把水控干，然后用叉子将豆腐剁成小块。

鲜汤烧开，必要的话过滤一下。加入猪油融化搅匀，再加白胡椒面和 ¾ 小匙的盐。水芡粉搅一下，逐渐加入汤中，到汤汁稍微浓稠，仍有流动性（这样就能确保豆腐在汤水中均匀分布）。加入豆腐，热透。

关火，加入生抽、醋、香油和榨菜碎轻轻搅动。倒入汤碗中，表面淋一点红油，撒一点花椒面。用葱花和兵豆什锦装饰后上桌，喝之前先搅匀。

Chicken with Ginkgo Nuts

白果炖鸡

青城山位于成都西北，那里的风景优美，如同一幅水墨画，悬崖峭壁，重峦叠嶂，树影摇曳，风过听声。高高的山坡上能听到道士们在诵经；低低的河谷里，来来往往的游客品尝着蕨菜、腊肉与白果等当地美食。这道精美的汤菜就是那里的特色之一，传统的食材是当地的散养土鸡和白果。

白果是银杏树的果实，还有灵眼、佛指柑等古老的别名。剥壳煮熟后，口感软而微黏，有种令人愉悦的微苦风味（不过似乎吃太多会有毒性）。我图方便，直接买了那种去壳去皮后真空包装的黄色果实，在中国超市的冷藏区找到的。如果你是买那种带壳的完整白果，就需要去壳去皮去心。

这道菜里的鸡应该是那种小小的土鸡。我有时候会用珍珠鸡代替。你需要一个大锅，有很富余的空间容纳这只鸡，大砂锅什么的就不错。

为了让风味更为浓郁，就直接用鸡汤炖鸡，不要用水。

姜（带皮） 25克

葱（只要葱白） 2根

白果（去壳去皮） 150克

小只土鸡或珍珠鸡 1只（约1公斤）

鸡汤（见第457页）或清水 2升

料酒 2大匙

盐和白胡椒面

用刀面或擀面杖轻轻拍松姜和葱白。把很苦的白果心去掉（每个白果都要一分为二地剖开，也可以开一条缝把心取出来）。

烧开一锅水。加入土鸡或珍珠鸡，再次烧开，然后用漏勺捞出，把水倒掉。用冷水冲洗鸡。锅洗干净之后再把鸡放回去，倒入鸡汤或清水，烧开后撇去表面浮沫。加入姜、葱白和料酒，关小火，半盖锅盖，小火炖2小时。（也可以用高压锅压30分钟，留出时间让压力自然释放。）

炖煮之后加入白果，再加大约½小匙的盐，再炖煮约30分钟。（如果你用的是高压锅，就把汤再次烧开，加入白果和盐，同样炖煮约30分钟。）

最后，略加一点盐和白胡椒面调味，上桌。用筷子夹鸡肉和白果吃，然后喝汤。

美味变奏

不加白果，用同样的基本方法，就可以熬出鸡汤；也可以加别的食材，做成滋补鸡汤，比如泡发的干菇等。如果你能找到很好很美味（也很贵）的干松茸，可以泡发后加一点到煮好的鸡汤里，再炖煮10分钟左右，奇妙的香味将飘散在你的厨房之中。

‘Rice Broth’ with Vegetables

米汤煮青菜

四川的乡村常常会把米放在大量水中煮到半熟，然后放到一个甑子上，让其在蒸汽中膨胀变软。煮米的水变得黏稠奶白，就被称为“米汤”，可以吃饭的时候喝了清口，也可以作为简单汤菜的汤底。近几年，很多以农家菜为基础的餐馆菜单上都会出现一道“米汤煮青菜”。喝了让人身心舒畅，也寄托着对农家菜质朴节俭的怀念。

我在四川喝过的米汤煮青菜，有加豌豆尖的，也有加很多别的蔬菜的。你想用什么菜都可以，加一种或同时加很多种都可以，比如菠菜、菜心或南瓜等。

先做米汤。大米淘过之后放入锅中，倒入大量凉水，大火烧开后煮 7 ～ 8 分钟，到大米半熟，但中间仍然是硬的，还不透明。离火，用漏勺将大米捞出，米汤留在锅中。大米放入传统的蒸笼或垫了棉布的蒸屉。大火蒸饭约 10 分钟，把米饭蒸熟蒸透。

备用的米汤重新加热，如果你想汤水多一些，就再加点高汤或清水，然后加入你喜欢的蔬菜，还可以加入 1 大匙猪油，小火炖煮到蔬菜软烂。（有些厨师喜欢先把蔬菜在猪油里炒一下。）调味后上桌。

你还可以给这个汤配个辣蘸水，参考㸆㸆菜（见第 273 页）或清炖牛尾汤（见第 309 页）。有些厨师还会在上桌前往汤里加一点红油辣椒。

米饭

Rice

四川的农村地区有大片层层叠叠的梯田，人们顿顿少不了米饭。

RICE

米饭

四川和南方大部分地区一样，主食以米饭为主，面食为辅。大家普遍认为小麦不像水稻那么适应南方温暖潮湿的气候。四川的农村地区有大片层层叠叠的梯田，人们顿顿少不了米饭。面条和饺子、抄手会作为小吃或比较随意的一餐。毕竟，一天三顿，在中文里，就叫“吃饭”。

早餐的主食一般是稀饭，没有粥那么浓那么有内容，喝进嘴里滑溜溜的，很润喉。人们吸溜吸溜地喝着稀饭，一边拿筷子夹着小菜，或咬一口旁边的馒头、包子。午餐晚餐都会吃白米饭，通常是对着桌上佳肴大快朵颐之后，来碗饭填饱肚子。乡下的传统一般是用木头甑子蒸饭：大米先在水里煮到半熟，再捞到甑子上，下面奶白的煮米水继续咕嘟咕嘟冒泡，散发蒸饭的热气，之后还可以当简单的汤，直接喝也可以，煮点青菜也可以。除此之外，就是盖上锅盖，直接加适量的水和米蒸饭，蒸到大米体积膨胀，米香四溢，锅底结了一层锅巴。当然，现在很多人都和我一样，直接用电饭煲了。

米饭本身通常是不调味也不加任何配料的，但桌上总得有什么东西来下饭。通常是一小碟淋了红油的家常泡菜。成都小街小巷里最老派的餐馆总会在方便取用的地方放几坛自家的泡菜，按照顾客的要求，随米饭奉上一小碟。

过夜的剩饭可以在第二天做成炒饭，可能来点儿鸡蛋，加点葱花或者香肠、腊肉什么的。我认识一个成都市郊双流的餐馆老板刘少坤，他会自己做泡菜。他处理剩饭的办法，是和着白萝卜干一起，用猪油炒。他说这叫“叫花饭”，算是自嘲，因为成都长久以来都有个说法：“金温江，银郫县，叫花子出在双流县。”前两个地区的富人不太瞧得上双流的穷人。今天看来，这话挺有反讽意味的，因为“叫花饭”上桌之前，食客们通常要饱餐一顿兔肉、猪肉、鳖之类的佳肴。在风景优美的蜀南竹海，能吃到竹筒饭，内容很丰富，米饭、豌豆、腊肉和水一起放进竹筒里蒸，能吸收竹子的清香。

大部分时候，四川人做米饭都用长颗粒、不黏的籼米。黏黏的糯米，既有长的也有短的，是偶尔的美味，用来做填馅儿或甜饭，并不用作平时和饭一起吃的菜。糯米也可以蒸熟，或者跟酒曲和在一起，发酵成醪糟，所以四川人又把糯米称为“酒米”。不管是大米还是糯米，单独用或者混合起来，都可以做成甜口的点心（见第 383 页和第 442 页）。传统方法是把米浸泡过夜，然后和水一起混合碾磨，成为米糊。米糊沥水后揉成面团，可以用来搓汤圆；或者静置发酵，然后加糖，蒸成米糕，可以直接用蒸屉或者放在玉米叶等清香叶子做成的小船中。大米糊可与一种碱性溶液混合，微微发黄，煮过后倒入模具，做成米凉粉，加点丰富的辣酱料，趁热上桌。现在有很多人都用干磨的米面粉来做糕点，但大家都觉得风味不如按传统方法湿磨的米面粉。

川南就很有特色了，那里的人们喜欢把米与香料一起干炒，之后再进行碾磨。粗颗粒的成品在成都被称为“米粉”，往南一点，就成了“鲊粉”，用途多种多样。（“鲊”字古已有之，指的是腌鱼，而这种粉至今还用在一些腌料中，也许这就是该名字的由来。）这种粉在很多蒸菜中用来包裹腌肉、鱼或禽肉，比如小笼粉蒸牛肉（见第161页）；还可以和泡椒一起做成鲊辣椒，可以存放很久，过油迅速翻炒一下，风味十足（见第426页）。

川南还有一种很奇特的米——阴米（阴和阳相对，不可分割，永恒存在，相辅相成，滋养天地万物）。人们把短颗粒的糯米浸泡后蒸熟，但是不吃，而是铺在竹篾子上彻底晾干。晾干时要放在阴凉地，不然太阳会把米晒裂，“阴米”这个名字由此而来。完全阴干后，这种米几乎可以永久保存。可以做成粥当早餐吃：放一点油或猪油，把米炒到“白胖”，然后加水和糖一起煮软。成品有种很独特的美味和浓郁，和普通的粥不一样。按照传统，这是女性刚生产后的补品，再加个蛋（煮粥的时候打进去），滋补效果会更好。

这一章篇幅比较短，主要介绍作为主食的米饭。本章提及的有些比较复杂的相关菜肴，会出现在其他章节中。

Plain White Rice

白米饭

最简单好用的煮饭工具就是电饭煲：你只需要称米，淘米，加一定量的水，按个键，一定的时间之后，就有了完美的白米饭，还能一直保着温，想什么时候吃就什么时候吃。最简易的电饭煲只能蒸白米饭；更高级些的可以煮白米饭、寿司饭、糙米饭和粥。

如果没有电饭煲，那最方便的办法就是按照这个菜谱来煮饭。煮饭招待朋友的时候，我发现判断用量特别难：有时候米饭被分个精光，我还得再煮一点；有时候又剩下很多，只好第二天炒饭吃。大体上来说，我倾向于大方一点，可多不可少，按照这个菜谱的量来做，四个人每人能吃上两三碗，很体面了。最后可能会有些剩饭，那就第二天炒饭吃好啦。至于米，我推荐用泰国香米，这种米在中国很常见，而且很受欢迎。请注意，配中餐的米饭，一定要用略带黏性的东亚常见米种来做，松散的印度香米筷子很难夹起。

如果你还想做得更四川、更地道，米饭应该配一小碟淋了红油的家常泡菜（见第416页）上桌。

泰国香米　600克

米放进碗里，倒凉水覆盖，反复淘洗至水清。倒入筛子沥水。

沥干水后的米放入锅中，加1.1升凉水，大火烧开。搅动一下，防止米粘在锅底。然后继续煮几分钟，直到表面无水，出现圆圆的小气孔。盖住锅盖，把火开到最小，继续煮12～15分钟，直到米软烂。

美味变奏

甑子饭

用大量的水把米煮开，然后保持微沸状态煮7～8分钟，直到米快要煮熟但中心还有一点点硬且发白的状态。米沥干水（煮米水保留，可以做成第323页那种米汤），然后放到蒸屉上，大火蒸10分钟左右，到米完全煮熟且饭香四溢。

Smothered Glutinous Rice with Peas and Cured Pork

豌豆腊肉焖饭

在四川，大部分时候一顿饭的主食就是白米饭，但也有例外，比如这道美味的豌豆腊肉焖饭。腊肉可以是家常四川腊肉（见第420页），也可以换成酱肉（见第423页）；还可以去离你最近的中国城，找找广式酱肉或香肠。

这是一种老派的做法，灵感来源于成都大厨兰桂均在玉芝兰餐厅烹制的一个版本。他也给予了我一定的指导（不过我没有按他说的用手工剁花椒，而是用了花椒面）。那年冬天，我造访玉芝兰，他给我端上这种饭，用的是他亲手做的腊肉，最后还加荷叶蒸了一下。他把饭端上来时，还附了一小碟冲菜，淋了生抽、醋、红油和糖，真是至高美味。当然，你也可以用剩米饭跟豌豆和腊肉丁一起炒，也是很美味的。请注意，如果用的是糯米，需要在煮之前浸泡几个小时。

如果和其他菜肴一起上桌，本菜谱的量够4个人吃。

长糯米 300克

川味、广味腊肉或香肠（不带皮，尽量多一点肥肉） 100克

食用油 1大匙

新鲜或冷冻豌豆 75克

盐 ½小匙

花椒面 ½小匙

淘米后加入大量凉水，放在阴凉通风地浸泡4小时或过夜。

冷水冲洗腊肉，把盐卤都洗掉，然后切成1厘米见方的小丁。

浸泡后的米再淘洗一下，充分沥干水。烧一壶开水。

锅中放油，大火加热，加入腊肉翻炒到微微金黄流油。加入豌豆，翻炒到热气腾腾。加入米、盐和花椒面，混合均匀后离火。

将锅中物放入铸铁锅，从壶中倒出300毫升的热水。大火烧开，然后把火调到很小，盖上锅盖煮15分钟左右，直到大米熟透，锅底有喷香金黄的锅巴。上桌。

Thin Rice Porridge

稀饭

广东人早餐时喜欢喝黏稠的米粥，四川人则一直比较喜欢喝水水的稀饭。稀饭翻译成英语“rice gruel”，意思是对了，却好像没那么诱人。稀饭（见第 335 页图片）既是主食，也算饮品，盛在碗里，喝起来吸溜吸溜的，旁边配上包子、馒头、煎饺、煮鸡蛋、泡菜等。酒店里可能会提供很多东西来配稀饭，点心与菜肴应有尽有。家里就没那么讲究了，通常是把前一晚的剩菜热一热和稀饭一起吃，再配点馒头或包子。有些人好在闷热的夏夜喝碗稀饭，也配包子、馒头，还有凉菜。大体上来说，稀饭本身不能算是能填饱肚子的主食，所以总需要再来些面食一起吃。

有人会抓一把绿豆，在凉水里浸泡过夜，然后和大米与水一起加入锅里。绿豆稀饭，在中国人的食补观念中，有着降火清热消炎的功效。夏天你可能还会遇到与荷叶一起煮的稀饭，荷叶是不吃的，但稀饭就有了点莹莹的碧绿色和幽微的清香，也有清热降火的功效。

不管怎么做，稀饭就是四川版的“慰心美食”（comfort food）：温柔、低调又令人安心。本菜谱用量足够 4 ～ 6 人食用。

泰国香米　100 克

不断淘洗大米，直到水变得清澈。彻底沥干水。

铸铁锅加入 2.5 升水烧开，加入大米，搅拌，防止粘锅。再次烧开后关小火，保持微沸的状态，熬煮至少 1 个小时（或 1.5 个小时），直到整体变成不透明的丝滑状态，大米全部煮开花。

不时搅动一下，防止粘锅。可能中途还需要再加入一点热水。最后的成品黏稠度大概和浓汤差不多，但还没有到浓粥的程度。这样可以当饮品喝，也可以当饭吃。

美味变奏

绿豆稀饭

抓一把绿豆，加水浸泡过夜，沥干水后和大米与水一起熬煮即可。

荷叶稀饭

将大片荷叶在热水中浸泡变软，然后和大米与水一起熬煮。端上桌前将荷叶捞出来扔掉。

Eight-treasure Black Rice Porridge

八宝黑米粥

我曾在成都租住过一个公寓，门外有个小院子，每天早上都有个女人去那里架上炉子摆摊。她会熬一大锅黑米粥，一碗碗地卖给街坊邻居。这是非常美味又富有营养的早餐：热乎乎、软烂烂的大米，被黑米染得发紫，里面还有一些零星的绿豆、红枣、枸杞和花生。我会往里面加一点糖或蜂蜜，也许再撒点剁碎的果脯。

下面这道菜谱来自我的中文老师余维钦，她只要觉得我伤了心或想家了，就会给我做点儿抚慰人心的东西吃。菜谱中的配料在大多数亚洲超市有售，按照传统中医的理论，它们都能治病强身，所以这道粥的营养就像其颜色一样丰富。如果要做更简单更家常的早餐，你可以用普通的米，加上一把绿豆或红豆即可。我菜谱中给出了具体的量，但那并不重要，每一样抓个一小把就好了。（你还可以加上 10 克薏米和 10 克干芡实，在某些中国超市有售。）

菜谱中的量是 4 ～ 6 人份。

干莲子　15 克

甜干百合　15 克

鲜或干绿豆　10 克

红豆　10 克

生花生（包括花生衣）　15 克

核桃　15 克

红枣　20 克（根据个人喜好，可去核）

黑米　50 克

糯米　50 克

泰国香米　10 克

枸杞　10 克

黄糖、白糖、冰糖或蜂蜜（根据口味增减，也可不加）

莲子、干百合、绿豆和红豆用冷水浸泡过夜。

第二天沥干水后再次进行淘洗，然后放入锅中。除枸杞和糖之外所有的配料也好好清洗一下，加入锅中，再加 3 升水。

烧开，必要的话撇去浮沫，然后开很小的火，保持微沸，熬煮 1.5 小时，不时搅动一下，防止粘锅，必要的话多加点水。（如果你要用新鲜百合，要在最后几分钟再加进去。）最后应该是黏稠度和浓汤一样的稀粥。

快熬好的时候，加入枸杞，让其在热粥中焖个 1 分钟左右。趁热喝，可根据口味加适量糖或蜂蜜。

71

四川遍布不起眼的小馆子，卖的却是最让人垂涎三尺的面条。

Noodles

NOODLES

面条

四川遍布不起眼的小馆子，卖的却是最让人垂涎三尺的面条。我特别喜欢的一家早已消失不见，就是四川大学附近的谢老板面馆，开在一栋木质老楼的一楼。店面很小，店里的担担面却无与伦比。最近，我去川南的泸州，朋友罗俊大清早领着我去了几家她最喜欢的面馆，都是非常简陋狭小的地方。我们品尝了美味的汤面，料很丰富，加了炖蹄花、榨菜和各种野菌。我上次去成都时，每天的早餐都在酒店对面一个面馆解决，或红汤或清汤，或干面或汤面，或加肉臊子或加素菜，丰俭由人，全凭心情。

中国北方广泛种植小麦，所以将面条作为主食，和馒头、包子、饺子等面食同属一族。但在爱吃米饭的四川，主餐通常不吃面，吃面就是"凑合"：在家做起来比较快，也没有任何仪式感；或者找家面馆迅速解决一餐。面都是按"两"（1两约等于50克）计量，菜单上有干拌面，也有汤面。干拌面没有水，直接混合调料，通常咸辣十足，会配一碗清口的高汤或面汤。很多面馆还免费提供自制泡菜。面馆通常会有各种现成的面臊子，可直接浇在汤面上。最著名的四川特色面条当然是担担面：麻辣鲜香加上美味的肉臊子，真是不可抗拒。但近几年，重庆特色的面条逐渐有点抢风头的趋势，比如简单的小面，还有加豌豆与碎肉的豌杂面等。小城宜宾那种加了花生碎的燃面也是名声在外。夏天，人们喜欢吃个凉面，无论是甜咸口还是加上辣味调料，都让人食指大动。风景区的露天面馆常有供应。除了配料丰富调味很重的面条，还有些味道稍淡，吃了叫人身心舒畅的，比如海味面、肉臊面和榨菜面。

很多面馆有专门的供货商，会从他们那儿买鲜切面，一卷一卷的，很长。有些面条在和面时加了石灰水（或碱水、柴灰水），颜色有点泛黄，比较劲道有弹性，这些就用来做冻面。其他种类的面条通常是店家自制，比如成都特产甜水面，比较粗，直接从面团上切下来。崇州的特色小吃荞麦面，把荞麦面团放在木制压面器下面走一遭，变成面条下到沸水中。将红薯芡粉烫成三分熟七分生的紧实面团，放进漏勺里摇晃拍打，变成条状，下到锅里，就成了透明滑溜的红薯粉。宴席之中或最后，可能会上雅致美味的小碗面条来填肚子。偶尔运气到了，你可能会尝到"金丝面"，那是面粉混了蛋黄和成面团，再切成细得可以穿过针眼的面条。通常金丝面都是浸润在精心熬煮的清汤中，凸显精湛细致的厨艺。还有"银丝面"，你应该也猜得出来，和面时用的不是蛋黄，而是蛋清。四川小吃中，面条简单易做，滋味又妙得叫人上瘾，是在家下厨的好选择。只要你的橱柜里有那么些基础调料和干面条（或冰箱里有鲜切面），就能轻而易举地施展魔法，来顿快手午餐或午夜美味。虽然传统上很多面都喜欢用鲜切面，但调味方法和手艺却放之四海而皆准，用在你喜欢的任何面条上都行，包括粉面、粤式蛋面和荞麦面等。

宝伞
表示张弛自
知，被比作
保护众生。
铁板烧鱿鱼 炒土豆

夜幕下的成都市中心。

THEME
dicos

Traditional Dandan Noodles

担担面

担担面是最负盛名的四川街头小吃。最开始是货郎在成都走街串巷，挑着扁担，两边的筐里装着炉子、面条和秘而不宣的独家调料。老一辈的人们还记得这些随处可见的货郎和他们“担担面！担担面！”的叫卖声。面条都是小碗小碗卖的，也就刚刚够深夜笔耕的学者、昏天黑地的麻将搭子们，填个肚子。配料丰富，价廉物美的面条，从底层勤杂工，到富人权贵，都好这一口。“担担面”这个名字，一开始并不特指某一种面条哦，但现在基本上都是指下面这种做法的面条，加宜宾芽菜和肉末。

有种说法，担担面最早出现是在19世纪中期的“盐都”自贡，那里有个挑着担子卖面条的小贩叫“陈包包”。最早是素面，后来在成都流行起来了，才开始加肉末的。担担面的特色，除了麻辣，还有干拌，也就是不带汤。端到你面前仿佛一碗清清淡淡、“人畜无害”的白面，等你把碗底的酱料拌匀了，那麻辣的味道与鲜红的色泽，才让碗中世界和你的口腹都鲜活起来。

菜谱用量是2人份。

芝麻酱　2小匙

食用油　1大匙

宜宾芽菜或天津冬菜（洗净沥干）　2大匙

生抽　2大匙

老抽　½小匙

红油　4大匙（加1大匙下面的辣椒）

镇江醋　1小匙

融化的猪油　2小匙（可不加）

花椒面　¼～½小匙

葱花　2大匙

鲜切面　300克（或200克干面条）

绿叶菜　1把

臊子

食用油　3大匙

姜末　1小匙

猪肉末　100克（尽可能多点肥肉）

料酒　½大匙

甜面酱　1小匙

生抽　1小匙

老抽　¼小匙

盐

先做臊子。锅中放油，开大火，加入姜末，短暂翻炒出香味，然后加入肉末翻炒到变色。倒入料酒。肉末水分蒸发并散发香味后，把锅斜过来，将猪肉推向一边，油则聚集在锅底。加入甜面酱翻炒出香味。把锅正过来，甜面酱和猪肉一起翻炒，再加生抽、老抽。充分翻炒搅拌，然后加盐调味，放在一边备用。

用大约2小匙的油将芝麻酱稀释到略有流动性。锅中放油，开中火，加入芽菜或冬菜，翻炒出热气和香味。将芝麻酱和冬菜分装在两个碗里，再把除面条和绿叶菜之外的配料全部加进去。

煮面条的软硬度全凭个人喜好，最后几秒钟加入绿叶菜煮熟。漏勺捞出面条和绿叶菜，充分沥水，然后平均分配到碗中，浇上臊子。吃之前把所有食材搅拌均匀。

Chongqing 'Small' Noodles

重庆小面

过去这几年，全中国各地纷纷出现了很多重庆小面馆。通常都是狭窄的店面，简陋的桌子和俗艳的塑料凳子在人行道边一溜排开，顾客们吸溜吸溜地吃着面。各家店卖的小面都差不多，做法简单得就像“小面”这个名字一样：面条煮好，和几片绿叶菜一起放进辣汤中，略微来点调料、油酥花生和腌菜。不过，你还可以按照自己的口味加臊子：红烧牛肉、豌豆、肉末或混浇。你也可以选择干拌面，所有的香辣调料都是实打实的，没有汤来稀释。这样的面旁边通常要来一碗面汤，用于清口。

小面通常没有辣得那么变态，但重庆人大多喜欢加很多花椒面，追求双唇酥麻的刺痛感，仿佛过电一般。你手边的任何绿叶菜都可以加入面中：菠菜、空心菜、菜心、豌豆尖……都很美味。下面这种做法综合了我在重庆和成都吃到的好几种版本：红油和花椒的用量丰俭由人，全凭喜好。

菜谱用量是 2 人份。

鲜切面　300 克（或 200 克干面条）

菜心之类的绿叶菜　1 大把

高汤或面汤　200 毫升

葱花　4 大匙

调料

芝麻酱　1½ 小匙

食用油（最好用猪油）　1 大匙

宜宾芽菜或天津冬菜（清洗后挤干水分）　3 大匙

花椒面　¼ ～ ½ 小匙（根据口味增减）

生抽　2 大匙

红油　4 ～ 6 大匙（根据口味增减，要下面的辣椒）

香油　1 小匙

油酥花生（见第 452 页）　3 大匙

蒜末或蒜泥　2 小匙

酱料

用 1½ 小匙的油稀释芝麻酱，使其有一定的流动性。

锅中倒食用油，中火加热。加入芽菜（或冬菜）短暂翻炒出香味。将芝麻酱、芽菜（或冬菜）和所有的调味料平均分到两个深碗中，留一点花生在外面。

煮面条的软硬度全凭个人喜好，最后几秒钟加入绿叶菜煮熟。如果要用高汤，也把高汤煮开。

将沸腾的高汤（或面汤）倒入两个碗中，尽量平均分配。煮面条的软硬度全凭个人喜好，漏勺捞出面条和绿叶菜，充分沥水，然后平均分配到碗中，撒上葱花和备用的花生，上桌，吃之前把所有食材搅拌均匀。

美味变奏

豌豆小面

上桌前舀一勺煮软的黄豌豆撒到面上。完整的干黄豌豆在四川的市场上很常见（50 克干豆子，浸泡之后煮软，差不多够 2 人份）。在国外做重庆小面，比较常用更好找的鹰嘴豆，和黄豌豆也差不多。

脆臊小面

上桌前舀一大勺猪肉臊子撒到面上。猪肉臊子的处理办法是 6 大匙食用油加入锅中，大火加热。加入 2 小匙姜末，短暂翻炒出香味，然后加入 200 克肉末（要有一定的肥肉），翻炒到变色，加入 1 大匙料酒。肉末水分蒸发并散发香味后，把锅斜过来，将猪肉推向一边，油则聚集在锅底。加入 2 小匙甜面酱翻炒出香味。把锅正过来，甜面酱和猪肉一起翻炒，倒入 2 小匙生抽和 ¼ 小匙的老抽，充分翻炒搅拌，然后加盐调味。如果只加肉，这就是 2 人份；如果加肉和黄豌豆，这就是 4 人份（见下）。

豌杂面

上桌前，将上述做法的黄豌豆和猪肉臊子各舀一勺，撒在面上。这个版本的图片在第 344 页。

干拌小面

调味料完全一样，但不要加汤汁。面条和蔬菜要充分沥干（面汤可以单独盛起来喝），分装在碗里，加上述做法的豌豆和（或）猪肉臊子，上桌前迅速搅拌均匀。你可以再多加点红油来增加湿润度。有些人还会加熟黄豆粉、花生和核桃，更添一层风味。如果你想做得很地道，面旁边要配一碗面汤。

Mr Xie's Dandan Noodles

牛肉担担面

下面这个菜谱来源于四川大学附近一家小馆子，那家担担面堪称传奇，独一无二。我能够复制出这样的美味，是几年之中多次前去那家面馆的成果。那位谢老板总是不苟言笑，一脸苦大仇深，而我苦苦哀求，甜言蜜语，就想套出他的独家配方。一次，他终于给了我美味面臊子的配方；还有几次，他允许我旁观手下的师傅往面碗里放调料。他可能还保留了一两个小秘密，但按照下面这个菜谱做出来的成品，得到了好几个谢老板面馆“死忠”的由衷赞赏。要做出完全正宗的味道，我会用更辣一些的红油代替平时常用的不那么辣的红油。口味太轻的人就别尝试了，这面辣得有点变态，但真的很美味。

菜谱用量是 2 人份。

芝麻酱　2 小匙

香油　1 小匙

生抽　2 大匙

老抽　½ 小匙

红油　4 大匙（加 1 ～ 2 大匙下面的辣椒）

花椒面　¼ ～ ½ 小匙

鲜切面　300 克（或 200 克干面条）

臊子

干海椒　3 个

食用油　3 大匙

花椒　½ 小匙

牛肉末　100 克

宜宾芽菜或天津冬菜　25 克

生抽　1 小匙

老抽　¼ 小匙

先做臊子。干海椒切成 2 厘米的小段，尽量将辣椒籽都甩出来。锅中放油，中火加热，加入干海椒翻炒出香味，稍稍变色，然后加入花椒，迅速翻炒出香味。加入牛肉末翻炒，要把肉末弄散。肉末水分蒸发，散发香味时，加入芽菜或冬菜，短暂翻炒后加入生抽和老抽，放在一旁备用。

用大约 2 小匙的油将芝麻酱稀释到略有流动性。把芝麻酱和除面之外所有的配料分配到两个碗中，混合均匀。

煮面条的软硬度全凭个人喜好，漏勺捞出后充分沥水，然后平均分配到碗中，浇上牛肉臊子。趁热把所有食材搅拌均匀，尽快吃。

Spicy Noodles with Silken Tofu

豆花面

20 世纪初期，一个叫谭玉光的人在成都安乐寺附近摆了个小吃摊。他做的豆花柔嫩软滑，淋了香油，撒了酥脆的坚果和腌菜，美味远近闻名。下面这道面就是谭先生的特色之一，在如今成都名店“谭豆花”也是榜上有名。面条上面放了很多的豆花，是美味又营养的素面，能给你一顿满足的午餐。豆花面的面条通常会用那种扁平的干面，成都人称之为“韭菜叶面条”，但我会用家附近的中国商店能买到的条状鲜面。成都的豆花面上会加馓子和炸黄豆；我图方便，会加兵豆花生香味什锦或油酥花生来代替，也是非常绝妙的。

如果你橱柜里常备面条，冰箱里刚好有豆花，这碗面做起来就太快了。

我给出的量可供 2 个人吃一顿满足的午餐，或 4 个人当小吃。

豆花　300 克

鲜切条　300 克（或 200 克干面条）

调料

芝麻酱　1 大匙

红油　3 ~ 4 大匙（要下面的辣椒）

生抽　4 小匙

花椒面　¼ 小匙

臊子

榨菜（切碎）　3 大匙

葱花　4 大匙

油酥花生（见第 452 页）　2 大匙

兵豆花生香味什锦　2 小把

锅中烧水，沸腾后关小火，用勺子舀豆花进去加热保温。

用大约 1 小匙的油将芝麻酱稀释到略有流动性。把芝麻油和调料分在 2 ~ 4 个碗里。

煮面条的软硬度全凭个人喜好，煮好后漏勺捞出，平均分配到碗中，用漏勺舀豆花到面上，浇上臊子。吃之前把所有食材搅拌均匀。

Soup Noodles with Shredded Pork and Pickled Greens

酸菜肉丝面

这是一道口味很清爽的面，灵感来源于长江边的小城泸州。当时我和朋友罗俊一起吃早餐面，吃了好几家。细细的肉食是先炒制过，然后和酸菜一起放入清汤中，再撒点白胡椒面，很好吃。

面臊子可以提前做，要吃的时候重新加热即可。你也可以用鸡肉代替猪肉。

菜谱中的量可以供两个人饱餐一顿。

猪瘦肉　175 克

酸菜　200 克

姜　10 克

食用油　4 大匙

鲜汤（见第 457 页）　1 升

葱花　2 大匙

香油　1 小匙

鲜切面　300 克（或 200 克干面条）

盐和白胡椒面

码料

盐　¼ 小匙

白胡椒面　2 撮

料酒　1 小匙

土豆芡粉　1 大匙

猪肉切成细丝，放在碗中，加入码料，混合均匀，放在一旁备用。准备其他配料。将酸菜切成和猪肉差不多的细丝。姜削皮，也切丝。

锅中放 2 大匙食用油，大火加热。加入猪肉翻炒到肉丝分离，颜色变白，然后从锅中捞出，放在一旁备用。必要的话把锅擦干净。锅中加入剩下的 2 大匙食用油，开大火，加入姜丝，短暂翻炒出香味。加入酸菜翻炒到热气腾腾，散发香味，然后倒入 400 毫升的鲜汤，把肉丝放回锅中。烧开后盐和白胡椒面调味，放在一旁备用。

想吃的时候，烧一大锅水。葱花和香油平均分配到两个碗中，加盐和白胡椒面调味。把剩下的鲜汤烧开，单独加热肉丝和酸菜的混合物。

开水下面，快煮好时，将热腾腾的鲜汤分配在碗中。用漏勺将面条捞出，平均分配。然后把臊子浇在上面。上桌开吃。

Sichuan Soup Noodles with Minced Pork Topping

清汤杂酱面

如果不想用热烈的辣椒与花椒开启重口味的一天，这道清淡的面可以成为令人愉悦的早餐或早午餐。这个菜谱还可以作为各种汤面的标准模板，因为你可以根据喜好浇不同的面臊子，可以是美味的红烧牛肉（见第 164 页），可能再加一点芹菜碎做装饰；也可以用昨天剩下的炒菜。白果炖鸡（见第 322 页）剩下的汤汁也可以为面条打底。

当然，四川的面馆通常都有麻辣版的面条，比如素椒杂酱面。我特别偏爱的一个版本来自“眼镜面”，是一家简陋的小馆子，名字很有成都韵味，来自戴眼镜的张老板。

要做素椒杂酱面，就在每个碗中各放 2½ 小匙生抽、2 小匙花生碎或芝麻酱、¼ ～ ½ 小匙花椒面、½ 小匙的蒜末、1½ 大匙宜宾芽菜（要想品尝最美的风味，先将芽菜冲洗沥干，然后放一点油稍微炒一下，炒出香味）、1½ 大匙葱花和 1½ 大匙红油（要下面的辣椒）。加入刚煮好的面条，撒上肉臊子，吃之前把所有食材搅拌均匀。

菜谱的用量是 2 人份。

宜宾芽菜　3 大匙
食用油　1 大匙
融化的猪油或食用油　1 大匙
生抽　4 小匙
香油　1 小匙
葱花　4 大匙
鲜汤（见第 457 页）或鸡汤　500 毫升
鲜切面　300 克（或 200 克干面条）
绿叶菜（菠菜、菜心等）　1 大把
盐和白胡椒面

臊子

食用油　6 大匙
姜末　1 大匙
猪肉末　200 克
料酒　1 大匙
甜面酱　2 小匙
生抽　2 小匙
老抽　¼ 小匙
盐

先做臊子。锅中放油，开大火，加入姜末，短暂翻炒出香味，然后加入猪肉末翻炒到变色，要用锅铲把肉碾碎弄散。倒入料酒。肉末颜色略微加深并散发腥味后，把锅斜过来，将肉末推向一边，油则聚集在锅底。加入甜面酱翻炒出香味。把锅正过来，甜面酱和肉末一起翻炒，再加生抽和老抽。充分翻炒搅拌，然后加盐调味，放在一边备用。

芽菜清洗后挤干。取一个炒锅，加热食用油，然后加入芽菜短暂翻炒出香味，分配到两个面碗中，再加入猪油、生抽、香油和葱花，加一大撮白胡椒面和盐，根据口味调整。

鲜汤烧开并保温。另取一锅按照喜好煮面条。最后几秒钟加入绿叶菜煮熟。把热鲜汤倒入两个碗中，然后用漏勺捞出面条和绿叶菜平均分配到碗中，浇上臊子。吃之前把所有食材搅拌均匀。

Sweet Water Noodles

甜水面

美味的手切面浸润在闪着油光，令人完全无法抗拒的红油和甜酱油之中，点缀着坚果碎和蒜末。这是全成都人民都喜闻乐见的一种小吃。文殊院对面著名的“洞子口张老二凉粉”，特色之一就是甜水面。那里的后厨有好几位老师傅，其中之一姓蒋，负责手工和面，然后在木台子上擀平切面。他拿着长长的擀面杖做辅助。将面片切成粗粗的面条，再拿起几条，拉伸后在台子上击打几下，再放入一大锅水里。面煮好后，就端到一群女服务员那里，她们负责调味，淋红油，撒坚果，手脚麻利得叫人眼花缭乱，之后就通过一个小窗口，传递到早已垂涎三尺的食客那里。

当地有说法，甜水面最早出现在清末，在成都的老皇城（即如今毛主席雕像那一片），由货郎挑着卖。但一直到 20 世纪 40 年代，才在白云寺附近流行起来，成为那个区域的著名特色小吃。

做甜水面的面粉，就是蒸包子和馒头的那种面粉，在中国超市应该能找到。有些厨师喜欢在煮好的面里加碎芝麻或黄豆粉，有的则喜欢加花生碎。因为甜水面的面条本身就应该粗一点，所以不用切得太完美。这个菜谱你可以随意一点发挥。

菜谱用量是 2 人份。

蒜末　½ 大匙（与 1 撮盐和 ½ 大匙凉水混合）

红油　2 大匙（加 1 大匙下面的辣椒）

复制酱油（见第 453 页）　2 大匙

油酥花生（见第 452 页）　15 克

面条

中筋面粉　250 克（还要一些用作手粉）

盐　1 小匙

食用油　1 大匙

先来做面条。将面粉和盐在操作台上混合，在中间挖出一个“火山口”，慢慢和入 125 ～ 150 毫升的温水（大约 30° C），把面往中间和，加水的量要把握好，能和出有一定紧实度的柔软面团即可。至少揉 5 分钟到面团光滑，需要的话撒手粉，然后用湿布覆盖，醒面 20 分钟。

擀面切面的同时烧一大锅水（最理想的是用煮意面的深锅），烧开后保持微沸。在台面上撒面粉，将面团擀成厚薄均匀的面片，厚度大约在 5 毫米，尽量擀成长方形（通常都会擀成椭圆形），如果不怎么擀得动，延展性差，就再醒几分钟。接着，用长刀或者比较锋利的尺子，将面片切成 1 厘米宽的条。撒上面粉防粘。

微沸的水开大火再次沸腾，然后用双手拿起 5 ～ 6 根面条的两头，拉伸一下，可以大胆尝试在台面上击打：最后的面条粗细应该接近筷子。两头可能会粗一些，切掉，保留，然后把修整过的面条放进锅里，用长筷子或夹子迅速搅拌一下，免得粘在一起。剩下的面条重复此步骤，边角料也可以做更多的面条。所有面条都入锅之后，煮大约 5 分钟（挑起一根试试，看熟了没有）。

用漏勺把面捞出来，迅速用冷水冲洗，然后淋上食用油，手脚麻利地进行搅拌，避免面条粘在一起。分配到两个碗里，加入剩下的配料。大快朵颐之前要好好拌匀。

美味变奏

芝麻甜水面

主要是调味方法的不同，以下也是两碗用量。2 小匙芝麻酱用 2 小匙油稀释，2 大匙复制酱油（见第 453 页）、2 大匙红油加 1 大匙下面的辣椒、½ 小匙香油、2 小匙熟芝麻碎和 ½ 大匙的蒜末和 1 大撮盐与 ½ 大匙凉水混合。

Mr Xie's 'Sea Flavour' Noodles

海味面

四川是内陆省份，群山环绕，隔开了东部的平原与海洋，因此历史上当地人几乎吃不到新鲜的海产。不过从海边来的商人会带来干海鲜，换取当地的药材和山珍。长久以来，干鱼翅和干海参这类昂贵奢侈的海味一直出现在川菜的高级料理当中。到如今，品尝昂贵的海鲜依然还是富人的特权，但海中的其他产出，比如金钩海米（干虾仁）、淡菜、干鱿鱼等，都进入了寻常百姓家，成为日常的盘中餐，在四川大部分市场有售。

下面这道海味面，顾名思义，除了四川面条中常见的猪肉和菌类之外，里面还放了一些干海味，通常是虾和淡菜。这是一道久负盛名的成都小吃，但我这个菜谱做出来特别好吃，偷师自过去四川大学附近担担面做得特别好的谢老板。在伦敦找不到淡菜或干鱿鱼，我的菜谱里只加了金钩，只要你找得到，也可以加一小把事先泡好的淡菜或鱿鱼。

菜谱中的分量可以做 4 碗海味面。（如果吃不完，海味汤底可以在冰箱里冷藏保存几天，冷冻的话保存时间要长很多。）

金钩　3 大匙

干香菇　3 朵

鲜竹笋或袋装竹笋　100 克

五花肉　250 克

新鲜菌类（草菇、冬菇、香菇等）　100 克

姜　15 克

葱（只要葱白）　1 根

食用油　2 大匙

料酒　1 大匙

鲜汤（见第 457 页）　1.75 升

盐和白胡椒面

上桌前添加（每人份）

融化的猪油　½ 大匙（可不加）

鲜切面　150 克（或 100 克干面条）

葱花　1 大匙

金钩和干香菇用热水浸泡至少 30 分钟。笋切成薄片，在烧开的淡盐水中稍微焯一下，用冷水冲洗。准备一碗凉水备用。

泡好的香菇沥干水，香菇秆扔掉，剩下的切成薄片。金钩沥干水。五花肉和新鲜菌类切成 4 ～ 5 毫米厚的片。姜去皮切薄片。用刀面或擀面杖轻轻拍松葱白。

锅中放油，大火加热，加入姜和葱白，短暂翻炒出香味，然后加入五花肉翻炒到变色。加入料酒和鲜汤烧开。撇去表面浮沫，葱白捞出来扔掉。加入沥干水的金钩、香菇和竹笋，还有新鲜的菌菇，大火烧开。加盐和白胡椒面调味，然后关小火，保持微沸状态，熬煮 1 小时。

上桌前，在每个碗里放一点融化的猪油，根据口味可再加盐和白胡椒面。煮面条的软硬程度全凭个人喜好。快煮好时，从锅中舀少量鲜汤，倒入每个碗中。面条用漏勺捞出，放入每个碗中，然后把汤中煮好的食材放进碗中，再浇点汤。撒上葱花上桌。

Copper Well Lane Vegetarian Noodles

铜井巷素面

20 世纪初期，一位卖面的货郎在成都铜井巷开了家固定店面，因其美味的素面而小有名气。这家店早已经消失不见了，但各种餐馆的菜单和一些菜谱书籍中，还常常能看到“铜井巷素面”的字样。这个菜谱是基于我在成都某个小吃店品尝的素面，他们放的不是香菇，而是茶树菇。如果你能找到那种长着棕色“小帽子”的长秆茶树菇，尽管用。其实这基本上就是素食版的担担面，可能还更接近最初的担担面，因为据说自贡最早的担担面就是素的。

菜谱用量是 2 人份。

芝麻酱　2 小匙

生抽　2 大匙

镇江醋　1 小匙

红油　4 大匙（要下面的辣椒）

香油　1 小匙

花椒面　¼～½ 小匙

葱花　2 大匙

蒜末　4 小匙

鲜切面　300 克（或 200 克干面条）

绿叶菜（菠菜或菜心等）

臊子

干香菇　3 个

干海椒　2 个

食用油　2 大匙

宜宾芽菜或天津冬菜　2 大匙（洗净后挤干水分）

花椒　½ 小匙

生抽　2 小匙

老抽　¼ 小匙

盐

先做面臊子。干香菇用热水浸泡至少 30 分钟，沥干水后去掉香菇秆，然后切碎。干海椒切两半或切成 2 厘米长的段，尽量将辣椒籽都甩出来。锅中放油，大火加热，加入干海椒翻炒到刚刚变色，然后加入花椒迅速翻炒出香味，千万不要炒煳了。用漏勺捞出香料扔掉。香菇放入锅中翻炒到散发香味，边缘发脆。加入芽菜或冬菜迅速翻炒出香味。加生抽和老抽。按照口味加盐。

用 2 小匙油稀释芝麻酱，让其具有流动性。把芝麻酱和剩下除面条之外的配料平均分配到碗中，绿叶菜也一样，然后搅拌均匀。

煮面条的软硬度全凭个人喜好，最后几秒钟加入绿叶菜煮熟。漏勺捞出面条和绿叶菜，充分沥水，然后平均分配到碗中，浇上素臊子。吃之前把所有食材搅拌均匀。

Spicy Cold Noodles with Chicken Slivers

鸡丝凉面

夏天，四川人喜欢吃凉面，通常还要配一碗冰粉或豆花，一般都是在青城山等景点的一日游路上，迅速地享受一下。凉面里通常会加焯过水的豆芽，有时候还会加手撕的鸡丝，调味一般是“怪味”：复制酱油、糖、醋、红油、蒜和花椒。（如果你不想做复制酱油，就加1小匙生抽、½小匙老抽，再加1小匙细砂糖即可。）面条淋上红油之后，笼罩着红宝石般的光泽，花椒会让你双唇酥麻。如果是用碱水面，那面条本身就呈现一种发黄的色调，口感比较劲道有弹性。如果是吃素，不加鸡丝就是了，也会非常美味的。

碱水面是用小麦粉、水和某种水溶苏打做成的，如果你能找到那就最好了。找不到的话就用普通的面，也很好吃。面一煮好务必迅速放油然后摊开晾干，这样可以防粘。面条可以放在大碗里让大家分而食之，或者按照街上小摊的做法，放进四个小碗里一人一份。如果酱料有剩下的，可以用来做凉拌鸡或凉拌绿叶菜，特别好吃。

菜谱用量是4人份。

鲜切面　300克（或200克干面条）

食用油　少许

豆芽　75克

熟鸡胸　50～100克

芝麻　1小匙

葱花　4大匙（可不加）

调料

芝麻酱　2大匙

复制酱油（见第453页）　2大匙

细砂糖　1½小匙

镇江醋　1大匙

红油　3大匙（加不加下面的辣椒均可）

蒜　2瓣（剁成蒜泥，和2小匙凉水混合）

花椒面　¼～½小匙（或½～1小匙花椒油）

香油　1小匙

烧开大量的水，将面条煮熟，软硬程度要把握好，不要煮过。用漏勺捞出后用冷水稍微冲洗一下。在漏勺中稍微甩一下，然后迅速在篾子上散开晾凉晾干。放一点食用油，用长筷子或夹子搅拌均匀防粘。快上桌之前，用开水把豆芽焯几秒钟，然后过冷水。充分沥干后放在大面碗的底部，或者平均分配到4个小碗里。用刀面或擀面杖轻轻拍松鸡肉的纤维，然后切或撕成鸡丝。将芝麻在煎锅中轻轻干炒到变成金黄色。

调味时，将芝麻酱放在小碗里，用少许油稀释后搅拌到柔滑，最后的黏稠度和流动性应接近鲜奶油。加入剩下的配料混合均匀。

把面放进碗中，撒上调料后表面放点鸡丝、芝麻和葱花。吃之前搅拌均匀。

美味变奏

花生酱凉面

有一次，我帮一个杂志写文章，要写个菜谱，主旨在利用橱柜里已有的配料，于是就做了一道用花生酱代替芝麻酱的凉面。菜谱刊登之后大受欢迎。你也可以试试：混合2大匙花生酱、1大匙生抽、½小匙老抽、1½小匙镇江醋、2～3大匙红油（加不加下面的辣椒均可）、1小匙香油、2小匙蒜泥（和1小匙凉水混合）和2大匙鲜汤或清水。愿意的话，你还可以加¼～½小匙的花椒面，再撒上2大匙葱花和1小匙熟芝麻。

Yibin ‘Kindling’ Noodles

宜宾燃面

宜宾有“万里长江第一城”的称号，主要是因为其地理位置在岷江和金沙江的交汇处，两江相汇，就成了长江。这道飘着坚果芬芳的美味面食，就是这个“第一城”最出名的特色之一，除此之外还有美酒五粮液和宜宾芽菜。“燃面”这个名字很难翻译成英文，可以理解成“点燃火焰”，所以我会翻译成“kindling”（点燃）面。有些人说之所以叫“燃面”，是因为面躺在油汪汪的干料中，让人想起老式煤油灯的灯芯；还有一种说法是，调味的最后会给面来点儿特别热的油，“噼里啪啦”的声音很像着了火，所以也可以翻译成“inflammable”（易燃）面，但可能会让人望而却步。

燃面中的秘方是油海椒，就是混合了辣椒、花椒以及各种其他香料的油。专攻燃面的宜宾面馆通常会有大量的油海椒，里面满满的香料，总是咕嘟咕嘟地微沸着，一煮就是几个小时。面必须要充分沥干水，当地的厨师会把面放在竹篮子里使劲儿甩，再拌上油海椒，撒上一些脆脆的坚果。和大部分的干拌面一样，燃面通常要配一碗面汤，夏天就换成凉丝丝的绿豆沙（见第444页）。你可以往油里加猪油，风味会更为醇厚浓郁，但我通常不用，这样就已经是很棒的素食午饭了。

菜谱用量是2人份。

核桃　40克

食用油　约200毫升

油酥花生（见第452页）　40克

宜宾芽菜或天津冬菜（清洗后挤干水分）　3大匙

芝麻　2小匙

鲜切面　300克（或200克干面条）

生抽　1大匙

葱花　3大匙

油海椒

粗颗粒海椒面　2大匙

姜（带皮）　15克

菜籽油　100毫升

核桃（粗切）　20克

花椒　1½小匙

香油　2小匙

融化的猪油　2大匙（可不加）

先来做油海椒。这是可以提前进行的一步，成品的量最好比实际需要的多（剩下的可以保存很久，可以自由发挥，用于各种面的调味）。海椒面放在一个小小的耐热碗中。用刀面或擀面杖轻轻拍松生姜。菜籽油倒入锅中，大火加热，然后加入生姜。油要烧热到生姜放下去就剧烈冒泡的程度。加入20克核桃，把火关小，炸1分钟出香味。关火，加入花椒，静置30秒让其味道融合，然后把油过滤出来，浇在海椒面上：应该发出“嘶嘶”声并冒泡、散发香味，但又不能把海椒面烧煳。油放凉后加入香油和猪油。（你可以边干活边尝尝过滤剩下的炸核桃，吃个香香嘴。）

接下来，锅中放入40克核桃，加入足够的油将其浸没，开中火，加热，不时搅拌，直到油开始在核桃周围冒泡。关小火，把核桃稍微炸个一两分钟，使其变得酥脆金黄，然后从油中捞出来，放在厨房纸上吸油。放凉后剁成米粒大小的核桃碎。花生碎也是差不多大小。

把锅中的油小心倒出来一部分，只留 1½ 大匙的量，开中火。加入芽菜，迅速翻炒出香味，盛在小碗里备用。

煎锅不放油，直接放入芝麻小火炒一炒，然后放入单独的小碗中。

煮面条的软硬度全凭个人喜好，煮好后漏勺捞出，分装在两个浅盘中。下面手脚麻利地往每个盘子中加入 2 大匙油海椒（要下面的辣椒）和 ½ 大匙的酱油，和面一起搅拌均匀。在顶上放上核桃碎、花生碎、芽菜、芝麻和葱花，上桌。吃之前把所有食材搅拌均匀。

Cold Buckwheat Noodles

凉荞面

阿坝等气候比较干燥的地区广泛种植荞麦和苦荞麦。苦荞有助于调节血糖，对糖尿病人很好。近年来，苦荞茶在四川很流行，泡出的茶水有微微的炙烤口感，回味无穷。荞麦也可以做成面，这是崇州的一种特产。荞麦籽磨成荞麦粉，加水和一点点石灰溶剂，和成柔软的面团，然后用木制压面机压成面条，直接进入一大锅开水中。煮好的面条迅速过凉水，加一勺红烧牛肉，趁热吃；也可以加酸辣调味料做成凉面，正如这个菜谱。我的灵感来源于成都的王婆荞面。

干荞面很易断，而用荞麦面和普通面粉混合而成的面条则更坚韧一些；你想用哪种都可以。这个菜谱只能算一个实验模板，你可以尝试加入蒜末、芝麻油、炸黄豆、油酥花生或芹菜碎之类的。凉荞面做起来很快，是很美味的素食小吃。

菜谱用量是 2 人份。

干荞麦面或荞麦小麦混合面　200 克

芹菜碎　2 小把（1～2 根芹菜）

葱花　4 大匙

熟芝麻　½ 小匙

调料

盐　¼ 小匙

生抽　4 小匙

镇江醋　2 大匙

细砂糖　½ 小匙

红油　2 大匙（加 1 大匙下面的辣椒）

花椒面　¼～½ 小匙（可不加）

煮面条，软硬全凭个人喜好。把所有的调味料平均分配在两个碗中。面条煮好后用漏勺捞出过凉水，然后充分沥干水，平均分配到两个碗中，搅拌均匀。

把芹菜碎熟芝麻撒上去，上桌开吃。

美味变奏

四川人还喜欢用带汤汁的红烧牛肉（见第 164 页）做荞麦面的臊子。王婆荞面的做法是，往面里加一点生抽、醋和花椒面，然后用炒菜勺浇一大勺红烧牛肉上去，最后加一点红油、大量蒜末和葱花。吃之前搅拌均匀。

Sour-and-hot Sweet Potato Noodles

酸辣粉

酸辣粉，口感滑溜，酸辣开胃，是很棒的小吃，而且做法特别简单。全世界的中国超市里都有那种透明的浅褐色干红薯粉，不过在成都的小街巷里，还能看到从头开始自制红薯粉的。原料是红薯芡粉、明矾和水，和成软乎乎的面团，可以握在手中随意造型，静置后叫变成一摊面糊（就像玉米芡粉和水混合成的面糊）。通常会有个年轻人拿着粗目漏勺，里面装着红薯面糊。一口巨大的锅里烧开了水，他会把漏勺举在锅口上方约 30 厘米的地方，用手去捶打面糊，让其通过漏勺的孔洞进入热气腾腾的大锅。面糊变成湿乎乎的条状物进入水中，立刻成为透明的红薯粉。片刻之后用筷子将红薯粉捞出，迅速放入凉水中断热。整个过程非常壮观。

菜谱用量是 2 人份。

干红薯粉　400 克

鲜汤（见第 457 页）或鸡汤　1 升

豆芽　2 把

葱花　2 大匙

榨菜碎　2 大匙

芹菜碎　2 大匙

脆炸黄豆或油酥花生（见第 452 页）2 大匙

调料

蒜末　2 小匙

花椒面　½ 小匙（或 1 小匙花椒油）

盐　¼ 小匙

镇江醋　4 小匙

生抽　1 大匙

老抽　¼ 小匙

红油　3 ～ 4 大匙（加 1 大匙下面的辣椒）

猪油　2 小匙（可不加）

粉条在凉水中浸泡过夜。（也可以用热水浸泡几分钟，不过容易泡散。）

鲜汤烧开。所有调味料平均分配到两个碗中。

豆芽在汤中焯一下，然后用漏勺捞出，平均分配到两个碗中。每个碗里加入大约 100 毫升的鲜汤。粉条沥水后放在漏勺里加入烧开的汤中，冒个几秒钟到口感滑嫩，颜色透明。使用长筷子或夹子或漏勺捞出来，平均分配到碗中。把剩下的配料撒上去，上桌开吃。

美味变奏

四川人爱吃肥肠粉，做法是将粉条和豆芽过一下煮肥肠的高汤，最后浇上一勺肥肠。通常肥肠粉都要配上脆脆的锅魁（见第 389 页）之类的饼子。

不夸张地说，成都有数百种小吃特产：香辣的面条、甜滋滋的饺子、香脆的饼子、馒头包子、豆花豆腐，以及美味的凉拌菜。

小吃

Small Eats

SMALL EATS

小吃

在成都老城某条熙来攘往的繁忙商业街旁坐下，闭上眼睛，各种嘈杂声中，会逐渐有流动摊主的叫卖声传入你的耳朵。最先走过的是擦鞋的，他拿鞋刷的木把手敲打着木凳子，声音轻柔，但节奏持续。然后是先闻其声的叮叮糖小贩，金属板子敲打出“叮叮当，叮叮当”的清脆之声。根本不用睁眼，你就知道他一定用一根扁担挑着两个竹编的筐子，里面装着有嚼劲的白色麦芽糖。“叮叮糖”这个名字，当然是从敲打的声音来的。接着是“豆花儿!豆花儿!”的叫卖声，卖豆花儿的挑着他黑红相间的竹桶来了，里面装着热乎乎的豆花和各种调料。如果附近有家生意兴隆的茶馆，桌子和椅子都摆到街面上来了，你甚至还能听到掏耳朵的在茶客中走来走去、招揽生意，手上的细长金属夹钳脆响声声。

长久以来，成都忙碌喧嚷的市井街道生活就声名在外，到现在也依旧生生不息，街上有卖花的、卖小玩意儿的、磨刀的、卖笛子等小乐器的，好不热闹。不过，这座城市最著名的，还是多种多样的美味小吃。不夸张地说，成都有数百种小吃特产：香辣的面条、甜滋滋的饺子、香脆的饼子、馒头包子、豆花豆腐，以及美味的凉拌菜。其中大多数的发明者都是流动在街市中的货郎，他们的足迹遍布全城，如今还有少数小吃保留着这种销售方式。

上了年纪的成都人还记得这种市井小吃的黄金时代，也就是20世纪初期；忆往昔，他们讲起小吃的质量对货郎们可谓“生死攸关”，所以很多人都是干劲满满，创造出味道无与伦比的独特小吃。有些老人回想起小时候那美味的饺子，温暖的春风让香气四处飘散，还会无比怅惘地长叹。

很多现今最受欢迎的小吃都能追溯到封建王朝的末期和民国早期。有的小吃创造者还因为手艺精湛而成为民间传奇，名字也永久地和自己发明的小吃联系在一起。很多做得比较成功的货郎最后开了店面固定的餐馆，其中一些传了好几代人。1909年出版的傅崇矩著作《成都通览》就对那段时间的市井生活进行了生动的描述，相当引人入胜。书中列出的一些小吃，直到今天还是人们口腹的常客，比如荞面、甜水面和汤圆；书中还有黑白速写插画，画着挑着扁担的货郎和他们的行头装备，有做锅魁的、卖抄手的、刮凉粉儿的。

有些声名远扬的小吃听名字就知道发明者，比如钟水饺的发明者叫“钟燮森”；赖元鑫做出的汤圆特别完美，有了“赖汤圆”这个招牌。还有的以最初出现的地域命名，比如北川凉粉、宜宾燃面等。还有的沿用了最初约定俗成的叫法，比如叮叮糖、担担面、蒸蒸糕等。

很多著名的四川小吃在成都都能找到，但走出省会，还能找到无数的地方特产。山城重庆，曾经的四川第二大城市，如今的直辖市，就有著名的“山城小汤圆”。小镇军屯有香脆麻辣的肉末军屯锅魁。走遍四川，你都能出其不意地发现别处很少见的特色小吃。最近，我在宜宾吃过一顿午饭，尝到了好几种味道特别奇妙的叶儿粑，外面用不同种类的香叶包裹着。在合江附近一个小村过春节时，人们打牌搓麻将直到深夜，暂停时不仅是为了点火炮放烟花，还要吃包了猪肉、野葱和花椒的小点心，当地人称“猪儿粑”，因为小小白白的一团舒服地窝在叶子里，很像圆乎乎的小猪仔。还有季节限定的特产，比如春卷和专门为端午节而做的粽子。很多四川小吃都是饺子、抄手、粑粑和面条一类的东西，但也有夫妻肺片这一类的荤菜，还有抚慰人心的甜汤与稀饭。

中国饮食文化的发展和其他国家一样，离不开政治环境的影响。在特殊历史时期，四川的街头小吃被迫销声匿迹。私营餐馆被集体化，街头小吃出现在新一代国营餐馆的菜单上，追求卓越的动力消失，因此经历了完全的停滞和衰退。中国开始经济改革之后，市场日趋繁荣，20 世纪 80 年代后期，也有下岗工人开始贩卖小吃维持生计。90 年代中期，我在成都求学，会在街上遇到推着自行车卖叶儿粑的男人；还会在市场上发现退休老工人，挎着篮子，里面装着自制的麻花。

如今的成都比较难找到这些孤零零的身影了。仅存的那些会聚集在寺庙周围，炸着裹了糖色的果子，往小小的蛋烘糕里包坚果碎和糖。不过，街头小吃最明显的变化，还是大规模地转移到了旅游景点。盘下店面的老板常常不在，负责做小吃的员工无论是技术还是态度，都和前人相差甚远。幸运的是，还有很多店专门做这些历史悠久的小吃，你可以点个套餐，一次性品尝十几种甚至更多的小吃，都是小份小份的。两个钟水饺，撒点美味的红油；一小盘樟茶鸭；两个芝麻馅的甜汤圆；浇了热酱料的米凉粉儿；一个外脆里嫩的波丝油糕……等服务员把菜一个个上齐，桌上会满满当当地摆着琳琅满目的小吃。我会找一家这样的店，怀念一些老成都的街头小吃。（背面图片是我复制的各类小吃套餐。）

除了作为闲时零嘴或在街头填饱肚子的东西，小吃也会以非常考究的面貌出现在宴席之上。比较正式的川菜宴席有时候不上米饭，可能在最后上一小碗面作为主食；除此之外，大菜纷纷上桌的间隙，你面前可能也会出现精美的点心。宴席上的小吃通常是街头小吃的“高配版”，厨师在其中倾注了精湛的工艺，卖相也十分好看。天才大厨喻波会在自己掌勺的宴席上呈上各种令人目眩神迷的小吃，比如小小的刺猬包，用芝麻做眼睛，有一百个突出的尖刺，每个都是手拿指甲钳，慢慢修剪出来的。一些名气很大的四川小吃需要专门的设备、难找的配料或很难掌握的专业技巧才能制作出来。我本来没打算收录这样的菜谱，但也在本章最后对其中一些最有趣的进行了简要描述。我希望下面的所有菜谱，都是能在家庭厨房中实现的。

本书的其他章节也收录了一些小吃，比如夫妻肺片（见第 93 页）和川北凉粉（见第 106 页），这两个属于凉菜；酸辣豆花（见第 252 页）归于豆腐；面条类的小吃都在专门的章节；还有一些通常都被称为“小吃”的甜品，比如赖汤圆（见第 436 页），就在“甜品”那一章。

从左下方开始顺时针：冷吃兔、锅贴、龙抄手、钟水饺、酸辣豆花、三大炮、豆芽包子、麻辣牛肉干、叶儿粑、珍珠圆子。

左下方开始顺时针：凉拌青豆、冰糖银耳、南瓜猪肉蒸饺、凉拌酸辣木耳、川北凉粉、赖汤圆（芝麻馅配芝麻酱）、蛋烘糕。

Zhong Crescent Dumplings

钟水饺

我们在寻找一家隐匿的饺子馆。这个居民区怎么看怎么不起眼，一排排晾衣绳上挂满了颜色鲜艳的衣物，一群群老嬢嬢坐在大门口织毛衣。但传闻有云，从某个成都著名大餐馆退休的那位大厨，就在这其中某套公寓里经营着一个小吃店。我们四处窥探，终于在其中一栋楼的墙上发现一张手写的菜单。走进去一看，两个房间挤满了顾客，都在满脸欣喜地吃着放了辣油的水饺。厨房里热气蒸腾，大厨正在其中忙碌，帮忙下单端菜的是他的家人。让我们苦苦追寻的特色饺子，就是这一家的钟水饺，蒜泥、红油和复制酱油搭配起来，那美味简直要上天。钟水饺算是四川人对北方饺子进行改良做出的“高配版”，据说发明者是1893年开始在荔枝巷开店的小贩钟燮森。

中国人吃这种半月形的饺子，已经吃了一千多年：考古学家在遥远偏僻的吐鲁番发掘过一个唐代墓穴，里面出土了一个木碗，碗里装满了已经风干的饺子。这件文物一直收藏在当地的博物馆里。

四川人用的饺子皮通常比中国超市里常见的那种要小一些，但节省时间起见，你可以买现成的饺子皮，饺子做大一点就行。如果你用新鲜猪肉做馅儿，饺子包好后

复制酱油（见第453页） 3大匙

红油 2大匙

蒜泥 4小匙（和1大匙凉水混合）

芝麻 少许（用作装饰）

饺子皮

中筋面粉（饺子粉）或高筋面粉 300克（还要一些用作手粉）

（也可用现成饺子皮，准备40张左右）

饺子馅儿

花椒面 1小匙

姜（带皮） 30克

猪肉末（瘦肉） 200克

香油 ½小匙

蛋液 2大匙（约1个鸡蛋的量）

盐和白胡椒面

自制饺子皮。将面粉放在碗里，或者堆在操作台上，在中间挖开一个“火山口”，慢慢加入大约150毫升的凉水，用手和出比较紧实的面团。继续揉面到光滑有弹性，然后用湿布盖住，醒面至少30分钟。

趁醒面的时间做饺子馅儿。把花椒放在一个隔热小碗中，倒少许热水浸没。用刀面或擀面杖把姜拍碎，然后放在罐子里，用大约150毫升凉水浸没。

猪肉末放进一个碗中，加入½小匙的盐、几撮白胡椒面、香油和蛋液，往一个方向使劲搅拌均匀，此时用手最方便。最终混合物应该是黏糊糊的，有一点弹性。把花椒水过滤出来，加进去混合，还是朝一个方向搅拌。然后把生姜水过滤出来，分次加入，每次都要搅拌到完全融合后，再继续加水。最后成品应该是又软又香的肉糊。

在操作台上稍微撒点面粉，取大约三分之一的面团，搓成直径2～2.5厘米的长条。

可以冻起来，要吃的时候煮好，配上调料即可。

菜谱中的用量能做25～35个饺子（看个头大小），差不多是4～6人份。

拿刀将长条切成一个个小剂子，大个樱桃的大小（每一个大约12～15克）。用手掌将小剂子压扁，然后旋转擀成直径7厘米的饺子皮。（如果你包饺子不太熟练，最好是擀大一点，比较适合初学者。）

摊开你不常用的那只手的手掌，放上一张饺子皮。另一只手舀一些饺子馅儿放在皮的中央，把皮折成一个半圆，同时用力挤压边缘，务必要挤压紧实。把饺子放在事先撒了面粉的盘子或板子上。剩下的皮和馅儿如法炮制。

烧开一大锅水。一次放10～12个饺子，缓缓搅动，防止饺子粘在一起，重新烧开后继续煮5～7分钟。水剧烈沸腾时加一点凉水，需要加两三次水。饺子煮好了，馅儿也熟透了（可以切开一个，确认一下）。用漏勺捞出沥干水，平均分配在各个碗里。剩下的饺子也如法炮制。

在每一碗饺子中加2小匙复制酱油、½大匙红油，再加1小匙蒜泥，撒少许芝麻。吃之前要把所有调料充分拌匀。

Dragon Wontons

龙抄手

馄饨可能是中国历史最悠久的皮包馅儿食物。根据学者论证，西汉时期就有馄饨的存在，比北方的饺子出现得更早。到公元5世纪左右，馄饨已经成为很常见的小吃，接下来的几个世纪里，馄饨的工艺和做法至臻成熟，唐朝的一份史料中提到24种不同风格、形状和填馅儿的馄饨。

如今，馄饨早已遍布全中国，那爽滑鲜嫩的口感让八方食客赞不绝口。不同的地区对馄饨有不同的叫法，四川人叫它“抄手”，意为“交叠的胳膊”，恰如抄手包好的样子。

这个菜谱中的抄手，填的馅儿是猪肉和姜，上桌时要加浓郁的高汤。这就是成都著名餐馆龙抄手的特色。“龙”这个名字谐音“浓”，来源是“浓花茶社”。1941年，餐馆的三个创始人就聚集在这家茶社，商议开抄手店的创业事宜。

龙抄手（见第370页图片）的样子看上去平平无奇，但味道实在很好。如果你是买现成的抄手皮，尽量买最薄的那种。厚皮包出来的抄手当然也挺好吃的，但口感就没那么细腻了，因为薄皮会在煮的过程中起皱，和馅粘在一起，而边缘则如金鱼尾巴一样在汤汁中飘摇。你也可以自制抄手皮，但要做得足够薄且韧则是一门艺术，

薄抄手皮　约40张

融化的猪油　2大匙（可不加）

盐和白胡椒面

高汤

猪蹄　2个

鸡翅或鸡腿　450克

姜（带皮）　20克

葱（只要葱白）　2根

抄手馅儿

姜（带皮）　60克

精瘦猪肉末　200克

蛋液　2大匙（约1个鸡蛋的量）

料酒　1½小匙

香油　1小匙

盐　½小匙

白胡椒面　1大撮

先熬高汤。猪蹄和鸡翅（或鸡腿）放在大汤锅里，倒凉水覆盖，大火烧开后继续煮1分钟左右，让表面起浮沫；用漏勺将全部肉类捞出后冲洗，煮肉的水倒掉。

锅洗干净后把所有肉放回去，倒5升水烧开。撇掉浮沫。用刀面或擀面杖轻轻拍松姜和葱白，然后放入锅中，汤熬2小时直到浓郁奶白。（汤要一直保持大中火，不能小火熬，这样出来的汤色才会奶白，不过火不用最大，只要能保持汤汁大量冒泡即可。）之后关小火，保持微沸的状态，再熬煮1个小时。最后应该得到约800毫升浓郁不透明的奶白高汤。

接下来调馅儿。用刀面或擀面杖把姜拍到解体，然后放在碗中，倒约250毫升的凉水。猪肉末放进另一个碗中，加入蛋液、料酒、香油、盐和白胡椒面，迅速搅拌，保持一个方向，直到肉馅儿上劲儿，即黏稠且有弹性。分次加入200毫升过

不推荐新手尝试。

包好的生抄手可以冷冻起来，之后可以直接拿出来下水煮，无须解冻。请注意，这道菜中的高汤是需要耗费一些时间熬制的，所以最好是提前做。

菜谱中的量大约可以做 32 个抄手，可供 4 人作为餐中小吃或一顿简单的便餐。

滤后的生姜水，每次都要在水和馅儿完全融合之后再加新的。最后应该是有流动性但依然黏稠的肉糊。

用比较好操作的小刀或小铲，将 1 ～ 2 小匙的馅儿放在抄手皮中央，先对角线对折成三角形，之前要先把一角沾点水，这样两个角才能粘在一起。（更高级的折法是在这之后将两个相对的角折到一起，形成中国人所说的“菱角状”，但没这个必要。）把抄手放在撒了面粉的台面上。

大火烧开一大锅水，另起一锅加热高汤。4 个碗中放下列调料：1 撮白胡椒面，1 大撮盐，½ 大匙融化的猪油。

搅拌一下开水，将大约一半的抄手倒下去，搅拌一下防止粘锅。水烧开之后，加入一咖啡杯的凉水，再次烧开，这时候抄手就应该完全煮熟了（切开一个检查）。抄手快煮熟时，往两个碗里各加约 200 毫升的高汤，用漏勺捞出抄手，然后平均分到两个碗中。剩下的两人份如法炮制。

自制抄手皮

将 450 克中筋面粉放在操作台上，在中间挖一个小小的“火山口”，加入一个鸡蛋的蛋液和 200 毫升的凉水。用手将蛋液和水混合一下，然后和面，干湿自己把握，可以适当添加水或面粉。使劲揉上几分钟，然后盖上湿布，醒面 30 分钟。在台面上撒上手粉，将面团均匀擀薄，然后切成长宽约 7 厘米的正方形（边长和普通人食指差不多长）。

Chengdu Wontons with Dried Chilli Sauce

干拌抄手

一个春天的晚上，朋友坤带我去成都东郊吃抄手。我跟着他来到一栋居民楼，穿越很简陋的楼梯间，来到一个一楼公寓的窗前。我们弯下腰，小心地不把头撞到窗棱上，然后顺着一把令人咋舌的活动梯子来到一个小小的店面，食客们挨挨挤挤地坐着，都在美餐着辣味抄手。这就是李老孃简陋隐蔽的干海椒抄手店，在成都有一批狂热忠实的拥趸。吃完之后我也能完全能理解个中原因。那一顿我们吃的抄手，饱满多汁，皮滑料足。有加了海椒面、芝麻和花生碎的干拌抄手；辣酱加少许花椒和糖醋汁的凉拌抄手；还有泡在清澈高汤中的汤抄手，高汤是用鸡肉和松茸熬的。（抄手馅儿也分了两种：肉末或肉末虾仁。）

下面这个菜谱是我对李老孃干拌抄手的致敬。后面也写到一些“美味变奏”，最初都来自李老孃，还有一些比较典型的四川抄手做法。如果你恰好有一大锅高汤和一些调料，那么做起抄手来就很简单了，也一定会让客人们吃得心满意足。菜谱中给出的量大约可以做 32 个抄手。如果希望香辣程度达到最好，你可以自己做海椒面（见第 448 页）；图方便的话，直接用韩式辣椒面即可。

生抽　2 大匙

红油　4 大匙（加 2 ～ 4 小匙下面的辣椒）

花椒面　4 大撮

抄手（见第 373 页）　1 批

海椒面　2 ～ 4 小匙

熟芝麻　2 小匙

油酥花生（见第 452 页）　4 大匙

葱花　6 ～ 8 大匙

将生抽、红油和花椒平均分配到 4 个碗里。

按照第 373 ～ 374 页上的做法包抄手、煮抄手，然后平均分配到碗中。

把其他所有配料都加进去，注意平均分配。吃之前把所有食材搅拌均匀。

美味变奏

干海椒抄手

步骤基本和上述一样，但在把抄手加入碗里之前，往每个碗里倒 75 毫升的高汤或鲜汤（见第 457 页），吃之前搅拌均匀。

凉拌抄手

这也是李老孃的做法。每个碗中放下列调料：½ 小匙细砂糖，½ 小匙镇江醋，1½ 小匙生抽，1 大匙红油加 1 小匙下面的辣椒，½ 小匙蒜末和几大撮花椒面（根据口味增减）。抄手入碗之后，再分别加 1 小匙油酥花生碎、½ 小匙熟芝麻和 2 大匙葱花。搅拌均匀再吃。

红油抄手

每个碗中放入下列调料：1 大匙红油，加不加下面的辣椒均可；2 小匙复制酱油（见第 453 页，也可用 1½ 小匙生抽和 1 小匙细砂糖代替）；1 小匙蒜末。

酸辣抄手

碗中放下列调料：½ 小匙生抽，2 小匙镇江醋，½ 小匙融化的猪油，½小匙香油，1大匙葱花，100毫升滚烫的高汤（见第458页），按照口味添加几大撮白胡椒面和盐。这种抄手夏天吃着很舒服。

清汤抄手

碗中放下列调料：2小匙宜宾芽菜或天津冬菜（清洗后挤干水分），1大匙葱花，½小匙香油，½小匙生抽，150毫升滚烫的高汤（见第458页），1大撮白胡椒面，½小匙融化的猪油，按照口味添加盐。汤汁清淡爽口，芽菜或冬菜隐隐的酸味非常诱人。

海味抄手

煮抄手的时候，按照第354页海味面的做法来做海味臊子，做好之后保温。碗中放下列调料：1大匙葱花，½大匙融化的猪油（可不加），按照口味添加盐和白胡椒面。上桌之前加一勺海味臊子。加入煮熟的抄手，再加一大勺配料，多加点海味汤汁。

臊子抄手

按照第350页的做法做臊子。愿意的话可以把菜心一类的绿叶菜焯水后加入抄手。碗中放下列调料：2大匙宜宾芽菜或天津冬菜（清洗后挤干水分），1大匙葱花，½小匙香油，½小匙生抽，150毫升滚烫的高汤（见第458页），1大撮白胡椒面，½小匙融化的猪油，按照口味添加盐。加入煮熟的馄饨，最后舀一勺肉末臊子，加绿叶菜。

Pot-sticker Dumplings with Chicken Stock

鸡汁锅贴

四川锅贴，就是西方国家日式餐馆里卖的那种煎饺。“锅贴”这个名字来源于烹饪方法：煎锅里摆一层饺子，半煎半蒸，成品水分足，口感软，底面却又金黄酥脆。包着鸡汤猪肉末，咸香多汁的锅贴，出现于20世纪40年代，原创是重庆的丘二馆。鸡汁锅贴旁边通常会配一碗炖鸡汤，但只蘸清爽的酸醋，也是很好吃的。（第368页的图片上有锅贴。）

你需要一个厚底不粘锅或铸铁煎锅，直径约26厘米，有锅盖。

菜谱中的量大概能做16个锅贴。

食用油或融化的猪油　4大匙

配锅贴的鸡汤或镇江醋

饺子皮

中筋面粉（饺子粉）　150克（还要一些用作手粉）

食用油　½小匙

饺子馅儿

姜（不带皮）　15克

葱（只要葱白）　1根

猪肉末　150克

鸡高汤（凉）　5大匙

料酒　½大匙

盐　¾小匙

细砂糖　½小匙

白胡椒面　几大撮

香油　½小匙

先做饺子皮面团。将面粉和油放在碗中，混合均匀。将100毫升的热水倒入面粉和油的混合物中，用木勺柄迅速和匀。静置一会儿放凉，然后再加入适量的凉水，揉成面团，一直揉到表面光滑，用湿布盖住，醒面30分钟。

醒面时来做饺子馅儿。用刀面或擀面杖将姜和葱白拍打到解体，然后放在碗里，用凉水浸没，静置5～10分钟。猪肉放进一个碗里，加入3大匙过滤后的姜葱混合水，混合均匀到完全吸收，要保持搅拌方向一致。分次加入鸡汤，每次都要混合均匀到完全吸收后再加新的。最后应该是湿乎乎的肉糊，把饺子馅儿的其他配料全部加进来，搅拌均匀。

在操作台上稍微撒点面粉，把面团一分两半，然后把每一半都搓成直径大约2厘米的长条，再分成15克一个的小剂子，用手掌压扁，用擀面杖擀成直径8～9厘米的圆形饺子皮。（如果你动作比较慢，面团最好保持用湿布覆盖，不然水分会流失。）

将大约1大匙的馅料舀到饺子皮的中央，轻轻对折，握住两个边缘，同时用力，捏成饺子的形状。包好的饺子就放在台面上，轻轻压一下，让下面形成一个平面。剩下的皮和馅儿都如此操作。

下面来做锅贴。中火加热厚底不粘锅或铸铁煎锅，加入2大匙食用油或猪油，旋转一下覆盖整个锅底，油烧热以后，将饺子均匀地摆在锅里，倒入100毫升的热水，然后盖上锅盖，中火蒸4～5分钟，直到发出“嘶嘶”声，说明水基本上都蒸发完了。揭开锅盖，放掉蒸汽，加2大匙食用油或猪油，再煎个3分钟左右，直到饺子底面金黄酥脆：这期间稍微在火上移动一下锅，好让饺子底面均匀上色。

把饺子倒扣在盘子上，金色的底在上面。立即上桌，配上热腾腾的鸡汤（或者是镇江醋做的蘸水）。

Steamed Pork and Pumpkin Dumplings

南瓜蒸饺

这种饺子相当美貌，刚蒸好时趁热和竹蒸屉一起端到桌上，真是美的享受。和很多蒸饺一样，这种饺子的皮用的材料是所谓的“烫面”：滚烫的热水把面粉烫个半熟，最后的饺子包出来略有一点黏黏的口感。通常，蒸饺的馅儿都是在包好前就煮熟的，只需要上桌前加热一下即可，下面这个菜谱就是如此。愿意的话，你可以用绿叶菜代替南瓜，焯水后过冷水冲洗，挤干水分，切碎后和已经调味的熟猪肉搅拌均匀。

至于蒸饺的容器，里面可以涂油，也可以铺上在某些中国超市有售的蒸笼布。你也可以按照大厨魏桂荣的方法，来做自己的“蒸笼布”：用剪刀剪出一片圆形的烘焙纸，对折数次，成为一个多层的扇形。然后在边缘剪小缺口，就像剪纸雪花那样。展开后的圆形纸片上就布满小洞了。

四川人吃蒸饺不配什么东西，但这个蒸饺蘸镇江醋吃也是非常美味的。

菜谱中的用量可做 20 ～ 25 个蒸饺。

饺子馅儿

南瓜　约 275 克

食用油　3 大匙

姜末　1 大匙

猪肉末　200 克

料酒　½ 大匙

生抽　1 大匙

老抽　1 小匙

葱花　3 大匙

香油　1 小匙

盐和白胡椒面

饺子皮

食用油　1½ 小匙

饺子粉　250 克

先做馅儿。南瓜削皮后去掉瓜瓤和瓜子，切成厚 3 毫米的片后切条，再切成小丁（用中餐术语来说，就是“绿豆丁”）。烧开一大锅水，把南瓜丁放进去煮 1 分钟左右，到刚刚变软的程度，用漏勺捞出沥水。用冷水冲洗，然后甩干水分。

锅中放油，大火加热，加入姜末迅速翻炒出香味，倒入肉末翻炒到变色，然后倒入料酒。肉末炒到刚熟的程度，加入生抽、老抽、盐和白胡椒面。根据个人口味，可以稍微咸一点，因为饺子皮是白味的。倒入南瓜丁翻炒到热气腾腾，有必要的话再进行调味。离火后加入葱花和香油。放凉后冷藏备用。

接下来和面。食用油倒入小煎锅，加入 225 毫升水，烧开。关火后立刻倒入所有的面粉，迅速搅拌，要把锅底刮一刮，和成的半熟面团比较粗糙。降温后手揉一两分钟，使面团光滑。盖上湿布备用。

准备擀皮包饺子。面团一分为二，分别搓成直径 2 ～ 3 厘米的长条。

将面团切成核桃大小的小剂子（重量约 20 克）。每次拿起一个小剂子，用手掌压扁（注意要一直用湿布覆盖剩下的面团，防干），然后用擀面杖擀成直径约 8 厘米的圆形，然后在中间放 1 大匙饺子馅儿。把饺子皮放在左手（不用力的那只手），再用右手把饺子皮往靠近你的那一侧捏紧，再从远端向近端打褶，打褶时两端都要捏紧（学包饺子最快捷有效的办法就是请中国朋友现场教学，或者在网上找找教学视频）。饺子皮一定要捏紧，不然会煮破。

竹蒸笼上抹油或铺一层蒸笼布，将饺子摆成一圈，然后大火蒸 7 分钟左右。热气腾腾的饺子熟透了，立刻上桌，趁热吃。

美味变奏

饺子馅儿还可以用吃剩的红烧肉（见第 139 页）来做，可以搅打或剁成肉末。其实任何富含胶原蛋白的炖肉、烧肉都可以做饺子馅儿，关键就是要充分静置放凉，再包成饺子。我甚至在伦敦做过一版富有英国特色的蒸饺，是用山鸡炖五花肉做的馅儿，美味极了。

Leaf-wrapped Glutinous Rice Dumplings

叶儿粑

时至今日，成都的街角有时仍然会惊鸿一瞥地闪过一个货郎，卖着白胖胖、亮闪闪的叶儿粑。便携的炉子上是个巨大的圆形蒸笼，摇摇晃晃地放在三轮车上。蒸笼里都是糯米做的叶儿粑，垫在米粑下面的叶子散发着清香。有的是甜叶儿粑，里面包着炒制或烤制过的坚果、果脯或糖渍鲜花；有的则是咸叶儿粑，馅儿是猪肉末和芽菜做的。叶儿粑买来即食，掰着叶子一小口一小口地品尝，咬一口黏糊糊的糯米，湿润多汁的馅儿便流了出来。

菜谱里做的这道成都经典肉末芽菜叶儿粑源于宜宾，那里出产著名的宜宾芽菜。不过，整个川南有着多种多样的叶儿粑类蒸制小吃，这只是最出名的一种。按照传统做法，要把糯米和粳米浸泡后现磨成粉，再用来和面、包馅儿。现代人图方便，直接用现成的糯米粉。

包叶儿粑的叶子可以用良姜叶、芭蕉叶、柚子叶或柑橘叶，每一种都有着诱人的香味。你可以在东亚商店里买到冷冻的芭蕉叶。我还会在家附近的土耳其超市买橘子，把橘子叶存储在冰箱里来做叶儿粑。叶儿粑包好以后可以冷冻起来，之后直接拿出来蒸熟即可。

芭蕉叶　少量（或 20 ～ 25 张柑橘叶）

食用油　少量

菠菜叶　50 克

糯米粉　200 克

大米粉　50 克

融化的猪油　1½ 大匙

馅料

猪油　5 大匙

比较肥的猪肉末　100 克

料酒　½ 大匙

生抽　1 小匙

老抽　½ 小匙

宜宾芽菜（清洗后挤干水分）　4 大匙

葱白（切葱花）　2 大匙

香油　1 小匙

先来做馅儿。锅中放猪油，大火加热。加入猪肉末翻炒，炒得越碎越好。猪肉颜色渐渐变白时，加入料酒。猪肉熟透之后，加入生抽和老抽，再加入芽菜迅速翻炒出香味，并热气腾腾。按照口味加适量盐：馅儿要稍微咸一点，因为面皮是白味的。加入葱花，稍微加热一下。离火，加入香油，然后静置放凉（这样填馅儿时比较好操作）。

与此同时，烧开水，放几滴食用油，把芭蕉叶或柑橘叶焯一下水，煮到稍微变软后过凉水，再用厨房纸吸干水，然后在两面都抹上一点油。如果用的是芭蕉叶，要用剪刀剪成边长 6 ～ 7 厘米的正方形。

和面前，先将菠菜叶放入搅拌机，加 100 毫升凉水，然后用细目筛过滤出细腻的菠菜汁。糯米粉和大米粉在碗中混合，倒入猪油和约 4 大匙的菠菜汁搅拌，再加适量的凉水，和成柔软的面团（质感有点类似于腻子）。继续揉捏到面团表面光滑。

在蒸屉底部刷上少许食用油。将面团一分为二，分别揉成直菜谱中的用量可以做 20 ～ 25 个漂亮的小粑粑（你也可以做大个一点的，数量也相应减少）。

径 3 ～ 4 厘米的长条，然后切成 3 ～ 4 厘米长的小剂子（每个的重量约为 25 ～ 30 克），每个小剂子都搓圆，用手掌按平。将面饼放在左手（或者不主要出力的那只手）上，然后用另一只手取 1 ～ 1½ 小匙的馅儿放在面饼中央，把面饼的边收拢，捏紧后搓圆，放在芭蕉叶或柑橘叶的中央，拎起叶子的边缘，放在蒸屉中。剩下的面饼和馅儿都这样操作。（如果馅儿有剩下的，可以炒饭吃。）

大火蒸 10 ～ 15 分钟，直接拿着蒸屉上桌，趁热吃。

美味变奏

甜叶儿粑

成都小吃店里的叶儿粑通常是两个一份，包括一个绿色的咸叶儿粑和一个中间点了粉红小点的白色甜叶儿粑。如果要做甜叶儿粑，和面时就不要用菠菜汁，多加一些水即可。馅儿的用料如下：

炒花生、熟芝麻或果脯　5 大匙

中筋面粉　1½ 大匙

细砂糖　75 克

融化的猪油　3 大匙

胭脂红色素　几滴（或 1 大匙红曲粉）

如果你用炒花生做馅儿，要把皮去掉，然后粗粗地切一下；芝麻则要舂成粗粝的粉末；果脯要切碎。面粉在锅里干炒一下，到微微泛金黄，盛到碗中，倒入糖和猪油搅匀，之后加入花生、芝麻或果脯。

如果用的是胭脂红色素，需要加几滴冷水稀释。如果是用红曲粉，就放在小杯子里，加入 1 ～ 2 大匙热水搅匀后静置几分钟，得到粉红色的液体。

按照咸味叶儿粑的做法进行包和蒸的步骤，上桌前用筷子蘸一点粉红色液体，点在甜叶儿粑上。

Steamed Buns with Spicy Beansprout Stuffing

豆芽包子

圆乎乎的包子，里面是美味多汁的馅儿，这种小吃在全中国比比皆是，但四川的包子自成一派，极具特色。廖永通是一位著名的包子铺老板，20 世纪 30 年代在成都街头做包子起家，发明了所谓的“龙眼包子”，顾名思义，可以从包子顶部一个小小的圆形“龙眼”中窥见里面的猪肉馅儿。一直到 20 世纪 90 年代，成都还有家小铺子专卖“廖包子”（铺子的名字以廖永通独特的面部特征命名——痣胡子龙眼包子）。四川还有一派著名的包子叫“韩包子”，由一位姓韩的先生发明于 20 世纪 20 年代，包子馅儿是用猪肉末、鲜虾和各种香料混合而成，到如今成都也有很多家“韩包子”。

中国人可以如数家珍地讲述包子（没有馅儿的叫馒头）传奇般的来历（可能是编造的）。据传，公元 3 世纪的三国时期，伟大的政治家和谋士诸葛亮进军西南征讨孟获。泸水湍急凶猛，正不知如何渡过时，有人告诉他要用“南蛮”的头去祭祀安抚河神。诸葛亮不愿做出如此残忍的屠杀，于是用包了馅儿的面团假装人头，用作祭品。馒头（谐音“蛮头”）这个名字也由此而来，后来逐渐演变成“包子”。

下面这个包子具有鲜明的四川特色。除了

低筋或中筋面粉　250 克（还要一些用作手粉）

活性干酵母　1 小匙

细砂糖　½ 小匙

小苏打　½ 小匙

食用油或融化的猪油　1 小匙

包子馅儿

豆芽　200 克

食用油　3 大匙

肥瘦适宜的猪肉末　200 克

料酒　1 大匙

豆瓣酱　2½ 大匙

蒜末　2 小匙

生抽　2 小匙

老抽　¼ 小匙

细砂糖　1 小匙

葱花　3 大匙

白胡椒面　2 撮

香油　1 小匙

盐

先来做馅儿。豆芽切段，长度在 1 厘米左右。锅中放油，大火加热，然后加入猪肉末翻炒，肉色变白且逐渐散开时，倒入料酒。肉香四溢且油“嘶嘶”响时，加入豆瓣酱翻炒到散发香味，油色红亮。加入姜末翻炒到出香味。加入生抽、老抽和糖，按照口味加盐（馅儿要咸一点，因为面团是白味的）。加入豆芽稍微翻炒一下，直到热气腾腾。离火后加入葱花、白胡椒面和香油，晾凉后放入冰箱冷藏备用。

接着开始和面。把面粉、酵母和糖在碗中或台面上混合均匀。在中间挖一个小小的“火山口”，慢慢加温水（用量大约 150 毫升，理想的温度是 27° C 左右），和成柔软不粘手的面团。面团快要成形时加入小苏打、食用油或猪油，继续揉捏，混合均匀，然后用湿布盖住，在温暖处静置发酵 20 分钟。

四川，中国别的地方都不会用豆瓣酱来给包子馅儿调味。四川的豆芽包子用的都是黄豆芽，但你也可以用比较好找的绿豆芽。要追求最棒的口感和味道，就选那种有30% 肥肉的猪肉末。除此之外我还介绍了一种美味的素食馅儿（注意，第 393 页的肉末芽菜馅儿也很适合用来包包子）。蒸包子需要用那种层层叠叠的蒸屉。

菜谱用量可以做 12 个左右的包子，看你做多大的包子了。

击打面团进行排气，再揉搓 5 ～ 10 分钟，到面团颜色变白，质感光滑，然后再用湿布覆盖，静置醒面 15 分钟。

与此同时，将烘焙纸剪成边长 6 厘米左右的方形纸片，一共12 片。醒面之后再揉捏一下面团，然后一分为二，每一半都搓成直径 4 厘米左右的长条。再分成 30 克一个的小剂子（大小跟核桃差不多），用手压成厚厚的小面饼。用擀面杖擀成直径 9 厘米左右的面片，中间厚，边缘薄。在左手（不用力的那只手）上摊一张面皮，放大约 1½ 大匙的馅儿到面皮中央。用另一只手将边缘捏起，边捏边转，最后封口要严实。剩下的面皮和馅儿如法炮制。

将包子放在小纸片上，摆入蒸屉，相互之间要留有空隙，因为蒸制后包子会膨胀。盖住蒸屉，放在温暖处发酵 20 分钟。锅中加水，烧开后摆上蒸屉，盖住锅盖，大火加热约 8 分钟，到包子馅儿熟透，但面皮仍然比较弹牙。如果蒸制之后包子扁扁垮垮的，说明蒸过了。

美味变奏

素包子馅儿

这种馅儿做起来很简单，吃起来却很满足，我是从成都一个卖早餐的小摊学来的。干香菇两朵，用热水浸泡 30 分钟；200 克卷心菜切碎后放入碗中，加入大约 60 克胡萝卜碎。加大约 ½ 小匙的盐抓匀，静置至少 20 分钟到蔬菜变软。最后加入 1 小匙香油。

荷叶饼

荷叶饼是香酥鸭（图片见第 202 页）等硬菜由来已久的伙伴。荷叶饼不需要馅儿。将面团直接擀成厚薄均匀的圆片，每片的一半刷上食用油，中间摆一根筷子，折成半圆。用干净的梳子在边缘切出“荷叶边”，然后用梳背把每一道边稍微挤压一下。静置发酵 20 分钟，大火蒸制 8 分钟。可以提前做好，冷冻保存，上桌前重新蒸一下。

Juntun Guokui Pastries

军屯锅魁

记得还在四川大学上学时，每天早上校园里都有对上了年纪的夫妇来摆摊卖军屯锅魁。他们手揉面团，再擀成长舌状，撒上猪肉末、葱花和花椒，再厚厚地卷起来。之后再擀薄，放在倒了菜籽油的鏊子上煎一煎，之后放入底下滚烫的炉膛中，烤到外酥里嫩。层次分明的锅魁在热油中会发出令人无法抗拒的香味，烤好后的味道也是叫人完全坐不住：这大概是我最先爱上的四川小吃。

军屯锅魁是新都区军屯镇的特产，而锅魁则是一个“大家庭”。这个词拆开了解释，就是“锅中魁首”。锅魁有数不清的版本，大部分发源于中国北部。北方的锅魁通常都比南方的大一些、朴素一些，名字也变了，叫“锅盔”。

在四川，锅魁可以指代很多种小吃，有甜有咸，口感从柔软蓬松到焦香酥脆。成都市中心有位著名的邱二哥，每天坚持凌晨5点起床和面做锅魁，他做的有松软的红糖锅魁，混糖锅魁；也有椒盐锅魁和白面锅魁。

另外，华兴正街的悦来茶园旁边有家叫“盘飧市”的餐馆，墙上开了个小小的窗口，总有人排着长龙买美味的锅魁，馅儿里有卤猪肉、卤牛肉和辣味凉拌菜。还有

黑白芝麻　2大匙

食用油　油炸用量

面团

中筋面粉　425克

活性干酵母　¼小匙

菜籽油　75毫升

盐　1小匙

馅料

比较肥的猪肉末　300克

葱白（切葱花）　3大匙

姜末　2大匙

盐　½小匙

花椒面　1小匙

白胡椒面　2大撮

五香粉　3大撮

先做发面。75克面粉和酵母放入碗中，在中间挖一个小洞，慢慢加入适量（约3～4大匙）的温水，和成柔软的面团。揉面5分钟，到面团光滑。放在刷了一层油的碗中，翻转一下，让面团表面沾满油。在碗上盖一块湿布，静置发酵约3小时，到面团涨到2倍大。

下面做普通面团。将300克面粉放入盆中或倒在台面上，在中间挖一个“火山口”。慢慢加入适量（约175～200毫升）的凉水，和成非常柔软但不粘手的面团。揉面几分钟到面团表面光滑。放在刷了一层油的碗中，翻转一下，让面团表面沾满油。在碗上盖一块湿布，静置醒面至少30分钟。

现在来做一会儿要刷在面团上的油。将剩下的50克面粉和盐放在耐热碗中混合。将菜籽油加热到冒烟的程度，倒在面粉上，然后迅速搅拌，直到香味四溢，放在一边备用。

将馅料的各种用料混合均匀后冷藏备用。

种著名的迷你小锅魁，里面是辣拌凉粉，新鲜出炉时，酥脆烫口的饼皮和爽滑酸辣的凉粉形成口感上的对比，真是极致美味。

做军屯锅魁是个体力活（这不是道家常小吃），不过，要是你也和我一样觉得这种锅魁无比美味，那出了四川就只好自己做了。要做这种小吃，关键在于每一步都要把面团稍微醒一下，让其松弛，这样比较容易操作，不然的话可能擀不开。

菜谱用量大约可以做 8 个锅魁。

现在来做面饼。台面上刷油，将两种面团揉在一起，混合均匀，之后用湿布覆盖，静置醒面 10 分钟。

把面团揪成梅子一样大小的小剂子（每个大约 60 克），搓成长条状，然后稍微抹点油，静置 3 分钟。

擀面杖抹油，把每个长条都擀扁擀薄擀长，长度约 25 ～ 30 厘米，宽度约 6 ～ 7 厘米。如果发现很难擀开，就再静置 2 ～ 3 分钟。把之前做好的油搅拌一下，用刷子刷在长条上，然后用手把 2 ～ 3 大匙馅料铺在每个长条的表面，边缘留出空隙。

从长条的一端开始卷起，每卷一圈都要稍微捏一捏，边卷边轻轻拉扯，这样会越卷越薄（越薄成品口感越好）。卷完之后，把尾巴塞进最上面的口里，然后倒过来，用手指按压顶部。每个卷做完之后都要静置松弛几分钟。

把芝麻铺在台面上，小碗中盛一点水。手指蘸水，打湿每个面卷的表面，然后将一大撮芝麻按进去（因为有水，芝麻会粘在上面）。把每个面卷倒过来，用擀面杖轻轻擀成约 1 厘米厚的饼，每个都如此操作。如果面卷不好擀开，就再静置几分钟。

烤制之前，先把烤箱预热到 225° C。铸铁煎锅中火加热，倒入大约 5 厘米深的食用油。油烧热之后，把面饼放进锅中，每面煎个一两分钟到呈现金棕色，然后放进烤盘，烤大约 5 分钟到熟透。一定要趁热吃。

Stuffed Eggy Pancakes

蛋烘糕

时至今日，成都文殊院周边的街道上，还有流动摊贩在卖蛋烘糕。近年来，这种小吃好像又重新被大众喜闻乐见。蛋烘糕师傅通常都是在自行车后座上安个玻璃柜，里面有一桶桶漂着泡沫的面糊，两个小小的炉子和各种各样的馅料，比如肉末芽菜、草莓果酱、烤坚果和花生糖碎之类的。做蛋烘糕要用专门的迷你铜锅，锅底是凸出来的，有配套的锅盖。师傅往每个铜锅里倒一点面糊，加热成形后舀一勺馅料进去，把饼子折成两半，再盖上锅盖等一等。成品表面金黄，内里蓬松。

据说，蛋烘糕这种小吃诞生于20世纪初期，灵感好像是来源于欧洲的松饼。有个成都朋友说“蛋烘糕”这个名字出现在20世纪40年代。当时，在成都的华西医院附近，有个货郎摆摊卖这种小吃，很受欢迎。

菜谱用量大约能做18个小蛋烘糕。馅料可甜可咸。成都“龙抄手”的蛋烘糕总是甜咸各一。愿意的话，你还可以加巧克力榛果酱或草莓酱，做起来很省事。

中筋面粉　200克

活性干酵母　½小匙

白糖或红糖　60克

大个鸡蛋　2个（去壳后总共120克）

食用油　少许

馅料

食用油或猪油　5大匙

比较肥的猪肉末　100克

料酒　½大匙

生抽　1小匙

宜宾芽菜（冲洗后挤干水分）　4大匙

香油　1小匙

面粉和酵母放进一个碗中充分混合。白糖倒入100毫升热水融化，静置放凉。轻轻搅散鸡蛋后倒入白糖水中，再加100毫升冷水。慢慢把混合液体倒入面粉中，边倒边搅拌，形成顺滑的面糊。用湿布把碗盖住，静置让其起泡。看室温情况，大概需要两个小时。

静置时来做馅儿。锅中放入食用油或猪油，大火加热。加入猪肉末翻炒，尽量搅碎。肉色变白时倒入料酒，炒熟后加入生抽和芽菜，翻炒到香味四溢，热气腾腾，离火后加入香油。

煎饼时要准备一个厚底小煎锅，架在最小火上加热，锅底涂上薄薄的一层油，将约2大匙的面糊倒入锅中，盖上锅盖，小火加热1分钟，这时候应该差不多熟了，但表面上还有点湿润。放一勺馅料上去，用小铲子把饼对折，然后盖上锅盖再加热约10秒钟。剩下的面糊和馅料全部如法炮制。要趁热吃。

美味变奏

甜馅料

将5大匙炒花生或烤花生去皮后粗粗切碎，和2小匙熟芝麻及75克白糖混合即可。

Spiced 'Oil Tea' with Crunchy Toppings

五香油茶

四川古城阆中的清晨，大街小巷十分宁静安谧，朱婆婆推着手推车卖油茶，这是延续了四代人的“家族产业”。碗中盛着热气腾腾又顺滑的米糊，散发着花椒的香味。舀点红油、花生碎、泡椒碎和香菜、葱花上去，再来一大把馓子，实在太好吃了。

名为“油茶”，里面却没有油也没有茶。不过苗族和土家族等中国少数民族也有不同版本的油茶，做法不一而足，会用到茶叶、油、糯米和别的配料。油茶这种小吃遍布全中国，但在北方通常用面粉、坚果碎，而在四川则用米来做。有时候还会加入牛骨髓，使得米糊的风味越发浓郁。

大部分菜谱都建议使用大米和糯米的混合物来做油茶，淘米之后加水一起碾磨，成为细腻的米糊。为了节省时间，我建议直接用糙米粉，能很快做出美味而富有营养的早餐。四川的街头小吃货郎会在米糊里加炸黄豆和馓子，我找到的替代品就是兵豆花生香味什锦，很香脆。

菜谱用量是4人份。

糙米粉　100克

姜（带皮）　15克

葱（只要葱白）　1根

老抽　¾小匙

五香粉　约2撮

盐

上桌前加料

红油　2大匙（加2～4小匙下面的辣椒）

花椒面或花椒油　¼～½小匙（根据口味增减）

姜末　2小匙

榨菜碎　4大匙

熟芝麻（碾碎）　2小匙

葱花　8大匙

兵豆花生香味什锦　4把

糙米粉放在碗中，慢慢加入150毫升的凉水，混合搅匀，得到柔滑的面糊。

用刀面或擀面杖轻轻拍松生姜和葱白，放在锅中，加900毫升的水，大火烧开，然后把生姜和葱白捞出扔掉。

搅拌一下米糊，慢慢加入水中，不断搅拌，避免结块。烧开后倒入老抽和五香粉，关小火煮10～15分钟，期间要不停搅拌，最后的米糊要浓稠，像肉汁。稍微放一点盐调味（不要加太多，因为有些加料也是咸的）。

将米糊分在4个碗中，然后把其他配料平均分配，最后抓一把兵豆花生香味什锦撒上去。吃之前要把所有食材混合均匀。

美味变奏

如果你想从头开始自制米糊，就按照糯米1、大米4的比例混合，淘米后加入150毫升的凉水，放入搅拌机搅成细腻的米糊。

Other speciality snacks

其他特色小吃

以下这些四川小吃因为需要特殊的食材或设备，很难在家中自制，但因为味道格外美味奇妙，特别值得一提。

冰粉

仲夏的川南闷热潮湿，如同笼罩着一张湿热的厚毯，此时最开胃的莫过于一碗凉沁沁的冰粉。透明而Q弹的冰粉是用石花籽（冰粉籽）做成的，那是假酸浆的种子。做冰粉的时候，将冰粉籽包在布中，放在冷水里按压揉搓，直到布里面只留下种子壳，其余全都被揉搓进了水中，再往里加一些石灰水，静置凝固。

过去，冰粉是一种不折不扣的街头“流动”小吃。我最近在泸州吃了家老店，叫“冰粉大王”，店主姓黄，很霸气地站在一个亮闪闪的不锈钢台面旁，上面摆满了小桶的料。闷热难耐，食客们都坐在小板凳上渴望着那一丝凉爽，黄老板颇有大将风范地给他们派发。冰粉里可能放柠檬汁、薄荷或桂花糖，也可能加蜂蜜或醪糟；然后再撒上果脯和坚果，要么是切碎的荸荠、菠萝或杧果。不过我最喜欢的还是那种最传统、最老派的，只加一点翻砂老红糖。

凉糕

质地不透明、口感很Q弹、像米做的布丁一样的凉糕也是夏日里清凉解暑的好选择。凉糕的原材料是一种专门的米浆，成品颜色纯白，口感爽滑又有些微弹牙，很微妙的感觉。凉糕吃起来有点碱味，因为制作时用了石灰。川南人喜欢在暑热的天气拿着勺子吃一碗凉糕，表面上要淋一层亮晃晃的红糖。

凉糕非常美味，不吃乳制品的人也能大快朵颐。我的四川朋友们常常回忆起没有冰箱的年月，卖凉糕的货郎会把盛放凉糕的容器吊在井里“冷藏”。

叮叮糖

卖这种糖的货郎通常是上了年纪的老爷爷，他们卖糖时用金属器具敲击出的“叮叮当”，是老成都最动听的声音之一。中国从古代就开始制作麦芽糖，将糯米蒸熟和麦芽混合，等到麦芽中的淀粉变成糖后，对混合液体进行加热，成为固体的糖。

前段时间我才跟一个做叮叮糖的人聊过，他叫刘庭高，店里卖三种糖：最普通的就是白麻糖，撒了芝麻和橙皮丁，非常好吃；琥珀色的透明糖；美得叫人难以置信的空花糖，不知道用了什么法子，长长的白色麻糖上出现了水波纹，每一层都薄如纸，中间形成了蜂窝一样的空心。糖身上撒了芝麻，吃起来酥脆甜香，接着又会变得很有嚼劲：这种口感和质地真让我吃惊。

糖油果子

这是成都的小孩子们放学后最爱吃的小吃之一：黏糊糊的糯米球放进糖油锅里慢慢地炸，膨胀起来以后表面有一层漂亮的光泽，再裹上一些芝麻，串在竹签上卖。外壳光亮焦脆，里面柔软蓬松弹牙，特别好吃。文殊院周围的小街巷里仍有做糖油果子的小摊。

春饼（春卷）

在西方的中餐厅，炸春卷是一道常见的开胃菜，但四川人比较喜欢非油炸的版本，薄薄的白色春饼里裹上清爽的凉拌菜或简单的炒菜。市场上有专做春饼的卖家，制作过程非常好看。他们会用手抓起一把湿乎乎很有流动性的面团，手腕不停晃动摇摆，避免面团掉落。面团底部不断接触一口热锅表面，锅底逐渐出现一个薄薄的圆饼。面饼熟透但颜色依然雪白时，就从锅底铲起来，堆放在一边。

新鲜的春饼可以包裹颜色丰富的蔬菜，比如白萝卜丝、胡萝卜丝和海带丝，还有香菜秆和豆芽，这些菜可以拌在一起，加点辣辣的调料。冷藏技术不发达的旧时代，随着天气逐渐潮湿闷热，春饼会粘在一起，春卷生意也会消失一段时间。

这样的春卷是古老美食传统在现代的轮回转世。早在公元 3 世纪，中国人就会在农历大年初一摆上“春盘”来庆祝，里面有葱蒜等重口味的调味料，能为重要器官通气，去除春困。唐代开始出现春饼，和春盘一起上桌。到中国最后一个封建王朝清朝，“春卷”这个词出现了。（按照中国的标准，油炸的春卷比较年轻，有文字记载的历史只能追溯到公元 13 或 14 世纪。）春卷和春节之间早就没什么关系了，但春饼却成为季节性的美食一直延续下来。四川人用春饼包凉拌菜，加红油、醋或芥末的吃法，会让人怀想起遥远的古代。（里面也可以包韭黄或蒜苗炒的肉丝、鸡丝。）

蒸蒸糕

这些精致美味的蒸米糕中有莲子或松仁做的甜馅儿，传统上也是街头小吃，会有货郎喊着：“蒸蒸糕！”一路叫卖（“蒸蒸糕”这个简单的名字发音特别好听）。到了重庆，蒸蒸糕就有了新名字——冲冲糕。饮食文化学者们认为，这种小吃的历史至少能追溯到公元 3 世纪。遗憾的是，卖蒸蒸糕的货郎已经消失了，不过成都的龙抄手等小吃店仍然会卖这种小吃。做蒸蒸糕需要特制的木头模具，能放进专门的器具，架在炉子上，做出六角形的米糕。米糊本身是用大米和糯米混合浸泡后磨成粉，挤干水分后稍微炒一炒，然后放进模具里，中间要加一些甜馅儿。成品的柔软度介于海绵蛋糕和米饭之间，湿润、粉脆又美味。蒸蒸糕上通常会装饰一些果脯、炒花生或白糖。

波丝油糕

做波丝油糕，需要用烫面混合猪油，在油炸的时候才会开花，形成美妙的波浪。这种小吃的口感特别棒：酥脆又精妙，入口即化；中间又有实在的甜味馅料。波丝油糕的发明者是川菜大厨孔道生。我在成都的糕点师父李代全，还有龙抄手的主厨范先知都是他的徒弟。范师傅说，孔大师曾对学生们讲，波丝油糕在一家川菜小餐馆里诞生，其实是个愉快的意外。当时餐馆老板拿着一小团剩下的油酥面团无意识地揉搓，并且手上不停抹油，免得面团太黏。揉了一会儿面，他有点无聊了，直接把面团扔到油炸锅中，结果惊奇地发现面团膨胀起来，还开了花。孔大师听了这桩奇闻，在油酥面团的基础上加了馅儿，就此发明了波丝油糕。

椒盐粽子

每年临近农历五月五日端午节时，全四川的人们都会开始做粽子，用粽叶包住糯米，成为小小的三角。节日当天，人们会把粽子蒸了，配上咸鸭蛋和炒苋菜。（有些人至今还遵循着古时的传统，会喝上一顿雄黄酒。）粽子是全中国人民都会吃的食物，北方人一般喜欢吃甜粽子，而四川的粽子里通常会有红豆、腌肉和花椒。

端午节吃粽子这个传统的真正起源还没有定论，但民间说法是，大家吃粽子是为了纪念屈原。屈原是中国历史上的伟大诗人，也是楚国忠心耿耿、睿智有远见的大臣。楚王不听他的劝谏，导致政治上的灾难，于是屈原投入汨罗江自戕。据说，前来哀悼他的人们将米包好，扔进江中，希望鱼儿们以此为食，不要吃诗人的躯体。

乡村地区的人们至今仍然会把大叶子的肉撕掉，留下叶脉来拴粽子。大叶子有很多条叶脉，所以成捆的粽子都连在了一起。

四川人很喜欢整日整夜地吃火锅，在咕嘟咕嘟的锅前一坐就是好几个小时。

火锅

Hotpot

HOTPOT

火锅

如果你选择夏夜在成都街头闲逛，会发现很多街道上都坐满了食客，桌子就摆放在人行道上，浓郁的树荫之下。很多人围坐在咕嘟咕嘟冒泡的火锅前，一锅油汪汪的红色锅底，大量的干海椒与花椒起起伏伏。吃火锅的人们兴致很高，一坐就是几个小时，一边聊天说笑，喝着啤酒，一边往锅里煮食物。火锅——火一样的锅，是四川最受大众欢迎的饮食方式，也是亲朋好友聚餐最合适的选择。整个四川地区估计有成千上万家火锅店，真是数也数不清。在火锅的故乡重庆甚至有“火锅一条街”；当地火锅协会的数据显示，光是如今的重庆地区，就有四万多家火锅店。有的火锅店装饰有豪华的大理石与枝形吊灯，那是富人吃火锅的地方；而在立交桥的钢筋水泥下，也会有让打零工的体力劳动者蹲着享用一顿的简陋版——串串香，一串几毛钱，放进辣汤里煮就对了。

火锅本身的形式非常简单，就是一盆油汤辣椒放在灶上煮，这个灶可以是人行道上的炭盆，可以是餐馆特制桌子下的煤气罐，也可以是家用电磁炉。大锅周围，会摆着数十个小盘子，每个盘子上都堆了一种不同的食材，整体看上去，如众星拱月。常见的食材有各种（内行人才懂得其中之妙的）下水、多种多样的菌类、竹笋、切得又薄又长的莴笋片、脆生生的绿叶菜和红薯粉，不过高级的火锅店通常还会有海鲜和整条的小鱼。一桌子的食材非常诱人，食客们选择自己想吃的，放到油汤里煮。有些食材只需要稍微烫一下，还有的则需要煮上几分钟。食材煮好了，食客们就拿筷子把它们挑出来，蘸一点加了盐和味精的蒜泥油碟，有的人还会在油碟里加葱花和香菜。

四川人很喜欢整日整夜地吃火锅，在咕嘟咕嘟的锅前一坐就是好几个小时。这是随意舒适的饭局，也不在乎怎么收尾：边煮边吃，边吃边煮，想吃多久都可以。节奏时快时慢，热情的大吃大喝之后又有放松的慵懒。就算这顿火锅自然地走向尾声，通常还会有人拿着筷子和漏勺，在汤里捞来捞去，看是否有什么遗漏的食材。

你可以观察吃火锅的四川人，他们通常对老外喜欢的肉和鱼丸、虾丸等食材不甚感冒，而比较偏向那种滑溜或有嚼劲的下水：表面刺喇喇的毛肚、牛黄喉、猪黄喉、长长的鸭肠、兔腰、肥肠等。

冬天吃火锅暖身暖心，能驱除四川冬日那种如影随形的湿气。不过四川人对火锅的爱在中国是独一份儿，他们一年四季都喜欢吃火锅。就算在暑热最为严重的时日，火锅店里也是客如云来，食客们一边在闷热潮湿中扇着扇子，一边吞下一口沾满辣椒的食物。火锅吃着随意休闲，热气腾腾中人可以放肆一点，不用那么在乎各种礼节；客人很多的火锅店本身就像一口大锅，里面沸腾着此起彼伏的说笑声。

在四川吃麻辣火锅会获得最美味愉悦的感官享受，肚子里会升起一股暖意，感到无比放松，然后散发到全身，直达手指尖和脚趾尖，安抚你的紧张与焦虑，平复各种思绪与躁动。过去有的店会在火锅汤底里放罂粟壳，加强效果。比较阴险的火锅店老板会用这种手段让食客上瘾，不断做回头客。现在这已经被认定为违法行为，但仍有店家铤而走险。报纸上仍然会有新闻，说某某火锅店因为往汤底加罂粟壳等麻醉品而被处以罚款。不过，令人惊奇的是，有时候去逛四川的菜市场，仍然会发现罂粟壳（中药的一味药材）的身影，就藏身于八角和桂皮之间，一副十分无辜的样子，仿佛自己和它们一样，只是普通的香料而已。有一次，在成都附近一个小镇参加夏日午餐聚会时，我就遇到了它们。几个朋友在自己厨房的地上支起火锅，我们端着小板凳围坐成一圈吃起来。吃着吃着我就明显感觉到气氛在变化。一开始大家兴致高昂地聊天说笑，但逐渐地我们仿佛喝醉了一样，昏昏沉沉，随便找个躺椅沙发之类的就睡了过去。我打了个长长的瞌睡，满足地醒来后，才发现锅里咕嘟嘟地煮着罂粟壳。

中国学者经过研究认为，火锅这种吃食方式可以追溯到几千年前。那时候的中国人就开始把汤锅架在火上，往里面煮食物。这就是火锅的雏形，甚至早于孔子生活的公元前 6—5 世纪。南宋时期的林洪在他的饮食札记《山家清供》中记录了与好友在桌上架炉子，摆上一锅汤煮兔肉吃的快活时光。

据说，吃火锅的方式流行于民间，是在明清时期。18 世纪著名的美食家袁枚写道：“冬日宴客，惯用火锅。”清代朝廷也吃起了火锅，这道菜出现在冬季的御膳单上：1796 年，嘉庆皇帝举办大宴，御膳房为客人端出了 1550 份火锅。

四川火锅最鲜明的特点就是油辣的红汤，其起源也没那么显赫。四川火锅的诞生地是重庆的江岸边，小贩们在那里用竹竿扁担挑着各色货品沿街叫卖。肉贩会从乡下进一大批牛下水，洗干净后剁一剁，煮得半熟，然后在江边支起炉子，煮一大锅油汤，里面放满辣椒和花椒。体力工作者们就围成一圈，吃下水，暖身子。这就是最开始的毛肚火锅，也是今天更为丰富多样的火锅的鼻祖。在旧时的重庆，吃火锅是非常随意的，往往可以呼朋引伴，还会有素不相识的人往共用的大锅里煮自己带的食材。这样的习俗催生了“九宫格”，也成了重庆火锅的特色。锅里有九个小“隔间”，就像填字游戏，不同的食材不会混在一起。

直到 20 世纪 30 年代，重庆才有个餐馆老板，让火锅登上了餐桌，提升了其档次。将近一个世纪过去了，如今的火锅受到各阶层的欢迎，有四川人的地方就有火锅，也很少有人再提起其“卑微”的起源。有吹毛求疵者会说，火锅店遍地开花，是因为这样的餐馆挣钱最容易：不需要高超的烹饪技巧，只要有一锅好汤底和会削皮切菜的员工即可。但不可否认的是，火锅又好吃又好玩，很多人都吃得上瘾。重庆人经常说，火锅吃多了会上火，但是一周不吃个两顿就浑身不舒服，心情也不好。

牛肚仍是颇受欢迎的火锅食材，不过可以煮进锅里的食材早已经比最开始的江边版本多了许多，有了更多的肉类、蔬菜和水产品。很多火锅店的菜单上都有数不胜数的食材，前面有个小方框，想吃的话就打个钩：各种各样的牛百叶、牛黄喉、猪黄喉、墨鱼仔、鲫鱼、鳝鱼、鸡胗、猪腰、熏肉、兔腰、肥牛、瘦牛肉、鹅肠、鸭肠、肥肠、脑花、午餐肉、肉丸、虾丸、鱼丸、菌类拼盘、海带、海藻、莴笋、藕片、冬瓜、竹笋、土豆、魔芋、红薯粉、花菜、鸭血、豆腐皮、白菜、豆芽、空心菜、黄花菜、米凉粉、芹菜、各类鱼肉、鸭舌、牛蛙……

火锅还有更为廉价的街头版，人们称之为“串串香”，到现在仍有大批拥趸。串串香是自助式的，竹签子上串着小块的食物，客人自己拿着签子往麻辣汤底里涮。“串串儿”有各种可能：一片菠菜叶子，一块豆腐，一段鳝鱼或一个兔腰。煮熟之后可以蘸海椒面、花椒面和盐混合而成的干碟。算账的时候直接“数签签”，就看你吃了多少串。火锅的种类还有很多，比如香辣鱼头火锅，配的蘸水里加了坚果碎和香菜；还有传说中的“菊花锅”，会配一盘去了花秆和花蕊的白菊花，这可是最高级的宴席菜。

成都还有很多餐馆卖的是火锅的“近亲”——冒菜。顾客自己先选好食材放在漏勺里，店家在猪骨高汤里煮好，放进加了辣味调料的碗中，再端上来。我在一家冒菜店里看了他们放进碗里的调料：豆豉酱、大量的红油（下面的辣椒也需要）、香油、混合了香料的猪油与菜油。店家往上面浇了点高汤，把所有调料混合搅匀，先把我们选的已经煮熟的菜放进去，然后放肉，再加点儿蒜末、葱花、香菜和小米辣。还有地域色彩浓厚的火锅，比如著名的乐山（大佛的故乡）跷脚牛肉。据说，20世纪30年代时，乐山的很多人贫病交加，一位宅心仁厚的医生在河边架起一口锅熬中药，为过往的穷人治病。后来，他把富人家弃之不要的牛下水收来，在锅里煮，成了美味的滋补汤锅。一传十，十传百，很快人们蜂拥而至，锅边的长凳要坐不下了，所以大家都跷着脚节省空间，就有了“跷脚牛肉”这么个名字。前不久的一天中午，我刚和乐山的朋友一起吃了顿跷脚牛肉。我们围坐在一口砂锅前，里面是用滋补草药熬的牛肉高汤。我们把牛肉、牛肺、牛舌、牛百叶和各种蔬菜放下去煮。蘸水是豆腐乳和泡椒碎做的，加了葱花和香菜，再从锅里舀一勺高汤。旁边是蓬松可口的小点心，有的是牛肉馅儿，有的是红糖馅儿。

正宗的重庆火锅是最辣的，也算是在这个著名“火炉”中，对令人窒息的湿热天气的一种抗争。重庆人民往火锅里加的是小小的朝天椒，比成都人常用的那些要辣很多，而且一加就是巨量，无所顾忌。上次我在重庆吃火锅是在初夏，暑热已然来袭，空气感觉能拧出热水来，来来往往的人群都走得慢吞吞的，扇着扇子，擦着汗水。我和朋友们一起坐在过去体力劳动者聚集的江边，感受着辣椒的火辣，用以对抗闷热的暑天。而在成都吃火锅就没这么紧张刺激了，大部分火锅店都有太极形状的鸳鸯锅，一边是传统的辣红汤，一边是鱼肉和鸡肉熬的清汤。

Numbing-and-hot Hotpot

麻辣火锅

做四川火锅非常简单，也很适合待客。汤底可以提前熬制，准备蘸水也不需要很长时间。火锅吃起来也很随意放松，如果是暖暖的夏夜，在户外吃是最享受不过的了。不过要注意，煮火锅要在餐桌中心放一个电磁炉，还要保证客人都能够得着；锅子要够深，能装大量的汤。如果能找到那种特制的中间分格的锅，那就可以做鸳鸯锅，一边红汤一边清汤，让客人们有口味上的选择。愿意的话，你还可以提供漏勺，捞出那些跟食客"捉迷藏"的肉和菜。

下面介绍的菜谱是经典的重庆红汤锅底，可以提前做，在冰箱里保存几天。（还可以告诉你一个作弊的办法：如今大部分的中国超市都会卖现成的火锅底料，加点汤或水烧开就行了。）红汤锅底本身是不适宜直接喝的，愿意的话，你可以把剩下的液体过滤出来冻上，下次还可以再用，多加点汤或水，再炒点辣椒和花椒加进去就行。

要多辣，要多麻，自然是看你的个人口味，但也要看你用的是哪种辣椒。辣椒和花椒的量你随心而定即可。

干海椒　75 克（根据口味增减）

食用油　200 毫升

豆豉　30 克

料酒　4 大匙

姜（带皮）　40 克

牛油　200 克

豆瓣酱　100 克

牛肉高汤（买现成的或按照下面做法自制）　约 2.5 升

大块冰糖或白糖　15 克

过滤后的醪糟　100 毫升（见第 454 页，可不加）

盐　1 大匙

八角　2 个

花椒　3 大匙（根据口味增减）

高汤（自制）

牛骨　1.5 公斤

猪排骨　500 克

姜（带皮）　50 克

葱（只要葱白）　2 根

料酒　2 大匙

先做自制高汤。将牛骨和猪排骨放在大汤锅里，倒凉水浸没，烧开后再煮几分钟，让表面起浮沫，撇去浮沫后将骨头捞出沥水，在冷水中清洗。把锅中水倒出，清洗干净，再把骨头放进去，倒大量的水，大火烧开。用刀面或擀面杖轻轻拍松姜和葱白。

撇去表面浮沫，加入姜、葱白和料酒，关小火，熬炖至少 3 个小时。把固体食材都捞出来，高汤静置放凉。

现在来做红汤锅底。干海椒一分两半或者切成 2 厘米长的段，尽量把辣椒籽都甩出来。锅中加入 3 大匙油，中火加热，倒入干海椒翻炒到颜色变深红且质地变脆，但不能烧煳。把干海椒从锅中捞出，放凉后将其中一半放在菜板上切碎，剩下的原样备用。

豆豉清洗后沥水，和1大匙料酒一起舂成糊状。姜切成薄片。

锅中放牛油和剩下的食用油，小火加热。牛油融化后开中火，加入豆瓣酱，翻炒几分钟，到油色红亮，酱变软，香气四溢。千万注意不要炒煳了，油应该很温柔地在周围冒泡。加入豆豉糊、姜和干海椒碎，再轻轻翻炒到香味四溢。

倒入1升高汤烧开，加入冰糖、剩下的料酒，以及过滤的醪糟，还有盐、八角、花椒和剩下的干海椒，炖煮约20分钟，使各种味道融合。这样就得到一锅汤底。

开吃的时候，将汤底倒入煮火锅的容器中，有必要的话再加一点高汤，烧开后放上电磁炉。将剩下的高汤烧开并保温，吃火锅的时候汤底会越吃越少，需要加汤。

涮火锅的食材

火锅里涮什么食材基本上就是个人喜好的问题了。色香味与口感的组合越丰富，这火锅就吃得越享受。准备火锅食材非常简单，所以种类可以尽量丰富一些。如果是4～6人的聚会，至少准备8～12种食材，每种食材的量要买够，在小盘子上堆得高高的。一盘一菜，这是四川的传统，不过你也可以把所有的食材都堆在一个大盘子上。（如果你家附近有日本超市，就能买到切好的肉片，是涮日本火锅用的，用来涮四川火锅也很完美。）记住，火锅好吃，也要讲卫生，特别是筷子夹过生肉之后，要在滚开的汤锅中煮几秒钟，再去碰其他马上可以吃的东西。

在火锅的故乡重庆，各种各样的下水自然是必不可少的火锅食材，最受欢迎的下水之一就是鹅肠，煮了之后口感滑溜脆嫩，非常奇妙；还有各种各样的牛百叶，口感更为粗粝，比较耐嚼，同时又脆脆的。很多下水在英国人看来是匪夷所思的，如果你不能和中国人一样真心地喜爱和欣赏这些东西的口感，那就别吃了。

所以，我推荐的食材是既被西方人喜爱的，又符合四川火锅传统的，但你当然可以自由发挥。

容我提供一些思路：鸡胸肉，切成薄片；猪里脊，切成薄片；瘦牛肉或羊肉，切成薄片；中式香肠，切成小段；各种老肉片，切片；猪肾，切成两半，去核，切成薄片；熏肉，切成厚片；老豆腐，切块；豆腐皮，切成适合入口的小段；水煮鹌鹑蛋，去壳；香菇，整朵下锅；平菇，撕成朵下锅；蘑菇，整朵下锅；金针菇，撕成条下锅；木耳，热水中浸泡至少 30 分钟；白萝卜，去皮后切薄片；藕，去皮后切片并泡在淡盐水中；土豆，去皮后切片并泡在淡盐水中；红薯宽粉（至少浸泡 2 小时）；空心菜，切段；白菜叶；豆芽；花菜，切小块；西蓝花，切小块；冬瓜，去籽去皮切成大块；豆苗；新鲜的香菜。

还有些不那么传统的食材，比如：墨鱼，切成适合入口的小块；去壳的虾；猪肉丸、牛肉丸或虾丸；饺子。

调油碟

油碟可以让客人自己调，拿小小的米饭碗混合各种调料即可。油碟打底最好按照香油 2、菜油 3 的比例。多加点蒜泥，盐就按照口味添加，愿意的话可以加味精（量和盐差不多）。你还可以加一些葱花和（或）香菜碎。

我自己做饭是从来不用味精的，但调火锅油碟却会加一点进去，因为味精好像能解腻，让所有食材都变得更好吃了。

下面给出 1 人份油碟的建议用量

香油　4 小匙
菜油　2 大匙
盐　按照口味添加
蒜泥　1～2 大匙
味精　约 ½ 小匙（按照口味，可不加）
葱花或香菜（按照口味，可不加）

桌上摆好油、盐和一碗蒜泥（以及味精、葱花和香菜，如果用的话），大家随时可以按需取用。

吃火锅

装锅底的容器什么样子都可以，如果用的是圆底锅，那一定要保证锅在炉子上放得稳。桌上摆简易炉（电磁炉），周围放好所有要下锅的食材，给每个客人发一个小碗和一双筷子，让他们自己调油碟。

锅底烧开，等到所有牛油都融化且锅底咕嘟咕嘟剧烈冒泡了，就可以开吃了。鼓励大家一起尽情吃喝。锅里的食材煮好了，就用筷了夹出来蘸油碟吃。花椒和辣椒是不用吃的。豆芽之类的食材很快就煮熟了，土豆之类的则需要几分钟。生肉一定要确保煮熟后再吃。

锅底会越煮越少，需要加汤，必要的话再多加点盐。吃之前要让锅底先烧开。

如果有食材没吃完，可以留着这锅汤底第二天接着吃。

美味变奏

白汤锅底

如果你想做口味比较清淡的锅底，在火锅里放入高汤即可（见第 458 页），根据口味加盐，再放几根葱、几片番茄。

泡菜与腌制品

Preserved Foods

谈到川菜中的发酵艺术，真能写整整一本书了，因为实在是变化万千。

PRESERVED FOODS

泡菜与腌制品

我在成都有个朋友叫曾博，我俩在他的公寓一起做饭时，他总会从一个大泡菜坛子里掏出一把一把鲜红的泡椒、白森森的仔姜和长长的酸豇豆。有些泡椒会被切成片，和柔嫩的鸡丁一起炒；有的会被剁碎后在热油中炒出香味，勾出鲜艳的红色，来做鱼香肉丝。泡姜可以和鸭肉一起炒，那种辛辣与清爽和鸭肉浓郁的风味相得益彰。酸豇豆可以和猪肉末、辣椒和花椒一起爆炒。

泡菜是川菜烹饪的灵魂和基础。几乎每家每户都会有个泡菜坛子——比较粗糙的陶器，有个大大的肚子。窄窄的坛脖子周围还有凹陷的坛沿，可以盛水。黑漆漆的坛内装着卤水、高度酒和一系列调味料（比如与红糖、花椒和姜，可能还有一点桂皮和八角）混合成的泡菜水，泡着脆生生的蔬菜。

蔬菜是随时用随时加的，一两天就要加新的一批，但被称为“母水”的泡菜水据说是永远不换的。每加一批新的蔬菜，就多加一点新卤和新酒，香料和糖也是常加常新。但那浓郁芳香的底料会随着时间的推移越来越够劲儿，年复一年，甚至传了一代又一代。在四川的某些地区，新娘的嫁妆里都会有个泡菜坛子。

有些菜泡几个小时就可以吃了，比如现在很多川菜馆里的“洗澡泡菜”。这些菜通常都很脆，比如白萝卜、胡萝卜和芹菜，就放在新鲜的卤水中，稍微加一点坛子里的陈年“母水”即可。“洗澡泡菜”吃起来有一点咸，很香，但缺乏那种长期浸泡后回味悠远的发酵味。餐馆通常把“洗澡泡菜”装在透明的玻璃坛子里，摆在柜台上进行展示；而那些泡得更久的菜，则放在齐腰高的大坛子里，摆在屋后。

早餐时喝稀饭可以来一碟泡菜，让你唇舌舒爽；每顿饭最后吃米饭时，也可以配一碟泡菜。最常见的泡菜就是泡得粉粉的萝卜，本来是红皮白萝卜，和泡菜水混合以后，逐渐有了点玫瑰色；另外还有泡莲花白。两种泡菜都会被切成适合入口的大小，淋上一点红油，放在小碟子里上桌。这种用泡菜下饭的传统，在最简单的家常菜中有，在奢华的宴席上也保存着，也是四川人离乡在外最怀念的东西之一。除了下饭，泡菜也是烹饪时的重要配料。泡酸菜那令人愉悦的清爽酸味，能为汤菜画龙点睛，泡椒则能为多种多样的菜肴增味添色。最重要的泡椒就是二荆条，鲜红的长辣椒，是传统鱼香类菜肴调味的关键。不管是被剁成细腻的辣椒酱，还是切成小块，二荆条都散发着温和的辛辣、带着果香的风味，而且颜色鲜艳漂亮，能瞬间提亮任何菜肴。在很多菜肴中放泡椒和泡姜是川南的烹饪特色之一。还有看上去不太起眼，但通常辣到惊人的淡绿色小泡椒，即“野山椒”，常用度仅次于二荆条，和鱼一起烹调尤其美妙。过去的人们经常会往坛子中加两三条银色的小鲫鱼，增添泡椒的风味，这就是“鱼辣椒”。鱼香味的起源有很多说法，这是其中之一（不过颇具争议）。

干盐腌制法也比较流行。先要把蔬菜放在阳光下晒干，然后抹上盐和香料，存放在陶罐中发酵。前不久的早春时节，我去成都，发现全城各个角落都在晒着菜叶，有的铺在垫子上，有的挂在绳子上，有的甚至摆在小巷里的摩托车上，颇有点四处“张灯结彩”的感觉。

四川有四种著名的腌菜。第一是榨菜（出了国门的榨菜通常是罐头包装，被称为“四川腌菜”），味道又咸又酸，是重庆涪陵的特产。榨菜表面疙疙瘩瘩的，包着辣椒，在切丝或切丁之前需要清洗，口感柔中带脆，非常好吃。第二是大头菜，口感有点像萝卜，加工方式和榨菜类似，通常作为小菜直接吃，或者撒在面或豆腐上。大头菜的商业化量产历史只有两百多年，但据说是起源于公元6世纪的萝卜腌制手法。（在四川的某些地区，这种菜还被称为“诸葛菜”，据说三国时期伟大的战略家诸葛亮为了解决粮食问题，让士兵们广泛种植这种植物。）第三是川北南充的特产——冬菜，把某种芥菜叶晾晒半干，与盐和八角、茴香籽和陈皮等香料混合，在坛中发酵两三年，成品用来炒菜或蒸肉特别好吃。最后一种是担担面、燃面、干煸豆角等特色川菜中的美味秘方——皱巴巴的深色芽菜，这是川南小城宜宾的特产。当地人吃的芽菜分咸、甜两种，但那种甜辣味的要更声名远播一些。做所谓的咸味白芽菜，要把当地特产的芥菜（二平桩）柔嫩的茎秆切成长条，阳光下晒干后抹上盐，然后放进陶罐中发酵几个月。要把白芽菜变成著名的甜芽菜，就在上述基础上多加个红糖浆和花椒、八角等香料，把罐子封住进行二次发酵，大概需要一年左右，就有了芽菜那种富有特色的美味和深深的颜色。据说，这种特别的手法是19世纪诞生于南溪，20世纪初得到附近宜宾腌菜人的进一步优化发展。在宜宾周围的古镇中，还能遇到有人在贩卖自家制作的芽菜，店铺里摆着高高的陶土坛子，打开盖子，那独特的甜辣香迎面扑来。

很多四川人每年冬天都会自己灌香肠、晾腊肉，城里人也不例外。20世纪90年代中期我在成都求学时，总能在冬日的阳光中看到木质老房子的屋檐下悬挂着一串串正待风干的香肠腊肉。广味香肠是甜口的，而四川人自然不同，喜欢在里面加上海椒面和花椒面。风干到位后，香肠通常都是蒸熟切片，在盘子上摆成漂亮的形状。每家的香肠都很美味。没吃完的香肠可以切成小丁，加入炒饭或所谓的八珍馅儿中提鲜。在汉源县的山区之中有四川最好的花椒，那里的人们每年都会做坛子肉，将大块的肉进行盐卤，然后用猪油慢炖。这种用猪油做的油封肉会被储存在陶土坛子中，需要时拿出来吃。

谈到川菜中的发酵艺术，真能写整整一本书了，因为实在是变化万千。我在这一章只提了一些在家很容易操作的方法。章节的后面我写了一些值得一提的泡菜和腌制品，食材比较难找，需要专业手法，比如著名的郫县豆瓣和味道绝妙的糟蛋。第51和52页上还有关于皮蛋和豆腐乳等发酵食物的信息。

自贡燊海盐井的传统制盐法：从盐井中提取出的盐卤过滤后用天然气加热进行蒸馏。这种制盐方法已经传承了两千多年。

Sichuanese Pickled Vegetables

四川泡菜

一顿典型的川菜，总要在最后来一碗米饭，米饭又总要配上一小碟下饭的泡菜。泡菜通常是泡在传统的大肚小口陶土坛子里，坛口有沿，装满了坛沿水；坛盖子是个倒过来的陶碗。坛沿水的作用就是和陶碗一起对坛子进行密封，给泡菜创造一个发酵的环境，同时又能让里面的气体稍微散发出来一些。如果你没有泡菜坛子，也可以用那种橡胶口的密封罐，但最开始的几天一定要时不时地开开罐子，释放气体。

泡菜的“母水”中有盐卤和各种香料，还要来点烈酒，起到提味、消毒的双重作用。泡的菜随你心意，仔姜、花菜、萝卜和其他脆嫩的蔬菜都可以泡得很好吃，比如经典的莲花白和红皮白萝卜。水分含量较多的黄瓜和嫩椒也可以做泡菜，但最好只泡几个小时或过夜。泡菜出坛后淋上一点红油（也可以再加点味精），就是下饭佳品，也可以用于烹饪，比如第 269 页上的泡豇豆炒肉末。总体说来，最符合四川家常泡菜的做法，就是常泡常吃，每顿饭都来上一小碟，经常往坛子里添些新鲜的蔬菜。

泡菜坛子能永久地流传下去，只要常常往里面添卤水、酒和香料。随着时间的推移，里面出来的泡菜风味会越来越好。你可以从老坛子的“母水”中分一点出来，另起

岩盐或海盐　80 克

高度白酒（50 度或以上）　2 大匙

红糖或大块冰糖　1½ 大匙

饱满新鲜的仔姜　75 克

二荆条　2 根

花椒　1 小匙

喜欢的蔬菜（我的选择是：200 克胡萝卜、60 克芹菜和 275 克白萝卜）

锅中放 1 升水，加入盐，烧开后搅拌使盐融化。盖住锅盖，将盐卤完全放凉。

接着清洗蔬菜，彻底沥干水分，按照以下方法处理。胡萝卜：去皮切成适合入口的条。花菜：掰成小瓣。芹菜：去筋后切成条。莴笋：去皮后切成适合入口的条。姜：尽量选择那种表皮比较光滑的薄皮仔姜，买不到的话就用皮较厚的老姜，但一定要饱满，水分充足，纤维不能太多。如果你要把泡姜用于烹饪，就得提前削皮；如果不用，则不用去皮，完整泡即可；如果只是为盐卤增味，就在带皮的情况下切片。苤蓝：去皮后切成条。二荆条：完整泡入，洗净即可。莲花白：纵向切成 4 份或 8 份。萝卜：切成适合入口的条。豇豆：掐头去尾，要么整条放入，要么切段。

你的密封罐一定要完全干燥干净。倒入放凉的盐卤，把其他配料都加进去，注意整个的高度要离罐口有 3 ～ 6 厘米的距离。有可能的话，在蔬菜上方压一块干净的石头或一个小碟子，好确保它们都被浸没在盐卤中；还有种办法，密封袋中装满水用来加压。盖上盖子，放在阴凉干燥的地方等待发酵。头一两周要每天打开盖子几秒，释放气体。之后，如果你要往罐子里加新的蔬菜，记住也要不时打开罐子放气。如果不添加蔬菜，开盖的间隔时间可以久一些，在打开罐子捞泡菜的时候放放气即可。

第一批泡菜需要几个星期才能出味：如果开盖时闻到酸爽的香气，感受到气体的释放，那就说明正在发酵。一旦有了这

泡菜

一个新坛子。盐卤的调味按你的喜好来定：有些人会加八角、桂皮、蒜瓣一类的香料，但千万别加太多，过犹不及。坛中的主要食材应该是酸咸清爽的脆嫩蔬菜。四川的老饕们固执地认为，要做正宗的泡菜，必须用自贡的井盐；还有些人要求没那么高，觉得用不含碘的盐就最好。我在伦敦家中做泡菜，用的是岩盐。要做泡菜，需要的容器是 2 升容量的密封罐，或传统的四川泡菜坛子。请参考本菜谱最后的“注意”，正确使用传统泡菜坛子。

么个发酵罐子，再放新鲜蔬菜进去，温暖的天气里，1～3 天就泡好了，冬天大概需要一个星期。多试一试，看多久能泡到你喜欢的程度。如果是做“洗澡泡菜”，那就要切薄一点，在盐卤中泡一夜就可以吃了。愿意的话也可以多泡一些时间。四川人是天天吃泡菜的，吃了就往坛子里多加一些新鲜蔬菜、盐卤、酒和调料，也很随意。

注意

泡菜原料要选择新鲜、饱满、卖相好的蔬菜。

泡菜时一定要注意干净卫生：你的双手、菜板、泡菜罐子和其他种种装备都必须很干净。取泡菜的筷子和夹子也必须特别干净，不能沾油沾水。

如果是用传统的泡菜坛子，那必须时刻保证坛沿有水，要时不时地去添加（加新的水时，可以用布或海绵吸干之前的水）。注意坛沿水不要进入坛内。

A 'Small Dish' of Radish Slivers

小菜

四川人如果早餐喝稀饭，吃馒头、包子，那通常要配上一小碟泡菜、腌制品、豆腐乳或其他味道比较重的佐餐小吃。很多小餐馆都有自己的泡菜坛子，会从里面捞出泡得粉红的萝卜，切成丁端给食客。还有的人会来个快手腌渍蔬菜，加点辣味调料。

下面这道小菜的灵感来源于我特别喜欢的一家成都餐馆。小菜和米饭是一起端上桌的。做起来很容易，味道又好得惊人：如果你想像四川人一样吃米饭，又没有做泡菜的坛坛罐罐，那这就是你最好的选择。小菜做好之后装进小碟子，早上送粥或正餐最后配白米饭都行。萝卜还可以作为开胃菜，在别的菜肴之前上桌。

白萝卜　600 克

盐　2 小匙

细砂糖　2 大匙

生抽　2 小匙

镇江醋　2 小匙

红油　4 大匙（加 1 大匙下面的辣椒）

葱花　4 大匙

花椒面　½ 小匙（可不加）

萝卜削皮或全身洗净。切成 8～10 厘米长的段，然后竖切成 3～4 厘米厚的萝卜片，再改刀成细丝，放入碗中。加盐抓拌均匀后静置约 1 小时。

将萝卜丝中的水分尽量挤出，再放入碗中。加入糖搅拌到融化。把剩余的配料全部加进来，混合均匀。

可作为开胃菜上桌，也可送粥或下白米饭。

Home-made Bacon with Sichuanese Flavourings

腊肉

四川农村的很多人家还保持着自熏腊肉的习惯，腌好熏好之后就挂在自家屋檐下风干。按照传统，熏肉的时间是在腊月（冬日祭祀之月），所以叫“腊肉”。四川腊肉风味浓郁，是西方超市里的腊肉所不具备的。光是切一点儿放进简单的炒菜里就能增色不少，比如蒜薹炒腊肉，还有青椒炒腊肉等。

成都人做腊肉的办法是对猪肉进行冷熏，直到肥肉变成蜜糖一般的深黄色，瘦肉变成深酒红色。成都东北边有一些大山，最著名的是风景优美的道教名山青城山，那里的人做腊肉一定要熏成黑色，在市场上一眼就能认出来。在蜀南竹海自然保护区，我吃过用竹叶熏的腊肉，味道实在太好，我吃得高兴极了，一句话都说不出来。最受欢迎的腊肉一定是“土腊肉”（即西方人口中的“有机腊肉”），用的是家庭放养的猪。

做腊肉的第一步，是把一条条比较肥的猪臀肉先用盐、糖、酒和香料腌制一个星期。接着挂起来风干，再用木屑、花生壳、稻草和树叶进行熏制。农民们通常会把肉挂在自家炉灶上慢慢熏；城里人用铁桶做烟熏设备；专做腊肉的行家则有配置齐全的熏房，里面有时刻阴燃的火苗。

猪臀肉（带皮，要有很厚的肥肉） 1.5 公斤

高度白酒（50 度或以上） 2 大匙

五香粉 ¾ 小匙

红糖 1½ 大匙

花椒 1½ 大匙

腌肉盐 75 克（用量是猪肉重量的 5%）

熏制用材

坚果壳（我用的是杏仁壳） 200 克

花生壳或瓜子壳 150 克

柏树枝 40 克（1 大把）

柑橘皮 1 个橘子的量

猪肉纵切成 3 ～ 4 条，宽度在 5 厘米左右；每一条都要带皮、有肥有瘦。用串肉扦插上密密麻麻的小孔，抹上酒、五香粉、红糖、花椒和盐，尽量均匀地揉搓，直到猪肉吸收了这些配料。放在陶瓷、玻璃或不锈钢的容器中，盖好盖子，放在冰箱里腌制一个星期，到第三四天时要给肉翻个身。

将肉从腌料中取出，用串肉扦串起整条肉，然后用钩子或绳子把肉挂在阴冷通风处，风干一两天，再进行熏制。

干燥的炒锅上铺两层锡纸，稍微压一下，让锅底的锡纸服帖。把所有熏制用材混合到一起，放一半到锅里。把金属炉架放在上面，其上再放一个圆形蒸架。把猪肉中的花椒拣出来扔掉，然后把猪肉瘦的那一面向下，摆在蒸架上。

开大火加热（油烟机也要开到最大吸力），直到锅里的熏料开始冒烟，然后盖住锅盖，开中火。将肉熏制 45 ～ 60 分钟，直到熏料耗尽碳化。热量一定要够，需要保持冒烟的状态。

关火，小心地把蒸架、炉架和肉抬出来，把燃尽的熏料扔掉。

剩下的熏料继续如法炮制，蒸架、炉架和肉重新归位。把肉翻个面，盖上锅盖再熏 45 ～ 60 分钟，这个时候瘦肉部分应该变成了深焦糖色，肥肉部分应该是好看的琥珀色。

如果你找不到专业的熏房，就用这种热熏的方式。这个方法是网上一个自称“火哥”的川菜厨师教的，用一口炒锅就可完成，成品好吃得不得了。熏肉的时候，就算你的油烟机吸力强大，厨房里依然会烟熏火燎，篝火的气味会弥漫一段时间。要让腊肉成色好，你腌肉用的盐要含有硝酸盐和亚硝酸盐。你还需要比较尖的串肉扦和一些钩子（中国超市里能买到）、一口带盖的大炒锅、铺在炒锅上的锡纸、金属炉架和圆形的蒸架（这些在比较大的中国超市里有售）。做腊肉要选择冬天，适宜的气温在10～15° C。

再把肉串起来，挂在阴冷通风处风干15天以上就可以吃了。要烹饪腊肉之前，先放在温水里清洗一下。

腊肉做好不马上用的话，就包起来冷藏或冷冻，和买来的培根保存方法一样。

腊肉搭配建议

切片配干碟

吃腊肉最简单的方法就是蒸20～30分钟，然后切片，摆盘，配一碟海椒面和花椒面的干碟。（腊肉可以提前蒸好切片，上桌前稍微再蒸一下即可。）

炒腊肉

先蒸20～30分钟，放凉后切片，然后和蔬菜一起炒（第148页有个例子，用的是长青椒）。

汤和烧菜

腊肉切块放入汤或烧菜中非常美味，和豆子、竹笋、白萝卜或豇豆一类的菜很搭。

炒饭焖饭

蒸一块腊肉后切成小丁，放入炒饭或焖饭中都很提味。

Cured Pork with Sweet Flour Sauce

酱肉

时至今日，很多四川人家（尤其是在乡下）还会在农历年的尾声做十分美味的酱肉，供过年的时候一家人大快朵颐。这是在家能操作且制作方法最简单的腌制类肉食，美味不输给腊肉。一条条猪后腿肉或五花肉用盐腌制，然后抹上那些经典的川菜调料——花椒、甜面酱和醪糟，再挂起来风干。最后上锅蒸了切片，作为第一道冷盘，或者直接下酒；还可以切成小丁炒饭炒菜。

做酱肉要选天气冷但还不至冰冻的时候，晾肉的地方需要通风良好，温度在10～16°C。你需要一个尖尖的串肉扦、三四个钩子（中国超市里都能买到），或一些棉绳。要使肉得到妥善腌制且成色好，你腌肉用的盐要含有硝酸盐和亚硝酸盐。

猪臀肉或五花肉（带皮，要有很厚的肥肉） 1.5公斤

高度白酒（50度或以上） 2大匙

花椒 1大匙

腌肉盐 75克（用量是猪肉重量的5%）

酱肉料

甜面酱 150克

红糖 3大匙

五香粉 ½小匙

花椒 1小匙

料酒 3大匙

猪肉纵切成3～4条，宽度大约在5厘米左右；每一条都要带皮、有肥有瘦。用串肉扦插出密密麻麻的小孔，抹上酒、花椒和盐，尽量均匀地揉搓，直到猪肉彻底吸收了这些配料。放在陶瓷、玻璃或不锈钢的容器中，盖好盖子，放在冰箱里腌制一个星期，到第三四天时要给肉翻个身。

把肉从腌料中取出，把花椒拣出来扔掉。用串肉扦串起整条肉，然后用钩子或绳子把肉挂在阴冷通风处风干几小时，摸起来已经干了就好。

将酱肉的配料在碗中混合，然后用刷子把料刷遍每一条肉，多刷一点。肉放在托盘或大盘子中，盖个盖子，冷藏几小时或过夜。

再次把肉挂起来风干。等到摸起来已经干了，就再拿刷子刷一层酱料；不断重复，直到酱料刷完。把肉挂在阴冷通风处风干两个星期，如果不立刻烹制，就冷藏或冷冻。

准备烹制前，肉要先放在温水中，充分清洗掉表面的酱，然后大火蒸20～30分钟至熟透。放凉后切薄片，配一碟海椒面作为蘸料。（酱肉的搭配和腊肉一样，见左页。）

Salted Duck Eggs

咸蛋

成都很多餐馆都会有个玻璃罐子，里面放着颜色蓝幽幽的咸鸭蛋。咸鸭蛋很咸，蛋黄吃起来略有颗粒感，口感非常奇妙。咸蛋通常都是水煮后切成两瓣或四瓣，好用筷子挑着吃，早餐时送粥；也可以用于烹饪，蛋黄有一种相当鲜美的风味。腌制咸鸭蛋的传统做法是用盐、泥巴、草木灰和烈酒混合成糊，把蛋裹起来（中国的市场上经常见到被煤黑的泥巴包着的蛋）；但如果在家做，最简单的办法就是用浓盐水。腌制 3 个星期之后，蛋会达到最佳状态，如果泡得过久，可能会太咸。如果我打开一个生的咸鸭蛋，就会看到蛋黄已经凝固成一个带点蜡质感的金黄圆球。腌制咸蛋需要的容器是 2 升的广口密封罐。

鸭蛋　9 个

盐　200 克

花椒　1 小匙

鸭蛋用冷水好好清洗（如果是直接从农场出来的鸭蛋，可能需要好好刷一刷，把表面的脏东西都刷掉）。不可以用有裂缝的鸡蛋。

锅中倒 800 毫升的水，烧开，加入盐，搅拌，关火。然后盖上锅盖，让盐水彻底放凉。

把鸭蛋小心地放进密封罐，然后倒入放凉的盐水。压一个小碟子，好让鸭蛋全部浸没在盐水中。加盖密封，在阴凉地放置 3 个星期。放置 40 天以上蛋黄油润，风味最佳。

鸭蛋腌好后，从盐卤中捞出来冷藏备用。

Some other important preserves

其他腌制品

郫县豆瓣

在成都郫都区（旧称郫县）绍丰和厂的院子里，齐腰高的大陶土坛子整整齐齐地排列着，仿佛兵马俑，在雾蒙蒙的天气里敞着大大的口子。坛子里装的是川菜中最核心的调味料之一——豆瓣酱（郫县豆瓣）。这是成都郫都区的特产，味道浓郁可口。将蚕豆瓣和面粉混合，发霉后加盐卤发酵；然后再和盐腌过的辣椒混合，进一步发酵，后面这步通常要好几年。总有人问我豆瓣酱怎么做，但通常没人在家自制豆瓣酱，我自己也没试过，因为战线太长，还要用当地特产的辣椒，对气候条件也有特殊要求。不过，要是有谁想尝试，可以参考下面的内容，是我当时去郫县学到的一点皮毛（特别鸣谢郫县豆瓣公司和绍丰和的员工）。

传统郫县豆瓣的配料有当地产的二荆条（辣度不太过分）、干蚕豆、面粉和盐。绍丰和的管理者是豆瓣酱发明者的后代，他们的配方是辣椒 7、蚕豆 3，再加面粉来催化发酵，加盐来进行保质。

干蚕豆用热水浸泡后去壳分瓣，稍微过一下开水，沥干水之后和面粉混合，放在温暖的阴处静置 10 天，直到长出一层黄色的霉菌，也就是发酵需要的“曲”。传统做法是要覆盖一层稻草，为发酵中的蚕豆保温。接着用盐卤浸没蚕豆，放在陶土坛子里露天发酵约 6 个月，直到呈现深黄棕色（下雨的时候要把坛子盖起来）。新鲜的二荆条辣椒择好之后粗粗地剁碎，和盐混合，单独发酵 2～3 个月。

蚕豆和辣椒都发酵到合适的阶段后，就混合起来，装进大坛子，还是露天发酵至熟成。每天都需要用特质的木板对豆瓣酱进行翻搅，下雨的时候才盖上坛盖子。（传统的圆锥形坛盖子是用天然植物纤维做成的，现在都用塑料的了。）

随着时间的推移，水分慢慢蒸发，鲜红色的豆瓣酱有了特殊光泽，颜色也变成深红色，然后是栗棕色，过个七八年，最终变成很深很深的黑紫色。豆瓣酱发酵一年就可以用了，但普遍认为两三年后才能达到最佳的状态，市场上大部分的郫县豆瓣都是这个“年纪”。当地人对制作秘诀的总结很精炼：翻、晒、露。

传说这种美味的调味料诞生于一次愉快的偶然。明末清初，正值湖广填四川时期，一个名叫陈逸仙的福建移民前往四川，带了一袋蚕豆做路上的口粮。两日阴雨，他的豆子都发霉了，却舍不得浪费，于是就阴干之后拌了一些新鲜的辣椒吃。结果豆子的味道出奇好，所以在四川安顿下来之后，他就开始继续发酵豆子，遵循差不多的吃法。后来他在郫县开了个厂子，生产的醋和发酵酱料远近闻名。

陈逸仙的后代们说，他发明豆瓣酱是在 1666 年，这里面就有点小问题了。那时，浙江省等东南沿海地区的确在吃辣椒了，那之后不久，湖南也开始种植辣椒，所以加入湖广填四川大潮的陈先生可能是从东边带了些辣椒上路。然而，在那之后，又过了一个多世纪，到 18 世纪末 19 世纪初，才有了辣椒在四川被种植的记录。（我有个小推测，一开始只是对蚕豆进行单独发酵，后来当地有了辣椒之后，才加入了辣椒。）不管怎么说，陈先生的后代传承了家族生意，建立了绍丰和与益丰和两家工厂，生产出著名的豆瓣酱。

20 世纪 50 年代，两家工厂经历了国有化改造，都并入郫县豆瓣公司。但陈先生家族的一位成员在 80 年代重启了“绍丰和”这个品牌，开始人工制作豆瓣酱，负责人和指导人是陈逸仙的第六代传人陈述承及其子陈伟。

有个菜谱中介绍的方法和今天郫县豆瓣的制作方法非常相像，来自一本很出色的小食谱，作者是位名叫曾懿的四川女性，出版时间是 19 世纪末（具体日期不清楚），书名叫《中馈录》。下面将该菜谱收录如下：

以大蚕豆用水一泡即捞起；磨去壳，剥成瓣；用开水烫洗，捞起用簸箕盛之。和面少许，只要薄而均匀；稍晾即放至暗室，用稻草或芦席覆之。俟六七日起黄霉后，则日晒夜露。俟七月底始入盐水缸内，晒至红辣椒熟时。用红椒切碎侵晨和下；再晒露二三日后，用坛收贮。再加甜酒少许，可以经年不坏。

曾懿生在当时华阳县的一个官绅家庭，父亲和丈夫都是官员，经常全国上下任职。她跟着他们，去了江南很多地方。她这本食谱中记录了很多菜肴，比如宣威火腿、醉蟹糟鱼。不过既然有豆瓣酱，也许能说明，她永远在思念着故乡四川。

阴豆瓣

之所以叫“阴豆瓣”，是因为和郫县豆瓣晒干不一样，这种豆瓣酱是阴干的。两相比较之下，阴豆瓣颜色更红艳，风味更新鲜，经常用于鱼料理，或者直接撒在凉拌菜上，也可以作为蘸水。

做法是将辣椒和盐（有时候还要加点花椒）以及烈酒一起发酵。有些人会专门买发霉的蚕豆加进去，但很多人不加，就变成了阴豆瓣里无豆瓣。一开始是要在阳光下晒几天，但之后都被封存在坛子里发酵。辣椒酱上面还要倒一层菜籽油，起到油封的作用。阴豆瓣现在还多是家常自制，商业生产较少。

鲊辣椒

鲊辣椒是把二荆条粗粗剁碎，跟盐、烈酒和粗磨后的炒米混合，之后紧压在陶土坛子里发酵而成，一般发酵两个星期就可以吃，但存储时间却很久。烹饪方法通常是放入油中翻炒到米被炒熟，可能再加一把蒜苗段。米和辣椒混合在一起，十分香脆，相当下饭。

这种辣椒的制作方法将两千多年前把盐腌的鱼和米混合发酵的古法发扬光大，“鲊”字的偏旁就是“鱼”，而“乍”在古代就是醋的前身。

咸菜

咸菜涵盖的范围很广，凡是用干盐腌制法做的菜，都可以叫“咸菜”。出太阳的日子，四川人就会把切成条或片的蔬菜铺在竹篾子上，把白菜叶子摆满能晒到阳光的每一个角落。菜叶晒得半干了，就揉搓一些盐和香料进去，摆进坛子进行熟成。

简略说来，菜叶晒得越干，盐加得越多，保质期就越长。有时候会把坛子倒放，这样能在发酵过程中释放多余的水分。最后做成的咸菜会被直接作为开胃菜上桌，也可以下饭或用于菜肴烹饪。有一道很受欢迎的川菜就叫“咸菜回锅肉”。

坨坨豆豉

这是很美味的调味料，将黄豆发酵成豆豉，和煮熟后的红薯泥、姜末、海椒面及花椒面混合，搓成高尔夫球大小的圆球，再晒干。晒干后的圆球通常都会拿来粗粗地剁一下，加进炒菜中，增加咸鲜味，回锅肉里用得尤其多。农村里还有种流行的做法，将一两个

“坨坨”分别粘上一小块猪油，放进快蒸好的米饭里加热。

糟蛋

糟蛋是种非常神奇稀罕的食物，用酒和香料腌制而成，是川菜中我非常喜欢的发明。曾经，糟蛋很受文人阶层的欢迎，现在几乎已经退出了人们的餐桌。做糟蛋，是将鸭蛋全身的壳轻轻敲碎，但要小心，不能漏出里面的蛋液。这些精妙脆弱的小东西会被浸泡在芳香四溢的浓醇烈酒中，酒色深得像浓茶，有醪糟香，还要加上红糖和香料，一泡就得3年。

我永远忘不了有一次自己和朋友从成都奔赴宜宾寻找这种食物，终于吃到一个时的情景。当时端到我面前的鸭蛋已经剥去了壳，浑身茶色，散发着诱人的酒香。我在行家指导下轻轻移除表面的薄膜，把蛋掰开。外面那一层是浅棕色的，掰开之后就能看到金色的蛋黄，有点像蟹黄。我拿着一把小小的木勺子，往里面加了点高度五粮液、少许芝麻油和一勺白糖。那味道这真是美妙极了：香味浓醇悠远，飘着温柔的甜香，又有点烈酒的刺激。完全能想象旧时代的文人们会一杯白酒配糟蛋，来振作自己的精神。

根据当地的一个说法，这种少见的鸭蛋腌制法出现在同治时期，发明者是当地一个文人，来自张姓望族。他热爱烹饪，糟蛋就源于他的一次厨房试验。后来，当地的几个生产商也得到了做法和配方。近年来，著名的宜宾糟蛋几乎销声匿迹了，但令人高兴的是，有个公司复兴了这种古老的腌制方法，正准备为糟蛋开创新市场。

川菜宴席的菜单上可能会出现甜品，特别是婚礼上，象征着婚后生活甜蜜美满。

甜品

Sweet Dishes

SWEET DISHES

甜品

在全世界的饮食大国中，中国有其特殊之处，比如，按照传统，这是一个不太看重甜品的国家。虽然人们也会把糖和果脯作为零嘴，特别是在春节期间；有些地区甚至嗜甜如命；但大部分的餐食都是一咸到底，只加少许糖作为调味。川菜宴席的菜单上可能会出现甜品，特别是婚礼上，象征着婚后生活甜蜜美满。

我有个朋友，父母都研究西药，毕业于著名的华西医科大学，二老回忆起战前岁月，最好的那些餐馆要么只有少量的私人包间，要么会派厨师去别人家里准备宴席。在那个时代，正式的宴席通常有八个菜，快吃完时再加个甜品，通常是甜味羹汤，再上主汤。不过，一顿家常川菜是没有甜品的，可能会在最后端上水果。家里的话就只是简单地把水果削皮切块；比较豪华的餐馆会做漂亮的摆盘，和小小的水果叉一起端上桌。

中餐中很多甜品的食材，一般不被西方人作为甜品的配料，比如根菜、豆类，甚至菌类。本章中我最喜欢的是甜烧白，甜饭上面是一片片肥肥的猪肉。没见过的人可能会大吃一惊，但真的很美味。中国人也喜欢喝甜汤，比如这一章的银耳或者绿豆汤。除了常用的蔗糖，四川人还会用大块的冰糖调味，特别是滋补汤羹；也会用甜香的红糖来熬制糖浆。

过去的人们会用甜食来祭祀灶君（灶王爷）。传统的厨房会在炉子上方供奉灶君像，让他守护一家人；又或者会挂个木牌子，刻着相关的汉字。每年腊月二十三这天是灶君上天的日子，他会把这一家人的表现汇报给玉皇大帝，所以人们也选在这天对他进行供奉，烧纸钱，进香，奉上黏糊糊的甜品，让他少说点儿坏话，多说点儿好话。据说，供奉灶君的传统来源于古时候的火神崇拜，到两千多年前的汉朝，灶君的地位稳定了，成为居家神仙中最常见的一员。

在中国某些地区的农村，人们还保留着敬拜灶君的传统，但在成都早已没人举行这样的仪式了。不过，一天我在文殊院附近闲逛，第一次注意到一条很熟悉的街的名字，居然是“灶君庙街”，突然想起有位老厨师告诉过我，在那里有个灶君庙。不过，我在那条街上找了个遍，还问了附近的尼姑，也没能找到这个庙的影子。后来我发现，那里确实在1853年修建了一座灶君庙，但已经消失很久了。

四川的街头小吃中也有很多甜品，通常是在三餐之间随便吃吃，比如赖汤圆和三大炮。本章中都有配方和做法，因为如果你想在一顿川菜最后端上应景的甜品，这些都是不错的选择。请注意，“小吃”那一章的叶儿粑（见第383页）和蛋烘糕（见第393页）都是有咸有甜，也可以作为餐后甜品。不过，你也可以不做甜品，只在饭后端上中国茶、水果和巧克力，或者现成的芝麻饼、果仁饼等。

'Sweet Cooked White' Rice Pudding with Pork Fat

甜烧白

说起肥猪肉，一般的西方人可能会觉得不太适合用来做甜品，但吃完这道美味的蒸菜，他们也许会改变想法。这算是中国乡宴中的一道重要菜式，名叫"甜烧白"，闪着琥珀色光泽的糯米拱成一座小山，猪油使其风味更为浓郁，再盖上肥肥的猪肉，加甜甜的糖和红豆沙。（成都名厨喻波会用黑芝麻酱代替红豆沙，也十分美味。）

甜烧白的"白"就是烹饪过的肥肉。这道菜是第133页咸烧白的"姊妹菜"。过去乡村婚宴和除夕年夜饭上的"九大碗"中，总有甜烧白的身影。近年来，这道菜好像又重新受到欢迎，寄托了人们对田园生活的向往。猪肉切成连刀片，可以夹入甜酱（我总是把连刀片叫作"三明治肉片"）。如果你觉得切连刀片太麻烦，就直接切肉片摆在碗中，加点红豆沙，然后填入糯米。

一块400克的五花肉，应该能切下300克左右的整齐肉片（零碎的切片可以用在别的菜肴中，比如第128页的回锅肉）。要找那种最肥的五花肉。这道菜的精髓就在于肥，瘦肉无足轻重。你需要一个耐热碗，要比较深，能装下所有的配料，容量在750毫升左右；大小也要合适，能放进蒸锅或高压锅。

菜谱用量是4～8人份。

圆糯米　250克

很肥的五花肉（整块带皮）　400克

老抽　¼小匙

食用油　2大匙

红豆沙或黑芝麻酱（见第436页）　100克

红糖　60克

细砂糖　40克

猪油　40克

细砂糖　1大匙（吃之前撒在上面）

淘米，然后加入能覆盖全部糯米的凉水，浸泡至少2小时。

五花肉放进锅中，倒凉水浸没，烧开然后小火煮熟。从锅中捞出五花肉擦干水，煮肉水保留。将老抽抹在猪皮上至吸收，放在一边晾干。（如果猪肉没晾干，下油锅时会油星四溅。）

锅中放油，大火加热，把猪肉肉皮向下放进锅中，煎到肉皮呈现深棕色且略微起皱的程度，千万不要煎焦了；把锅斜一下，或者用夹子调整一下猪肉，确保上色均匀。把肉从锅中捞出，放回煮肉的水中浸泡5～10分钟，软化上色的肉皮。捞出来沥干水，放凉后入冰箱冷藏。

等冷藏到一定程度，就切成连刀片。切的时候先把猪肉修整成规则的方块，肉皮向下放在墩子上。切薄片，但是不要切断，下一片就一切到底，这样就得到两片一组的连刀片，最好每一组的总厚度在5～6厘米。重复切片的动作，大概切8组的连刀片，然后往每一组中间夹红豆沙或芝麻酱。将连刀片两两覆盖着放，带肉皮的那边压在下面，在碗底摆好，这样肉皮全都和碗底接触。

在蒸屉中铺好油纸，然后用叉子或串肉扦在油纸上插很多小孔。糯米沥干水，在油纸上薄薄地铺一层，大火蒸20分钟熟透。

与此同时，用4大匙水融化红糖和细砂糖。糯米煮好之后盛入碗中，趁热倒入猪油以及糖水混合。然后整个倒入铺了猪肉的碗中，把顶上压平，用锡纸或小盘子盖住。一会儿蒸好了会很烫手，很难拿出来，可以先用棉绳像裹包袱一样把碗缠起来，方便拎起来。

水开后上锅蒸2小时（或者用高压锅压45分钟，留出自然释放压力的时间）。上桌前，将碗倒扣在盘子上，小心地揭开，就有了半圆形的摆盘，上面是猪肉，下面是糯米。撒上细砂糖，趁热吃。

Mr Lai's Glutinous Rice Balls with Sesame Stuffing

赖汤圆

1894年，一个名叫赖元鑫的年轻人从自己土生土长的小镇来到成都，到一家餐馆当学徒。遗憾的是，他很快就和老板起了争执，被辞退了。走投无路的他从一个表亲那里借了点钱，买了根扁担和一些厨具餐具，开始在街头卖汤圆。这样的谋生手段持续多年，他有了积蓄，在成都市中心的总府路上开了自己的小吃店。如今，美味的"赖汤圆"早已经驰名全川。老店也在经历了历史上的公私合营和新一代餐馆的激烈竞争之后生存下来，现在店里提供一系列的四川小吃。

汤圆是全中国人民都喜闻乐见的传统小吃，春节期间更是餐桌宠儿。和很多节日吃食一样，"汤圆"的名字有着吉祥的寓意，即过年时全家人"团团圆圆"。四川农村的很多人家仍然遵循着古法来做汤圆，要先浸泡糯米，然后用石头磨成米糊，用棉布挤压揉捏成面团。农村人认为，这种"湿粉"比城里人图方便用的那种干汤圆粉高级多了。

请注意，汤圆心子（馅儿）最好是提前几个小时做好，会比较容易操作。（四川人通常会做大量的汤圆心子，需要时取用。做好的心子能在冰箱里保存好几个月。）如果要找黑芝麻，去中国超市或健康食品

糯米粉　200克（还要一些用作手粉）

食用油　1小匙

芝麻酱　3大匙

细砂糖　4小匙

黑芝麻心子（即黑芝麻馅儿）

黑芝麻　25克

中筋面粉　1½大匙

细砂糖　25克

猪油或椰子油　25克

糯米粉　少许（用作手粉）

先来做黑芝麻心子，至少应该提前几个小时进行制作。将黑芝麻在锅中小火干炒5～10分钟，不断翻动，直到出香味。黑芝麻的颜色变化不会很明显，所以千万小心，不要炒焦了。不时地闻一闻，尝一尝，合适了就关火，那种炒制过的香味是不会搞错的。（你也可以混合一些白芝麻，观察颜色变化来掌握火候。如果白芝麻微微变成金黄色，那就炒到位了。）炒好的芝麻舂成粗粗的芝麻粉，可以用料理机进行，但千万别磨得太细了，有点颗粒感更好。

把芝麻粉放在碗里。面粉放进锅中，小火干炒出香味，然后加入芝麻粉和糖，混合均匀。小火融化猪油或椰子油，然后倒入锅中搅拌。放凉后冷藏至少几个小时备用。冷藏后的心子定了型，就可以用勺子或小刀轻易地切下小块，搓成和小樱桃一般大的圆球。稍微撒一点糯米粉，放在一边备用。

现在来和面。将糯米粉放在碗中，倒入食用油，慢慢加入适量的热水（大约160毫升），活成柔软的面团，质地很像腻子。揉搓到面团光滑，盖上湿布。

可以包汤圆了。从面团上掰下核桃大小的面团（大约15～20克），剩下的面团要一直用湿布覆盖，不然太干。稍微把小面团压扁一点，然后用大拇指在中央按一个小凹槽。把搓成球的心子放在凹槽中，把面团边缘包上来，完全覆盖

店即可。

菜谱用量能做20个左右的汤圆，4～5人份。

心子，轻轻揉搓成圆球（一定要保证心子全被覆盖住，不然下锅就要“露心子”）。包好的汤圆放在撒了手粉的托盘上，需要时下锅煮即可（可以提前包好，放冰箱冷藏过夜；放冷冻还能存放更长时间）。

另取1大匙油稀释芝麻酱，让其具有一定的流动性。分装在4个小蘸碟中，每个放1小匙糖进去搅拌均匀。

找个大锅，装满水，烧开，把所有的汤圆放进去，烧开后关小火煮5～10分钟到熟透。不要让水开得太剧烈，不然汤圆可能会煮裂，必要的话加一点冷水进去。等汤圆体积膨胀，用筷子夹起来软软的很有弹性，就是煮好了。（夹开其中一个，心子应该马上流出来，且很有光泽。）

烧一壶开水，汤圆煮好以后，把开水倒入4个碗中，将汤圆平均分配。这水不用喝，只是为了给汤圆保温且保持滑润的口感。和芝麻酱蘸碟一起上桌。

美味变奏

四川人包汤圆有好几种心子，大部分都很简单，无非是糖、猪油、炒面粉混合主料。玫瑰味的汤圆心子是用少量糖渍玫瑰花瓣与糖和猪油混合；陈皮心子是把糖渍陈皮剁碎，和碎冰糖混合；樱桃心子是糖衣樱桃；三宝心子有炒过之后粗剁的核桃、瓜子和花生。我还吃过包了炒花生碎和红糖的汤圆，非常美味。

赖汤圆的心子很经典，会用香甜的桂花与枣泥；还会在同一个碗中呈现4种不同心子的汤圆，也就是著名的四味汤圆。还可以做得更精彩一些，每个汤圆的形状都能做得不同，比如蛋形的、尖尖的、圆圆的都可以。

'Three Big Bangs'

三大炮

一个乍暖还寒的春日上午，我和几个朋友去成都东边的龙泉驿爬山赏桃花。这里一年一度的“桃花节”总会吸引游人蜂拥而至，整个区域的相关从业者都忙里忙外地为游人提供餐饮等服务。山上的桃园边搭起简易茶馆和小吃店，手工艺者们四处转悠，贩卖竹和纸做成的玩具。山下的小城里有个临时的美食城，卖四川小吃和当地特产。结果我们当时一朵桃花都没看到，因为最近有一阵寒潮来袭。不过，那一天我们尝了不少平时没见过的小吃，心情十分愉快。我猜其实到龙泉驿首先是为了吃，顺便看看桃花而已。很多中国人出游，其实都只是聪明的借口，到最后还不是为了选个特殊的地方和场合吃吃喝喝。

就是在龙泉驿，我第一次遇到“三大炮”，温热的糯米团子在金色的黄豆粉里滚一滚，淋上深色的糖浆。这种小吃的传统做法非常引人注目，要找巨大的石臼和长把的木杵，把一大团热热的糯米放进去舂一舂，然后再搓成圆球。之后用一点力把糯米球甩到木板上，木板两边都摆着一摞摞铜质小碟子，再给糯米球裹上炒熟的黄豆粉。你应该猜得到，“三大炮”这个名字来源于舂糯米时发出的巨大声响，以及落到木板上时小碟子发出的金属撞击声。

菜谱用量能做 12 ～ 15 个糯米团。

长糯米　200 克

黄豆粉（日本商店里可以买到熟粉，名称为“kinako”）　40 克

红糖　5 大匙

糯米加大量的水，浸泡过夜。

如果黄豆粉是生的，就先用小火干炒一下，不时搅拌，直到变成均匀的淡金棕色。放在一旁备用。

淘米。在蒸笼中铺上戳了孔的烘焙纸（见第 441 页图片）或蒸笼布。将糯米铺在上面，大火蒸 40 分钟左右到熟透。

蒸糯米的时候将糖放在小锅里，加 5 大匙的水，小火加热融化红糖，然后开大火煮开，保持这个火候几分钟，直到成为糖浆。保温。

糯米蒸熟之后，放入一个深碗或锅，用擀面杖或比较大的杵舂成松软湿润的糯米团，不用把每一粒糯米都舂烂。（如果不是立刻做糯米球，要把糯米团放在蒸笼里保温，下面的水用小火保持微沸状态。）

糯米团放凉到不烫手的程度后，掰成核桃大小的团子，在黄豆粉里滚一圈。（洗手之后直接塑形或戴薄手套塑形均可，还有个办法是整个装进口袋里挤压，挤出适当的大小后用剪刀剪掉。）趁热盛盘上桌，淋一点糖浆。

美味变奏

川南小城合江的周宏兴与姚瑞新夫妇给我展示了当地小吃糍粑（即合江的“三大炮”）的做法。按照古老的传统，人们会在粮食丰收和中秋节时吃糍粑。两夫妇的动作整齐划一，用两个长长的棒子击打热气腾腾的糯米，然后弄成小团，裹上美味的白糖、熟黄豆粉、炒花生碎、瓜子和芝麻。

Pearly Rice Balls

珍珠圆子

珍珠圆子其实就是蒸制的米圆子，卖相好看，名字好听，因为外面是完整饱满、粒粒闪光的糯米，看上去就像一颗颗珍珠。珍珠圆子可甜可咸，但最常见的馅儿是用水果或坚果加糖。红豆沙和莲子馅儿之类的料可以直接在中国超市买现成的。根据某些传言，完善这道菜的是厨师张合荣，时间是在 20 世纪初；但其起源可能是早年川西地区过节时吃的珍珠粑。现在有些人会用西米代替糯米。

菜谱用量能做 20 个左右的珍珠圆子，够 10 个人品尝。

圆糯米　110 克

红豆沙或莲蓉　175 克

糯米粉　200 克（还要一些用作手粉）

粘米粉　50 克

土豆芡粉或玉米芡粉（防粘用）

食用油　少许（备用）

糖衣樱桃或罐头樱桃　10 个左右

糯米在大量水中浸泡至少 4 小时或过夜。

将红豆沙或莲蓉分成和小樱桃一般大的团子，每个大概 7 克（如果是现成的罐装馅儿，可以直接切成 1 厘米厚的片，再切小丁）。撒上糯米粉防粘，放在一旁备用（这一步可以提前进行）。

糯米粉和粘米粉在碗中混合，加入适量的热水（大概 250 毫升），成为质感接近腻子的面团。

将面团一分为二，都搓成直径 2.5 厘米左右的长条，然后分成梅子大小的小剂子（每个大概 20 克），没用到的面团也要用湿布覆盖，避免水分流失。

把小剂子稍微压扁，然后用大拇指在中间按下一个小凹槽，将之前做成小团子的馅儿放在凹槽中，然后糯米面团包起来，完全包住馅儿，轻轻揉搓成圆子。托盘上撒糯米粉，将圆子放在上面。

蒸笼里刷薄薄的一层油，或者铺上戳了孔的烘焙纸。有些中国超市里会卖专门的蒸笼布。你也可以自制，用剪刀把烘焙纸剪成合适的圆形，然后对折多次，得到一个多层的扇形，然后在边缘煎一些小口，就像剪纸一样，展开后就是一张四处都有小孔的蒸笼纸了（见右图）。

糯米沥干水，铺在盘中。将圆子在糯米中滚一圈，穿上珍珠外衣，然后放在蒸笼中，互相之间要稍微留点空间，因为蒸制过程中会微微膨胀。

樱桃切半，放在能放入蒸笼的小碗中，和圆子一起蒸。（樱桃和圆子分开放，免得染红雪白的圆子）。盖上锅盖，大火蒸 20 分钟左右，然后用筷子夹起樱桃放在每个圆子上。立刻上桌。

美味变奏

其他甜味馅儿

四川人喜欢给圆子包上糖、糯米粉、糖渍玫瑰花瓣、猪油和一点点水混合而成的玫瑰馅儿；或者是芝麻碎、糖、糯米粉、猪油和一点点水混合成的芝麻酱馅儿。

咸腊肉馅儿

将猪肉末炒至金黄，晾凉后加入切碎的葱白、盐或生抽调味。

Sweet Potato Cakes

红苕饼

美味的红苕饼外表金黄酥脆，内里柔滑细腻；可以直接吃，也可以蘸点糖或蜂蜜。这是通常在火锅最后端上来的小吃。有些店家会在里面包上玫瑰馅儿，或在外面裹一层玫瑰，可以中和一下红苕那种泥乎乎的感觉。甜酱的做法我自己做了改进：没有用常用的糖浆和糖渍玫瑰花瓣，而是用了蜂蜜和玫瑰水。有的红苕饼里会包上莲蓉或红豆沙，被稍微压扁一点，裹上蛋液和面包屑，再下锅炸。

菜谱用量可以做 20 个左右的红苕饼，够 6 ～ 8 个人吃。

黄心红苕　700 克

糯米粉　100 克

细砂糖（根据口味增减，可不加）

土豆芡粉　少许（用作手粉）

食用油　油炸用量

玫瑰甜酱（可不用）

稀蜂蜜　4 大匙

玫瑰水　1 小匙

红苕去皮切块，大火蒸 30 分钟左右到完全变软。放凉后压成红苕泥，和糯米粉混合。愿意的话可以在这一步加一点糖。

将红苕泥分成和梅子一般大的小剂子（每个大约 30 克），塑形成小圆饼，稍微撒一点土豆芡粉。

食用油加热到150° C左右，加入红苕饼油炸，轻轻搅动拨弄，直到表面变成金棕色，大约需要 8 分钟左右。时刻注意油温，不能比 180° C 高太多，红苕饼周围微微冒泡即可。

如果你想做玫瑰甜酱，就把蜂蜜倒入锅中小火加热，然后倒入玫瑰水。

红苕饼炸好后沥油，立刻上桌，可以淋上玫瑰甜酱。

Silver Ear Fungus and Rock Sugar Soup

银耳羹

市售的银耳通常是干银耳，黄脆如纸，有点像干菊。前不久我在成都的市场上第一次看到了鲜银耳，实在太美了，晶莹剔透，如象牙一样白，仿佛娇花一朵。

这道菜将银耳这种山珍缥缈超凡的气质体现得淋漓尽致。银耳懒洋洋地躺在甜汤之中，如果一朵朵透明的浪花。甜汤柔滑地溜过你的喉咙，如梦似幻；加糖要有所控制，不要过甜。

甜汤可能会让西方人觉得奇怪，但临睡前来一碗可以抚慰肠胃和心神；重口味的一餐后来一碗能让唇舌稳定平静。很多川菜宴席最后会给每个客人来一小碗银耳羹，帮助消化。有一次吃比较标准的中式晚餐，也上了银耳羹，是一大钵，大家自己舀。

传统中医理论认为，银耳有润肺滋阴之效。银耳羹营养丰富，对老年人特别有好处。有的餐馆会往里面加一点陈皮丁或菠萝丁，但我比较喜欢简单一点。

菜谱用量能做 6 ～ 8 人份。

干银耳　1 大朵或 2 小朵（约 20 克）

枸杞　1 大匙

大块冰糖　125 克（根据口味还可添加）

倒水淹没银耳，将其泡软：只需要 15 分钟左右。去掉较硬的底部，清洗银耳，撕成小朵。倒凉水淹没枸杞，备用。锅中放 2 升水，加入冰糖，小火加热融化。把水烧开后加入银耳，小火炖煮约一个半小时，直到汤汁柔滑，银耳饱满。撇去表面浮沫，按照口味添加糖。

枸杞沥水，撒入碗中。倒入银耳羹，趁热上桌。

Iced Mung Bean Soup

绿豆沙

传统中医理论认为，很多病症都是因为上火。中国人非常注意上火的症状，比如长痘、干咳。治疗方法是避免上火的食物和饮料，而选择清凉降火的东西。绿豆就是清凉降火的典型，通常会用来煮稀饭或制作饮品。绿豆沙是一道汤品，在川南宜宾的炎热天气中很常见，通常是配辣味面条。这个菜谱的灵感来源于宜宾千麦香面馆，当时我吃的宜宾燃面（见第 358 页）就配了这么一碗绿豆沙。里面稍微加了点糖，还要加几个冰块保持冰凉沁心之感。

菜谱用量是 4 人份。

绿豆 150 克

大块冰糖或白糖（按照口味增减）

冰块（上桌前加）

倒凉水没过绿豆，浸泡过夜。

清洗绿豆，沥干水。放进锅中，加 3 升水烧开，大火继续煮 10 分钟。关小火，保持微沸状态煮至少 30 分钟，直到绿豆彻底煮软并开花。加一点糖调味。

汤放凉后用于解暑，可以加冰块。

Eight-treasure Wok Pudding

八宝锅蒸

这道甜品通常出现在传统川菜宴席上，口感像湿润的蛋糕，里面有很多美味的果脯和核桃。

下面的菜谱依据的是我在“烹专”学到的版本。先开小火，用猪油炒面粉，然后加入糖、果脯和坚果。在一本1977年出版的川菜食谱中，我找到了另一个版本，用的是米粉和菜油，是回族人眼中合格的清真食品。

两个菜谱中介绍的制作方法都和整个中东地区流传上千年的传统食物哈瓦（一种香甜酥脆的糕点）有着惊人的相似之处。中亚和中国北方在饮食烹饪传统上有着广为人知的联系，这是古老丝绸之路上至少两千年贸易往来的结果。中国北方的果脯、包点、饺子、馅饼等，很多都能在广袤的欧亚大陆上找到“近亲”。而这道八宝锅蒸里流淌着的回族血液说明，它可能是清朝早期迁入成都的回族人引进的。

按照传统，这道菜要用猪油，但要做素食版可以用椰子油（或符合清真标准的油），也很棒。

菜谱用量是6～8人份。

核桃　25克

食用油　油炸用量

混合果脯和坚果　50克（四川人可能会选择樱桃果脯、蜜枣、冬瓜糖和陈皮）

猪油或椰子油　200克

中筋面粉　200克

细砂糖　150克

核桃放入锅中，倒入能浸没核桃的食用油，中火加热到核桃变成金色，散发香味。捞出核桃，充分沥油，稍微切一下。所有的果脯和干果要切碎（川菜食谱中通常都说最好切成绿豆大小）。

将一半的猪油或椰子油放入锅中，中火加热，加入面粉，不断搅拌5～10分钟，直到散发香味，颜色微微泛金黄（只要面粉有股炒制的味道，那就是炒好了）；必要的话关小火，避免生锅。

烧一壶开水。等面粉熟了，倒入300毫升热水，进行这一步要往后站，免得被蒸汽烫伤，然后混入剩下的猪油或椰子油。倒入糖搅拌到融化。最后倒入坚果和果脯，混合均匀。立即上桌。

调料与高汤

Seasonings & Stocks

红油和花椒面等自制调料能用于无数菜肴中，而自制的高汤则能丰富和加深各种汤菜与烧菜的风味。

Ground Chillies

海椒面

在我最喜欢的成都菜市场上，有个不起眼的香料店铺，老板总是拿着和自己一样高的木杵，在巨大的石臼里舂着干海椒。干海椒先要去掉尾部，然后掰成段，在炒锅里炒到香脆，之后才能和辣椒籽一起，被舂成铁锈红的粗粝粉末。老板卖的海椒面有二荆条，颜色很美，香味诱人；还有辣上加辣的小米辣。顾客可以选择其中一种，或者自己按照喜好搭配。（如果买海椒面是想做红油，他就会给你加一勺芝麻。）

干海椒　50克

食用油　1大匙

干海椒去尾，然后掰成2～3厘米的小段，不用去掉辣椒籽。

锅中放油，均匀地旋转一下，让锅底铺满油。加入干海椒，开中小火加热2～3分钟，持续搅拌翻炒，直到香气散发出来，并且颜色变深，（我的一位川菜厨师朋友说这是“蟑螂色”！）倒入一个石臼，放凉。

干海椒放凉后，用木杵舂成粗粝的粉末。可以用来做红油，或者存放在密封罐中备用。

Ricemeal

米粉和蒸肉粉

这种舂成粗颗粒的米粉在中国超市有售，但自己做也很简单。

泰国香米　150克

八角　1个

桂皮　几块

将香米、八角和桂皮放在干燥的炒锅中。中火加热翻炒大约15分钟，直到米粒变脆，颜色变黄且散发香味。起锅，放凉。把香料捞出来扔掉（也可以保留下来，用于别的菜中）。用料理机或石臼、木杵对米进行粗磨，粗细程度跟粗麦粉差不多。磨好后放入密封罐，需要时取用。

Chilli Oil

红油

红油（辣椒油）是很多川菜酱料和调料中不可或缺的配料。之所以叫“红油”，是因为会呈现惊艳的宝石红。做法是将烧热的油倒在粗磨的海椒面上，剧烈地“嘶嘶”作响，平静下来之后，海椒面沉淀下去，油浮在上面。用红油烹饪时，通常都要配上一点沉淀的辣椒，不过高端的餐厅会过滤纯的红油，让菜品卖相更好，口感更细腻。过滤剩下的辣椒被称为“油辣子”，可以加入蘸水或摆在桌上做调味品，往饺子、抄手、面条里一加，顿时风味大增。

做红油用的辣椒不讲究种类，但四川人喜欢用当地产的二荆条，因为香味浓郁，且辣味相对温和。在伦敦，我图方便，常用那种粗磨的韩式辣椒面，用作替代品倒是凑合，最后也能得到四川红油那种深沉漂亮的红色，但缺乏正宗红油醇厚的辣味和美妙的风味。我衷心希望有一天在四川之外也能买到二荆条。当然你也可以自行选择辣椒。下面菜谱中给出的辣椒和油的比例是四川人最常用的，不过可以根据个人口味做调整。很多厨师会往辣椒中加少许芝麻，让红油更香。

食用油　500 毫升

粗磨海椒面（带籽）　100 克

芝麻　1 小匙

锅中放入油，加热到 200° C 左右，然后静置降温到 140° C 左右。

将海椒面和芝麻放在耐热碗中，旁边准备一点食用油或一杯水。等锅中油下降到合适的温度，倒一点在海椒面上：正确的状态应该是发出微小但有力的“嘶嘶”声且冒泡泡，散发烧烤一样的浓郁香味。把剩下的油都倒进去搅拌。如果你觉得油温太高，海椒面可能会煳掉，就加一点食用油或水去降温（加水的时候往后站，别烫着了）。油温一定要够，这样才能出那种烘烤的香味。如果把所有的油都倒完了，你觉得海椒面的香味不够，那就把全部的食材都倒入锅中，小火加热，不时搅拌，直到浓郁的香味释放出来，颜色变成深宝石红。务必不要把海椒面烧煳了。

红油完全放凉后，把油和沉淀倒入玻璃罐，放在阴凉处保存，需要时取用。用之前最好留出几天沉淀的时间。

美味变奏

上面的做法是四川红油最经典的传统做法。成都大厨兰桂均钻研出了自己的方法，也鼓励我与读者分享。他把 500 毫升菜籽油与一根葱白一起加热，等到葱白变成奶咖的颜色（说明油温达到 180° C 了），就关火，加入 500 克海椒面，迅速搅拌到油色变红，散发香味，海椒面也达到了合适的煳辣味。然后立刻倒 1 升食用油来降温，避免海椒面烧煳。兰师傅比较喜欢这种做法，因为能够准确掌握从海椒面中释放出的风味；他还认为，冷油的比例高一些，成品红油就更健康。

Ground Roasted Sichuan Pepper

花椒面

花椒面是川菜中必不可少的调味料，气味香浓，会撒在很多热菜中，也可以调蘸水（通常会加盐）等。花椒面闻起来特别香，吃一点的话舌尖酥麻，仿佛在舞蹈。一次不要做太多，因为香味散得比较快。四川很多家庭几乎天天炒花椒磨花椒面。我做好一批之后都尽量不会放超过一两个星期。记住，要想花椒面味道好，一定要用上好的四川花椒。菜谱用量能做出 1 ～ 1½ 大匙花椒面，能用挺久的。

花椒　2 大匙

干锅小火加热，放入花椒炒制几分钟，直到花椒散发出烧烤味和浓郁的香味，炒制过程中会微微冒烟。千万注意不要炒煳了，不然会有苦味。从锅中捞出，完全放凉。

用研磨器或石臼、木杵把花椒弄成细细的花椒面。川菜厨师会用很重的铁臼和铁杵（我用的是咖啡研磨器，只用来磨花椒面）。花椒内部纤维较多，比散发香气的外壳更难磨细；如果你发现磨好的花椒面中还有肉眼可见的壳，最好是用细目筛过滤一遍。花椒面做好要尽快使用，或者存放在密封罐里。

Salt and Sichuan Pepper Dip

椒盐

中国人口中的椒盐味或椒盐蘸碟，说的是盐炒花椒的经典搭配。毕竟，花椒是土生土长的“中国椒”；而胡椒则是来自外国，所以称之为“胡”。椒盐通常会做烤物或炸物的蘸碟，也会加入面点，甜点中也有。甜点的椒盐味就好像是西方那种很受欢迎的海盐焦糖味的中国版。除了用在中餐里，椒盐撒在烤土豆和薯条上也很好吃。

花椒　1 大匙
细盐　1½ 大匙

盐和花椒放在干锅中，开小火翻炒到花椒散发浓郁的香味，盐的颜色稍微变深。倒入石臼中，舂成细腻的粉末。

如果不在近期使用，要储存在密封罐里。

Toasted Sesame Seeds

熟芝麻

芝麻在四川的用途很广泛，经常撒在面条或凉菜上增加脆脆的口感。用之前通常都要炒熟。

直接把白芝麻放在干锅中，开很小的火炒到散发香气，颜色泛金黄。黑芝麻的颜色变化不会很明显，所以需要你尝一尝，确保炒出来那种烧烤味，但没有炒焦，或者在炒黑芝麻的时候放一点白芝麻，观察颜色变化。放凉后用密封罐储存备用。

Sesame Paste

芝麻酱

中国芝麻酱的制作方法是将芝麻微微炒一炒，然后细磨，加一点油，搅拌均匀后就有了流动性。大部分的中国超市都有芝麻酱售卖，自制的话就参考下列菜谱，来自成都大厨兰桂均。芝麻酱做好不立刻用的话会分层，下次用之前要搅匀。芝麻不要炒过了，不然酱会发苦。

白芝麻　100 克

菜籽油　5 大匙

芝麻放在干锅中开很小的火炒 5 分钟左右，不断翻炒到颜色微微泛金黄，用指甲一按就能裂开的程度。把芝麻倒入碗中放凉。

把芝麻磨细（用臼杵或者和我一样用干净的咖啡研磨机）。

菜籽油入锅加热到 180° C 左右，此时锅边开始冒白烟，把手悬在油上方能感受到一股热气（注意安全，不要离得太近），把油倒在碾磨后的芝麻上，混合均匀。放凉后入密封罐存储备用。

Deep-fried Peanuts

油酥花生

油酥花生出现在很多菜肴和小吃中；直接撒上盐和花椒面，本身也是很好吃的小零嘴，单独吃或者和别的凉菜一起上都行。不要图方便经不起诱惑把油温开得太高，花生很容易就煳了，会有苦味。

把生花生放进锅中，倒入足以浸没花生的食用油。慢慢加热到120～130°C，也就是油在花生周围轻微冒泡的程度。维持这个温度炸20分钟左右，油温千万不要过高。炸好之后的花生应该非常香脆，表面微微泛金黄色，有烧烤味。用漏勺将花生从油锅中捞出，充分沥油，铺在厨房用纸上彻底晾凉。

可以做花生碎。将放凉后的油酥花生铺在墩子上，用刀面或擀面杖碾碎。尽量把花生皮都挑拣干净，最后的花生碎可以配上菜肴或者面条，增添脆脆的口感。

Caramel Colouring

糖色

如果有菜肴需要浓郁深邃的颜色来增添其吸引力，中餐厨师通常会用传统的糖色（跟西餐浇肉汁是一个道理），也可以用老抽上色，但比起糖色，颜色略深，也没那么有光泽，所以大部分厨师都更倾向于糖色，而且卤菜当中用得最多。卤菜品种多种多样，都是泡在香料丰富的卤汁中煮了之后，作为开胃冷盘上桌的。

炒糖色的时候，时间把握至关重要：太早停止上色，就达不到想要的效果；离火太晚，又会烧煳变苦。在"烹专"，我们用白糖炒糖色；但我偶遇过一位卤菜专家，说她认为最好的配方是大块冰糖和白糖混合使用。这个菜谱是遵循她的建议来写的。如果愿意的话，你可以直接用100克白糖代替我给出的混合糖。

大块冰糖　50克

食用油　2大匙

细砂糖　50克

准备100毫升热水放在罐子里

大块冰糖和食用油放在锅中，加2大匙凉水，开很小的火，不停搅拌到大块冰糖完全融化（需要的话可以多加一点水）。加入细砂糖，继续搅拌到融化。在完全融化之前糖可能会结块，这是正常现象。

两种糖都融化后，开大火，不断搅拌，糖的颜色会慢慢变深，然后起白色浮沫。密切注视焦糖的变化，直到浮沫不再是白色，而且泡泡很大，变得透明起来（此时的焦糖味会很明显）。迅速将备用的热水倒进去，站远一点，免得被蒸汽烫伤，然后搅匀。

关火，让糖色慢慢降温，然后储存在瓶子中，需要时取用。

Sweet Aromatic Soy Sauce

复制酱油

复制酱油又称"红酱油"，是四川厨房中神奇的美味调料之一。在著名的钟水饺和甜水面等街头小吃里，复制酱油是必不可少的调料，当然也用在荤素凉菜的调味中。做法不难，就把生抽加香料和糖炖煮到散发甜味和香味，黏稠如糖浆即可。其实没有固定的公式，每个厨师都有自己的偏好，比如加什么调料、加多少、糖量甜度的控制等（有些厨师会把干香菇秆放进去一起炖煮，风味更佳）。我的建议是，你可以使用八角、桂皮（或肉桂）、茴香和花椒作为必不可少的香料，然后根据自己的喜好自由发挥。你可以直接把香料加到生抽里，之后再过滤出来，不过最省事儿的做法是用棉布把香料都包起来。煮得咕嘟咕嘟冒泡时，你的厨房里会弥漫着叫人神魂颠倒的香味。

菜谱中的用量大约能做 375 毫升的复制酱油，可以保存很久。

小个草果　1

八角　1 个

甘草根　1 片

桂皮　1 片（或 ½ 根肉桂）

砂姜　1 片

香叶　1 片

小茴香　1 小匙

花椒　½ 小匙

生抽　500 毫升

细砂糖　175 克

红糖　100 克

用刀面或擀面杖轻轻把草果劈开。要追求最好效果，用一小块棉布包住所有香料。

把香料和生抽放进小锅，烧开。然后把火关到最小，保持微沸状态，煮 30 分钟，让香料的味道慢慢渗透到液体中。

把香料包捞出来扔掉（没有把香料包起来的话，就用细目筛把液体过滤出来）。加入细砂糖和红糖，搅拌使其融化。再次烧开后关火放凉，倒进瓶罐中放阴凉处保存。

Fermented Glutinous Rice Wine

醪糟

这种带着酒味的甜味液体可以用于腌制码料、“ 糟醉 ” 之类的菜肴和一些甜味羹汤中。做法是将熟糯米和酒曲混合，放在温暖的地方发酵几天。酒曲中的霉菌、酵母和菌中会将糯米的淀粉分解成美味的糖、酒和乳酸，所以成品是清澈的液体中沉淀了半溶解的泥状米粒。醪糟液可以单独用，也可以和沉淀的糯米混合使用。四川的醪糟通常是小手工业者生产的，他们会用大大的陶土坛子来进行发酵，直接搬到市场上卖。很多中国超市都有醪糟出售，但在家做也特别简单。在中国之外的地方，酒曲在中国和越南商店都有卖。发酵好之后，可以存储在罐子里冷藏，能保存数月。

自制的醪糟可能会太酸或发霉，这就是做失败了，需要扔掉。为了避免这种情况发生，用于发酵的容器必须特别干净，你用来接触配料的东西也必须干净无油。还有一点很重要，必须要在温暖的地方发酵，和酸奶发酵一个道理。

长糯米　500 克

酒曲　1 个（10 克）

糯米在冷水中浸泡 4 小时或过夜，然后沥干水。

将烘焙纸剪成和蒸笼底一样的形状，稍微超出边缘几厘米，铺在蒸笼上，用串肉扦插一些小孔，然后把糯米倒进去，要铺得均匀。大火蒸 40 分钟至糯米变软。

蒸米的时候把酒曲球舂成粗粝的粉末。

糯米蒸好了就装进漏勺，用冷水冲洗，尽快降到微温的程度。把糯米的水分甩干，放在碗中。撒入大部分的酒曲（留下 1 ～ 2 小匙），混合均匀。（确保你加入酒曲时糯米只是微温。）

把米和酒曲的混合物放进干净的陶罐或碗中，在中间挖一个小洞，把剩下的酒曲撒进去。用干净的布或合适的盖子盖住容器。

放在温暖的地方发酵，直到能闻到香甜的酒味。时间视温度而定，通常需要几天（理想的温度是 30° C 左右）。容器底部会聚集有淡淡酒味的 “ 小水洼 ”，糯米会变得松软慵懒，但又没有完全散架。

此时用小锅将 150 毫升水烧开，然后盖上锅盖彻底晾凉。将发酵好的醪糟放进 1 升容量的罐子里，浇上晾凉的开水，冷藏，需要时取用。

Red Spicy Infused Oil

复制调和老油 1

很多重庆菜都是重油重辣，到了惊人的程度，比如毛血旺（见第166页），其中的美味秘诀就是提前用香料调和过的复制调和老油。如果不用这种复制调和老油来做这样的菜，味道就会平平无奇，只让人感觉油腻；用了这种油，就会拥有名副其实、令人上瘾的美味。

下面这个菜谱中运用了豆瓣酱为调和老油上色，参考了一本介绍重庆川菜的书，做了一点简化。如果需要用这种油，至少要提前几天做，留出时间让味道融合。

如果你特别喜欢重庆辣菜，那可以多做一点，储存在罐子里，随时取用。

姜（带皮） 20克

葱（只要葱白） 2根

小个红葱头 1个

菜籽油 400毫升

八角 2瓣

大拇指指甲盖儿大的桂皮 1块

草果（碾裂） 2个

香叶 1片

茴香籽 1大撮

豆瓣酱 5大匙

海椒面 2大匙

用刀面或擀面杖轻轻拍松姜和葱白。红葱头去皮切薄片。菜籽油倒入锅中，加热至180～200°C。加入姜、葱白和红葱头，搅拌到出香味，变成浅棕色。加入八角、桂皮、草果、香叶和茴香籽，稍微搅拌一下出香味。关火，让油冷却到120～130°C，加入豆瓣酱，油应该微微冒泡。开中火，翻炒豆瓣酱，到颜色红亮，香味四溢。关火，加入海椒面搅拌，然后倒进耐热的容器。放在阴凉的地方让味道融合24～48小时后再把油过滤出来，固体配料扔掉即可。

Red Spicy Infused Oil

复制调和老油 2

这种油没有颜色，但非常香，可用于著名的水煮鱼（见第219页）和类似的藤椒鱼（见第232页）。至少提前一天做，好让味道充分融合。做好以后储存在瓶罐中，需要时取用。

葱 6根

姜（不去皮） 75克

小个洋葱 1个（约150克）

食用油或猪油、鸡油、菜籽油 500毫升

八角 2个

香菜秆 1大把

用刀面或擀面杖轻轻把葱拍松，然后切段。姜切片。洋葱去掉表面后切片。锅中放油，加热至180～200°C。加入葱、姜和洋葱，搅拌5分钟左右，直到出香味，变成浅棕色。加入八角和香菜秆，关小火炸30分钟，不停搅拌。舀入耐热容器，放在阴凉处让味道融合24～48小时后再把油过滤出来，固体配料扔掉即可。

Lard

猪油

传统川菜烹饪中常用的油有猪油和菜籽油。猪油在乡村烹饪中尤其常用，其鲜香的风味备受推崇。现在很多厨师都爱用猪油和菜籽油的混合油。超市里可以买到猪油，但我觉得还是自制的或从肉铺里买的那种风味更纯粹一些。

做猪油最好是用板油，即猪内脏周围的脂肪，但背上或腹部的脂肪也可以。提前找一家肉铺预订即可。如果猪油里不含肉等其他杂质，放冰箱冷藏甚至室温放置是一点问题都没有的。

板油、猪背部或腹部脂肪　2 公斤（可能的话直接买剁碎的）

烤箱预热 120° C。

如果脂肪没有剁碎，即先切成 2 厘米长的条，再切成 2 厘米见方的油块。放在能入烤箱的容器中，加 50 毫升水。不加盖，直接把容器放进烤箱，低温烘烤 4 小时，每 30 分钟拿出来搅拌一下。一开始会发出软软湿湿的冒泡声，之后会轻轻地“嘶嘶”作响，脂肪释放出淡金色的液体。最后，脂肪会变脆，呈现蜜色（脆油渣的用处见“注意”）。

将熔化的猪油过筛，倒入杀过菌的密封罐，如冰箱冷藏或者放凉后倒入密封袋冷藏。

注意

做猪油会剩下酥脆金黄的油渣，可以放入面汤或用于炒菜，非常美味。比如第 278 页油渣莲白里的油渣也可以替换为这个。我认识一个叫刘绍坤的餐馆老板，他有道拿手的蒜苗回锅肉，去掉了常用的猪肉片，只用油渣，他说那是属于自己童年的川菜记忆。蒜苗味重，能解油渣的腻；调味用的豆瓣酱和豆豉又增加了令人陶醉的风味。

Chicken Oil

鸡油

炒菜的时候加鸡油，成品会更有光泽，味道也更浓郁、更丰富。通常是在炒绿叶菜快起锅时加上少量的鸡油；也可以加入面或做好的菜里。

自制鸡油很简单，就是熬好鸡汤，鸡汤凉透之后表面上会结一层黄色的脂肪，把这层脂肪捞出来就是鸡油了。

如果你想多保存几天，那就放进锅里加热一下，让水分蒸发殆尽，然后放凉任其凝固。储存在阴凉地或冷藏。

Everyday Stock

鲜汤

川菜鲜汤的常用配料是鸡骨和猪骨。鸡骨最好选择那种风味很足的老母鸡。骨头连着肉，在开水中焯一下，洗去杂质，去除浮沫，加一点压开的葱姜提味，然后至少炖上两三个小时，让骨肉的精华最大限度地融入汤汁中。同样的办法还可以用来做鸡汤。

平时在家里为了省钱，我熬汤不用整鸡而是用鸡架。我在伦敦认识一个很棒的肉铺老板，所以鸡架和猪排骨都是从他那里买，如果想熬得更浓，还要加上一些单独买的鸡翅。原料的用量没那么重要，但如果肉多水少，汤自然会浓一些。如果你有高压锅，那这个汤30分钟内就做好了。我通常一次会做很多，然后分成小份冷冻。

鸡架和鸡翅

猪排等骨头

姜（带皮） 20克

葱（只要葱白） 2根

鸡和猪肉放在汤锅中，倒凉水浸没，大火烧开。要达到最好的效果，烧开后要将骨肉用漏勺捞出，在冷水下冲洗，然后把锅完全洗干净，再把材料放进去，倒新的水浸没，再次烧开。不过，如果想节省时间，你直接把表面的浮沫尽量撇去即可。

用刀面或擀面杖轻轻拍松姜和葱白，放入锅中，然后关小火炖煮2～3小时。（用高压锅的话就高压30分钟，留出时间让压力自然释放。）

过滤汤水（骨肉和香料都扔掉），如果不是立刻就用，那就彻底放凉再进行存储。鲜汤可以冷藏几天或冷冻数月。

美味变奏

鸡汤

按上述步骤操作，但只用鸡架和鸡翅；如果要做鸡高汤，可以用整鸡（最好找老母鸡）。

蔬菜鲜汤

中餐中的蔬菜鲜汤通常是用水熬煮各种菌类（包括秆）、竹笋和豆芽而成。豆芽在中国很常见，在西方却很难找，所以你可以自己发豆芽。你也可以做用于汤面的快手素鲜汤，直接往热水里加生抽和一点香油即可。你还可以用西方常见的素汤块或高汤粉来调制烹饪中餐的鲜汤，不过，这些东西通常都很咸，所以你需要根据情况调整其他咸味调料的用量。

Clear Superior Stock

高汤

高级川菜宴席中有一道经典的“开水白菜”，真是高级的厨界小玩笑。整道菜看上去就像小颗的白菜躺在一碗开水中，但其实是非常奢侈的一道菜。剥得完美的白菜心浸润在汤色清澈而奢侈的高汤中，汤是用鸡肉、鸭肉和火腿熬制的。高汤还有个名字叫“清汤”，两种都是四川叫法；而粤菜中则称之为“上汤”。

川菜高汤的配料通常是老母鸡、老鸭子、猪排骨和一块上好的火腿，再加一点葱和姜，有时候还要加料酒来去腥，并让风味更细腻醇厚。一大锅的汤需要炖煮数个小时，好让汤汁吸收配料的精华。最后，加入肉泥，肉泥上升到表面，吸收杂质浮沫，汤就清了。先加的肉泥是用瘦猪肉做的红肉，然后是用鸡胸做的白肉。每个大厨都有个人特色浓厚的高汤，中国有句老话：“厨师的汤，唱戏的腔。”高汤即是厨师自我艺术风格的表达。

鲜汤（见前页）就已经够美味的了，适用于很多菜肴；但如果是重大场合，高汤能让你的菜风味更为悠远。根据炖煮时间，这个菜谱可以熬出 2.5～3 升的高汤，所以你需要一口大汤锅。

土鸡　半只（约 750 克）

鸭腿　2 只（约 450 克）

猪排骨　350 克

西班牙火腿或中国火腿（整块）　75 克

姜（带皮）　20 克

葱　2 根

烧开一大锅水，分别加入鸡肉、鸭腿、猪排骨和火腿进行焯水，每次都重新把水烧开，让杂质形成表面浮沫并撇去。把这些配料分别用漏勺捞出，冷水冲洗。

把所有焯过水的配料放在汤锅中，倒 4.5 升凉水。大火烧开后撇去表面浮沫。用刀面或擀面杖轻轻拍松姜和葱，然后加入锅中。关小火，不加盖，炖煮至少 3 小时（或者 5 小时，甚至可以熬更长时间。我认识一个厨师，高汤一熬就是 10 小时）。汤汁的表面会有小小的沸腾声，不能沸腾太过，这样汤就不清了。

过滤汤汁，静置过夜待汤汁放凉（熬煮剩下的配料可以再熬，做个快手的淡味鲜汤，比如右页提到的奶汤），然后撇去表面上凝固的油脂。

冷藏可储存几天，冷冻可储存数月。

Milky Stock

奶汤

奶汤之“奶”，是因为汤汁在长时间的沸腾中吸收了配料中的蛋白质，变成不透明的奶白色。奶汤喝到嘴里，舌尖会有丝滑之感，因为很多胶原蛋白都融化在其中，真是抚慰唇舌。在宴席烹饪中，奶汤可以为蔬菜增加浓郁的风味，也可以为鱼肚这种本身白味的珍馐锦上添花。家常烹饪中，可以把食材切片或切丝（豆腐和白菜搭配起来特别棒），放入奶汤，做成精彩的汤菜，调味只需要加盐和白胡椒面，表面撒一点葱花，让颜色更好看。

奶汤的原料是鸡肉和鸭肉，但还要加入猪肘、骨髓或猪肚等额外的配料。熬制奶汤的关键是控制火候：熬清汤需要开很小的火，而奶汤的火则需要开大一点（鱼汤也是一种奶汤，做鱼汤的时候要全程保持大火，不能小火熬，否则汤色不白）。大多数厨师都建议一开始就把全部的水加进去，让其自然蒸发。

奶汤还有经济快手的做法，只是没那么浓郁而已，把做高汤或鲜汤剩下的配料煮开即可。

按照本菜谱的量来熬汤需要准备一口大汤锅，最后能得到3升左右的奶汤。

土鸡　半只（约750克）

鸭腿　2只（约450克）

猪肘或猪脚　600克

姜（带皮）　20克

葱　2根

烧开一大锅水，分别加入鸡肉、鸭腿、猪肘或猪脚进行焯水，每次都重新把水烧开，让杂质形成表面浮沫并撇去。把这些配料分别用漏勺捞出，冷水冲洗。

把所有焯过水的配料放在汤锅中，倒6升凉水。大火烧开后撇去表面浮沫。用刀面或擀面杖轻轻拍松姜和葱，然后加入锅中。

盖上锅盖中火煮3小时，直到汤变成奶白色。要一直保持滚开的状态，但火也不用开到最大。我的个人经验是中火即可。

过滤汤汁，冷藏可储存几天，冷冻可储存数月。

美味变奏

快手奶汤

这个做法来自已经隐退江湖的北京厨师杜广北。将熬鲜汤或高汤剩下的鸡架、猪排等放入大锅中，倒冷水覆盖，大火烧开，然后持续中火到大火熬制20分钟，直到汤汁呈现奶白色。过滤汤汁，冷藏可储存几天，冷冻可储存数月。

成都青羊宫的香火。

Sauces and dips

酱料与蘸水

下面简要列出川菜中的一些酱料与蘸水，主要是方便参考，同时也提供一些可能的用法。

红油酱（'Red-oil' sauce）将 4 小匙细砂糖、3 大匙生抽和 4 大匙冷鸡汤混合搅拌，让细砂糖融化，加入 1 小匙香油和 4 大匙红油（加不加下面的辣椒均可）。用途：凉拌肉和下水。

麻辣酱（Numbing-and-hot sauce）将 3 大匙生抽、1 大匙细砂糖和 4 大匙冷鸡汤混合搅拌，让白砂糖融化，加入 ¼ ～ ½ 小匙的花椒面（或 1 ～ 1½ 小匙花椒油）、1 小匙香油和 3 大匙红油（加不加下面的辣椒均可）。用途：凉拌肉和下水。

红油蘸水（Chilli oil dip）小碗中混合 1 大匙红油加 2 大匙下面的辣椒、3 大匙生抽、½ 小匙蒜泥、1 大匙姜末、约 ¼ 小匙花椒（按照口味增减）和 1 大匙葱花。用途：凉拌肉和下水。

蒜泥酱（Garlicky sauce）小碗中混合 3 大匙复制酱油（见第 453 页）、1 大匙凉水、2 ～ 3 大匙蒜泥、1 小匙香油和 2 大匙红油（加不加下面的辣椒均可）。用途：凉拌肉和菜（比如黄瓜、鲜蚕豆和鱼腥草等）。

快手蒜泥酱（Quick 'garlic paste' sauce）碗中混合 3 大匙生抽、1 大匙细砂糖、2 大匙蒜泥、1 小匙香油和 2 大匙红油（加不加下面的辣椒均可）。用途：凉拌肉和菜（比如黄瓜、新鲜蚕豆、鱼腥草等）。

糍粑辣椒蘸水（Pounded ciba chilli dip）10 个干辣椒去尾，将辣椒籽尽量甩光，切成 2 厘米长的段，放在耐热小碗中，倒入热水浸泡 5 分钟。辣椒沥水，放在臼中，加入 6 瓣剥过皮的蒜。舂成糊状，倒入 3 大匙复制酱油和 1 大匙凉水。愿意的话可以加一点花椒面。用途：凉拌肉和下水。

油淋糍粑辣椒蘸水（Ciba chilli dip with hot oil）10 个干辣椒一切两半，或者切成 2 厘米长的段，放在耐热小碗中，加 1½ 小匙青花椒或红花椒。倒入热水浸泡 5 分钟。配料沥水，放在臼中，加 ¼ 小匙的盐，舂成糊状（浸泡过的干辣椒舂成这样，就是糍粑辣椒）。将 3 大匙食用油加热到高温，滴在海椒上要发出剧烈的“嘶嘶”声。将热油浇在辣椒糊上搅拌。最后加入 3 大匙生抽和 3 大匙薄荷碎（没有薄荷就加葱花）搅拌均匀。用途：配新鲜豆花。

豆豉拌豆瓣酱（Chilli bean paste and black bean sauce）3 大匙豆豉清洗后充分沥干，然后舂成粗粗的糊状。4 大匙食用油中火加热，再加 3 大匙豆瓣酱翻炒到油色红亮，香味四溢。加入豆豉糊搅拌到出香味。离火后加入 ¼ ～ ½ 小匙花椒面和 2 大匙红油搅拌均匀。用途：拌凉粉，下饭或拌面也非常美味。

豆瓣酱蘸水（Chilli bean paste dip）1½ 大匙食用油入锅，中火加热，加入 4 大匙豆瓣酱翻炒到油色红亮，香味四溢，倒入小碗中。放凉后加入 ½ 小匙老抽和 2 小匙香油搅拌。用途：配牛尾汤。

红油蘸水（Chilli oil dip）小碗中混合 3 大匙红油或生菜籽油，再加 3 大匙红油下面的辣椒。倒入 3 大匙生抽或盐（根据口味增减）搅拌均匀，再加 3 大匙葱花。可能的话，最好加几滴木姜子油（这是贵州的特产，在与贵州毗邻的川南地区也很常见）。

海椒面蘸水（Ground chilli dip）2 大匙海椒面、½ 小匙花椒面、2 大匙葱花、3 大匙生抽和 1 ～ 2 大匙生菜籽油混合。

怪味酱（'Strange flavour'sauce）小碗中放 2 大匙芝麻酱，倒一点油和 2 大匙左右的凉水，稀释到稀奶油的黏稠度。另外找个碗，混合 ½ 小匙盐、1½ 小匙细砂糖、2 大匙生抽和 1½ 小匙镇江醋，搅拌至糖和盐融化。加入稀释过的芝麻酱、¼ ～ ½ 小匙花椒面（或 1 ～ 2 小匙花椒油）、2 小匙香油和 4 大匙红油加 1 ～ 2 大匙下面的辣椒。用于：凉拌鸡，凉面。

凉拌用鱼香酱（Fish-fragrant sauce for cold dishes）将 2 小匙细砂糖、2 小匙镇江醋、1 大匙生抽和 2 大匙冷高汤或清水放在碗中，搅拌到糖融化。锅中小火加热 4 大匙油，加入 4 大匙三巴酱（或者去籽后细细剁碎的四川泡椒末），轻轻翻炒到油色红亮，香味四溢，然后加入碗中搅拌，再加入 1 大匙很细的姜末、1½ 大匙蒜泥、3 大匙葱花和 1 小匙香油混合均匀。用途：凉拌肉，油炸青豆。

椒麻酱（Sichuan pepper and spring onion sauce）倒一点温水没过 ½ 小匙的花椒，浸泡 20 分钟。50 克（一把）葱切成葱花，然后和沥干水的花椒一起摆在墩子上，加一撮盐，剁极细腻的程度，装入碗中，倒入 6 大匙冷鸡汤、2 大匙生抽和 2 小匙香油。用途：凉拌肉和下水以及鲜核桃。

重庆椒麻酱（Chongqing sauce with bird's eye chillies）100 毫升鸡汤（冷热均可）和 2 大匙生抽、½ 小匙盐、2 个切碎的小米辣（红绿均可）、1 ～ 1½ 小匙青花椒油、1½ 大匙生菜籽油和 1 小匙香油混合。用途：凉拌鸡。

鲜椒蘸水（Fresh chilli dip）小碗中混合 3 大匙生抽、1 ～ 2 大匙切碎的朝天椒、1 大匙蒜泥、½ 小匙姜末、2 大匙生菜籽油和 ¼ 小匙左右的花椒面（根据口味增减）。用途：凉拌肉和下水。

烧椒酱（Scorched green pepper sauce）将 200 克长青椒炭烤到柔软起皱，表面变成棕色（但不要烤煳了）；也可以在 200° C 的烤箱中烤 20 分钟到变软，颜色变深。去掉尾部，然后尽量把黑色的皮都撕掉。把长青椒细细地剁或磨成糊状，放入碗中。2 ～ 3 瓣蒜碾成蒜泥后也放入碗中，再加 4 大匙生菜籽油和 ½ 小匙左右的盐（根据口味增减）。愿意的话还可以加一个咸鸭蛋进去（去壳后清洗，切碎）。用途：蒸茄子，豆花蘸水。

姜汁酱（Ginger sauce）小碗中混合 1½ 大匙切得极细的姜末、1 大匙镇江醋、¾ 小匙盐、1½ 大匙冷高汤或清水，还有 1½ 小匙香油。用途：凉拌肉和菜。

THE 23 FLAVOURS OF SICHUAN

23种川菜调味

下面介绍一下23种官方的复合调味，这是川菜烹饪的核心标准。前4种是最著名的川味，接下来的7种也有很浓郁的地方特色。剩下那些则和中餐的其他菜系有很大融合。值得一提的是，23种味道中，只有10种用到了辣椒和花椒，所以请记住，真正的川菜不是简单的麻或辣，重点是丰富博大的味之调和。

记住，这些复合味只不过是个参考，川菜厨师的调味可没这么教条，非常灵活，也非常有创意。很多名菜都融合了不止一个味道。比如宫保鸡丁就把煳辣味和荔枝味结合在一起；麻婆豆腐就是家常味和麻辣味的共同结晶。我在这个部分的结尾也补充了一些其他的复合味，是过去几十年来川菜厨师们的创造成果。

1. 家常味 home-style flavour

这是川菜独有的调味，是家的味道，咸鲜微辣，抚慰人心。使用的调味料很有四川特色，豆瓣酱、豆豉、盐和生抽。有时也会加点泡椒和甜面酱；有的厨师还会加点糖或醋提味。例如：回锅肉（第128页），家常豆腐（第246页），太白鸡（第181页），烂肉西芹（第296页）。

2. 鱼香味 fish-fragrant flavour

源于四川的著名调味，主要的调料常用于传统的鱼肉烹饪中，还有人认为正是这些调味料的结合催生了那股子鱼香。主味是咸、甜、酸、辣的结合，葱姜蒜的味道也很浓。主要调料是泡椒（可以是整个的泡椒，也可以是豆瓣酱，能赋予鱼香味的菜独特的橙红色）。

如果是在真正有鱼的菜肴中采取这种调味方法，偏偏就不会叫"鱼香××"了。例如：鱼香鸡丝（第68页），鱼香肉丝（第141页），鱼香茄子（第262页）。

3. 怪味 strange flavour

这也是川菜独有的调味，咸、甜、麻、辣、酸、鲜、香达到和谐统一。没有任何一种味道能盖住另一种的风头，它们互相融合，相辅相成，每一种都很明确突出。调料通常有盐、生抽、红油、花椒、芝麻酱、糖、醋、芝麻和香油，有时候还会加葱姜蒜。例如：怪味棒棒鸡（第66页），怪味花仁（第119页）。

4. 麻辣味 numbing-and-hot flavour

这是在大家眼中最有四川特色的调味，在重庆那些亲切的渔家菜中特别常见。其中的辣椒和花椒堪称美味的"绝代双骄"，再加盐、糖、香油提味，偶尔还会加点五香粉。各个地方的辣度都不一样：重庆人嗜麻辣到了令人无法想象的地步，据说是因为极重的麻辣能抵御这座城市那种令人窒息的湿热气候。例如：麻辣牛肉干（第116页），麻婆豆腐（第241页），水煮牛肉（第157页），麻辣火锅（第403页）。

5. 红油味 red-oil flavour

红油味是把宝石红的红油、生抽和糖混合在一起，有时候会再加点香油，咸鲜香辣，余味回甜，特别美味，主要用于凉拌菜。例如：凉拌鸡（第64页），红油耳丝（第110页）。

6. 蒜泥味 garlic paste flavour

蒜泥、红油和香油融合，再加入和香料与红糖一起熬制得浓稠芳香的复制酱油，实在美味至极。微辣的蒜泥酱用在凉菜、素菜、面和饺子当中，在上桌前添加即可。例如：蒜泥白肉（第81页），蒜泥黄瓜（第102页），甜水面（第352页），钟水饺（第371页）。

7. 煳辣味 scorched chilli flavour

顾名思义，调制煳辣味，要把干辣椒进行油煎，直到香脆且颜色开始变深；接着加入食材，在吸收了干辣椒精华的油中翻炒。煎干辣椒的同时经常也加加入花椒。要达到最佳效果，先往热油里加干辣椒，几秒之后再加花椒，因为花椒出香味的用时比辣椒要短那么一点点。生抽、醋、糖、姜、葱和蒜也可以加。做煳辣味的菜，最关键的技巧就是掌控火候：油的温度要刚好，可以让干辣椒“煳”，但不能“焦”。要达到这种效果，就要趁油热得冒烟之前把干辣椒扔进去，然后继续加热油锅，直到“嘶嘶”作响，这样就没有辣椒立刻被烧焦的风险，可以有所掌控。例如：炝空心菜（第267页），炝炒藕丁（第272页），炝黄瓜（第104页）。

8. 陈皮味 tangerine peel flavour

干陈皮为这种味道赋予独到之处，不过也总是伴随着花椒和辣椒赋予的麻辣味，可能还有一点回甜。但凡是川菜厨师，都会注意不要加太多陈皮，不然菜会发苦。这种调味通常出现在凉菜和禽类菜肴中，比如陈皮牛肉。

9. 椒麻味 Sichuan pepper flavour

这是一种很有特色的调味，调制方法也很特别，是把生花椒和葱、盐一起切碎之后，加一点盐、生抽和香油。花椒赋予这种调味令人惊叹的酥麻之感。如果你的花椒不新鲜，没有那种四溢的香味，就不要尝试调制这种味道了。椒麻味通常用于凉菜、禽类菜肴和下水，还有一些时令菜，比如椒麻鲜核桃。例如：椒麻鸡片（第67页）。

10. 椒盐味 Sichuan pepper and salt flavour

椒盐味很简单，就是熟花椒面加盐，可以用在干蘸碟中，配油炸食物或烤蔬菜，也可以配糕点，甜咸均可。最好是在快要用的时候才进行花椒炒制与磨粉，花椒面保存太久香味就散了。例如：椒盐茄饼（第265页）。

11. 酸辣味 sour-and-hot flavour

这种味道有好几种衍生版，是非常经典的调味，在中国北部的烹调中也有应用。酸辣味将醇厚的中国香醋和细微的白胡椒味道结合起来，底味是咸味。四川人通常会用辣椒或红油来代替白胡椒（或者两者都加）；用泡菜与酸菜来代替醋（或者都加）。很多美食专家都会强调，这种调味的关键在于酸，而辣味是辅助。例如：酸辣豆花汤（第320页），酸辣菠菜（第75页），酸辣粉（第362页）。

12. 酱香味 fragrant fermented sauce flavour

酱香味的底料是发酵后让人上头的甜面酱，再略带一点咸和甜。例如：京酱肉丝（第138页），酱烧豆腐（第248页）。

13. 五香味 five-spice flavour

五香味，顾名思义，一定很有多种香料（数量不一定非要是五种），有的香料直接用完整的，有的要进行研磨。五香味的菜肴有肉类、下水、禽蛋类和豆腐，做的时候可能会在有着浓郁香味（有时候会带点辣味）的卤水中熬煮，然后晾凉上桌，通常会配上一碟花椒面或海椒面（比如卤鸡心，第96页）；也可能会在加了香料的汤水中熬煮后收汁，伴着浓稠的酱料上桌；或者和腌料一起蒸制（比如香酥全鸭，第201页）。使用的香料可以自行变化发挥，但通常都会有八角、桂皮和花椒。

14. 甜香味 sweet-fragrant flavour

这种调味属于甜辣菜，菜肴的烹饪手法则不拘一格。其中的甜味来源于白糖或冰糖，有时候会加新鲜的果汁或果脯。例如：八宝黑米粥（第334页），银耳羹（第443页）。

15. 香糟味 fragrant-boozy flavour

香糟味的主要原料就是醪糟（第454页），那种美妙轻柔的酒味令人陶醉，可能还会另外加一点盐、糖、香油和香料。这种调味通常应用于肉、禽类和白果、竹笋等食材。例如：香糟鸡条（第71页）。

16. 烟香味 smoked flavour

看名字你应该想象得出，这种调味来自用木屑或香叶熏制腊肉或禽类时缭绕的烟雾；熏制材料还有竹叶、松针、稻草、花生壳等。川南还会把竹笋熏制后晾干，用来炖牛肉超级美味。例如：樟茶鸭子（第114页），腊肉（第420页）。

17. 咸鲜味 salt-savoury flavour

这种调味非常简单，可以充分突出食材原有的鲜香自然。底料就是盐，再加高汤（或味精），形成圆满融合的鲜味。可能适当加点糖、生抽和香油，但不能盖过食材的原味。热菜和凉菜均有咸鲜味。例如：白油肝片（第151页），盐水青豆（第73页），鸡豆花（第199页）。

18. 荔枝味 lychee flavour

调制这种味型其实用不到荔枝，这只是一种酸甜味，酸味比甜味稍微突出一些，很像荔枝的味道。酸甜之外，通常还有微微的咸味打底。一些美食专家还要进行细分，比如宫保鸡丁是“小荔枝味”，稍微淡一些；而锅巴肉片是“大荔枝味”，比较重一些。例如：锅巴肉片（第135页），宫保鸡丁（第178页）。

19. 糖醋味 sweet-and-sour flavour

这其实是中餐中经典的调味，而四川人有自己的版本。通常糖和醋在其中起到主要的作用，盐来做底料。如果是做糖醋味的热菜，也可以加姜、蒜和葱调味。例如：珊瑚雪莲（第77页），凉拌三丝（第88页），糖醋里脊（第142页），糖醋脆皮鱼（第227页）。

20. 姜汁味 ginger juice flavour

鲜姜、盐和醋赋予这种调味独特的风味和芳香，里面也会加生抽（或盐）和香油。姜汁味会用于一些凉菜和绿叶菜中，偶尔会用来给热菜调味。例如：姜汁豇豆（第78页）。

21. 麻酱味 sesame paste flavour

这也是用于凉拌的调味，用炒熟芝麻、香油、盐、高汤（或水）混合调制，有时候会加生抽或（和）糖。有些厨师还会加一点红油。用于下水和某些蔬菜中。例如：麻酱凤尾（第98页）。

22. 芥末味 mustard flavour

这是凉拌菜中常常出现的调味，底味是咸鲜味，但要加一点醋和辣芥末，赋予微妙的酸味和劲爆的辣味。例如：芥末凉拌三丝（第88页）。

23. 咸甜味 salt-sweet flavour

这是咸鲜味和甜味的结合，根据调料用量不同，来给一些热的肉菜和禽类菜肴进行调味。通常会再加料酒和胡椒，可能还有别的香料。例如：板栗烧鸡（第184页）。

还有些复合调味并未出现在20世纪90年代中期的正规厨艺教材中，但那之后逐渐广受欢迎，其中包括果汁味（fruit juice flavour）、茄汁味（tomato sauce flavour）、香辣味（fragrant-and-hot flavour）、泡椒味（pickled chilli flavour）、剁椒味（chopped salted chilli flavour）。最后这个应该归为湘菜调味，主要调料是湖南人喜欢的剁辣椒。

THE 56 COOKING METHODS OF SICHUAN

56种烹饪技法

下面是1998年“川菜烹饪大全”中列出的官方川菜烹饪56法。

1. 炒（stir-frying）即在锅中翻炒食物，通常以油作为导热媒介，即油炒，但也有盐炒，甚至砂炒。

2. 生炒（raw-frying）和上述一样是翻炒食物，主料入锅时是生的。例如：生爆盐煎肉（第150页）。

3. 熟炒（cooked-frying）也是翻炒食物，主料如果时是已经煮熟的。例如：回锅肉（第128页）。

4. 小炒（small-frying）简单快手的炒菜，主料、铺料和调料先后下锅，一次做成，不用对任何食材进行提前过油或焯水。这是家常菜中常用的方法，川南人尤其喜欢这样做。小炒的一个变种在自贡很常见，就是小煎。例如：宫保鸡丁（第178页），炒鸡杂（第195页），自贡小煎鸡（第180页）。

5. 软炒（soft-frying）蚕豆或鸡胸一类的食材被打成浆，和水、鸡蛋与芡粉混合，大火翻炒。

6. 爆（‘explode’-frying）大火热油快炒。用于需要迅速烹制的下水，保持那种滑脆的口感。例如：火爆腰花（第153页）。

7. 熘（liu）是煎炒的一种，小片的食物先用油煎，或者蒸制后，再与锅中已经煮好的调料混合。可以把主料加入调料，也可以把调料浇在已经盛盘的食物上。

8. 鲜熘（fresh liu）熘的一种，将软软的鱼或禽类挂上稀稀的蛋白面糊，先在油温不高的热油中煎一下。接着沥掉多余的油，把调味料和别的食材加入锅中。鲜熘的菜能保证主料的柔嫩，也被称为“滑熘”（slippery liu），因为成品口感柔滑脆嫩。例如：醋熘鸡（第185页），宫保虾球（第230页）。

9. 炸熘（deep-fry liu）熘的一种，先把食材高温油炸，加入锅中调料，或装盘后浇上酱汁。例如：鱼香茄子（第262页），鱼香八块鸡（第196页）。

10. 干煸（dry-frying）锅中不放油或少放油，主料切成片加进去炒到半熟且出香味，然后再加油和调料。在实际操作中，很多厨师图省事会用更迅速的油炸代替干煸。例如：干煸四季豆（第270页），干煸茄子（第264页），干煸牛肉丝（第162页）。

11. 煎（pan-frying或shallow-frying）锅中放浅浅的油，开中火对食材进行油煎，一直到两面金黄。例如：番茄煎蛋汤（第304页），军屯锅魁（第389页）。

12. 锅贴（pot-sticking）食材放入平底锅，开小火，蒸炸结合。过程中不会移动食材，所以底部会变得金黄酥脆，但整体柔软多汁。例如：鸡汁锅贴（第378页）。

13. 炸（deep-frying）用大量的油对食材进行炸制，通常开大火，炸到外表酥脆。

14. 清炸（clear deep-frying）食材只在热油中大火炸到香脆，不会裹粉或面糊。例如：灯影苕片（第108页）。

15. 软炸（soft deep-frying）切成小片的食材裹上蛋清面糊进行油炸，先开小火，然后调大火候再炸一遍，这样食材可以做到外酥里嫩。例如：鱼香八块鸡（第196页）中炸鸡的方法。

16. 酥炸（crisp deep-frying）食材裹上面粉或面糊，或裹上某种外皮，在热油中稍微炸一下定型，然后把油进一步加热，将食材放入炸到金黄酥脆。例如：糖醋脆皮鱼（第227页）中炸鱼的方法。

17. 浸炸（soak deep-frying）食材冷油或温油下锅，慢慢地加温，直到食材炸熟。例如：油酥花仁（第118页）。

18. 油淋（oil-drenching）食材通常是提前烹制过的整只禽类，提在一锅热油上方，舀起热油浇上去，直到外表酥脆，且变成有光泽的深红色，但内里依旧软嫩。将烧开的热油倒在香料上的烹饪步骤也被称为“油淋”。

19. 炝（qiang）干辣椒和花椒在油中炒香后，再把蔬菜放进油中翻炒。例如：炝空心菜（第267页），炝炒藕丁（第272页）。

20. 烘（hong）用一点点油慢煎，先是中火，再关小火，直到食材（通常是蛋饼）外表香酥，内里蓬松（比如第393页的蛋烘糕）。

四川人也会用“烘”来形容在油中加入豆瓣酱等香料，炒热后再加主料和一点水或高汤，然后盖上锅盖，小火焖一会儿。注意后者不是正式的说法。

21. 氽（cuan）将食材切片或切丝，或者做成肉丸、鱼丸，在水中煮熟；或者是汤的原料之一，或者是较复杂菜肴的步骤之一。例如：清汤鸡圆（第314页）。

22. 烫（tang）将切成小块或小片的食材迅速过一下开水或热汤，到刚熟的程度。这通常是烹饪步骤之一。例如：麻辣火锅（第403页）。

23. 冲（chong）在油或水中烹制有流动性的糊状食材，煮熟并定型。例如：鸡豆花（第199页）。

24. 炖（simmering）在水中炖煮大块的食材或整只禽类，通常会加一点姜和葱，火要小，时间较长，成品非常酥烂，能够展现食材的原味。例如：清炖牛尾汤（第309页）。

25. 煮（boiling）在大量的水中将食材煮熟，有时是烹饪第一步，有时可以直接做个简单的蔬菜汤。例如：水煮南瓜（第311页）。

26. 烧（braising）这是中餐中用得最多最广的烹饪方法之一，就是在调味酱汁中加入食材，煮开后用中小火炖煮到食材柔软，汤汁收干，变得浓稠有光泽。起锅前可以加芡粉收汁。之前通常会用其他烹饪方法对主料进行处理。

27. 红烧（red-braising）全中国通用的烹饪方法，会加入老抽（有时是糖色），赋予一抹深红的菜色。四川的红烧菜要加豆瓣酱，红色要鲜亮很多。例如：红烧肉（第139页），红烧牛肉（第164页）。

28. 白烧（white-braising）烧的一种，不加会上色的调料，强调主料自然的淡色，通常用于鱼类、鸡肉或蔬菜。例如：白果炖鸡（第 322 页）。

29. 葱烧（spring onion braising）烧的一种，最开始先把葱放在油里煎，再加高汤和别的食材。成品有强烈的葱香。

30. 酱烧（braising with fermented sauce）先把少许甜面酱炒一炒，再加高汤和调料。主料通常要油炸后再加入锅中。例如：酱烧豆腐（第 248 页）。

31. 家常烧（home-style braising）这种方法的第一步，是先把豆瓣酱翻炒到油色红亮，香气四溢，再加入高汤和其他配料。关小火炖煮到食材吸收了酱汁浓郁的风味。例如：豆瓣鲜鱼（第 214 页），魔芋烧鸭（第 204 页）。

32. 生烧（raw braising）比较硬的食材和调料一起慢炖到软，最后开大火收汁。

33. 熟烧（cooked braising）比较快的烧制方法，用来烹饪较小块的食材。

34. 干烧（dry-braising）主料和调料用中火炖煮，直到液体几乎完全消失。不要加芡粉收汁。例如：干烧牛筋（第 169 页），干烧鲜鱼（第 222 页）。

35. 熝（du）这是一种川菜的民间烹饪方法，其实是“烧”的一种，取的是锅中调料“嘟嘟嘟”的声音命名。例如：麻婆豆腐（第 241 页）。

36. 软熝（soft du），也称为“软烧”（soft-braising）。和“熝”一样，但食材不会先炒过，而是直接加入炖煮的酱汁，或过一下温油。通常用于鱼类菜肴，例如：豆瓣鲜鱼（第 214 页）中的鱼也可以不经过油炸。

37. 烩（hui）和白烧类似，但烹饪时间比较短，成品汁水更多。用来烹饪两种或以上的主料，通常主料要切成丝，调味料颜色和味道都比较清淡。例如：山珍烩（第 293 页）。

38. 焖（smothering）将提前炒过的食材放在锅中，盖上锅盖，中小火炖煮。汤汁没有用其他方法炖煮的菜那么多，但要在一开始就加进去，而且不会明显减少。可以在起锅前勾芡。

39. 煨（wei）用高汤、调味料、糖色或生抽炖煮大块的食材，火要开到最小，直到食材煮熟且上色漂亮，汤汁大量减少。

40. 㸆（kao）也是炖煮的一种，比较硬的食材切成大块（比如熊掌或鱼翅这类已经吃不到的宴席珍馐），加高汤和调料，小火炖煮。

41. 蒸（steaming）例如：叶儿粑（第 383 页）。

41. 清蒸（clear steaming）淡味食材加淡色调料（姜、葱、盐、酒和高汤）一起蒸制。例如：绍子蒸蛋（第 207 页）。

43. 旱蒸（dry-steaming）食材通常被包裹在纸中，或者装在盖了盖的容器中，加了调料，但没有汤水。例如：甜烧白（第 434 页）。

44. 粉蒸（ricemeal steaming）肉类（或禽类）和蒸肉粉以及腌料混合蒸制。例如：小笼粉蒸牛肉（第 161 页）。

45. 烤（roasting）将肉类、禽类或鱼类架在火源上进行烤制。主料通常是完整的，有时候里面还会塞食材，或者用树叶、陶土等进行包裹。传统的烤猪就是这样做成的。

46. 挂炉烤（hanging-oven roasting）将禽类挂在封闭的炉子中烤制。北京烤鸭和四川烤鸭都使用类似的方法。

47. 明炉烤（endased-oven roasting）将肉类、禽类或鱼类放在炉架之类的工具上烤制。

48. 烤箱烤（oven roasting）放在封闭烤箱中烤制。

49. 糖粘（sugar crusting）将食材裹上调过味的糖浆。例如：怪味花仁（第119页）。

50. 炸收（deep-fry and receive）将油炸的食材在卤水中炖煮到吸收风味的精华。例如：麻辣牛肉干（第116页），冷吃兔（第112页）。

51. 卤（lu）将食材在卤水中炖煮。例如：夫妻肺片（第93页），卤鸡心（第96页）。

52. 拌（tossing）将生或熟的食材调味均匀，有点像沙拉。例如：蒜泥黄瓜（第102页）。还有一种相关的技法叫"干拌"（dry-tossing），用的调料都是干料。例如：干拌牛肉（第97页）。

53. 泡（pickling in brine）例如：四川泡菜（第416页）。

54. 渍（steeping）泡在调过味的液体中。例如：珊瑚雪莲（第77页）。

55. 糟醉（zao zui）泡在温和的酒卤中。

56. 冻（jellying 或 freezing）。

BIBLIOGRAPHY

中文资料

蔡名雄 . 四川花椒 . 台北：赛尚图文事业有限公司，2013

车辐 . 川菜杂谈 . 重庆：重庆出版社，1990

陈代富，叶永丰 . 成都风味小吃 . 北京：金盾出版社，1993

陈茂君 . 自贡盐帮菜 . 成都：四川科学技术出版社，2010

陈茂君，陈礼德 . 自贡盐帮菜经典菜谱 . 成都：四川科学技术出版社，2012

陈俞，李克家 . 火锅 . 重庆：重庆出版社，1988

成都市饮食公司川菜技术培训研究中心 . 四川菜谱 . 成都，1988

川味小吃编写组 . 川味小吃 . 成都：四川科学技术出版社，1991

杜莉 . 川菜文化概论 . 成都：四川大学出版社，2003

邓开荣 . 重庆风味火锅 . 重庆：重庆出版社，1997

傅崇矩 . 成都通览 . 成都：成都时代出版社，2005

郝振江 . 金牌川菜 . 南京：江苏凤凰科学技术出版社，2016

胡晓远 . 四川小吃 . 北京：中国轻工业出版社，2001

黄家明 . 四川泡菜 . 成都：四川人民出版社，1980

江玉祥 . 辣椒再考 . 四川烹饪高等专科学校学报，2012（6）

江玉祥 . 川味杂考 . 见：川菜文化研究 . 成都：四川大学出版社，2001

李化楠 . 醒园录 . 北京：中国商业出版社，1984

李乐清 . 四川火锅 . 北京：金盾出版社，1994

李树人等 . 川菜纵横谈 . 成都：成都时代出版社，2002

李廷芝 . 中国烹饪辞典 . 太原：山西科学技术出版社，2003

李一氓 . 中国烹饪百科全书 . 北京：中国大百科全书出版社，1992

刘建成等 . 大众川菜 . 成都：四川科学技术出版社，1984

刘学治 . 成都风味小吃 . 成都：四川辞书出版社，1993

刘自华 . 川菜烹调入门 . 北京：中国旅游出版社，1990

卢一，杜莉 . 中国川菜 . 成都：四川出版集团 / 四川科学技术出版社，2010

罗长松 . 家庭川菜 . 成都：四川科学技术出版社，1985

罗文 . 面点制作技术 . 见：四川小吃篇 . 成都：西南交通大学出版社，2012

彭子瑜 . 成都小吃 . 成都：电子科技大学出版社，1993

任百尊 . 中国食经 . 上海：上海文化出版社，1999

商业部饮食服务业管理局 . 四川名菜点 . 见：中国名菜谱 . 北京：中国财政经济出版社，1962

朱建总 . 重口味川菜 . 台北：赛尚图文事业有限公司，2015

朱建总 . 川味河鲜 . 台北：赛尚图文事业有限公司，2017

朱建总 . 经典川菜 . 台北：赛尚图文事业有限公司，2012

朱建总 . 就爱川味儿 . 台北：赛尚图文事业有限公司，2012

舒国重 . 经典四川小吃 . 北京：中国纺织出版社，2017

四川民俗学会 . 川菜文化研究 . 成都：四川大学出版社，2001

四川菜谱编写小组 . 四川菜谱 . 四川省蔬菜水产饮食服务公司，1977

四川烹饪专科学校《川菜烹饪技术》编写会 . 川菜烹调技术（上册，下册）. 成都：四川教育出版社，1987

四川烹饪专科学校《川菜烹饪技术》编写会 . 川点制作技术 . 成都：四川教育出版社，1987

四川人民出版社 . 川味小吃 . 成都：四川人民出版社，1981

四川省地方志编纂委员会 . 四川省志 . 北京：北京方志出版社，2016

四川省民俗学会，四川省名人协会 . 川菜文化研究 . 成都：四川大学出版社，2001

四川省民俗学会 . 川菜文化研究续编 . 成都：四川出版集团，2013

四川省蔬菜饮食服务公司 . 中国小吃（四川风味）. 北京：中国财政经济出版社，1987

宋伟涛 . 炊事良友 . 成都：四川科学技术出版社，1985

宋伟涛 . 川菜大师烹饪绝招 . 成都：四川科学技术出版社，1988

宋伟涛 . 四川菜谱 . 成都：四川科学技术出版社，1988

王子辉 . 中国饮食文化研究 . 西安：陕西人民出版社，1997

吴万里，张正雄 . 川味火锅 . 成都：四川科学技术出版社，1992

向东 . 百年川菜传奇 . 南昌：江西科学技术出版社，2013

萧帆 . 中国烹饪辞典 . 北京：中国商业出版社，1988
熊四智 . 四川名小吃 . 成都：四川科学技术出版社，1986
熊四智等 . 川菜烹调技术 . 成都：四川科学技术出版社，1987
熊四智等 . 四川特产风味指南 . 成都：四川人民出版社，1984
熊四智，杜莉 . 举箸醉杯思吾蜀 . 成都：四川人民出版社，2001
熊四智，李晓荣 . 正宗川菜 . 北京：中国旅游出版社，1990
熊四智，杜莉，高海薇 . 川食奥秘 . 成都：四川人民出版社，1993
渝菜标准编委会 . 渝菜标准 . 重庆：重庆大学出版社，2015
袁枚 . 随园食单 . 北京：中国商业出版社，1984
曾懿 . 中馈录 . 北京：中国商业出版社，1984
张富儒 . 川菜烹饪事典 . 重庆：重庆出版社，1985
张富儒 . 川菜赏析 . 成都：四川科学技术出版社，1987
张目 . 中国大菜系：川菜 . 济南：山东科学技术出版社，1997
中国名菜集锦编辑委员会 . 中国名菜集锦：四川 1. 台北：可爱出版社，1982
中国名菜集锦编辑委员会 . 中国名菜集锦：四川 2. 台北：可爱出版社，1982

英文资料

Administration of Quality and Technology Supervision of Sichuan Province, *Culinary Standard of Sichuan Cuisine*, 2011
Chang, K. C. (ed.), *Food in Chinese Culture*, Yale University Press, New Haven, 1977
Cost, Bruce, *Foods from the Far East*, Century, London, 1990
Davidson, Alan, *The Oxford Companion to Food*, Oxford University Press, Oxford, 1999
Delfs, Robert A., *The Good Food of Szechwan: Down-to-Earth Chinese Cooking*, Kodansha International Ltd., New York, 1974
McGee, Harold, *On Food and Cooking: An Encyclopaedia of Kitchen Science*, History and Culture, Hodder and Stoughton, London, 2004
Phipps, Catherine, *The Pressure Cooker Cookbook*, Ebury, London, 2012
Schrecker, Ellen, *Mrs Chiang's Szechwan Cookbook*, Harper & Row, New York, 1976
So, Yan-kit, *Classic Chinese Cookbook*, Dorling Kindersley, London, 1984
So, Yan-Kit, *Classic Food of China*, Macmillan, London, 1992
Zong Shi (ed.) *Selected Poems from the Tang Dynasty*, Beijing: Chinese Literature Press, 1999

我对川菜中辣椒和花椒的历史主要来源于四川大学江玉祥教授的研究成果。同时也深深感激格温纳尔 · 谢奈写了 *Les Maisons de Thé de Chengdu*（法国巴黎东方语言文化学院未出版手稿），也感谢伦敦东方与非洲研究院的弗朗西丝卡 · 塔罗科和我分享她关于佛家素食的研究成果。

ACKNOWLEDGEMENTS

致谢

这本书过了二十多年再出新版，我要感谢的人又多了很多，回忆以往的人和事，实在是很快乐。新版和旧版一样，最重要的“配料”就是我的中英两国朋友与老师们的慷慨无私。没有他们，这本书，甚至是我整个的中餐写作事业，都不可能存在。首先要感谢的是王旭东，《四川烹饪》杂志的退休编辑，我对他的感激无法用语言表达。将近二十年来，他一直给予我帮助和鼓励。他有着无限的善良、幽默和智慧，新版的每一页都有他的功劳。

大厨喻波和他优秀的妻子戴双也是我多年来的向导，让我开阔眼界，认识到川菜高级烹饪的博大精深，以及民间烹饪的伟大光辉。他们让我品尝了成百上千种珍馐佳肴，回答了我无数的问题。我也很感激来自喻波、戴双团队的友谊和帮助，包括黄文燕、官燎与何蓉。

玉芝兰的大厨兰桂均也非常慷慨且耐心地奉献了他的时间和专业知识。我每每惊叹他在烹饪方面高深的知识、无限的激情与哲学家般的认知。他为我的菜谱解决了无数的问题，让我无比感动。同时也感谢他的妻子和二厨——吕忠玉。

我对川菜中辣椒和花椒历史的认知，几乎全部来自四川大学江玉祥教授深入详尽的研究成果，他本人就是四川风俗文化知识的“活宝库”，也是充满智慧且幽默风趣的好朋友。我的老校友刘耀春和徐君和我一起成长，丰富了我的人生，两人现在都已经是川大教授。刘耀春和他的学生们帮我进行了很多资料搜寻和研究。作家兼摄影师赖武一直是我的好朋友和好同事，给我传授了很多成都生活与文化的常识。四川烹饪高等专科学校的杜莉老师和我有着长久深厚的友谊与同事情谊。邓红和花椒专家蔡明雄也对我给予了帮助。李树蓉就是我在成都的亲姨，做美味的饭菜给我吃，一路扶持我，鼓励我。设计师袁龙军是川菜的狂热爱好者和推广人，近几年也给予了我慷慨的帮助。一开始吸引我到成都的，是四川音乐学院二胡演奏家周钰的动听音乐，他和他的妻子陶萍是我在成都最早交到的朋友。

我深感幸运，能够得到全四川很多厨师、饮食专家和爱好者的支持帮助。要特别感谢成都的刘德耀、李仁光、李琦、张国彬和温星；“火爆之都”重庆的王斌，易法明和李亲水是我最棒的同伴，还要感谢王斌的盛情款待。感谢（成都）郫县绍丰和豆瓣的陈述承和陈伟，帮助我了解了他们复杂精妙的自家发明：豆瓣酱。感谢泸州的罗军、退休的李厨师和他的儿子李进，他们都带我探询了当地美食和饮食文化。感谢乐山的杨霞和杨哥，他们做豆腐菜给我吃，还带我吃了街头小吃；而夹江的如菊、玉竹和吴莎莎则热情款待我，帮助我了解豆腐乳。双流的刘少坤巧手做出的泡菜与农家菜让我惊叹不已。李庄映秋饭店的王强厨师团队，以及留芬饭店的任强，传授给我好几个当地菜的菜谱。厨师李庄是很棒的美食向导，带我探索宜宾和竹海；很感激他对芽菜运用提出了建议。自贡的陈茂军、陈卫华和王小静帮我了解了“盐帮菜”，特别是冷吃兔和当地著名的井盐。在出产保宁醋的阆中，王从都、杨艳、冯斌和孟晚好心地做了我的“地陪”。

本书第一版的“教父”是冯全新。我和朋友沃尔克最初在四川“烹专”学习厨艺时，离不开他耐心的教导。他和妻子邱蓉珍是我在成都的家人，永远热情支持我的工作。已故著名川菜权威熊四智也曾经慷慨地为我付出他的时间，借阅他丰富的藏书。成都龙抄手的厨师长范世贤教会了我很多，让我永生难忘。特级厨师张社昌永远耐心地为我答疑解惑。余维钦、彭锐、刘春和曾波都为我贡献了他们的菜谱、想法和人脉。

我还要衷心感谢四川“烹专”的其他老师。甘国建、吕懋国、龙青蓉和李代全，感谢他们精彩的授课，且倾情教授学生中唯一的老外。黄维兵书记、卢一校长和李云云也给了我很多支持。感谢四川省民族研究院的秦和平教授，以及老记者车辐和美食批评家张昌余的帮助。我很幸运地在“厨界传奇”蜀风园餐厅上过一堂烹饪课，这全要感谢经理李林和他的员工。我也很感谢成都小吃城经理余得和其员工、美味的竹园餐厅的冯锐和其家人、飘香饭店的肖见明和肖明、龙抄手的全体职员（特别是服务员徐刚），以及耗子洞张鸭子的所有人员。重庆“老四川”大酒楼经理毛新宁和“小洞天”的厨师长也给予了我莫大帮助。还有无数的厨师、豆腐手艺人、市场摊贩、小吃摊主和餐馆店主，都对本书做出了贡献。

我还要衷心感谢中英两国所有鼓励我和鞭策我的老外，特别是弗朗西丝卡·塔罗科、农齐亚·卡蓬、格温纳尔·谢奈、沃尔克·登克斯、亚里·格罗斯－鲁肯、达维德·夸德里奥、西玛·麦钱特、玛拉·鲍曼、利皮卡·佩勒姆、彭妮·贝尔、西蒙·林德、丽贝卡·凯斯比、路易丝·贝农、伊恩·卡明、乔·福金、瑞秋·哈里斯、苏珊·荣格、奈杰尔·坎、雅各布·克莱因、安吉·诺克斯、冷玫瑰、玛丽安娜·贝克·菲里、彼得罗·皮科利、玛丽亚·桑德贝里、莫妮卡·德托尼、克莱门斯·特雷特、埃琳娜·瓦卢西和亚历山德罗·泽尔格。感谢已故伟大美食作家苏恩洁给予我的支持和鼓励，也永远感谢她的儿子雨果·马丁，慷慨赠送我恩洁的藏书和厨具，我对此十分珍视，几乎每天翻阅和使用。

同样感谢邱园（英国皇家植物园）的诺曼·付，已故的艾伦·戴维森和海伦·萨贝里、阿妮萨·埃洛、休·普伦德加斯特、迈克尔·约瑟夫的团队林赛·乔丹、萨拉·马拉菲尼、汤姆·韦尔登、塔拉·费希尔、曲蕾蕾（音）和多迪·米勒。本书第一版的付梓要多谢尼克·威尔逊。杰里米·卡彭特、马丁·托斯兰、苏·贝尔、安·巴尔和安杰拉·阿特金斯都在早期给予了我珍贵的意见和建议。非常感谢BBC（英国广播公司）的艾伦·勒布雷顿、拉里·贾根、莉莲·兰多尔、尼基·约翰逊、露西·沃克、乔·弗洛托和露西·佩雷斯。吴晓明和王开帮我解决了一些让人头疼的翻译问题。亚当·利伯、山姆·查特顿·狄克逊、凯西·罗伯茨、西蒙·罗比、吉米·利文斯通和索菲·芒罗受累做了我的“小白鼠”，品尝了书中的很多菜！

十年的合作中，伦敦水月巴山餐饮集团的员工一直是我的“老铁”，总是积极为我解决一些烹饪上的疑难。衷心感谢优秀员工邵伟、娟子、谢里·雷、安妮·严、陈淑婷、任佩芬、李雪、郑清国、李亮、张华兵、张超、雷素琼以及团队的所有人，感谢一直以来的倾力支持。过去在水月巴山，现在是天府布衣老板的张小忠大厨帮我搞定了好几个重要的菜谱。大跃进餐厅的厨师傅兵也慷慨贡献了他的专业知识和技能。

做这本新版时，我和布鲁姆斯伯里出版社的“黄金搭档”们合作得非常愉快，其中包括纳塔莉·贝洛斯、理查德·阿特金森、姬蒂·斯托格登和艾利森·科万。万分幸运能召集摄影师杉浦由纪和布景专家辛西娅·伊尼恩斯及其助理摄影师克莱尔·莱温顿组成一支优秀的摄影团队，和他们合作实在太开心了。烹调入镜佳肴时，很荣幸能请到伦敦北部西安印象餐厅的魏桂荣大厨做我的助手，她也是伦敦凤毛麟角的女厨师之一。我十分感激她在厨房里给予的帮助和友谊，有她在就像吃了一颗定心丸。感谢夏洛特·希尔设计公司为本书做出惊艳设计。感谢美国诺顿出版公司的玛丽亚·瓜尔纳斯凯利出版我所有著作的美国版，而且多年来一直对我赞赏有加，也感谢她的同事艾琳·辛斯基·洛维特以及我的新编辑梅拉妮·托特罗里。万分感谢我最亲密的朋友和代理佐伊·沃尔迪，以及她的助手马里亚姆·托宾。一路上帮助我的人数不胜数，篇幅有限实在无法一一列出，若有任何遗漏还请原谅，感谢每一个人！

最后，我要感谢我的父母：比德·邓洛普和卡罗琳·邓洛普，感谢你们在充满美食的家中抚养我长大，感谢你们在我很小的时候就把厨房交给我。

本书献给我的母亲卡罗琳。

GLOSSARY OF CHINESE CHARACTERS

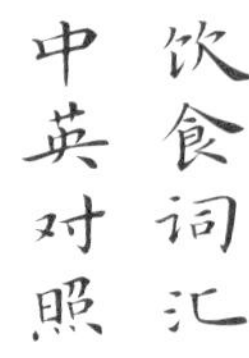

粑粑肉—meatloaf

坝坝席—rural feast, served on the flat ground outside a Sichuanese farmhouse

白果树—ginkgo tree (*Ginkgo biloba*)

白酒—strong vodka-like grain liquor

白卤—'white' or uncoloured spiced broth

白木耳，白耳子—alternative names for silver ear fungus

白茸—'white paste' of minced chicken, used to clarify stock

白味—'white-flavoured' (dishes without dark colourings such as soy sauce)

白油菜薹—'white' (actually green) rape shoots

板油—leaf fat used for making lard

巴蜀—the ancient Ba and Shu kingdoms of Sichuan, and a poetic name for Sichuan

本味—essential or 'root' taste of ingredients

蚕豆—broad or fava bean (literally 'silkworm bean')

苍蝇馆子—'fly' restaurants

草鱼—grass carp (*Ctenopharyngodon idella*)

长江—Yangtze River, literally 'long river'

长江鲟—Yangtze sturgeon (*Acipenser dabryanus*)

长久—long-lasting

朝天椒—'facing-heaven chilli' (a variety of chilli)

茶色—'tea colour'

茶树菇—tea-tree mushrooms, brown mushrooms with small caps and long stems

陈麻婆—pock-marked Mother Chen, inventor of mapo tofu

吃醋—to be cuckolded (literally 'to eat vinegar')

吃饭—to eat a meal (literally 'to eat cooked rice')

吃苦—to 'eat bitterness' (to suffer)

冲菜—mustardy greens (young mustard shoots)

虫草—caterpillar fungus (*Cordyceps sinensis*)

虫草鸭子—duck stewed with caterpillar fungus

穿衣—'putting on some clothes', coating pieces of food in batter

串儿—skewer on which food is impaled before cooking

捶—to pound with the back of a cleaver blade

春盘—'spring platters', the ancestors of spring rolls

春笋—spring bamboo shoot

椿芽—the tender shoots of the Chinese toon tree (*Toona sinensis*)

厨师的汤，唱戏的腔—'the chef's stock, the voice of the opera singer' (phrase expressing the importance of stock in a chef's art)

糍粑辣椒—ciba chillies, dried chillies that have been soaked and then pounded with other seasonings

conghua—spring onion 'flowers' (thin slices)

攒盒—decorative hors d'oeuvre box

脆—a type of crispness

搓辣椒—'rubbed chillies', dried chillies that have been roasted and then rubbed into flakes

大白菜—'big cabbage', Chinese cabbage

大河帮—'Great River clique' (style of cooking)

胆巴—bittern, mineral salts used for setting tofu (also known as yanlu, Japanese nigari)

欓或食茱萸—an old variety of Sichuan pepper (*Zanthoxylum ailanthoides*)

刀口海椒—'knife-mouth chillies', chillies that are fried and then finely

大头菜—preserved turnip-like vegetable (*Brassica juncea* var. *napitormis*)

灯笼椒—'lantern chillies', a variety of chilli (also used for sweet capsicum peppers)

灯盏窝形—'lamp-dish slices' (of pork)

丁宝桢—nineteenth-century governor of Sichuan, after whom Gong Bao chicken is named

丁配丁，丝配丝—'cubes with cubes, slivers with slivers'

丁香—cloves

冬菜—'winter vegetable' (preserved mustard greens, a speciality of Nanchong)

冻糕—steamed rice cakes

冬菇—alternative name for dried shiitake mushrooms

冬寒菜—cluster mallows (*Malva verticillata*), an ancient Sichuanese vegetable also known as 葵菜

冬笋—winter bamboo shoot

豆腐菜—'tofu vegetable', Malabar spinach (*Basella alba*), also known as 木耳菜 ('wood ear vegetable')

豆腐干—'dry' (firm, pressed) tofu

豆腐帘子—tofu 'curtains', moulded rolls of tofu

豆腐脑—'tofu brain' (standard Chinese name for 'flower' tofu)

豆腐皮—tofu skin

douhua 豆花—'flower' tofu (silken tofu)

豆花不用豆，吃鸡不见鸡—'flower tofu without the beans, chicken without the appearance of chicken'

豆苗—pea shoots (also known as 'dragon's whiskers')

豆浆—soy milk

豆渣—soy-bean residue (known in Japanese as okara)

豆渣鸭子—duck with soy-bean residue, a Sichuanese dish
断生—to 'break the rawness' of food
炖鸡汤—chicken broth
多吃蔬菜，少吃肉—'eat more vegetables, eat less meat'
独蒜—Sichuanese single-cloved garlic
儿菜—'sons vegetable', a type of Brassica consisting of tiny round mustard heads clustered around a 'mother' stem (a bit like Brussels sprouts)
二刀肉—'second-cut pork', a particular cut of pork rump
二姐兔丁—'second-sister rabbit cubes' (a cold dish)
二荆条—a local variety of chilli (also given as 二金条, 'two golden strips')
二平桩—the variety of mustard green used to make Yibin yacai preserved vegetable
仿荤菜—Buddhist dishes of imitation meat and fish
番椒—'barbarian peppers' (Ming-dynasty name for chillies)
翻，晒，露—'turn, sun-dry, bask in dew', traditional process for making Pixian chilli bean paste
饭遭殃—'Rice Apocalypse' (restaurant, Chengdu)
肥肠粉—sweet potato noodles with stewed pork intestines
肥而不腻—'richly fat without being greasy'
飞丝—'flying silks', hair-like strands of sugar syrup
凤尾条—'phoenix tail' strips
复合味—compound flavours
芙蓉鸡片—'hibiscus-blossom chicken slices', a Sichuanese delicacy
盖碗茶—lid-bowl tea (Sichuanese style of tea-drinking)
干拌面—'dry-tossed noodles', noodles without broth
干红—dry red wine
橄榄树—Chinese olive tree (*Canarium album*)
高良姜—galangal
羹—a kind of thick soup
割烹—'to cut and to cook'
工夫茶—southeastern Chinese tea-drinking ritual
贡椒—'tribute pepper', Sichuan pepper sent to court
刮—to scrape
姑姑筵—'Auntie's Feast', legendary old Chengdu restaurant
鳜鱼或鲑鱼—Chinese perch (*Siniperca chuatsi*)
锅魁或锅盔—general term for a variety of flatbreads and pastries
骨牌片—'domino slices'
海椒—'sea peppers' (Sichuanese dialect for chillies)
好辛香—to like hot and fragrant tastes
耗子洞张鸭子—'Mr Zhang's Mouse-hole Duck' (restaurant, Chengdu)
黑豆花—black silken tofu
和味—to 'harmonise' or round out flavours
红白茶 'red-and-white tea', also known as 'eagle tea', also known as 老鹰茶
烘爆鸡丁—fast-fried chicken cubes
红茸—'red paste' made from minced pork, used to clarify stock
红糖—brown sugar, literally 'red sugar'
红汤卤 spicy 'red' hotpot broth
红油菜薹—'red' (actually purple) rape shoots
红油豆瓣—'red-oil' bean sauce, a popular type of chilli bean paste
花茶—'flower tea' (jasmine blossom tea)
花菇—dried shiitake mushrooms with fissured caps
花椒兔丁—rabbit cubes with Sichuan pepper
黄喉—pig's or cow's aorta
黄花—day-lily flowers
黄鳝—yellow eel (see also 鳝鱼)
胡豆—Sichuanese dialect for broad bean or fava bean (literally 'barbarian bean')
湖广填四川—literally 'filling Sichuan from Hu and Guang', term used for the great migration of people from more than a dozen provinces to Sichuan in the early Qing dynasty
灰灰菜—wild green, known in English as fat hen or lamb's quarters (*Chenopodium album*)
煳辣鸡丁—chicken cubes with seared chillies
混合油—blended oil, typically a mixture of lard and vegetable oil
火边子牛肉—'fireside beef', a speciality of Zigong
火哥—'Brother Fire', Sichuanese internet chef
火锅底料—hotpot soup base
火候—literally 'fire and waiting', the control of heat in cooking
火炉—furnace
活肉—'live' meat, meaning taut, muscular meat
藿香—Korean mint (*Agastache rugosa*)
箭杆青菜—type of mustard green used to make dongcai
酱—general term for thick fermented sauces
江湖菜—'river-and-lake' dishes, Chongqing-style folk cooking
江团—long-snout catfish (*Leiocassis longirostris*)
椒房—'pepper houses'
鸡精—'chicken essence', a yellow flavouring powder
鸡蒙葵菜—mallow tips coated in chicken paste and served in clear broth, a Sichuanese delicacy
锦江—Brocade River
金丝面—'golden-thread' noodles, very fine noodles made with an egg-yolk dough
韭菜叶面条—chive-leaf noodles
九大碗—'nine big bowls', colloquial name for a rural feast
九宫格—'nine-chambered [metal] frame' used for dividing space in a Chongqing hotpot
韭黄—yellow Chinese chives (*Allium tuberosum*)
酒米—'wine rice', southern Sichuanese name for glutinous rice
酒酿—alternative name for laozao
酒曲—yeast starter used for making Chinese wines
九叶青—'nine-leaf green', a variety of green Sichuan pepper
鲫鱼—crucian carp (*Carassius carassius*)
蕨菜—fiddlehead ferns
开花—to split or, literally, 'burst into flower'
开水白菜—'white cabbage in boiling water'
开胃—to 'open the stomach' (whet the appetite)
砍—to chop
砍刀—heavy chopping cleaver
空花糖—'hollow-flower toffee', a kind of honeycomb toffee made from malt sugar
孔雀开屏—'peacock spreading its tail'
口感—mouthfeel
口口脆—'crisp in the mouth', Sich-

uanese term for rabbit stomachs
苦—bitter
筷子条—'chopstick' strips
苦藠—'bitter shallot', a variety of *Allium Chinense*
苦笋—bitter bamboo shoot
辣妹子—'spice girls'
老—overcooked, tough (literally 'old')
老抽—dark soy sauce
老母鸡—'old mother chicken', mature hen used to make stock
腊月—the last lunar month, the month of winter sacrifices
辣中有鲜味—'savoury, umami flavours in the midst of spiciness'
冷淡杯—'a few cold dishes and a glass of beer' (Sichuanese tapas)
连刀片—linked or 'sandwich' slices
两—tael, a traditional Chinese measurement (about 50g)
两头望—'frantic glances in both directions', old nickname for the dish of 'man-and-wife' offal slices
莲子—lotus seeds
料酒—Chinese cooking wine
礼记—*The Book of Rites*
灵活—spirited, flexible
鲤鱼—carp (*Cyprinus carpio*)
龙抄手—'Dragon Wonton' (restaurant, Chengdu)
卤菜—dishes cooked in a spiced, aromatic broth (卤水)
卤水—aromatic broth
泸州老窖—Luzhou 'Old Cellar' sorghum liquor
麻花—deep-fried dough twists
麻辣烫—'numbing-hot-and-scalding', a spicy broth in which skewers of food are cooked
馒头—steamed bun
毛笔酥—crisp 'calligraphy brushes'
毛肚火锅—beef-tripe hotpot (the original Chongqing hotpot)
毛峰茶—Mao Feng tea
毛竹—a type of bamboo with edible shoots
眉毛—'eyebrows'
梅子—Chinese plum
蒙顶甘露—Meng Ding sweet dew tea
面臊—noodle topping
面汤—'noodle broth', the silky liquid in which noodles have been boiled
米凉粉—rice jelly, a Sichuanese snack
木姜菜—a variety of mint (*Elsholtzia souliei*) used as a herb in southern Sichuan
楠竹—a type of bamboo with edible shoots
嫩—tenderness, delicacy (of meat, fish, etc)
年年有余—'having a surplus every year' (sounds the same as 年年有鱼 , which means 'having fish every year')
鲇鱼—Amur catfish (*Silurus asotus*)
泥鳅—loach or weatherfish (*Misgurnus anguillicaudatus*)
牛肝菌—ox-liver mushroom (*Boletus genus*)
牛皮菜—'ox-leather' greens, chards
牛舌片—'ox-tongue' slices
牛市坡—'Ox Market Slopes', an area in Hanyuan County where the finest Sichuan pepper is said to be grown
浓—strong, dense, concentrated (in flavour)
农家乐—'the happiness of rural homes', meaning a farmhouse restaurant
糯—soft, huggy and glutinous in texture pa —Sichuanese dialect term for the texture of food that has been cooked until it is very soft
粑耳朵—'soft ears', colloquial Sichuanese term for hen-pecked husbands
怕辣—'fear of chilli-hotness'
泡菜坛子—Sichuanese pickle jar
袍哥肉—'Secret Society Meat' (a nickname for twice-cooked pork)
泡椒三脆—'three crisp ingredients (goose intestines, duck gizzards and wood ear mushrooms) with pickled chillies'
豌豆—'soft peas', a mash of cooked dried yellow peas used in soups and sauces
平地一声雷—'a sudden clap of thunder', nickname for pork in 'lychee' sauce with crispy rice（锅巴肉片）
跷脚牛肉—'raised-legs' beef hotpot of Leshan
青菜—green vegetables
青菜头—crisp, fleshy mustard stalks or 'heads'
青城雪芽—Qingcheng Mountain snow-shoot tea
清炖牛鞭汤—clear-simmered ox penis soup
青石桥—Green Stone Bridge (wholesale market, Chengdu)
青笋—another name for 莴笋 (celtuce)
清汤—clear stock
七星椒—'seven-star chilli' (a variety of chilli)
曲酒—generic term for strong vodka-like wines
荣乐园—legendary old Chengdu restaurant
肉豆蔻—nutmeg
入味—'send the flavours in'
三嫩—'three tender bites'
三蒸九扣—'three steamed dishes and nine steamed bowls' (folk name for a rural banquet)
馓子—deep-fried noodles (used as a crunchy topping)
臊味—'foul' odour or taste
涩味—astringent taste
色香味形—'colour, fragrance, flavour and form'
山城小汤圆—'mountain city little glutinous rice balls'
火—'rising fire', excess of internal heat, seen as a cause of disease in Traditional Chinese Medicine
上汤—superior stock
尚滋味—'to appreciate flavours'
膻味—'muttony' odour or taste
鳝鱼—yellow or paddy eel (*Monopterus albus*)
山珍海味—'treasures of the mountains and flavours of the seas'
烧菜—braised dishes
苕菜—a wild green, winter vetch (*Vicia hirsuta*)
生抽—light soy sauce
石爬鱼—a type of catfish (*Euchiloglanis kishinouyei*)
食在中国，味在四川—'China is the place for food, but Sichuan is the place for flavour'
蜀—the name of the ancient kingdom centred on today's Chengdu (and a poetic name for the Chengdu area)
蜀南竹海—Bamboo Sea, a nature reserve in southern Sichuan
蜀犬吠日—'Sichuanese dogs bark at the sun'
私房菜—'private kitchen'
死肉—literally 'dead meat', meat that has not been active muscle, such as chicken breast
酥—a type of crispness
蒜亳—alternative name for 蒜薹 (garlic stems)

蒜泥—crushed garlic in water
蒜薹—garlic stems
素菜荤做—'vegetable ingredients cooked meatily'
素鸡—sausage-shaped roll of tofu (literally 'vegetarian chicken')
酥肉—'crisp pork', slices of fatty pork clothed in egg batter and deep-fried
谭豆花—'Mr Tan's Flower Tofu' (restaurant, Chengdu)
坛子肉—clay-jar pork, a kind of confit pork preserved in lard
汤面—noodles served in broth
烫面—'scalded dough', a type of dumpling dough made with boiling water
特点—distinguishing characteristics
藤椒—green Sichuan pepper
天府之国—'land of plenty'
田鸡—'field chicken', meaning frog
天堂—'paradise', a nickname for pigs' upper palates
田席—rural banquet (literally 'field feast')
通菜—Mandarin Chinese for water spinach
土—rustic, earthy, free-range (literally 'earth')
团圆—reunion
土鸡—farmhouse or free-range chicken
兔脑壳—Sichuanese dialect term for rabbit heads
剜—to gouge
味精—monosodium glutamate, MSG (literally 'the essence of flavour')
莴笋—celtuce, a type of lettuce with a thick stem (*Lactuca sativa* var. *angustata*)
窝窝头—a type of steamed bun, usually made from cornmeal
乌骨鸡—'black-boned chicken', silkie chicken
无咸不成菜—'you can't make a dish without saltiness'
五花肉—pork belly meat (literally 'five-flower meat')
五荤—the so-called 'five pungent' ingredients avoided by strict Buddhists, including garlic, spring onions and other alliums
五粮液—Sichuanese five-grain wine
五香粉—five-spice powder
下饭菜—'send the rice down' dishes
咸菜—general term for salt-preserved vegetables
乡厨子—village chef
香料—'fragrant things' (collective name for spices)
象牙条—'elephant tusk' strips
小吃—'small eats' (snacks)
小河帮—'Small River clique' (style of cooking)
小米辣—'little rice chilli' (a type of chilli)
腥味—'fishy' odour or taste
雄黄酒—realgar wine (liquor with traces of an arsenic compound), traditionally drunk at the Dragon Boat Festival
熊猫战竹—'panda fighting bamboo'
雪花鸡淖—'snowflake chicken custard', a Sichuanese delicacy
盐帮菜—'salt gang' cooking, Zigong cuisine
盐都—'salt capital' (Zigong city)
羊肉—sheep or goat meat
洋芋炒土豆—'spud-fried potatoes'
岩鲤—rock carp (*Procypris rabaudi*)
盐卤—bittern, mineral salts used for setting tofu (also known as danba, Japanese nigari)
芫荽—Mandarin Chinese name for coriander
雅鱼—a type of carp (*Schizothorax prenanti*)
野山椒—'wild mountain chilli', small, pale green pickled chillies
一菜一格，百菜百味—'each dish has its own style, a hundred dishes have a hundred different flavours'
阴米—'shady rice'
银杏—'silver apricots', ginkgo nuts (also known as 白果)
银针丝—'silver needle' sliver
异味—peculiar smell, off-taste
油辣子—'oily chillies', chilli sediment in chilli oil
油麦菜—Indian lettuce (*Lactuca indica*)
鱼辣椒—'fishy chillies', red chillies pickled in brine with a few crucian carp
玉兰片—'jade magnolia slices', slices of dried bamboo shoot
鱼香—'fish-fragrant'
鱼香—spearmint, also known as 留兰香
鱼眼葱—'fish-eye' spring onion slices
皂角树—Chinese honey locust tree (*Gleditsia sinensis*)
灶君—the Kitchen God
糟醉—'drunken', used of dishes flavoured with glutinous rice wine
甑子—wooden rice steamer
斩—to chop
斩刀—heavy chopping cleaver
樟—camphor
鲊肉—alternative name for pork steamed in ricemeal
炸收—to 'deep-fry and receive', cooking method
折耳根—Houttuynia cordata (a salad vegetable), also known as 则耳根
蒸肉粉—'steam-meat powder', spiced ricemeal for steaming meat
正兴园—famous old Chengdu restaurant run by a Manchu chef
蒸蒸糕—literally 'steamed steamed cakes', a favourite street snack made of ground rice
珍珠粑—'pearly cake', festive rice cake made in western Sichuan
指甲片—'thumbnail' slices
猪儿粑—'piglet' dumplings
竹花—bamboo flower lichen
竹荪—bamboo pith fungus (*Phallus indusiatus*)
竹笋—bamboo shoot
竹荪蛋—volvae or 'eggs' of the bamboo pith fungus
竹筒单—rice cooked inside sections of bamboo
竹燕窝—'bamboo bird's nest', a kind of fungus
竹叶青—green bamboo-leaf tea
子弹头—'bullets' (a variety of chilli)
自内帮—'Zigong-Neijiang clique' (style of cooking)
粽子—leaf-wrapped parcels of glutinous rice, eaten around the time of the Dragon Boat Festival, on the fifth day of the fifth lunar month

TRANSLATOR'S WORDS

译后记

2018年，扶霞和我一起做过一场美食文化札记《鱼翅与花椒》的读书会。交流环节有读者发言，先肯定她把中国菜，尤其是川菜介绍给外国人，扭转了西方人对中餐的偏见，这是大功一件；然后问她想不想写一本书，纠正一下中国人对西餐的偏见。英国人扶霞把栗色卷发往后一撩，睁大浅褐色的双眼，用混合着伦敦与四川口音的普通话很无辜地说："可是，我不了解西餐啊，我是中餐专家。"

书友们哈哈一笑。我却突然有点感慨。这位五官立体，笑起来略有罗温·艾金森（可爱的憨豆先生）神韵的西方朋友，坦诚地说着"我不了解西餐"，可见"中餐专家"这个身份让她多么舒服，多么自豪。毕竟，她在伦敦家中的厨房里，也是供着灶王爷，腌着泡菜，用筲箕来洗菜淘米的呀。

《鱼翅与花椒》中文版出版之前，扶霞曾到成都"老书虫"餐吧做过一场英文版的签售会。到场有不少生活在成都的外国人，拿出来的书大多破破烂烂的，有些书页浸了油，还飘散着花椒、干辣椒等香料的味道，一看就不是本"正经书"，不老老实实待在书架上，偏要往厨房里钻。有个外国人举着自己那本被各种佐料、油料搞得斑斑驳驳的书，说："我按照这本书里的菜谱，做出来的川菜都很棒！"

喏，这回，扶霞带着更多的川菜菜谱来了。算是"老菜新炒"。去年见面，她就很兴奋地告诉我，十几年前写的川菜菜谱要出新版，她正在往里面加新菜，并且一道道重做，拍照。说到兴起还神神秘秘地给我看了几张自己在厨房里拍的、暂时保密的照片，说："很漂亮，很好吃，是不是？"然后提及会出中文版。

我当时略微质疑，《鱼翅与花椒》只在每章之后附上一个菜谱，主要讲的是英国姑娘在中国寻找美食与文化的故事，所以才受到中国读者的欢迎。可一个英国人，出一本中餐菜谱，对西方人也许有很大参考价值，中国人会买账吗？哪个中国人会在厨房里摆一本英国人写的川菜菜谱，照着烧炒蒸炸呀？

等我拿到英文版翻看一遍，上述担心消失了。首先，所有的菜谱都经过她亲自试验调整，给出准确的用量，只要"照本宣科"，成功且美味的概率几乎是百分之百。我甚至参考她的菜谱，第一次做成了樟茶鸭，要知道这可是在自家厨房里操作难度极大的菜，扶霞却能给出各种工具的替代方案，也细细列出注意事项，让人光看看便摩拳擦掌，实操起来更是得心应手。

引言之后那篇《川菜的故事》，简直称得上"川菜知识小百科"，再加上每个门类开篇那些详尽的说明和介绍，叫自诩相当了解川菜的川妹子我，仿佛又跨进了新世界的大门，做了很多笔记。扶霞以既感性又科学的态度看待川菜烹饪，对各种火候、口感等有生动而精准的描述。我做菜时，总会想起她对不同油温、不同食材的形容，感觉自己放料更准，动作更麻利了。也会感慨，扶霞确实有资格自称一声“中餐专家”。

不过最打动我的，是几乎每道菜都有属于扶霞自己的故事。看了这本《川菜》，你会觉得（至少我这么觉得），扶霞除了是个正儿八经的中餐（川菜）专家之外，更值得四川好些城市的“荣誉户口”，尤其是成都的。她对这片土地的爱不加掩饰，呼之欲出。且不说引言中回忆与川菜结缘的成都生活是多么言简情深，光是每个菜谱前面那短小的介绍，都充满了“当时只道是寻常”的回忆与爱。她感叹天府之国的地大物博，细细地形容此地的薄皮青椒，清香儿菜，再来一句“英国很难找，可以如此这般替代……”；她讲述自己在四川某地第一次吃到某道菜的惊喜，写自己与街头美食的无心插柳的巧遇。在菜谱之前，先有关于这个菜的精彩“小传”，那些配料用量，就不止是简单的食材与数字了，而是一种，情感。

我最爱她明确写出了很多餐厅和大厨的名字，感谢他们做自己的“一菜之师”。（其中有些餐馆我也是常客，借着扶霞的面子，在大厨跟前混了个脸熟。）向她询问一些厨师和餐馆老板准确的中文名字时，我告诉她，这些真实的名字让我心里好温暖，你是真心实意地在感谢他们。扶霞回我：“当然。我有这个表达和发声的渠道，而他们才是藏在民间的高手，我要让他们被大家所知。”这些人名与餐馆名，就是“编外四川人”扶霞，在这片美食江湖上行走的鲜活印记。另外，把书中提到的餐馆略做整理，这本书也可以当成“四川美食攻略地图”，根据我的实践经验，扶霞的推荐十有八九不会让人失望。

如今寰球同此凉热，大家都被迫居于狭小的一方天地。而伦敦的扶霞依旧常常和成都的我分享她的下厨生活。微信聊天页面飞来一张张叫人垂涎欲滴的图片，都是鱼香茄子、辣子鸡丁等经典川菜，卖相很好，隔着屏幕也能闻到香味，叫我有点分不清她究竟是在故乡想念他乡，还是在他乡想念故乡。扶霞说，家里蹲的日子刚好继续精进厨艺，“我从来没如此感恩过自己做得一手好菜”。

正苦于困顿家中的我突然展颜，拿着这本川菜菜谱走进厨房，下刀挥铲，烟火之间缭绕的香味叫人暂时忘却种种自我与他人的烦恼。谢谢扶霞，你的文字让我更了解自己的家乡，也更认识到她的美妙。想念你时不时来成都的日子，想念我俩在大街小巷的餐馆中分享的美食、文化与人生。你这个“伦敦成都人”，提高了我对食物，尤其是川菜的品位；不过也因为你，我的嘴变得更刁了，对着某些餐馆所谓的“招牌菜”恨铁不成钢地摇头时，数次获赠老板的白眼。也感谢一位与我距离遥远的朋友，你让我的世界多了明媚的色彩和滋味，祝早日走出低谷，自如地享受生活的甘美。

老规矩，最重要的感谢送给亲爱的你。你是我人生盛宴中不可或缺的白米饭与家常菜，也是锦上添花的珍馐、香料与美酒。谢谢你给我温暖美好的爱，让我勇敢前行。

祝愿每个捧读这本书的人，都能为自己烹饪出二三好菜，也能咂摸其中的好故事，用美食与故事来下生活这瓶老酒，真正回味无穷。

爱美食也爱故事的
何雨珈
2020 年初夏于成都

图书在版编目（CIP）数据

川菜 /（英）扶霞 · 邓洛普著；何雨珈译. -- 北京：中信出版社，2020.12（2024.5重印）

书名原文：The Food of Sichuan

ISBN 978-7-5217-1690-0

Ⅰ. ①川… Ⅱ. ①扶… ②何… Ⅲ. ①川菜—菜谱 Ⅳ. ①TS972.182.71

中国版本图书馆CIP数据核字（2020）第041905号

川菜

著　　者：[英]扶霞 · 邓洛普
译　　者：何雨珈
出版发行：中信出版集团股份有限公司
（北京市朝阳区东三环北路27号嘉铭中心　邮编　100020）
承 印 者：北京启航东方印刷有限公司

开　　本：787mm × 1092mm　1/16　　印　　张：31　　字　　数：492千字
版　　次：2020年12月第1版　　印　　次：2024年5月第6次印刷
京权图字：01-2019-7306
书　　号：ISBN 978-7-5217-1690-0
定　　价：168.00元